Benno Krieg
Chemie für Mediziner

Benno Krieg

Chemie für Mediziner

zum Gegenstandskatalog

4., neubearbeitete Auflage

Walter de Gruyter
Berlin · New York 1987

Professor Dr. Benno Krieg
Institut für Organische Chemie
Freie Universität Berlin
Takustr. 3
1000 Berlin 33

Das Buch enthält 205 farbige Abbildungen und 46 Tabellen

1. Auflage 1977
2. Auflage 1978
3. Auflage 1982
3. Auflage
Nachdruck, 1985
4. Auflage 1987

CIP-Kurztitelaufnahme der Deutschen Bibliothek

Krieg, Benno:
Chemie für Mediziner zum Gegenstandskatalog /
Benno Krieg. – 4., neubearb. Aufl. – Berlin ;
New York : de Gruyter, 1987.
ISBN 3-11-011110-1

Anfertigung der Reinzeichnungen: Georg Dischleit, Berlin. Satz: Fotosatz Tutte, Salzweg-Passau. Druck: Karl Gerike, Berlin. Bindearbeiten: Lüderitz & Bauer, Berlin.

Vorwort zur vierten Auflage

Chemie für Mediziner muß die Grundlagen der Chemie vermitteln, auf denen die Biochemie aufbauen kann. Der Umfang unserer Kenntnisse über diese Zusammenhänge wächst in rasantem Tempo. Immer dringender wird es daher, die prinzipiellen Gesichtspunkte deutlicher herauszuarbeiten, um Einzelheiten schnell verstehen und einordnen zu können. Der Verfasser hat sich bemüht, dieses Anliegen stets im Auge zu behalten. Anlässe für die Neubearbeitung waren hauptsächlich:

- Die Einführung der SI-Einheiten;
- der neue Entwurf des Gegenstandskatalogs;
- der Wunsch vieler Leser, der bisher sehr komprimierte Text möge etwas aufgelockert werden (mehr Erklärungen und Beispiele);
- die Anregung vieler Leser, auf biochemische Aspekte sollte stärker hingewiesen werden.

Der Autor hofft, daß die Leser schon hier etwas von der Faszinationskraft der Biochemie spüren werden und dieses Buch auch noch in ihrer späteren Laufbahn gebrauchen können.

Mein Dank für kritische Hinweise und Diskussionen gilt den Herren Prof. Dr. Erwin Riedel, Dipl.-Chem. Siegfried Mohr, Dr. Jürgen Mittner und den Damen Dipl.-Chem. Christiane Müller und Vera Heinau. Besonders die drei Letztgenannten standen mir als engagierte Gesprächspartner und kritische Leser des Manuskripts zur Verfügung. Auch den Mitarbeitern des Verlags, die uns gegenüber viel Entgegenkommen gezeigt haben, sei hier gedankt.

Berlin, März 1987 *Benno Krieg*

Kapitelübersicht

Inhalt

1 Atombau und Periodensystem

2 Chemische Bindung

3 Zustandsformen der Materie

21 Funktionelle Carbonsäurederivate

22 Stereoisomerie polyfunktioneller Moleküle

23 Hydroxy- und Ketocarbonsäuren

24 Aminosäuren/Peptide/Proteine

25 Saccharide (Kohlenhydrate)

26 Organische Verbindungen der Phosphorsäure

27 Komplexe

28 Lipide

1 Atombau und Periodensystem

1.1 Allgemeines

Die Vielzahl der uns umgebenden Stoffe enthält 3 „Grundbausteine" (Elementarteilchen): **Protonen** und **Neutronen** (beide werden auch als **Nucleonen** bezeichnet) im Atomkern, sowie **Elektronen**, die den Atomkern umgeben (Atomhülle, Elektronenhülle).

Tab. 1–1 Bestandteile von Atomen (Elementarteilchen)

Elementarteilchen	Symbol	relative Ladung	relative Masse	absolute Masse
Proton } Nucleonen	p^+ oder p	+1	1,00728	$\approx 10^{-24}$ g
Neutron }	n	±0	1,00867	$\approx 10^{-24}$ g
Elektron	e^- oder e	−1	$\approx 5 \cdot 10^{-4}$	$\approx 10^{-27}$ g

Aus praktischen Gründen sind nur die relativen Größen in Gebrauch. Bezugsbasis für die relative Masse ist das Nuclid ^{12}C (zum Begriff des Isotops s. Folgetext). Man hat festgesetzt:

$$\text{Masse eines Atoms } ^{12}C = 12.0000$$

Eine **atomare Masseneinheit (u)** ist also definiert als genau $^1/_{12}$ der Masse des Kohlenstoffnuclids ^{12}C (s. auch Kap. 5).

Tab. 1–2 Atome, Moleküle, biologische Objekte / Größenrelationen

Objekt	Durchmesser in m	
Atomkern	10^{-14} bis 10^{-15}	
Atom	10^{-10}	Auflösungsgrenze von Elektronenmikroskopen: 2×10^{-10}
Molekül	10^{-9}	
Proteinmolekül	10^{-8} bis 10^{-7}	Auflösungsgrenze von Lichtmikroskopen: 2×10^{-7}
Virus	10^{-6}	
Bakterium	10^{-5}	
Zelle	10^{-4}	

Die **Durchmesser der Atomkerne** liegen zwischen 10^{-15} und 10^{-14} m, die der ganzen Atome liegen bei ca. 10^{-10} m = 0,1 nm = 100 pm. Der kleine Kern ist also von einer 10000 bis 100000mal größeren Elektronenhülle umgeben. Der im Vergleich zum Atom sehr kleine Kern enthält mehr als 99 % der gesamten Atommasse. Vergleichende Angaben über die Größe biologischer Objekte enthält Tab. 1–2.

1.2 Atomkernaufbau und Radioaktivität

Wir kennen ca. 300 Atomarten **(Nuclide)**. Sie unterscheiden sich in der Nucleonenzahl oder im Verhältnis der Protonen zu den Neutronen. Die Summe aller Protonen und Neutronen heißt **Nucleonenzahl** oder **Massenzahl**.

Die etwa 300 bekannten Nuclide werden nach ihrem Aufbau und ihren chemischen Eigenschaften in 106 **Elemente** eingeteilt (Stand 1986). Für ein bestimmtes Element ist die Protonenzahl im Kern charakteristisch. Sie heißt **Kernladungszahl** oder **Ordnungszahl** und bestimmt den Platz des Elements im Periodensystem (s. Kap. 1.4).

Die etwa 300 bekannten Nuclide werden nach ihrem Aufbau und ihren chemischen Eigenschaften in 106 **Elemente** eingeteilt (Stand 1986). Für ein bestimmtes Element ist die Protonenzahl im Kern charakteristisch. Sie heißt **Kernladungszahl** oder **Ordnungszahl** und bestimmt den Platz des Elements im Periodensystem (s. Kap. 1.4).

Die zu einem Element gehörenden Atome haben also alle die gleiche Kernladungszahl, können sich aber in der Neutronenzahl unterscheiden. Solche Atome mit gleicher Protonenzahl, aber verschiedener Nucleonenzahl heißen **Isotope** des jeweiligen Elements. Ihre Kennzeichnung erfolgt im Bedarfsfall durch Indizes links neben dem Elementsymbol oder durch die Angabe der Nucleonenzahl rechts neben dem Elementsymbol.

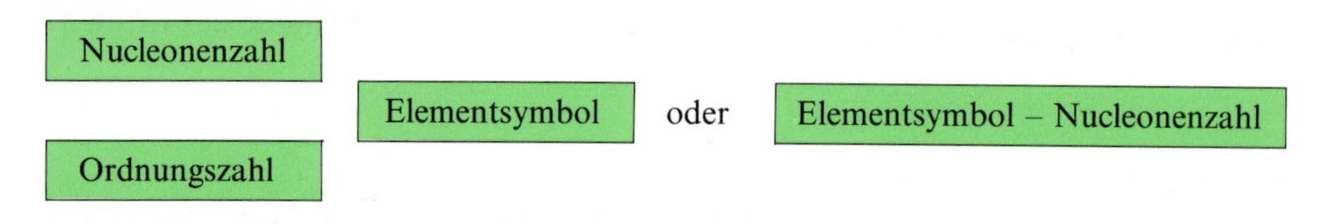

Tab. 1–3 Beispiele für die zu einem Element gehörenden Isotope

Element	Isotope		
Wasserstoff	${}^{1}_{1}H$ oder H ${}^{2}_{1}H$ oder D (Deuterium, „schwerer Wasserstoff") ${}^{3}_{1}H$ oder T (Tritium, „überschwerer Wasserstoff")		
Kohlenstoff	${}^{12}_{6}C$	${}^{13}_{6}C$	${}^{14}_{6}C$
Phosphor	${}^{31}_{15}P$	${}^{32}_{15}P$	

Auf die Angabe der Ordnungszahl wird auch häufig verzichtet. Sie ist neben dem Elementsymbol eine redundante Größe; auch ohne sie sind Verwechslungen ausgeschlossen.

Beispiel:

Um den Kohlenstoff mit der Nucleonenzahl 12 zu bezeichnen, kann man schreiben:

$^{12}_{6}C$ oder ^{12}C oder C–12.

Man mache sich klar: ^{12}C und ^{31}P sind Isotope der Elemente Kohlenstoff bzw. Phosphor. Natürlich sind Kohlenstoff und Phosphor *zueinander nicht isotop*, denn sie stehen nicht am gleichen Ort (isos topos) im Periodensystem.

Bis auf die Wasserstoffsorten H, D und T erkennt man gleiche Elemente also am gleichen Elementsymbol oder am gleichen Index links unten, der Kernladungszahl oder Ordnungszahl. Die Nucleonenzahl (Massenzahl) ersieht man aus dem Index links oben. Nur wenn beide Indizes gleich sind, sind Nuclide identisch.

Protonenzahl = **Kernladungszahl** = **Ordnungszahl**

Nucleonenzahl = **Massenzahl** = Protonenzahl + Neutronenzahl

Nuclid: Eine durch Kernladungszahl und Neutronenzahl charakterisierte Atomsorte

Element: Eine durch die Kernladungszahl charakterisierte Atomsorte, die Neutronenzahl kann verschieden sein

Isotope: Nuclide mit gleicher Kernladungszahl, aber verschiedener Neutronenzahl. Sie stehen im Periodensystem am gleichen Ort (isos topos = gleicher Ort)

Viele Elemente sind in der Natur als Isotopengemische bestimmter prozentualer Zusammensetzung vorhanden. Die tabellierten Atommassen sind Durchschnittswerte. Man erhält die Atommasse eines Elements generell aus den Atommassen seiner Isotope entsprechend ihrer natürlichen Häufigkeit.

Beispiel:

In allen in der Natur vorkommenden Chlorverbindungen hat dieses Element eine Isotopenzusammensetzung von ^{35}Cl: $^{37}Cl = 3:1$. Daraus resultiert für das Chlor eine Atommasse von 35,5 (alle Werte gerundet).

Einige Isotope sind instabil. Als sog. **Radioisotope** oder **Radionuclide** geben sie Energie in Form von Strahlung ab **(Radioaktivität)** und wandeln sich dabei letztlich in stabile Isotope um. Man unterscheidet (Abb. 1–1).

α-Strahlung: Sie besteht aus Helium-Atomkernen ($^{4}_{2}He^{2+}$), also doppelt positiv geladenen Teilchen;

β-Strahlung: Dabei handelt es sich um Elektronen;

γ-Strahlung: Energiereiche elektromagnetische Strahlung (harte Röntgenstrahlung), die keine Ladung besitzt.

Die Emission von α-Strahlung (Heliumkerne, $^4_2He^{2+}$) führt zur Bildung leichterer Kerne. Die Umwandlung eines Neutrons in ein Proton (Abb. 1–2) ist mit der Emission von β-Strahlung verbunden, führt also zur Bildung eines Kerns mit höherer Ordnungszahl. Beispielsweise entstehen aus Tritiumkernen unter Abgabe von β-Strahlung (e^-) Heliumkerne (Abb. 1–3).

Die Strahlungsintensität eines radioaktiven Präparats nimmt allmählich ab. Die pro Zeiteinheit zerfallende Anzahl von Kernen ist der augenblicklich vorhandenen Gesamtzahl (N) proportional (Abb. 1–4).

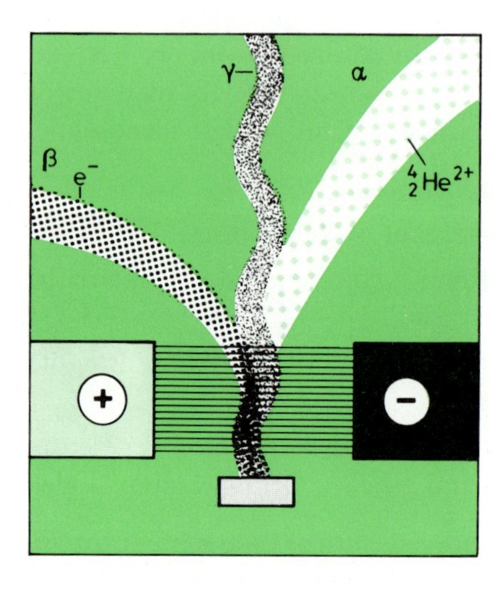

Abb. 1–1 α-, β- und γ-Strahlung verhalten sich im elektrischen Feld unterschiedlich. γ-Strahlung – eine energiereiche Röntgenstrahlung – passiert das elektrische Feld unbeeinflußt. β-Strahlung besteht aus Elektronen (e^-) und wird daher zum positiven Pol abgelenkt. α-Strahlung besteht aus Heliumkernen ($^4_2He^{2+}$), die als positiv geladene Teilchen zum negativen Pol hin abgelenkt werden – wegen ihrer größeren Masse (Nucleonenzahl 4) allerdings nur weniger stark.

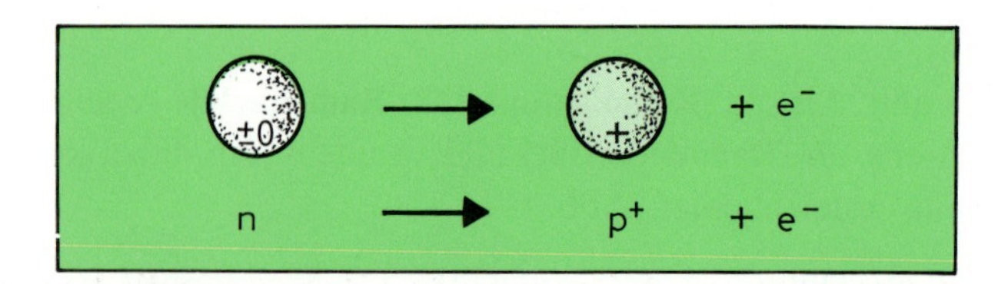

Abb. 1–2 Neutronen können sich unter Abstrahlung von Elektronen (β-Strahlung) in Protonen umwandeln. Es entsteht ein Element höherer Ordnungszahl, jedoch gleicher Nucleonenzahl.

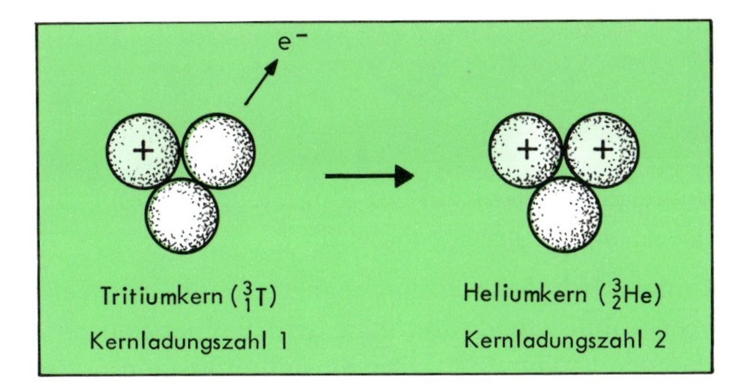

Abb. 1–3 Beim Zerfall eines Tritiumkerns unter Emission von β-Strahlung entsteht ein Heliumisotop.

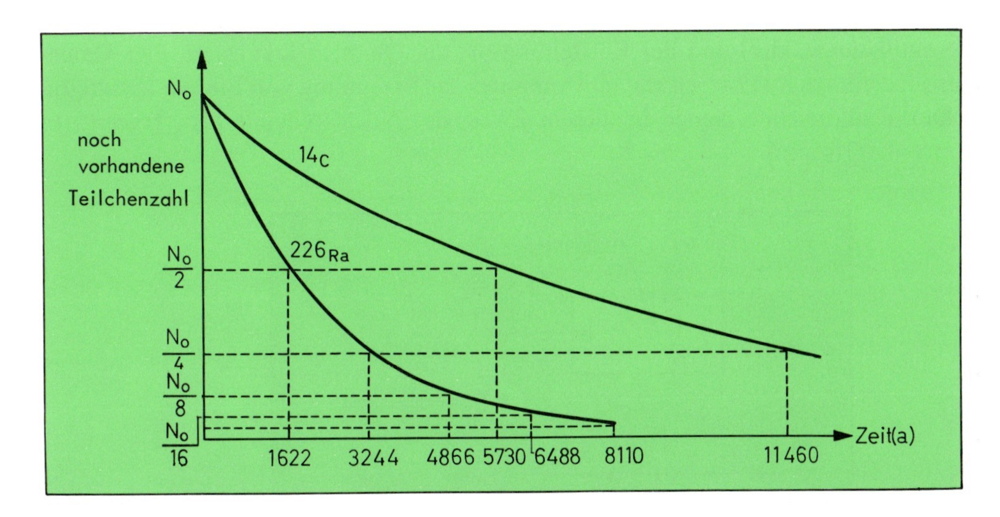

Abb. 1–4 Die Halbwertszeit eines Radionuclids ist unabhängig von der vorhandenen Teilchenzahl. In diesem Zeitraum geht die Strahlungsintensität jeweils auf die Hälfte ihres ursprünglichen Wertes zurück.

$$N = N_0 \cdot e^{-\lambda t}$$

N_0 = Teilchenzahl am Anfang ($t = 0$)
t = Zeit
λ = Zerfallskonstante (isotopspezifisch)

Der Zerfall folgt also einem Zeitgesetz 1. Ordnung. Die Zeit, in der die Hälfte aller ursprünglich vorhandenen aktiven Kerne zerfallen ist, heißt **Halbwertszeit**. Sie ist unabhängig von der Ausgangsmenge.

$$t_{1/2} = \frac{0{,}693}{\lambda}$$

Der Nachweis der Strahlung gründet sich auf ihre ionisierende Wirkung, weshalb sie allgemein als *ionisierende Strahlung* bezeichnet wird.

In einer Ionisationskammer befindet sich ein geeignetes Gas in einem elektrischen Feld. Durch die eindringende ionisierende Strahlung wird die Gasatmosphäre infolge Ionenbildung elektrisch leitend (Abb. 1–5). Der Stromfluß löst ein optisches oder akustisches Signal aus (Ausschlag eines Meßgerätes, Knackgeräusch eines Geigerzählers).

In der medizinischen Diagnostik benutzt man zur Lokalisierung inkorporierter Radioaktivität Strahlungsdetektoren mit Szintillationskristallen, in denen jedes absorbierte γ-Quant einen Lichtblitz erzeugt. Die Lichtblitze werden vom Gerät gezählt (**Szintillationszähler**) und der Entstehungsort der Quanten lokalisiert. Der Datenstrom dient nach Verarbeitung im Computer zur Erzeugung von Bildern (**Szintigraphie**). Radionuclide dienen in diesem Zweig der Nuclearchemie als „**Tracer**“ (to trace = verfolgen).

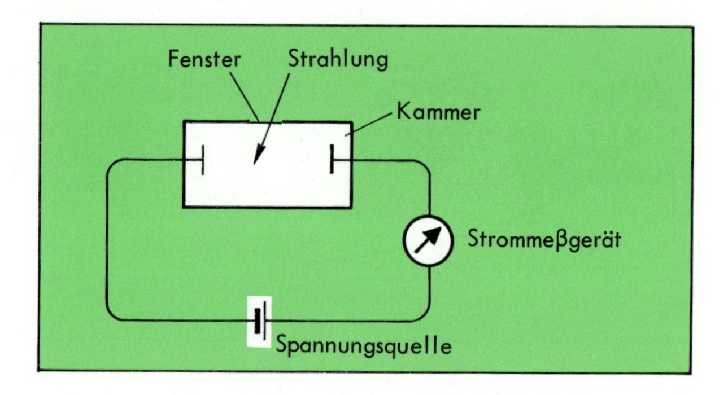

Abb. 1–5 Ionisationskammer (Schema). Beim Eindringen von ionisierender Strahlung in die mit einem verdünnten Gas gefüllte Kammer kommt es zum Stromfluß.

1.3 Die Elektronenhülle

Als ungeladenes Teilchen hat ein Atom ebensoviele Elektronen in seiner Hülle wie Protonen im Kern. Durch Elektronenentzug entstehen daraus positiv geladene Teilchen (**Kationen**), durch Elektronenaufnahme negativ geladene Teilchen (**Anionen**). Die Beschaffenheit der Elektronenhülle eines Atoms bestimmt dessen chemisches Verhalten, denn nur hier treten bei chemischen Reaktionen Veränderungen ein, nicht aber im Atomkern. Über die Struktur der Elektronenhüllen der verschiedenen Elemente existieren Modellvorstellungen.

1.3.1 Das Bohrsche Atommodell

Bei diesem Modell nimmt man an, daß die Elektronen als punktförmige Ladungen den Kern umkreisen. Ihre Bahnen liegen im einfachsten Fall auf Kugelschalen; dabei sind nicht beliebige, sondern nur bestimmte Radien erlaubt (s. Abb. 1–6). Von innen nach außen gehend werden sie 1.,2.,3... Schale genannt oder **K-,L-,M-... Schale** mit den **Hauptquantenzahlen** $n = 1,2,3\ldots$ (zusätzliche sog. **Nebenquantenzahlen** können weitere Eigenschaften der Elektronenhülle beschreiben, z. B. ellipsoide Elektronenbahnen).

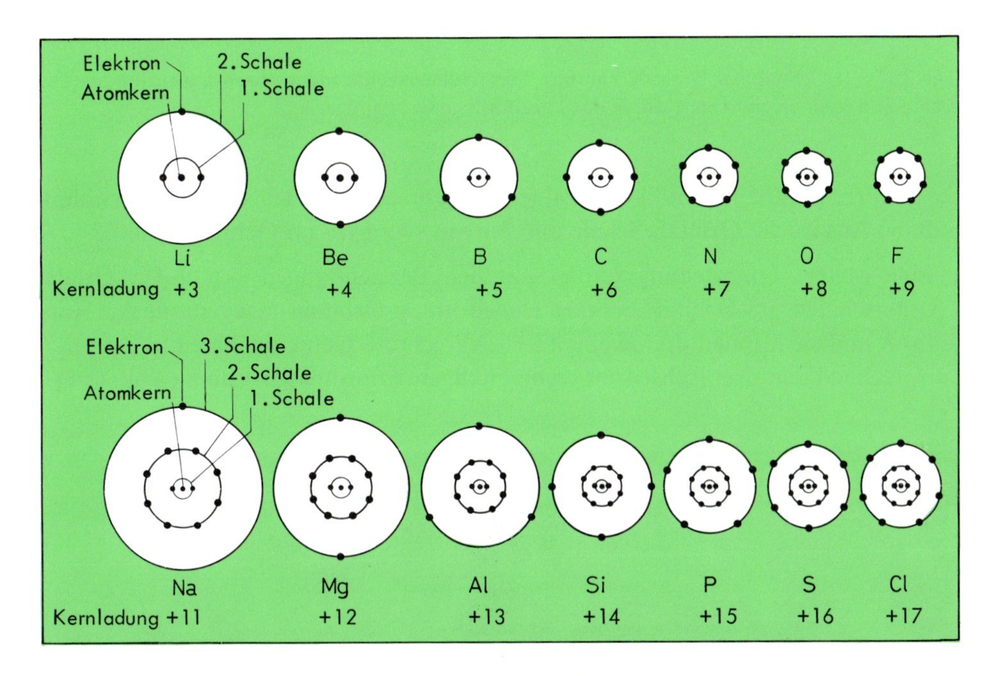

Abb. 1–6 Elektronenschalen und relative Atomradien einiger Elemente.

1.3.2 Das Orbitalmodell

Nach dem Orbitalmodell betrachtet man die Elektronen als im Raum schwingende, negative elektrische Ladungen (Ladungswolke). Der Raum, der einem Elektron für seinen Aufenthalt zur Verfügung steht, wird **Orbital** genannt. Die Ladung des Elektrons ist nicht gleichmäßig über das Orbital verteilt. Anders ausgedrückt: Die Wahrscheinlichkeit, das Elektron anzutreffen, ist nicht an allen Punkten seines Aufenthaltsraumes gleich groß (Abb. 1–7).

Im Orbitalmodell kennzeichnen die Zahlen $n = 1,2,3\ldots$ eine wachsende Größe der Orbitale und somit eine größere mittlere Entfernung der Elektronen vom Atomkern.

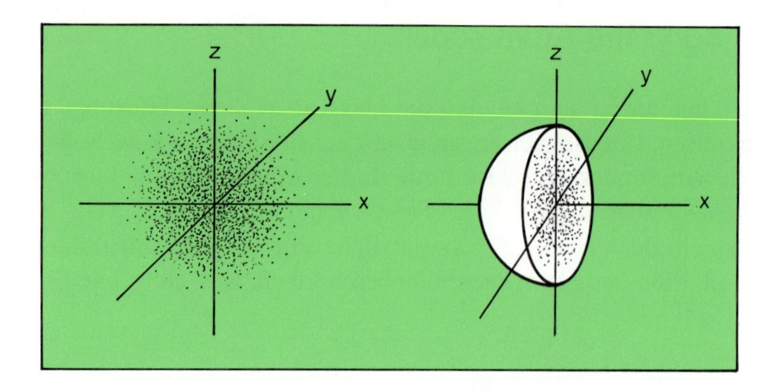

Abb. 1–7 1s-Orbital des Wasserstoffatoms. Die Ladungsdichte nimmt nach außen hin ab. Das rechte Bild stellt einen Schnitt durch das kugelförmige Orbital dar.

Sie entsprechen den Hauptquantenzahlen im Bohrschen Modell. Es sei hier erwähnt, daß die Ausdrücke **Orbital, Schale** und **Niveau** synonym im Gebrauch sind.

Eine weitere Unterteilung erfolgt mit den Bezeichnungen **s-,p-,d-,f-... Orbital** („Unterschalen"); s-Orbitale besitzen Kugelform, p-Orbitale dagegen eine Art Hantelform und sie können drei zueinander senkrechte Lagen einnehmen: p_x, p_y, p_z – entsprechend den drei Achsen im rechtwinkligen Koordinatensystem (Abb. 1–8).

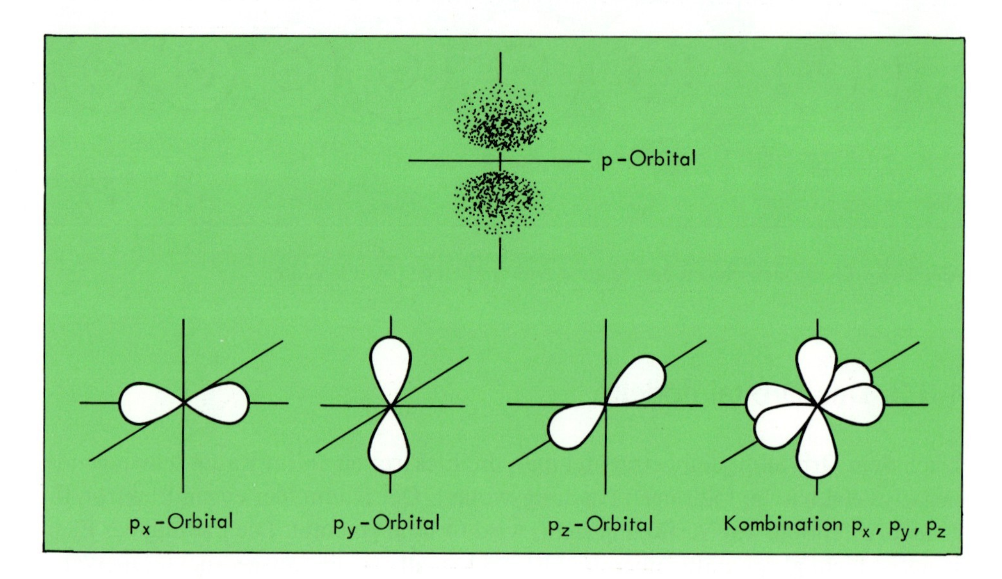

Abb. 1–8 Oben: Form und Elektronendichteverteilung eines p-Orbitals. Die Hantelhälften weisen in der Nähe der Knotenebene, in der keine Ladung anzutreffen ist, eine erhöhte Ladungsdichte auf. Unten: Schematische Darstellung der Lage der p-Orbitale im rechtwinkligen Koordinatensystem, sowie der Kombination von p_x, p_y und p_z. Durch analoge Kombination mit weiteren Orbitalen können komplizierte Gebilde entstehen, z. B. bei gleichzeitiger Anwesenheit von s- und p-Elektronen.

1.3.3 Energieinhalt und Besetzung der Orbitale

Jedes Orbital entspricht einem bestimmten Energieinhalt (Abb. 1–9) und kann maximal zwei energetisch gleichwertige Elektronen aufnehmen, die entgegengesetzten **Spin** (Rotation um die eigene Achse) besitzen. Gekennzeichnet sind die Rotationsrichtungen in Abb. 1–10 durch kleine Pfeile (↑↓).

Normalerweise besetzen die Elektronen die energetisch am niedrigsten liegenden Niveaus (**Grundzustand**). Wasserstoff enthält also sein Elektron im 1s-Niveau. Beim Helium ($_2$He, 2 Protonen im Kern, 2 Elektronen in der Hülle) sind beide Elektronen im Niveau mit $n=1$ untergebracht, das damit voll ist. Vom Element Lithium ab ($_3$Li, 3 Elektronen) beginnt die Auffüllung des Niveaus mit $n=2$, wobei jedes der energiegleichen Orbitale zunächst nur ein Elektron bekommt, bevor der Einbau des jeweils zweiten erfolgt (Abb. 1–10).

Element	Ordnungszahl	Elektronenkonfiguration	
Kohlenstoff	6	$1s^2$	$2s^2 2p_x^1 2p_y^1$
Stickstoff	7	$1s^2$	$2s^2 2p_x^1 2p_y^1 2p_z^1$
Sauerstoff	8	$1s^2$	$2s^2 2p_x^2 2p_y^1 2p_z^1$
Fluor	9	$1s^2$	$2s^2 2p_x^2 2p_y^2 2p_z^1$
Neon (Edelgas)	10	$1s^2$	$2s^2 2p_x^2 2p_y^2 2p_z^2$
		Edelgaskonfiguration	

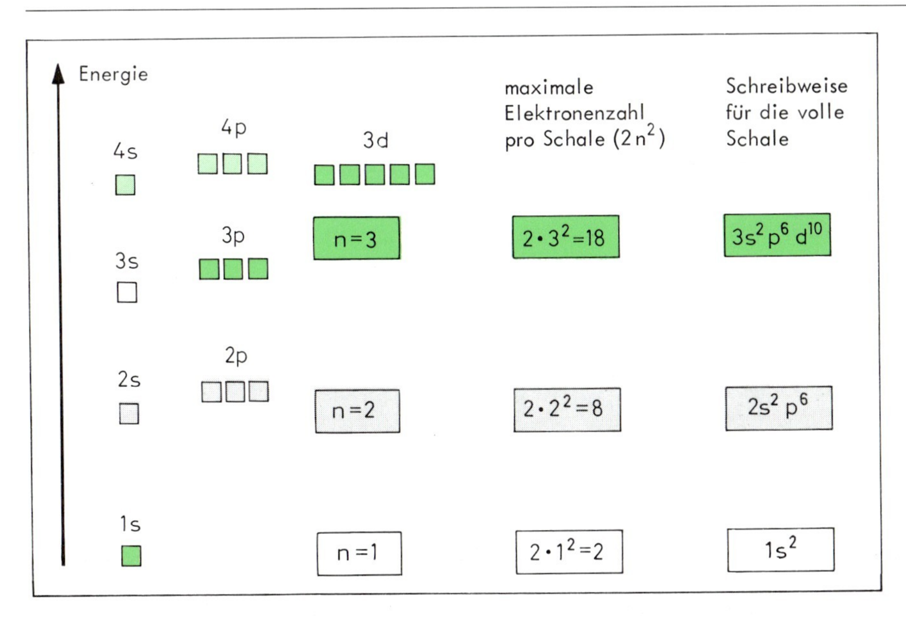

Abb. 1–9 Energieniveau-Schema der Orbitale eines Atoms. Das 4s-Niveau liegt etwas niedriger als das 3d-Niveau und wird deshalb von diesem aufgefüllt. Bei der Schreibweise für die Besetzung der Schale mit Elektronen (Elektronenkonfiguration) sind die vorn stehenden Ziffern die Hauptquantenzahlen, die Hochzahlen geben die Zahl der Elektronen im jeweiligen Unterniveau (s,p,d...) an.

Element \ Orbital	K n = 1	L n = 2		M n = 3			Elektronenkonfiguration	
	1s	2s	2p	3s	3p	3d	4s	4p
1 H	↑	□	□ □ □	□	□ □ □	□ □ □ □ □	$1s^1$	
2 He	↑↓	□	□ □ □	□	□ □ □	□ □ □ □ □	$1s^2$	
3 Li	↑↓	↑	□ □ □	□	□ □ □	□ □ □ □ □	$1s^2\ 2s^1$	
4 Be	↑↓	↑↓	□ □ □	□	□ □ □	□ □ □ □ □	$1s^2\ 2s^2$	
5 B	↑↓	↑↓	↑ □ □	□	□ □ □	□ □ □ □ □	$1s^2\ 2s^2\ p^1$	
6 C	↑↓	↑↓	↑ ↑ □	□	□ □ □	□ □ □ □ □	$1s^2\ 2s^2\ p^2$	
7 N	↑↓	↑↓	↑ ↑ ↑	□	□ □ □	□ □ □ □ □	$1s^2\ 2s^2\ p^3$	
8 O	↑↓	↑↓	↑↓ ↑ ↑	□	□ □ □	□ □ □ □ □	$1s^2\ 2s^2\ p^4$	
9 F	↑↓	↑↓	↑↓ ↑↓ ↑	□	□ □ □	□ □ □ □ □	$1s^2\ 2s^2\ p^5$	
10 Ne	↑↓	↑↓	↑↓ ↑↓ ↑↓	□	□ □ □	□ □ □ □ □	$1s^2\ 2s^2\ p^6$	
11 Na	↑↓	↑↓	↑↓ ↑↓ ↑↓	↑	□ □ □	□ □ □ □ □	$1s^2\ 2s^2\ p^6\ 3s^1$	
12 Mg	↑↓	↑↓	↑↓ ↑↓ ↑↓	↑↓	□ □ □	□ □ □ □ □	$1s^2\ 2s^2\ p^6\ 3s^2$	
13 Al	↑↓	↑↓	↑↓ ↑↓ ↑↓	↑↓	↑ □ □	□ □ □ □ □	$1s^2\ 2s^2\ p^6\ 3s^2\ p^1$	
14 Si	↑↓	↑↓	↑↓ ↑↓ ↑↓	↑↓	↑ ↑ □	□ □ □ □ □	$1s^2\ 2s^2\ p^6\ 3s^2\ p^2$	
15 P	↑↓	↑↓	↑↓ ↑↓ ↑↓	↑↓	↑ ↑ ↑	□ □ □ □ □	$1s^2\ 2s^2\ p^6\ 3s^2\ p^3$	
16 S	↑↓	↑↓	↑↓ ↑↓ ↑↓	↑↓	↑↓ ↑ ↑	□ □ □ □ □	$1s^2\ 2s^2\ p^6\ 3s^2\ p^4$	
17 Cl	↑↓	↑↓	↑↓ ↑↓ ↑↓	↑↓	↑↓ ↑↓ ↑	□ □ □ □ □	$1s^2\ 2s^2\ p^6\ 3s^2\ p^5$	
18 Ar	↑↓	↑↓	↑↓ ↑↓ ↑↓	↑↓	↑↓ ↑↓ ↑↓	□ □ □ □ □	$1s^2\ 2s^2\ p^6\ 3s^2\ p^6$	
19 K	↑↓	↑↓	↑↓ ↑↓ ↑↓	↑↓	↑↓ ↑↓ ↑↓	□ □ □ □ □	↑	□ □ □
20 Ca	↑↓	↑↓	↑↓ ↑↓ ↑↓	↑↓	↑↓ ↑↓ ↑↓	□ □ □ □ □	↑↓	□ □ □
21 Sc	↑↓	↑↓	↑↓ ↑↓ ↑↓	↑↓	↑↓ ↑↓ ↑↓	↑ □ □ □ □	↑↓	□ □ □
22 Ti	↑↓	↑↓	↑↓ ↑↓ ↑↓	↑↓	↑↓ ↑↓ ↑↓	↑ ↑ □ □ □	↑↓	□ □ □
⋮								
36 Kr	↑↓	↑↓	↑↓ ↑↓ ↑↓	↑↓	↑↓ ↑↓ ↑↓	↑↓ ↑↓ ↑↓ ↑↓ ↑↓	↑↓	↑↓ ↑↓ ↑↓

Abb. 1–10 Aufbauschema der Elektronenhülle einiger Elemente (Kästchensymbolik). Im Grundzustand besetzen die Elektronen die Orbitale niedrigster Energie. Die Auffüllung des 3d-Niveaus beginnt erst nach vollständiger Besetzung des (energieärmeren) 4s-Niveaus, also ab Element 21 (leichtestes Übergangselement/Nebengruppenelement). Jedes Orbital (□) kann zwei Elektronen aufnehmen (↑↓). Die p-, d-... Orbitale werden zunächst nur einfach besetzt (vgl. z. B. C und O).

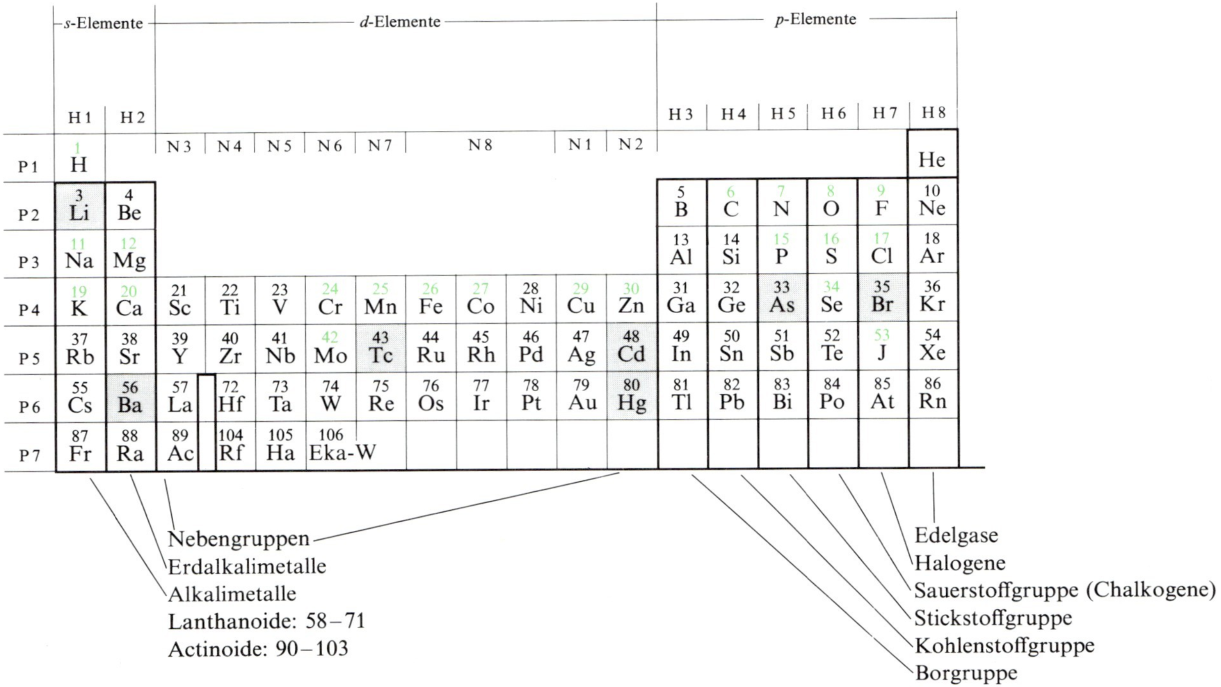

	s-Elemente		*d*-Elemente										*p*-Elemente					
	H 1	H 2	N 3	N 4	N 5	N 6	N 7	N 8	N 8	N 8	N 1	N 2	H 3	H 4	H 5	H 6	H 7	H 8
P 1	1 H																	He
P 2	3 Li	4 Be											5 B	6 C	7 N	8 O	9 F	10 Ne
P 3	11 Na	12 Mg											13 Al	14 Si	15 P	16 S	17 Cl	18 Ar
P 4	19 K	20 Ca	21 Sc	22 Ti	23 V	24 Cr	25 Mn	26 Fe	27 Co	28 Ni	29 Cu	30 Zn	31 Ga	32 Ge	33 As	34 Se	35 Br	36 Kr
P 5	37 Rb	38 Sr	39 Y	40 Zr	41 Nb	42 Mo	43 Tc	44 Ru	45 Rh	46 Pd	47 Ag	48 Cd	49 In	50 Sn	51 Sb	52 Te	53 J	54 Xe
P 6	55 Cs	56 Ba	57 La	72 Hf	73 Ta	74 W	75 Re	76 Os	77 Ir	78 Pt	79 Au	80 Hg	81 Tl	82 Pb	83 Bi	84 Po	85 At	86 Rn
P 7	87 Fr	88 Ra	89 Ac	104 Rf	105 Ha	106 Eka-W												

Nebengruppen
Erdalkalimetalle
Alkalimetalle
Lanthanoide: 58–71
Actinoide: 90–103

Edelgase
Halogene
Sauerstoffgruppe (Chalkogene)
Stickstoffgruppe
Kohlenstoffgruppe
Borgruppe

Abb. 1–11 Periodensystem der Elemente (ohne Lanthanoide und Actinoide) mit Sammelbezeichnungen für einige Gruppen. Biochemisch wichtige Elemente sind farbig, pharmakologisch und toxikologisch bedeutsame Elemente sind grau markiert.
P: Periode, H: Hauptgruppe, N: Nebengruppe.

Man erkennt aus Abb. 1–10 ferner, daß nach dem Edelgas Argon ($n = 3$, 3s- und 3p-Niveau mit insgesamt 8 Elektronen besetzt, 3d-Niveau leer) erst das energieärmere 4s-Niveau besetzt wird und dann mit dem ersten Nebengruppenelement $_{21}Sc$ die Besetzung der fünf 3d-Orbitale mit insgesamt 10 Elektronen beginnt. Diese Reihe von 10 Elementen eröffnet eine Unterabteilung des Periodensystems. Sie heißen **Nebengruppenelemente** oder **Übergangselemente**. Analoge Verhältnisse findet man bei Elementen der Ordnungszahlen 58–71 (**Lanthanoide**, früher **Lanthaniden**) und 90–103 (**Actinoide**, früher **Actiniden**). Innerhalb einer Periode ergibt sich also von Element zu Element eine unterschiedliche Elektronenzahl auf der

- äußersten Schale bei Hauptgruppenelementen
- zweitäußersten Schale bei Nebengruppenelementen
- drittäußersten Schale bei Lanthanoiden und Actinoiden.

1.4 Das Periodensystem der Elemente (PSE)

1.4.1 Aufbau

Das geschilderte Aufbauprinzip spiegelt sich im **Periodensystem** wider (Abb. 1–11), das die Elemente nach steigender Ordnungszahl waagerecht aufgelistet enthält. Man beginnt dabei jeweils eine neue Zeile (**Periode**), wenn der Aufbau einer neuen Schale beginnt, also nach den Edelgasen He, Ne, Ar, Kr, Xe, Rn. Auf diese Weise kommen die Elemente mit der gleichen Anzahl von Elektronen auf der äußersten Schale untereinander zu stehen (**Gruppen**). Diese Außenelektronen werden auch als **Valenzelektronen** bezeichnet. Mit Ausnahme des He (Elektronenkonfiguration $1s^2$) enthalten alle Edelgase auf der äußersten Schale die s- und p-Orbitale gefüllt (s^2p^6), dieser Zustand ist besonders stabil (**Edelgaskonfiguration**).

1.4.2 Die Periodizität einiger Eigenschaften

Die Eigenschaften von Elementen ändern sich periodisch mit steigender Ordnungszahl; desgleichen die Eigenschaften von analogen Verbindungen. Innerhalb einer Gruppe finden sich auffallende Ähnlichkeiten der Eigenschaften.

Die **Atom- und Ionenradien** steigen innerhalb einer Gruppe von oben nach unten infolge wachsender Zahl von Elektronenschalen. Innerhalb einer Periode sinken die Radien, da die wachsende positive Kernladung eine Kontraktion der negativ geladenen Elektronenhülle hervorruft (Abb. 1–6 und 1–12).

Die Abtrennung eines Elektrons von einem Atom nennt man **Ionisierung**. Der dazu notwendige Energiebetrag heißt **Ionisierungsenergie (Ionisierungspotential)**.

$$X + \text{Ionisierungsenergie} \rightarrow X^+ + e^-$$

Etwas vereinfacht läßt sich sagen, daß die Ionisierungsenergie im PSE von oben nach unten abnimmt (wachsende Abschirmung des „letzten“ Elektrons vom Kern durch innere Schalen) und von links nach rechts zunimmt (Abb. 1–12). Die Abtrennung eines zweiten, dritten... Elektrons (zweite, dritte... Ionisierungsenergie) erfordert erwartungsgemäß zunehmend höhere Energiebeträge.

Nimmt ein Atom ein bzw. mehrere Elektronen auf, dann wird dabei Energie frei, die **Elektronenaffinität**:

$$X + e^- \rightarrow X^- + \text{Elektronenaffinität}$$

Sie ist am größten bei den Halogenen, etwas kleiner bei den Chalkogenen (6. Hauptgruppe). Die Elemente der ersten und zweiten Gruppe bilden – mit Ausnahme des Wasserstoffs – keine negativ geladenen Ionen.

Die **Elektronegativität** (EN) eines Atoms ist ein Maß für seine Fähigkeit, in einer kovalenten Bindung die Bindungselektronen zu sich heranzuziehen. Die EN läßt sich aus der Ionisationsenergie und der Elektronenaffinität berechnen und nimmt von links nach rechts (wegen steigender Kernladung) und von unten nach oben (wegen sinkenden Durchmessers) zu (Abb. 1–12 und 1–13).

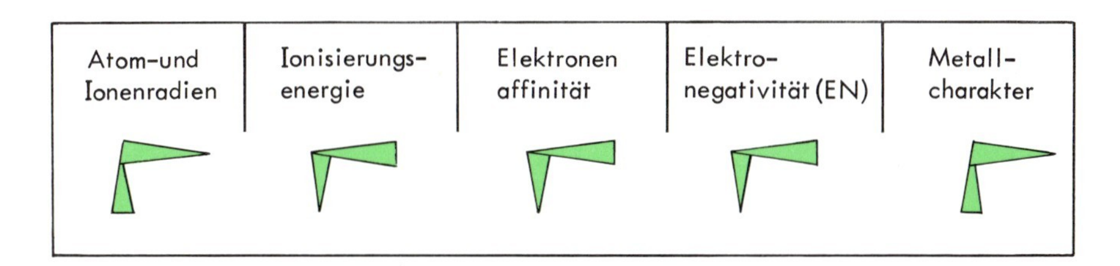

Abb. 1–12 Schema zur Illustration einiger Eigenschaftsänderungen ▲ (▼): Zunahme (Abnahme) innerhalb einer Gruppe von oben nach unten. ◀ (▶): Zunahme (Abnahme) von links nach rechts innerhalb einer Periode.

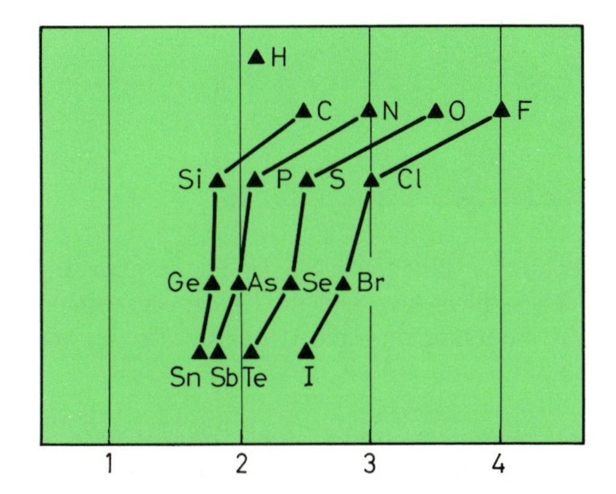

Abb. 1–13 Elektronegativität einiger Hauptgruppenelemente.

Die Tatsache, daß die Elektronegativität des Chlors deutlich größer ist als die des Wasserstoffs, macht zum Beispiel verständlich, daß sich im Molekül H—Cl das bindende Elektronenpaar nicht in der Mitte, sondern näher beim Chlor befindet.

$$\overset{\delta+}{\mathrm{H}}\text{—}\overset{\delta-}{\mathrm{Cl}}$$

Die Elemente des PSE lassen auch eine periodische Änderung des metallischen Charakters erkennen. Links stehen die **Metalle** (gute Stromleiter), rechts die **Nichtmetalle** (Isolatoreigenschaften), zwischen ihnen die sog. **Halbmetalle**. Die Übergangselemente sind ausnahmslos Metalle.

Ein weiterer Begriff zur Charakterisierung von Elementen ist die **Oxidationszahl**. Sie ist definiert als Differenz zwischen der Protonenzahl im Kern und der Elektronenzahl in der Hülle und wird nach folgenden *Regeln* ermittelt:

1. In einatomigen Ionen ist sie gleich der Ladung des Ions (Na^+, Cl^- usw., s. auch Tab. 7–2);
2. bei einer kovalenten Bindung (Abb. 1–14) zwischen verschiedenen Atomen werden beide Bindungselektronen dem Partner höherer Elektronegativität (Abb. 1–13) zugeordnet;
3. bei einer kovalenten Bindung zwischen gleichen Atomen erhält jeder Bindungspartner formal 1 Elektron des Bindungselektronenpaares (H—H, Cl—Cl, HO—OH, H_3C—CH_3 usw.).

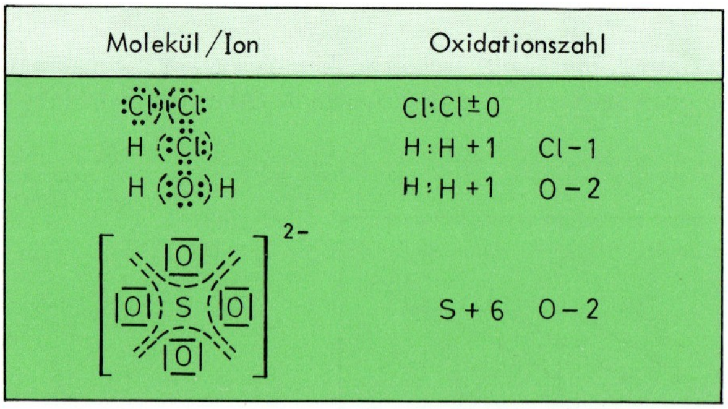

Molekül / Ion	Oxidationszahl	
:Cl:Cl:	Cl:Cl ± 0	
H :Cl:	H:H + 1	Cl − 1
H :O: H	H:H + 1	O − 2
$[SO_4]^{2-}$	S + 6	O − 2

Abb. 1–14 Um die Oxidationszahlen der an einer Bindung beteiligten Elemente zu ermitteln, werden die Bindungselektronenpaare formal den Elementen höherer Elektronegativität zugeordnet (zwei Punkte oder ein Strich am Elementsymbol repräsentieren hier ein Elektronenpaar).

Die Abb. 1–15 zeigt, wie sich die von den Elementen der Hauptgruppen bevorzugten Oxidationszahlen periodisch ändern.

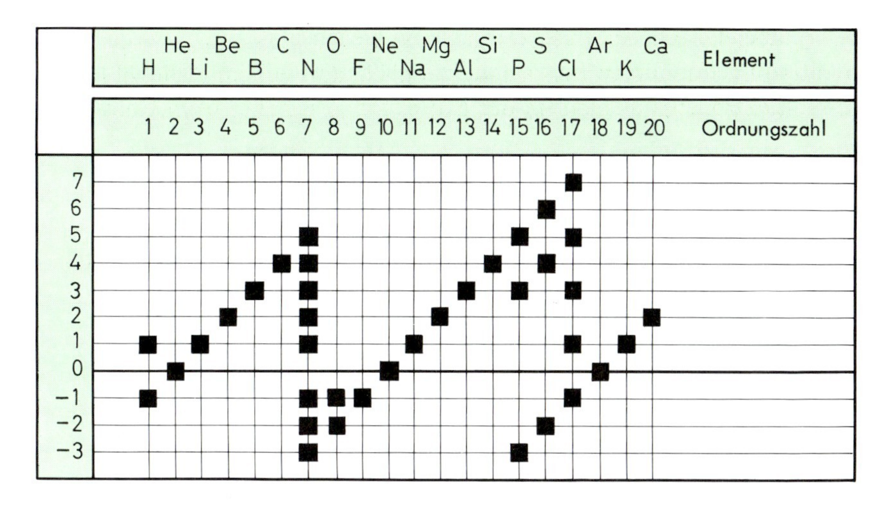

Abb. 1–15 Bevorzugte Oxidationszahlen von Elementen in Verbindungen.

1.5 Medizinisch wichtige Elemente

Im menschlichen Körper sind bisher etwa 40 verschiedene Elemente gefunden worden, 20 davon sind nach heutiger Kenntnis essentiell. Sie liegen hier in Form von Ionen bzw. anorganischen und organischen Verbindungen vor. Eine Übersicht über die Häufigkeit im menschlichen Körper zeigt Tab. 1–4.

Tab. 1–4 Massenanteil der Elemente im menschlichen Körper

Element	Massenanteil in %
Sauerstoff	63
Kohlenstoff	20
Wasserstoff	10
Stickstoff	3
Calcium	1,5
Phosphor	1
Kalium	0,25
Schwefel	0,2
Magnesium	0,04
Spurenelemente	1 (vgl. Tab. 1–5)

Nach dem gegenwärtigen Kenntnisstand sind die Ionen von 12 Metallen für die Lebenstätigkeit von Organismen unerläßlich (**Biometalle**); einige davon werden nur in geringen Mengen benötigt (**Spurenelemente, Spurenmetalle,** *Mikroelemente*). Sie heißen auch *essentielle* Spurenelemente im Gegensatz zu den *akzidentiellen*, die nur zufällig aufgenommen werden und biologisch unwichtig, manchmal aber giftig sind.

Die wichtigste Funktion der Biometalle ist die Beschleunigung von Stoffwechselvorgängen, die **Biokatalyse**, in Form von **Metalloenzymen**. Diese Enzyme enthalten die Metallionen komplex gebunden (vgl. Kap. 27).

Tab. 1–5 Biometalle in Metalloenzymen und im Hämoglobin

Funktion/	Ionen der essentiellen Metalle							
Enzym	Mg	Ca	Mn	Zn	Fe	Cu	Mo	Se	Co
Hydrolasen	+	+	+	+					
Oxidoreduktasen				+	+	+	+	+	
Vitamin B_{12}									+
Hämoglobin					+				

Es gibt Hinweise darauf, daß auch die Elemente V, Ni, Sn, Si und As zu den Biometallen gehören.

Die Wege und die Veränderungen einzelner Stoffe im lebenden Organismus (**Metabolismus**) lassen sich aufklären, indem man in Stoffwechselteilnehmern einzelne Isotope anreichert (**Markierung, Tracer** – von to trace: verfolgen) – z. B. Wasserstoff zum Teil durch Deuterium ersetzt – und den Weg des Isotops verfolgt. Man erhält so Kenntnisse über Aufnahme, Verteilung, Transport und Ausscheidungen von Stoffen sowie über Einzelheiten der Chemie des Zwischenstoffwechsels – sowohl qualitativ als auch quantitativ.

Tab. 1–6 Einige biochemisch wichtige Radionuclide

Isotop	Halbwertszeit	Strahlung	Anwendung
^{3}H (= T)	12,5a	β	Metabolismusforschung
^{35}S	87d	β	Metabolismusforschung
^{32}P	14d	β	Strahlentherapie am Knochengewebe
^{60}Co	5,3a	β, γ	Strahlentherapie
^{226}Ra	1600a	α	Strahlentherapie
^{123}I	13,2h	γ	Szintigraphie (Schilddrüse, Milz)
^{131}I	8d	β, γ	Schilddrüsenfunktionsprüfung
^{99m}Tc*	6h	γ	Schilddrüsenfunktionsprüfung

* Es handelt sich um ein angeregtes Isotop (m steht für metastabil), das mit einer Halbwertszeit von 6 h in ^{99}Tc übergeht. Dieses hat infolge seiner langen Halbwertszeit von 10^5 a nur noch sehr geringe Strahlungsintensität.

Besonders gut eignen sich für solche Untersuchungen Radionuclide. Um die Strahlenbelastung des zu untersuchenden Lebewesens gering zu halten, nimmt man bevorzugt Radioisotope mit relativ kleiner Halbwertszeit. Bei kleiner Halbwertszeit zerfallen nämlich relativ viele Atome einer bestimmten Gesamtzahl, ein solches Radionuclid ist also auch in geringer Konzentration bequem nachweisbar. Da sich einige Elemente in bestimmten Körperregionen anreichern, lassen sich Radioisotope auch zur gezielten Strahlentherapie verwenden.

Ist ein Stoff (Element oder Verbindung) geeignet zur Diagnose, Therapie oder Prophylaxe, so liegt ein **Pharmakon** vor. Die Grenze zu **Giften**, die schädigend wirken, ist oft fließend. Häufig entscheidet die Dosierung über die (Haupt)Wirkung. Sogar Sauerstoff wirkt beispielsweise in höheren Konzentrationen toxisch.

Tab. 1–7 Einige pharmakologisch und toxikologisch wichtige Elemente

Element	Anwendung/Wirkung
Lithium (Li)	Behandlung einiger Psychosen mit Li^+-Salzen
Barium (Ba)	$BaSO_4$ (praktisch unlöslich) als Kontrastmittel beim Röntgen, lösliche Ba^{2+}-Salze sind giftig
Blei (Pb)	Umweltgift
Arsen (As)	Umweltgift, früher in manchen Medikamenten
Quecksilber (Hg)	Umweltgift, früher in manchen Medikamenten; Hg^{2+} wirkt als Enzyminhibitor
Cadmium (Cd)	Umweltgift
Iod (I)	Desinfektionsmittel

2 Chemische Bindung

2.1 Allgemeines

Der Ausdruck „chemische Bindung“ kennzeichnet die Tatsache, daß zwischen Atomen, Ionen und Molekülen Anziehungskräfte auftreten können. Die einzelnen **Bindungstypen** werden unten beschrieben. In der Natur finden sich vielfach Übergänge zwischen ihnen.

Ein Maß für die Festigkeit einer Bindung ist ihre **Bindungsenergie**. Das ist der Energiebetrag, der bei der Bildung der Bindung frei wird (s. Kap. 2.8). Der gleiche Energiebetrag ist zur Trennung der Bindungspartner nötig.

Bei der Bildung von Verbindungen aus Elementen verändert sich die Situation in den Elektronenhüllen der Reaktionspartner. Die chemische Reaktion führt zu einer stabilen (energetisch begünstigten) Anordnung der Elektronen. Bei Reaktionen der Hauptgruppenelemente sind ausschließlich Elektronen der äußeren Schale beteiligt, bei Übergangselementen auch solche der „vorletzten“ Schale. Die Besetzung der Außenschalen mit Elektronen wird häufig durch Punkte (ein Elektron) bzw. Striche (Elektronenpaar) symbolisiert.

Beispiel:

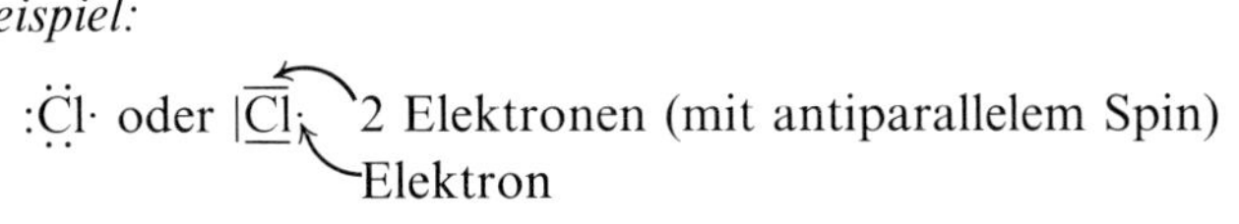

Einen besonders stabilen Zustand besitzen die Edelgase – beim Helium 2 Elektronen auf der Außenschale, bei den übrigen Edelgasen 8 Elektronen (**Edelgaskonfiguration**, s^2p^6). Diese Elemente gehen deshalb nur in Ausnahmefällen chemische Reaktionen ein und liegen in der Natur atomar vor. Viele chemische Reaktionen lassen sich verstehen durch die Regel, daß die Elemente dabei Edelgaskonfiguration zu erreichen suchen (**Oktettregel**, gilt nicht streng). Das geschieht – je nach Reaktionspartner – auf verschiedenen Wegen (s. u.).

Die **Summenformel** macht nur eine Angabe über die elementare Zusammensetzung einer chemischen Verbindung. Ein genaueres Bild liefert die **Strukturformel**, in der die räumliche Anordnung der Atome berücksichtigt wird. Zur Veranschaulichung dienen **Molekülmodelle** (Abb. 2–1).

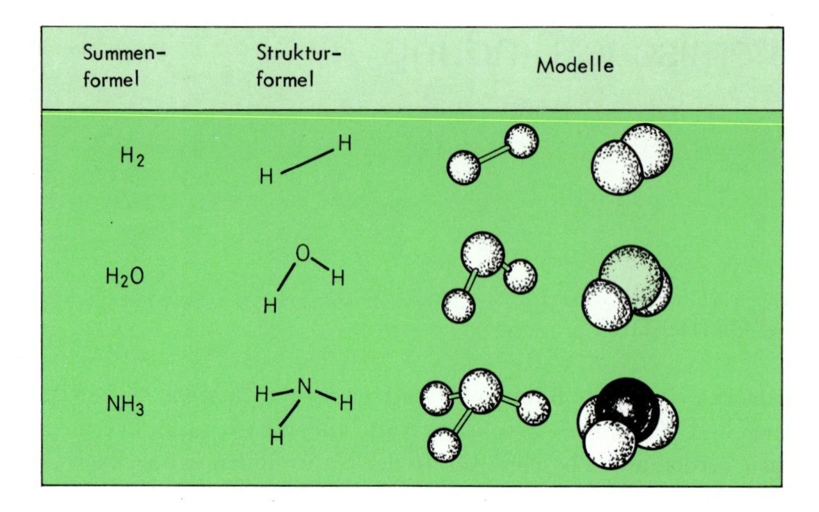

Abb. 2–1 Zusammensetzung und Bau von Molekülen. Die Striche zwischen den Atomen symbolisieren Atombindungen. Die rechts stehenden Modellbilder lassen auch die Raumerfüllung der Moleküle erkennen.

2.2 Die Atombindung

2.2.1 Orbitalüberlappung

In einem H-Atom hält sich das Elektron in einem kugelsymmetrischen **Atomorbital** auf. Bei genügender Annäherung eines zweiten H-Atoms kommt es zu einer Überlappung der beiden Atomorbitale und es entsteht ein bindendes **Molekülorbital**.* Das System besitzt bei einem bestimmten Überlappungsvolumen der Orbitale – d. h., bei einer bestimmten Entfernung der Bindungspartner – ein Energieminimum. Hier kommt der Annäherungsprozeß zum Stehen. Nun ist eine **Atombindung (Kovalenzbindung, Elektronenpaarbindung, homöopolare Bindung**) entstanden (Abb. 2–2). Sie ist rotationssymmetrisch (**σ-Bindung**), deshalb sind die Partner gegeneinander drehbar. Ähnlich läßt sich die Bildung anderer Moleküle verstehen (Abb. 2–2).

$$\text{H}\cdot + \cdot\text{H} \rightarrow \text{H—H} \qquad \text{(1s/1s-Überlappung)}$$
$$|\overline{\text{Cl}}\cdot + \cdot\overline{\text{Cl}}| \rightarrow |\overline{\text{Cl}}\text{—}\overline{\text{Cl}}| \qquad \text{(3p/3p-Überlappung)}$$
$$\text{H}\cdot + \cdot\overline{\text{Cl}}| \rightarrow \text{H—}\overline{\text{Cl}}| \qquad \text{(1s/3p-Überlappung)}$$

In Molekülen mit Mehrfachbindungen, z. B. im N_2-Molekül mit einer σ- und zwei π-Bindungen (Abb. 2–2 und Kap. 11)

* Gleichzeitig entsteht ein leeres antibindendes Molekülorbital, das für den Zusammenhalt der beiden Bindungspartner keinen Beitrag leistet.

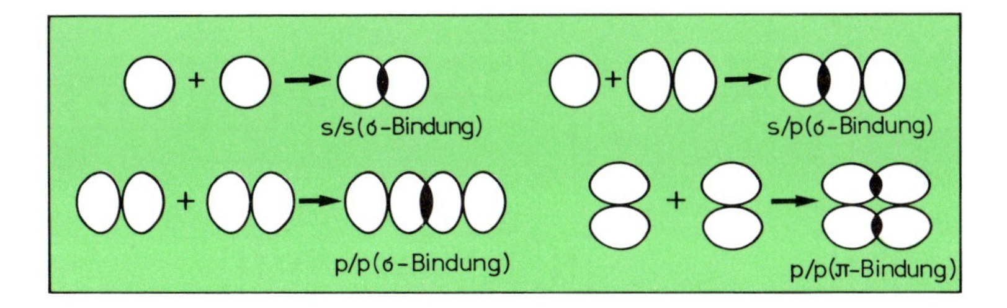

Abb. 2–2 Einige Möglichkeiten der Überlappung von Atomorbitalen bei der Bildung von Atombindungen. Drehung der Bindungspartner gegeneinander – die Verbindungslinie zwischen den verbundenen Atomen sei die Rotationsachse – bewirkt bei einer σ-Bindung keine Änderung des Überlappungsvolumens (Rotationssymmetrie). Daher herrscht freie Drehbarkeit. Bei π-Bindungen setzt eine Rotation die Überwindung einer Energiebarriere voraus, wobei nach Drehung um jeweils 180° die π-Bindung wieder „einrastet".

$$|\dot{\underset{\cdot}{N}}\cdot + \cdot\dot{\underset{\cdot}{N}}| \rightarrow |N\equiv N|$$

ist die freie Drehbarkeit aufgehoben bzw. eingeschränkt (vgl. auch Kap. 11).

Durch „gemeinsame Benutzung der Bindungselektronen" erlangen jeweils beide Bindungspartner **Edelgaskonfiguration**. Die Elektronenladung ist in Molekülen symmetrisch verteilt, wenn beide Partner die gleiche Elektronegativität (EN) haben (z. B. in H_2).

Je größer das Volumen der Überlappung ist, desto fester ist die Bindung, umso größer war also der bei der Bindungsbildung freigesetzte Energiebetrag, die **Bindungsenergie**. Bindungsdehnung (Verkleinerung des Überlappungsvolumens) ist daher nur unter Energiezufuhr möglich. Bei Drehungen der Bindungspartner gegeneinander um ihre Verbindungslinie (Achse der Rotation) ändert sich das Überlappungsvolumen bei einer (rotationssymmetrischen) σ-Bindung nicht, wohl aber bei einer π-Bindung. Aus diesem Modell wird plausibel, daß die Zufuhr einer hinreichenden Energiemenge auch bei Doppelbindungen eine Rotation um die Bindungsachse herbeiführen kann.

Das H_2O-Molekül läßt sich aus einem Sauerstoff- und zwei Wasserstoffatomen aufbauen.

$$H\cdot + \cdot\overline{O}\cdot + \cdot H \longrightarrow H{-}\overline{O}{-}H \;\hat{=}\; H{-}\overline{\underline{O}}{-}H$$

Im Gedankenexperiment läßt sich dieser Vorgang in mehrere Teilschritte zerlegen. Das Sauerstoffatom geht zunächst aus dem **Grundzustand** über einen angeregten Zustand in den sogenannten **Valenzzustand** über: Aus dem 2s- und den drei 2p-Orbitalen entstehen vier gleichwertige **sp^3-Hybridorbitale** (Abb. 2–3), die in die vier Ecken eines Tetraeders gerichtet sind (Abb. 2–4). Die zwei einfach besetzten Orbitale des Sauerstoffs überlappen dann mit je einem s-Orbital eines H-Atoms unter Knüpfung von σ-Bindungen (s/sp^3-Überlappung).

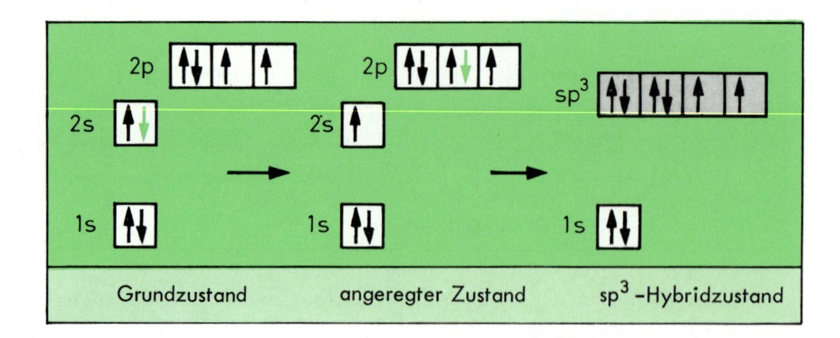

Abb. 2–3 Schema der Bildung eines sp^3-Hybrids am Beispiel des Sauerstoffs (Gedankenexperiment). Aus dem Grundzustand mit einem doppelt besetzten 2s-Orbital tritt zunächst ein 2s-Elektron in eines der beiden einfach besetzten 2p-Orbitale über (angeregter Zustand). In einem Folgeschritt werden alle vier Orbitale energetisch gleichwertig. Sie sind nun weder s- noch p-Orbitale, sondern sp^3-Hybridorbitale.

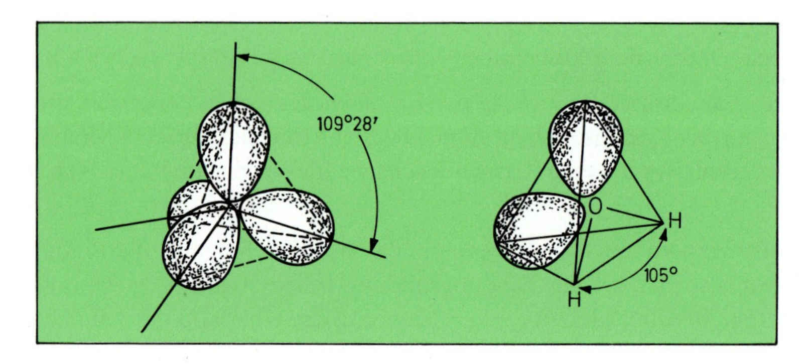

Abb. 2–4 Die vier Orbitale eines sp^3-Hybrids weisen in die Ecken eines Tetraeders. Beim Sauerstoff sind zwei davon nur mit jeweils einem Elektron besetzt, sie überlappen bei der Wasserbildung mit je einem s-Orbital eines H-Atoms (s/sp^3-Überlappung, σ-Bindung). Es resultieren zwei gerichtete O—H-Bindungen (gewinkeltes Molekül, Bild rechts). Der Sauerstoff hat nun noch zwei doppelt besetzte, nicht an Bindungen beteiligte Orbitale (freie oder einsame Elektronenpaare). Der exakte Winkel im regelmäßigen Tetraeder beträgt 108°28′. Der H—O—H-Winkel von 105° resultiert aus der relativ starken gegenseitigen Abstoßung der beiden freien Elektronenpaare.

Da dieser Vorgang nur in Richtung zweier Tetraederecken erfolgen kann, resultiert ein Molekül mit gewinkeltem Bau: Die Atombindung ist *gerichtet* (Abb. 2–4). Die beiden anderen, doppelt besetzten sp^3-Orbitale erstrecken sich in Richtung der zwei restlichen Tetraederecken. Sie enthalten je ein nicht an Bindungen beteiligtes Elektronenpaar. Man nennt diese **freie** oder **einsame Elektronenpaare** und symbolisiert sie ebenfalls durch einen Strich.*

---

* Für viele Fälle ist eine Schreibweise brauchbar, die auf die Bindungswinkel keine Rücksicht nimmt. Auch auf die freien Elektronenpaare verzichtet man oft, z. B.

$$\overset{/\underline{O}\backslash}{H\quad H} \mathrel{\hat{=}} H{-}\overline{\underline{O}}{-}H \mathrel{\hat{=}} H{-}O{-}H.$$

Die Anzahl der von einem Atom ausgehenden Atombindungen nennt man seine **Bindigkeit**. Beispielsweise ist das Sauerstoffatom im H_2O-Molekül zweibindig, im H_3O^+-Ion dreibindig. Das Wasserstoffatom ist einbindig.

Der Abstand der Bindungspartner in Atombindungen liegt zwischen 100 pm und 200 pm.

2.2.2 Die koordinative Bindung

Stammt das bindende Elektronenpaar ausschließlich von *einem* Bindungspartner, dann nennt man die entstandene Bindung eine koordinative Bindung.

$$A + |D \rightarrow \overset{-}{A}:\overset{+}{D} \quad (\text{oder } A \leftarrow D)$$

Dieser Bindungstyp findet sich vor allem in Metallkomplexen.

Beispiel:

$$Ag^+ + 2|NH_3 \rightarrow [H_3N \rightarrow Ag \leftarrow NH_3]^+ \triangleq [Ag(NH_3)_2]^+$$

Diamminsilber-Komplex
Metallkomplex

Früher wurden z. B. auch Molekülionen wie SO_4^{2-} (Sulfat), PO_4^{3-} (Phosphat) und CO_3^{2-} (Carbonat) als Komplexionen bezeichnet. Jedoch handelt es sich hier nicht um Komplexe im eigentlichen Sinne.

$$\left[\begin{array}{c} |\overline{O}| \\ |\overline{O}|S|\overline{O}| \\ |\underline{O}| \end{array}\right]^{2-} \triangleq \left[\begin{array}{c} O \\ | \\ O-S-O \\ | \\ O \end{array}\right]^{2-} \qquad \left[\begin{array}{c} |\overline{O}| \\ |\overline{O}|P|\overline{O}| \\ |\underline{O}| \end{array}\right]^{3-} \triangleq \left[\begin{array}{c} O \\ | \\ O-P-O \\ | \\ O \end{array}\right]^{3-}$$

Diese Molekülionen mit Nichtmetallen im Zentrum sind sehr stabile Atomverbände. Sie können in Lösung als Ganzes nachgewiesen werden, nicht aber ihre denkbaren Dissoziationsprodukte. Komplexverbindungen mit Metallionen als Zentralteilchen werden in Kapitel 27 ausführlicher behandelt.

2.2.3 Die polare Atombindung

Sind Atome unterschiedlicher Elektronegativität (EN) miteinander verknüpft, so halten sich die Bindungselektronen näher beim Partner höherer EN auf. Dadurch treten an den Enden des Moleküls entgegengesetzte, gleich große, elektrische Ladungen auf, die durch $\delta +$ und $\delta -$ kenntlich gemacht werden (Abb. 2–5).

Die Schwerpunkte der positiven und der negativen Ladungen fallen nicht zusammen. Wassermoleküle sind daher kleine **Dipole**. Die auftretende Ladungen sind natürlich kleiner als eine volle Elektronenladung, man nennt sie deshalb **Partialladungen** ($\delta +$, $\delta -$).

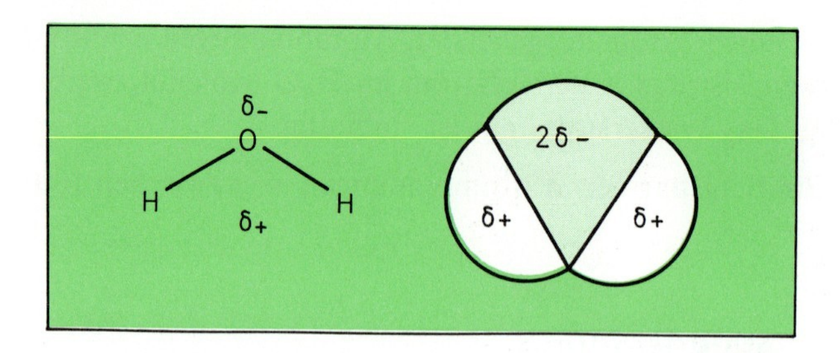

Abb. 2–5 Die unterschiedliche Elektronegativität von Sauerstoff und Wasserstoff sowie die Existenz zweier einsamer Elektronenpaare hat im Wassermolekül eine negative Partialladung ($\delta -$) an der Sauerstoffseite und eine ebenso große positive Partialladung ($\delta +$) auf der entgegengesetzten Seite zur Folge: Ein Wassermolekül ist ein Dipol.

Analoges gilt für Mehrfachbindungen. Auch Kohlenmonoxid (CO) hat Dipolcharakter. Das linear gebaute Kohlendioxid (O=C=O) besitzt zwar polare Bindungen, jedoch keinen Dipolcharakter, da die beiden Bindungspolaritäten entgegengesetzt gerichtet sind und sich damit aufheben.

Die Partialladungen wachsen mit steigender Differenz der EN-Werte der Partner. Im Extremfall entsteht eine Ionenbindung (Abb. 2–6).

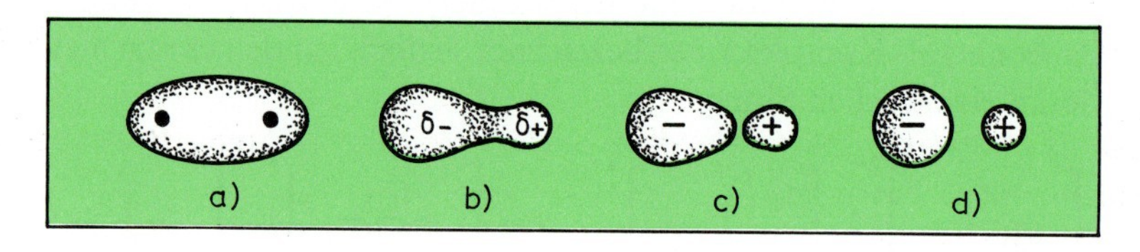

Abb. 2–6 Übergänge zwischen kovalenter a) und ionischer Bindung d): polarisierte Atombindung b) und verzerrte Ionen c).

2.3 Die ionische (polare, heteropolare) Bindung

Aus Ionen aufgebaute Verbindungen entstehen aus Elementen stark unterschiedlicher Elektronegativität. Charakteristische Beispiele sind die Alkalimetallhalogenide mit der allgemeinen Formel MX und die Halogenide der Erdalkalimetalle (2. Hauptgruppe des Periodensystems) mit der allgemeinen Formel MX_2 (M: Metallion, X: Halogenidion).

Die positiv geladenen Kationen und negativ geladenen Anionen halten im Festkörper infolge elektrostatischer Anziehung zusammen. Diese hat keine Vorzugsrichtung im Raum, d. h. die ionische Bindung ist ungerichtet. Jedes Ion umgibt sich daher mit möglichst vielen Gegenionen (Ionen entgegengesetzter Ladung). So entsteht ein **Ionenkristall**, in dem die Teilchen eine regelmäßige dreidimensionale Anordnung, ein

Abb. 2–7 Ausschnitt aus einem Ionengitter. Jedes Kation (kleine Kugeln) ist von sechs Anionen (große Kugeln) umgeben (koordiniert) und jedes Anion hat auch sechs Kationen um sich herum.

Ionengitter*, bilden (Abb. 2–7). Ein Ionenkristall kann also als „Riesenmolekül" aufgefaßt werden.

Typische Ionengitter bilden vor allem Salze, Verbindungen, die z. B. aus Metall und Nichtmetall entstehen können.

Beispiel:

$n(\mathrm{Na}\cdot) + n(\cdot\overline{\underline{\mathrm{Cl}}}|) \rightarrow (\mathrm{Na}^+ |\overline{\underline{\mathrm{Cl}}}|^-)_n$ oder vereinfacht geschrieben:

$\mathrm{Na} + \mathrm{Cl} \rightarrow \mathrm{NaCl}$

Wenn Ionenkristalle in polaren Lösungsmitteln wie Wasser gelöst werden, dann werden die Kationen und Anionen frei beweglich. Daher leiten solche Lösungen den elektrischen Strom. Die Stromleitfähigkeit einer Lösung ist generell als Nachweis für die darin enthaltenen Ionen geeignet.

2.4 Die metallische Bindung

Beim Aufbau eines Metallgitters stellen die Metallatome ihre Valenzelektronen dem Gesamtgitter zur Verfügung:

$$\mathrm{M}\cdot + \cdot\mathrm{M} \rightarrow [\mathrm{M}^+][{}^{\mathrm{e}^-}_{\mathrm{e}^-}][\mathrm{M}^+] \qquad \text{(Prinzip)}$$

* Zu unterscheiden von Molekülgittern mit ungeladenen Bausteinen (z. B. I_2-Gitter).

Auf den Gitterplätzen befinden sich also Kationen, dazwischen die Elektronen, die wegen ihrer leichten Verschiebbarkeit häufig als **Elektronengas** bezeichnet werden. Dieses Modell macht die hohe Leitfähigkeit von Metallen verständlich.

2.5 Wasserstoffbrücken

Bei einigen Stoffen mit kovalent gebundenen OH- oder NH-Gruppen wie z. B. Wasser, Alkoholen, Aminen u. ä. beobachtet man besonders starke intermolekulare Anziehungskräfte (s. a. Tab. 2–2). Sie werden **Wasserstoffbindungen** oder kurz **H-Brükken** (früher: **Wasserstoffbrückenbindungen**) genannt und durch eine gestrichelte Linie gekennzeichnet (Abb. 2–8). In ihnen ist die Gruppe OH bzw. NH der **Wasserstoffdonator** und das andere Brückenatom O bzw. N der **Wasserstoffakzeptor**. Zur Bildung der H-Brücke kommt es infolge elektrostatischer Anziehung zwischem dem partiell positiv geladenen Donator-H und dem einsamen Elektronenpaar des Akzeptors. Sauerstoff im Wasser und in Alkoholen kann daher zweimal als Akzeptor fungieren (zwei einsame Elektronenpaare), Stickstoff in Ammoniak und in Aminen nur einmal, in Ammoniumionen überhaupt nicht. In elementarer Form (O_2, N_2) sind weder Sauerstoff noch Stickstoff als Akzeptor in H-Brücken beobachtet worden.

Es ist leicht zu verstehen, wie eine H-Brücke zustande kommt. Stickstoff und besonders Sauerstoff ziehen aufgrund ihrer hohen Elektronegativität die Elektronen der XH-Bindung so weit zu sich heran, daß die kleine Elektronenhülle des Wasserstoffs ($1s^2$) auf der Gegenseite stark an Ladung verarmt. Dadurch ergibt sich für die einsamen Elektronenpaare des Nachbarmoleküls – hier herrscht erhöhte Ladungs-

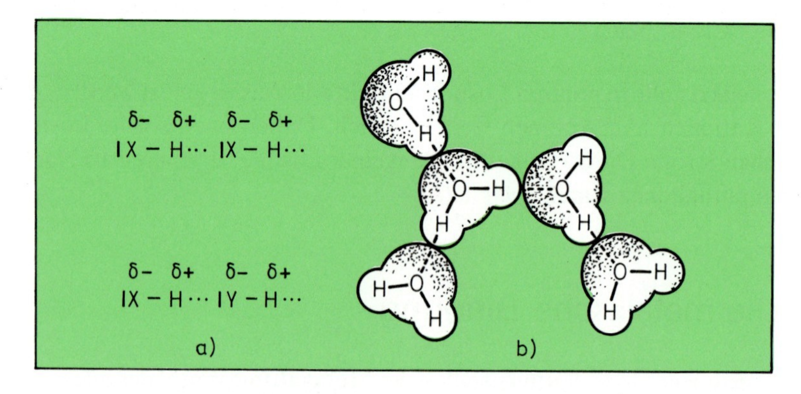

Abb. 2–8 a) In der Wasserstoffbindung fungieren die XH- bzw. YH-Gruppen als Wasserstoffdonator und das andere Brückenatom als Wasserstoffakzeptor. Infolge elektrostatischer Anziehung entstehen größere Molekülverbände (**Assoziate**). b) Im flüssigen Wasser nimmt jeder Sauerstoff an zwei H-Brücken teil. Jedes O ist also von vier H umgeben. So entsteht ein dreidimensionales Netzwerk. Im Bild wurde die zweite H-Brücke zwecks besserer Übersichtlichkeit jeweils weggelassen.

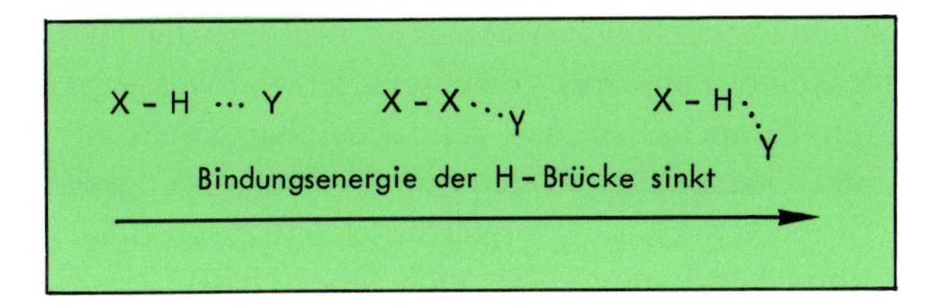

Abb. 2–9 Die Bindungsenergie einer H-Brücke sinkt, wenn der Winkel zwischen den Brückenatomen kleiner wird.

dichte – die Möglichkeit zu besonders starker elektrostatischer Wechselwirkung mit dieser von Ladung weitgehend entblößten Seite des Wasserstoffs.

Je weniger die Verbindungslinie der drei Brückenatome X—H ··· Y von einer Geraden abweicht, desto größer ist die Bindungsenergie, desto fester ist also die Bindung (Abb. 2–9).

Außer beim Wasser finden sich H-Brücken auch bei Alkoholen (Abb. 2–10), Carbonsäuren, Aminen, Säureamiden und Peptiden, ferner in den Mischungen dieser Stoffe untereinander und in den Mischungen mit Aldehyden und Ketonen (Abb. 2–13). H-Brücken kommen vor:

1. zwischen zwei gleichartigen Molekülen (intermolekular),
2. zwischen zwei verschiedenen Molekülen (intermolekular),
3. zwischen zwei geeigneten funktionellen Gruppen innerhalb eines Moleküls (intramolekular).

Wenn die unter 1. und 2. genannten Typen zwischen zwei Molekülen mehrfach auftreten, z. B. bei Makromolekülen, dann können durch die Kooperation vieler dieser H-Brücken erhebliche Gesamtbeträge der Bindungsenergie resultieren, obwohl jede einzelne Wasserstoffbrückenbindung nur relativ schwach ist.

Die Wasserlöslichkeit von Alkoholen, Carbonsäuren und Aminen (hydrophile Stoffe) ist ebenfalls eine Folge der H-Brückenbildung (Abb. 2–10).

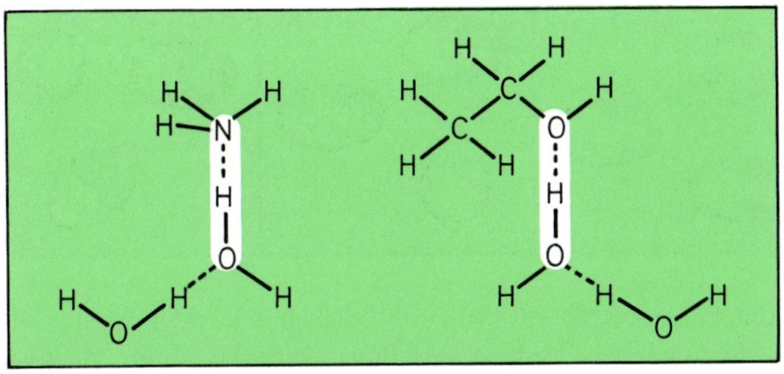

Abb. 2–10 Die gute Wasserlöslichkeit von Ammoniak und Ethanol ist auf die Ausbildung von H-Brücken zwischen Wasser (Lösungsmittel) und den Akzeptoratomen des Gelösten zurückzuführen.

Der festere Zusammenhalt zwischen den Molekülen infolge der H-Brücken ist auch die Ursache für eine Reihe „abnormer“ Eigenschaften von Wasser, Ammoniak, Alkoholen, Carbonsäuren, Aminen, Peptiden, z. B.: scheinbar höhere Molekülmassen, erhöhte Schmelz- und Siedepunkte sowie erhöhte Verdampfungswärmen (zur Verdampfung nötige Wärmemenge). Ein Vergleich der entsprechenden Werte für Wasser mit denen des ähnlich gebauten, aber nicht über H-Brücken assoziierten Schwefelwasserstoffs möge dies zeigen (Tab. 2–1).

Tab. 2–1 Einfluß der H-Brücken

Stoff	Assoziation	Schmelzpunkt in °C	Siedepunkt in °C	Verdampfungswärme in $kJ \cdot mol^{-1}$
H_2O	+	0	100	40
H_2S	–	−85	−60	19

2.6 Van-der-Waals-Kräfte

Auch zwischen unpolar gebauten Teilchen wie z. B. H_2, N_2, $(Halogen)_2$, CCl_4, CH_4, $CH_3—CH_3$ u. ä. herrschen elektrostatische Anziehungskräfte. Sie werden **van-der-Waals-Dispersionskräfte** genannt und sind eine Folge kurzfristiger unsymmetrischer Ladungsverteilungen in den Teilchen. Durch Schwankungen der Ladungsdichte in den Elektronenhüllen entstehen temporär kleine Dipole. In den Nachbarteilchen wird dabei jeweils ein gleichgerichteter Dipol induziert, so daß eine zeitweilige Anziehung zwischen ihnen entsteht. Die Anziehungskräfte resultieren also aus einer synchronisierten Fluktuation der Ladungsdichteverteilungen in den Elektronenhüllen (Abb. 2–11). Van-der-Waals-Kräfte sind zwischen allen Atomen, Ionen und Molekülen wirksam und tragen somit zur Gesamtbindungsenergie bei.

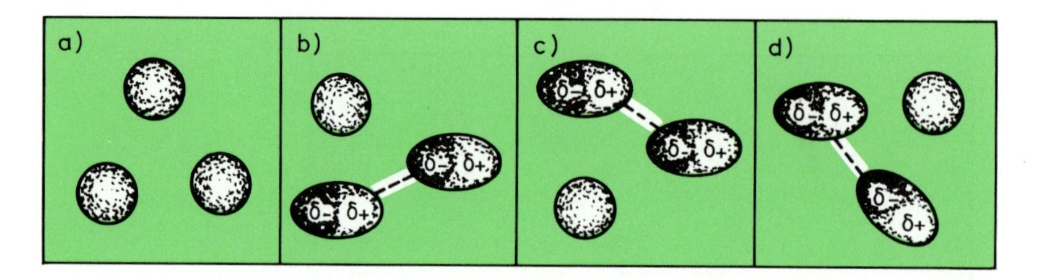

Abb. 2–11 Drei Momentbilder eines Kollektivs von drei Teilchen ohne permanentes Dipolmoment zu verschiedenen Zeiten. a) Symmetrische Ladungsverteilung, keine Anziehung. b)–d) Die Fluktuation der Ladungsverteilung in den Elektronenhüllen erfolgt so, daß viele benachbarte Teilchen einander kurzzeitig anziehen. Die Summe dieser elektrostatischen Wechselwirkungen ergibt die – relativ geringe – Bindungsenergie dieses Bindungstyps.

Stoffe, deren Teilchen lediglich durch van-der-Waals-Kräfte zusammengehalten werden, besitzen im Gegensatz zu Ionenverbindungen und Metallen relativ niedrige Schmelz- und Siedepunkte.

	NaCl	Cl_2
Siedepunkt	1465 °C	−34 °C

2.7 Hydrophobe Wechselwirkung

Wasserabweisende Stoffe nennt man **hydrophob**. Die **hydrophobe Wechselwirkung** wird in Systemen beobachtet, die Wasser und unpolare, wasserabstoßende Komponenten zugleich enthalten. Unpolar gebaute – also hydrophobe – Moleküle, wie z. B. aliphatische oder aromatische Kohlenwasserstoffe oder auch deren Reste, wie Methyl, Ethyl, Phenyl u. ä. in unpolaren Molekülregionen, haben in Gegenwart von Wasser die Tendenz zu assoziieren, um auf diese Weise die Berührung mit benachbarten Wassermolekülen zu vermindern (Abb. 2–12). Feine Verteilungen von flüssigen Kohlenwasserstoffen in Wasser, die man z. B. mit Hilfe von Ultraschall herstellen kann, entmischen sich daher bald wieder. Viele kleine Tröpfchen (große Oberfläche) des hydrophoben Materials vereinigen sich schließlich durch Wirkung von van-der-Waals-Kräften zu einer großvolumigen Phase (kleine Oberfläche, also kleine Berührungsfläche mit der Wasserphase).

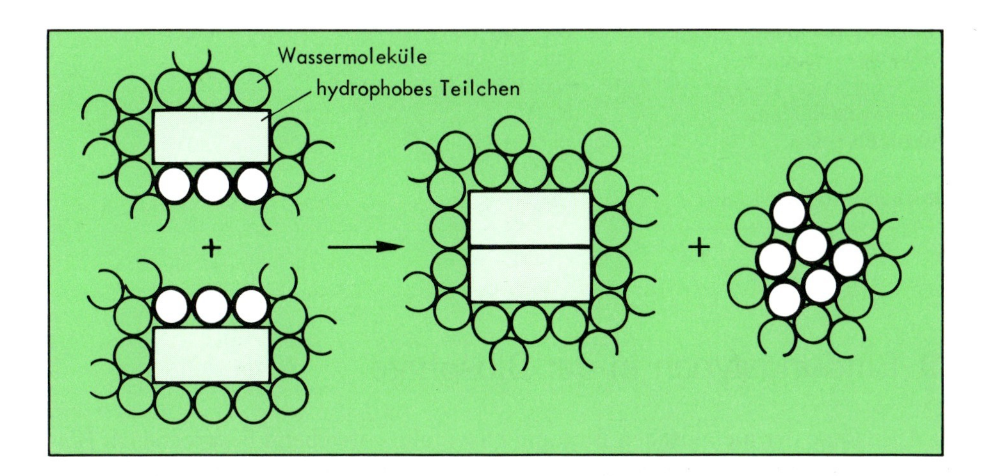

Abb. 2–12 Modell zum Verständnis der hydrophoben Wechselwirkung. Hat man z. B. einen flüssigen Kohlenwasserstoff durch heftiges Rühren in Wasser fein verteilt, so entstehen aus den kleinen Tröpfchen der hydrophoben Phase bald größere. Durch Assoziation von Kohlenwasserstoffteilchen verringert sich die Kontaktfläche zur Wasserphase.

Treibende Kraft für diesen Vorgang ist in der Hauptsache die Tendenz des Systems, möglichst viele Wassermoleküle aus der Berührungszone mit dem hydrophoben Material in das Netzwerk der H_2O/H_2O-Wasserstoffbrücken zurückzubringen. Anders formuliert: Die Zahl der Störungen im Netzwerk der H-Brücken des Wassers sinkt auf ein Minimum. Zum Lösen der H-Brücken beim Vermischungsvorgang wurde (mechanische) Energie ins System hineingebracht, bei der Assoziation wird diese Energie wieder frei (in Form von Wärme).

2.8 Bindungsenergien

Die Festigkeit, mit der Teilchen zusammenhalten, läßt sich aus dem Energiebetrag ersehen, der bei der Bindungsbildung frei wird. Er heißt **Bindungsenergie** (Tab. 2–2).

Tab. 2–2 Bindungsenergien

Bindungstyp	Beispiel	Bindungsenergie in $kJ \cdot mol^{-1}$
Atombindung	H—H	≈450
	C—H	≈400
	C—C	≈350
	C=C	≈600
polare Atombindung	O—H	≈450
Ionenbindung	NaCl-Gitter (aus den Ionen)	≈750
koordinative Bindung (Ion-Dipol)	Na^+ (aq) (aus Na^+ und Wasser) (vgl. Kap. 3.4)	≈400
Van-der-Waals-Bindung	N_2/N_2	< 10
Wasserstoffbrücken	H_2O/H_2O	≈ 40
	ROH/ROH	≈ 20
hydrophobe Wechselwirkung	CH_2/CH_2	< 10

2.9 Bindungstypen in der Biosphäre

Mit Ausnahme der metallischen Bindung haben alle vorstehend besprochenen Bindungstypen in der Biosphäre Bedeutung.

Ionenkristalle finden sich neben organischen Bestandteilen in einigen Konkrementen in Form von „Steinen", z. B. in Nieren- und Blasensteinen (Calciumphosphat, -carbonat, -oxalat, Ammoniumurat), sowie in Knochen als Stützsubstanzen und Mineralreservoir (Na^+, K^+, Mg^{2+}, Ca^{2+} mit den Anionen PO_4^{3-}, HPO_4^{2-}, CO_3^{2-}, OH^-, Citrat und Lactat) und auch in den Zähnen.

Ionen in Lösung sind an vielen Prozessen beteiligt: H^+- und OH^--Ionen bei Säure-Base-Reaktionen, Metall-Ionen bei Osmosevorgängen (Na^+, K^+), bei der Muskelkontraktion und Nervenleitung (Ca^{2+}, Mg^{2+}), bei der Blutgerinnung (Ca^{2+}), beim Sauerstofftransport (Fe^{2+} im Hämoglobin) und bei vielen enzymkatalysierten Reaktionen (Spurenmetalle).

Atombindungen existieren in komplexen Ionen (NH_4^+, PO_4^{3-}, CO_3^{2-}) und natürlich im Wasser sowie in allen organischen Verbindungen (C—C-, C—H-, C—O-, C—N-, C—S-, S—S-, N—H-, O—H-, P—O-Bindungen).

H-Brücken finden sich vor allem im wichtigsten Lösungsmitel der Biosphäre, im Wasser, jedoch auch bei anderen Verbindungen (Abb. 2–13). Sie werden schneller gebildet und gelöst als die meisten kovalenten Bindungen. Viele komplizierte chemische Phänomene, wie z. B. die Schnelligkeit von Proteinfaltungsvorgängen, sind so erklärlich.

Van-der-Waals-Kräfte sind überall in der Natur wirksam, bekommen aber besondere Bedeutung bei der hydrophoben Wechselwirkung. Die oben beschriebene Tendenz zur Phasentrennung in Gegenwart von Wasser führt bei einigen großen organischen Molekülen (Proteine, Nucleinsäuren, Lipide) zu geordneten Strukturen, in denen die polaren Bereiche dem Wasser zugewandt sind, die unpolaren (hydrophoben) dagegen nach innen zueinander. In Proteinen leistet so die hydrophobe Wechselwirkung einen großen Beitrag zur Stabilisierung der sogenannten Tertiärstruktur (vgl. Kap. 24).

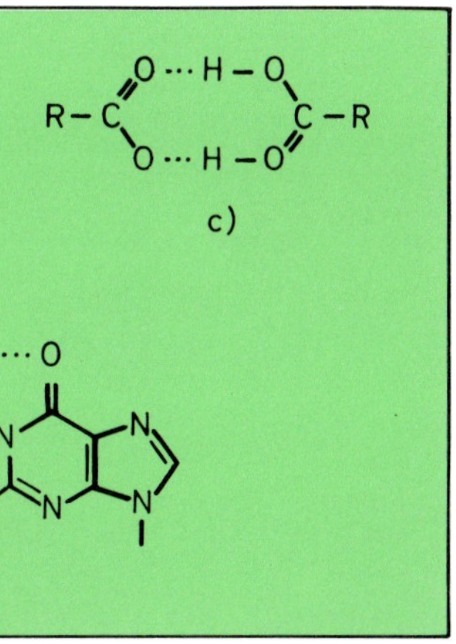

Abb. 2–13 Einige H-Brücken von biologischer Bedeutung zwischen a) Wasser und einer alkoholischen OH-Gruppe, b) Wasser und einer Carbonylgruppe, c) zwei Carboxylgruppen, d) zwei Peptidketten, e) zwei komplementären Basen in Nucleinsäuren.

3 Zustandsformen der Materie

3.1 Homogene und heterogene Systeme

Zur Kennzeichnung von Zustandsformen dient u.a. der Begriff **Phase**. Eine Phase nennt man jenen Teilbereich bei Stoffen und Stoffgemischen, in dem mit dem Lichtmikroskop keine Grenzfläche erkennbar ist, der also **homogen** ist.
Beispiele für homogene Stoffe: Kochsalz (Kristall), Wasser, Eis, Kochsalzlösung (homogenes Gemisch), Luft (homogenes Gasgemisch).

Die Oberfläche einer Phase heißt **Phasengrenze**. **Heterogene Systeme** sind Stoffe oder Stoffgemische, in denen Phasengrenzen auftreten (**Mehrphasensysteme**).
Beispiele: Eis/Wasser (fest/flüssig); Schaumstoff (fest/gasförmig); Wasser/Ether (flüssig/flüssig). Gasförmige Mehrphasensysteme gibt es nicht, Gasgemische sind immer homogen.

Tab. 3–1 Trennmethoden/physikalische Eigenschaften

Methode	Dampfdruck	Löslichkeit/ Verteilungskoeffizient	Adsorptions- und Verteilungsgleichgewichte	Ladungszustand	Teilchengröße/ Molekülmasse
Destillation	+				
Sublimation	+				
Gefriertrocknung	+				
Kristallisation/Fällung		+			
Extraktion		+			
Chromatographie			+		
Säulen-			+		
Dünnschicht-			+		
Papier-			+		
Gas-			+		
Ionenaustausch			+	+	+
Elektrophorese			+	+	+
Dialyse					+
Filtration					+
Gelfiltration (Gelchromatographie)					+

Homogene Stoffe können Reinsubstanzen, aber auch Gemische aus Reinsubstanzen sein. Heterogene und homogene Gemische lassen sich durch physikalische Methoden in die reinen Komponenten trennen (s. Tab. 3–1).

Reine Stoffe haben charakteristische Eigenschaften. Als **Reinheitskriterien** eignen sich u. a.: Schmelzpunkt (Kap. 3.3), Siedepunkt (Kap. 3.3), Emissions- und Absorptionsspektren (Kap. 4), chromatographische Daten (Kap. 8.4) und Brechungsindex (für Flüssigkeiten). Letzterer ist ein Maß für die Änderung der Fortpflanzungsrichtung eines Lichtstrahls, die man nach seinem Durchtritt durch die Phasengrenzfläche Probe/Luft beobachtet (s. Abb. 3–1).

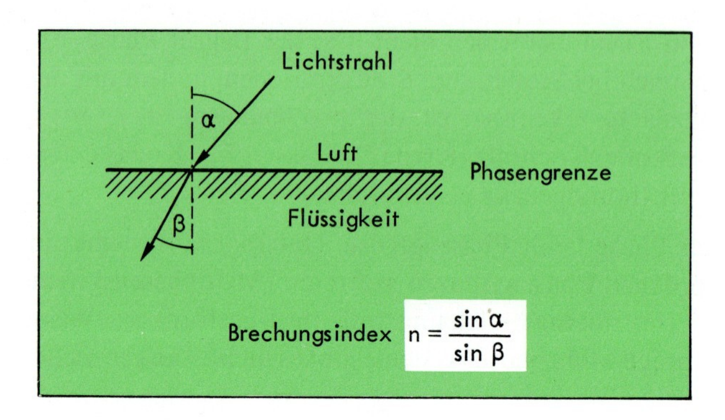

Abb. 3–1 Lichtbrechung an einer Phasengrenzfläche.

3.2 Reine Stoffe/Aggregatzustände

Materie kann einen gasförmigen, flüssigen oder festen **Aggregatzustand** annehmen. **Gase** bestehen aus einzelnen Teilchen (Atome, Moleküle), die in dem ihnen zur Verfügung stehenden Raum schnelle Bewegungen ausführen, wobei es ständig zu (elastischen) Zusammenstößen untereinander und mit der Gefäßwand kommt. Daraus resultiert ein gewisser Druck auf die Gefäßwand. Die Stoffmenge von 1 mol eines Gases, das sind N_A Teilchen (s. Kap. 5), nehmen bei 1 bar und 0 °C ein Volumen von ca. 22,4 l ein (**molares Volumen von Gasen**). Temperaturerhöhung (schnellere Teilchenbewegung) oder Volumenverminderung bewirken eine Druckerhöhung und umgekehrt.

$$p \cdot V = n \cdot R \cdot T$$

p = Druck
V = Volumen
n = Stoffmenge
R = allgemeine Gaskonstante
T = thermodynamische Temperatur

Diese **allgemeine Gasgleichung** gilt streng jedoch nur für **ideale Gase**, für stark verdünnte Gase annähernd.

Das *Modell* für ideale Gase nimmt punktförmige Teilchen ohne Wechselwirkung untereinander an. Bei **realen Gasen** machen sich das Eigenvolumen der Teilchen und Anziehungskräfte zwischen ihnen durch Abweichungen vom Gasgesetz bemerkbar, so daß dieses nur bei niedrigen Drücken gute Näherungswerte liefert. Gase sind in jedem Verhältnis ohne Phasentrennung miteinander mischbar.

In der **flüssigen Phase** sind die Teilchen dicht beieinander, haben allerdings keinen festen Platz. Eine gewisse Ordnung der Teilchen liegt infolge von Anziehungskräften vor. Die an der Oberfläche liegenden Teilchen erfahren einseitig eine Anziehung in Richtung des Flüssigkeitsinneren. Dies bewirkt die Tendenz, eine möglichst kleine Flüssigkeitsoberfläche – also Kugelform – anzunehmen (**Oberflächenspannung**). Sie ist beim Wasser als Folge der Wasserstoffbrückenbindung besonders ausgeprägt (Abb. 3–2).

Ein kristalliner **Festkörper** ist durch einen regelmäßigen Aufbau gekennzeichnet, wobei jedes Ion oder Molekül einen festen Gitterplatz (Gitterposition) hat. Nichtkristalline Festkörper wie Glas nennt man *amorph*.

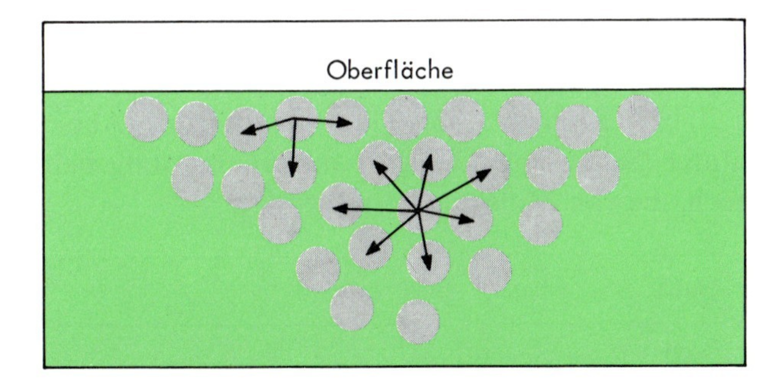

Abb. 3–2 Schematische Darstellung zur Illustration des Begriffs „Oberflächenspannung". Die an der Oberfläche einer Flüssigkeit befindlichen Moleküle werden „ins Innere gezogen", d. h. die Oberfläche bleibt möglichst klein (Wassertropfen nehmen Kugelform an).

3.3 Phasenumwandlungen

Beim Erwärmen (Energiezufuhr, $\Delta E > 0$) bzw. Abkühlen (Energieentzug, $\Delta E < 0$) eines Stoffes finden bei bestimmten Temperaturen **Phasenumwandlungen** statt (Abb. 3–3 und 3–4). Erwärmt man einen Festkörper, dann bricht sein Kristallgitter bei Erreichen des Schmelzpunktes zusammen (**Schmelzen**). Erwärmt man die entstandene Flüssigkeit (Schmelze) weiter, so setzt am Siedepunkt rasches Verdampfen ein (**Sieden**). Auch der direkte Übergang von der festen in die gasförmige Phase (**Subli-**

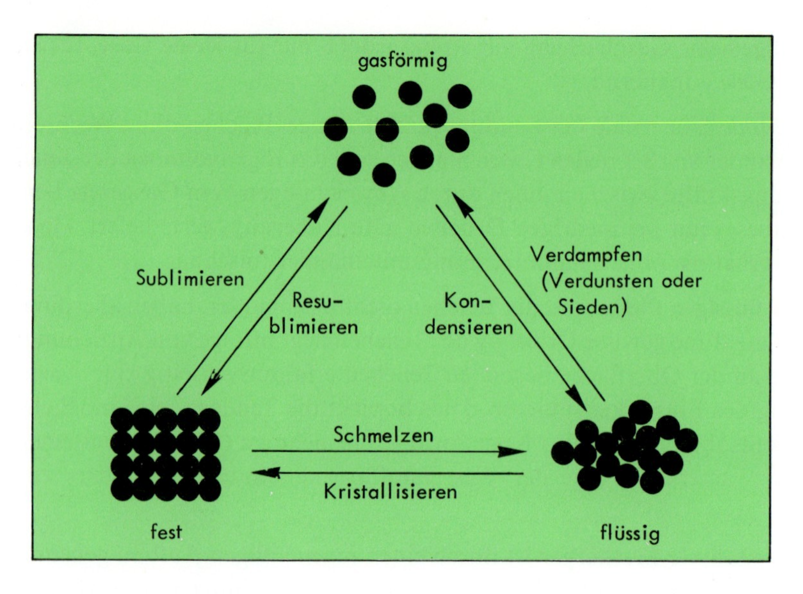

Abb. 3–3 Phasenumwandlungen.

mation) ist bekannt. Verdampfungsvorgänge unterhalb des Siedepunktes werden in Kap. 3.4.4 behandelt.

Die rückläufigen Vorgänge heißen **Kondensation** (Gas → Flüssigkeit), **Kristallisation** (Schmelze → Kristall) bzw. Resublimation (Gas → Festkörper) (Abb. 3–3). Die Umwandlungstemperaturen (Schmelzpunkt, Siedepunkt) ionisch aufgebauter Stoffe (Salze) liegen relativ hoch, die von Molekülgittern niedriger.

	NaCl	Cl_2
Schmelzpunkt in °C	800	−101
Siedepunkt in °C	1465	− 34

Gemische haben einen niedrigeren Schmelzpunkt als die reinen Komponenten, so daß sich der Schmelzpunkt als Reinheitskriterium eignet. Charakteristisch für Salzschmelzen ist ihre elektrische Leitfähigkeit, bedingt durch die beweglich gewordenen Ladungsträger (Kationen und Anionen).

Die Abbildung 3–4 zeigt den zeitlichen Verlauf der Temperatur einer Probe beim Erwärmen und beim Abkühlen. Bei einem Festkörper haben die einzelnen Gitterbausteine einen festen Platz, schwingen jedoch etwas um ihre Mittellage. Bei Temperaturerhöhung werden diese Bewegungen stärker. Bei Erreichen des Schmelzpunktes beginnen einige Gitterbausteine ihren Platz zu verlassen (→ Schmelze). Die zugeführte Wärme wird von nun ab zur „Freisetzung“ der Teilchen aufgewendet bis der gesamte Kristall geschmolzen ist. Erst dann steigt die Temperatur weiter, um bei Erreichen des Siedepunktes erneut für einige Zeit konstant zu bleiben (Abb. 3–4).

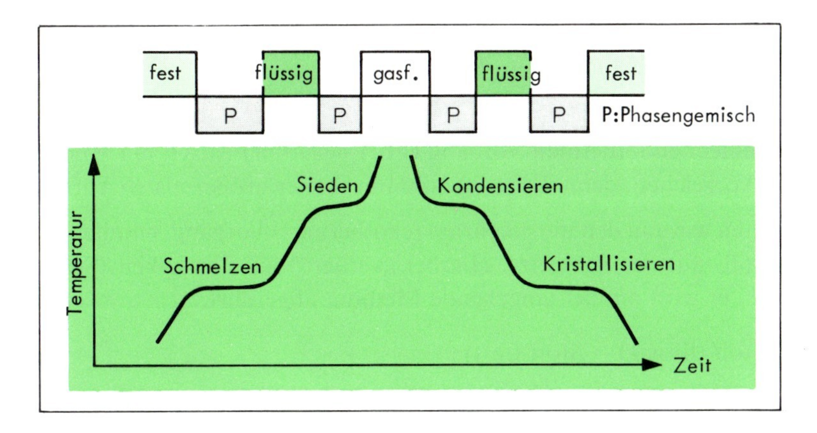

Abb. 3–4 Während einer Phasenumwandlung bleibt die Temperatur des Systems trotz Wärmezufuhr(abfuhr) konstant. Die zugefügte Wärme dient während dieser Zeit zur Lösung der Teilchen aus dem Gitter bzw. zur Überwindung der Anziehungskräfte in der Flüssigkeit (P = Phasengemisch).

An dieser Stelle sei erläutert, wie die zu- oder abgeführten Beträge an Wärmeenergie ΔE berechnet und verwendet werden. Um z.B. einen Stoff zu schmelzen, muß man ihm einen Energiebetrag ΔE in Form von Wärme zuführen, es handelt sich daher um einen sogenannten endothermen Prozeß. Für die Umwandlung

Stoff (fest) → Stoff (flüssig)
z.B. Eis (0 °C) → Wasser (0 °C)

unterscheiden sich Anfangszustand (linke Seite der Gleichung) und Endzustand (rechte Seite der Gleichung) im Energiegehalt um den Betrag ΔE, wobei der Energiegehalt der Flüssigkeit größer ist als der des Feststoffs.

Man kann auch schreiben:

Energiegehalt (Feststoff) → Energiegehalt (Flüssigkeit)
Energiegehalt (Anfang) → Energiegehalt (Ende)

und nach Umwandeln in eine mathematische Gleichung erhält man:

$$E(\text{Feststoff}) + \Delta E = E(\text{Flüssigkeit})$$
$$E(\text{Anfang}) + \Delta E = E(\text{Ende})$$

allgemein:

$$\Delta E = E(\text{Ende}) - E(\text{Anfang})$$

Da $E(\text{Feststoff}) < E(\text{Flüssigkeit})$ ist, erhält man für den Vorgang des Schmelzens

$$\Delta E = E(\text{Ende}) - E(\text{Anfang})$$
$$\Delta E = E(\text{Flüssigkeit}) - E(\text{Feststoff})$$
$$\Delta E > 0$$

D. h., bei einem endothermen Vorgang (Energiezufuhr) ist ΔE ein Wert mit einem positiven Vorzeichen, denn E(Ende) ist dann immer größer als E(Anfang).

Betrachten wir nun den umgekehrten (exothermen) Vorgang, nämlich die Bildung des Feststoffs aus der Schmelze. Hierbei „verliert" die Flüssigkeit (Schmelze) den Betrag ΔE, er wird an das umgebende Medium abgeführt.

Stoff (flüssig) $\rightarrow$ Stoff (fest)

Auch hierfür gilt:

$$\Delta E = E(\text{Ende}) - E(\text{Anfang})$$
$$\Delta E = E(\text{Feststoff}) - E(\text{Flüssigkeit})$$

Da

E(Feststoff) $<$ E(Flüssigkeit) ist, folgt:

$$\Delta E < 0$$

D. h., bei einem exothermen Vorgang ist ΔE ein Wert mit negativem Vorzeichen, denn E(Ende) ist dann immer kleiner als E(Anfang).

Für den Lernenden sind die vorstehend ausführlicher erläuterten Sachverhalte und Übereinkünfte anfangs häufig schwierig. Wir fassen sie deshalb in folgende *Merksätze*:

- ▶ Der zu- oder abgeführte Energiebetrag ergibt sich generell aus der Bilanz $\Delta E = E(\text{Ende}) - E(\text{Anfang})$.
- ▶ Bei einem endothermen („wärmeverbrauchenden") Prozeß hat ΔE ein positives Vorzeichen, bei einem exothermen ein negatives.

Diese Sätze gelten analog für die anderen in Tab. 3–4 beschriebenen Phasenumwandlungen und für Lösungsvorgänge (Kap. 3.4 und Kap. 9) und auch für chemische Reaktionen. Das Thema „Energetik" wird in Kap. 9 noch ausführlicher behandelt.

Die zum Erwärmen von 1 kg einer bestimmten Substanz um 1 K (bzw. 1 °C) erforderliche Wärmemenge ist ihre **spezifische Wärmekapazität**. Sie beträgt für Wasser 4,184 kJ/(kg · K) bzw. 1 kcal/(kg · K). Die zum Schmelzen bzw. zum Verdampfen eines Mols Substanz notwendigen Wärmemengen werden **molare Schmelzwärme** bzw. **molare Verdampfungswärme** (übliche Einheit: kJ/mol) genannt. Beim Abkühlen werden die gleichen Wärmemengen wieder frei.

Wenn Kationen und Anionen ein Ionengitter bilden oder Moleküle ein Molekülgitter, dann wird bei der gegenseitigen Annäherung der Bausteine Energie frei. Der Energiebetrag, der bei der Bildung von 1 mol einer kristallinen Substanz aus den völlig getrennten - also in keiner Wechselwirkung befindlichen – Bausteinen frei wird, heißt **Gitterenergie** ΔU_G (negatives Vorzeichen). Den gleichen Betrag hat jeweils die **Sublimationsenergie** (positives Vorzeichen). Die Gitterenergiebeträge von Molekülkristallen liegen niedriger als die von Ionenkristallen, denn van-der-Waals-Wechselwirkungen sind relativ schwache Kräfte (s. Kap. 2).

Beispiele:

1 mol Na^+ + 1 mol Cl^- − 778 kJ → 1 mol NaCl (Ionengitter)
1 mol I_2 (Einzelmoleküle) − 60 kJ → 1 mol I_2 (Molekülgitter)

Da der Gitterenergiebetrag ein Ausdruck für die Stärke der Wechselwirkungen zwischen den Bausteinen ist, stehen einige physikalische Eigenschaften von kristallinen Feststoffen in Beziehung zu diesem Betrag, z. B. Löslichkeit (s. Kap. 3.4.3), Schmelzpunkt und Härte.

3.4 Lösungen und grobdisperse Systeme

3.4.1 Allgemeines

Viele Stoffe lösen sich in Flüssigkeiten, d. h., in der im Überschuß vorhandenen Phase A (**Lösungsmittel, Lösemittel, Solvens, Dispersionsmittel, Dispergens**) wird die Phase B (**Substrat, Dispersum**) so fein verteilt (dispergiert), daß eine homogene Phase entsteht. Tab. 3–2 enthält eine übliche Einteilung nach dem **Dispersionsgrad**, doch sind diese Angaben als grobe Einteilung mit fließenden Grenzen zu verstehen.

Tab. 3–2 Dispersionsgrade

Teilchengröße des Dispersums (in nm)	Bezeichnung	Beispiel/Kennzeichen
1	molekulardispers („echte Lösung“)	Ionen und Moleküle niedriger Masse in Lösung
1–100	kolloiddispers	Makromoleküle in Lösung
> 100	grobdispers	gelöste Teilchen, mit dem Lichtmikroskop erkennbar (Inhomogenität)

Grobdisperse Systeme enthalten mehrere Phasen, sind also nicht homogen. Für einige grobdisperse Systeme haben sich spezielle Bezeichnungen eingebürgert (Tab. 3–3).

Suspension. Dies ist eine Aufschlämmung fester Teilchen (Größe > 100 nm) in einer homogenen Flüssigkeit. Im Lauf der Zeit tritt Entmischung ein. *Beispiel:* Aufschlämmung von Kreidepulver (disperse Phase) in Wasser (Dispersionsmittel).

Emulsion. Hierbei schweben feine Tröpfchen einer Flüssigkeit in der zweiten Flüssigkeit. *Beispiel:* Milch (Fetttröpfchen in Wasser).

Aerosol. Feste oder flüssige Teilchen schweben in einem Gas als Dispersionsmittel. *Beispiele:* Nebel (Wassertröpfchen in Luft), Rauch (feste, feinteilige Schwebstoffe in der Luft).

Tab. 3–3 Bezeichnungen einiger Mehrphasensysteme

Dispersionsmittel	Disperse (feinverteilte) Phase	
	Feststoff	Flüssigkeit
Flüssigkeit	Suspension	Emulsion
Gas	Aerosol	Aerosol

3.4.2 Lösungsvorgänge

Bei einem Lösungsvorgang im engeren Sinne entsteht aus dem Substrat (Dispersum) und dem Lösungsmittel eine homogene Phase, ohne daß dabei eine chemische Reaktion stattfindet. Die Komponenten lassen sich durch Destillation unverändert wiedergewinnen. Sowohl die **(Auf)Lösungsgeschwindigkeit** als auch die **Löslichkeit** (Konzentration einer gesättigten Lösung – meist angegeben in g/l Lösung oder mol/l Lösung – bei 20 °C) hängen von vielen Parametern ab. Tab. 3–4 enthält eine Übersicht.

Tab. 3–4 Einige Parameter, die Einfluß auf die Lösungsgeschwindigkeit und die Löslichkeit haben

System	Substrat	Lösungsmittel
Temperatur des Systems		
Druck (bei Gasen)		
Solvatationsenergie		
Freie Enthalpie (Kap. 9)		
Entropie (Kap. 9)		
	Gitterenergie	
	Polarität	
	Tendenz zur Bildung von H-Brücken	
	Art und Größe der Ionenladung	
	Größe der Teilchen	
		Polarität
		Tendenz zur Bildung von H-Brücken
		Größe der Moleküle

An dieser Stelle sei vorweggenommen, daß auch bei

Säure-Base-Reaktionen, z. B. $NH_3 + HCl \rightarrow NH_4Cl$,

Redoxreaktionen, z. B. $Zn + 2\,HCl \rightarrow ZnCl_2 + H_2$,

Komplexbildung, z. B. $AgCl + 2\,NH_3\ (+H_2O) \rightarrow [Ag(NH_3)_2]^+ + Cl^-\ (+H_2O)$

oft Formulierungen gebraucht werden wie: „Ammoniak löst sich in Salzsäure", „Zink löst sich in Säuren", „Silberchlorid löst sich in Ammoniak". Dies sind keine „normalen" Lösungsvorgänge, denn hierbei entstehen neue Stoffe.

Man unterscheidet zwischen **polaren** und **unpolaren Lösungsmitteln** (mit Dipolmoment bzw. ohne). Das bekannteste und biochemisch wichtigste polare Lösungsmittel ist Wasser. In polaren Lösungsmitteln lösen sich häufig solche Stoffe gut, die selbst einen polaren Aufbau besitzen, z. B. viele Salze, sowie organische Verbindungen mit den **hydrophilen** (wasserfreundlichen) **Gruppen**:

$-OH$, $-OR$, $-NR_2$, $-NR_3$, $-COOH$, $-COO^-$.

Unpolare Lösungsmittel wie Kohlenstofftetrachlorid (Tetrachlorkohlenstoff), Toluol oder Benzol eignen sich zum Lösen von **hydrophoben** (wasserabweisenden) **Stoffen**, z. B. Kohlenwasserstoffen. Man nennt diese oft auch **lipophil** (fettfreundlich) wegen ihrer guten Löslichkeit in Fetten. Die Begriffe hydrophob und lipophil haben also die gleiche Bedeutung.

3.4.3 Solvatation/Hydratation

Beim Auflösen eines Feststoffes werden die einzelnen Gitterbausteine vom Kristall abgetrennt und in das Lösungsmittel transportiert. Sie werden dabei von den Solvensmolekülen völlig eingehüllt, sie werden *solvatisiert*. Dient Wasser als Lösungsmittel, so spricht man von **Hydratation**, oder **Hydratisierung**. Die einzelnen Teilchen werden dabei in eine Solvenshülle eingebettet. Schreibweise:

z. B. $Na^+_{(aq)}$ bzw. $Na^+_{(solv)}$, $I_{2(aq)}$ (hydratisiertes Iodmolekül).

Abb. 3–5 Schematische Darstellung solvatisierter Ionen.

Entstehen bei der Auflösung eines Stoffes in Wasser freibewegliche Kationen und Anionen (**Dissoziation**), so tragen die beiden Ionensorten die Wassermoleküle in gegensätzlicher Orientierung (Abb. 3–5).

Um die einzelnen Bausteine aus dem Anziehungsbereich ihrer Nachbarn herauszuholen, wird ein Energiebetrag benötigt. Für 1 mol ist das der Gitterenergiebetrag ΔU_G (s. Kap. 3.3). Bei der Umhüllung der aus dem Kristallgitter herausgetrennten Bausteine wird Energie frei, die **Solvatationsenergie** (in Wasser die **Hydratationsenergie**). Die Bilanz beider bestimmt den Betrag und das Vorzeichen der **Lösungswärme**.

$$\text{Lösungswärme} = |\,\text{Gitterenergie}\,| - |\,\text{Solvatationsenergie}\,|$$
$$\Delta H_L = |\,\Delta U_G\,| - |\,\Delta H_{(solv)}\,|$$

Fall 1. $|\,\Delta H_{(solv)}\,| > |\,\Delta U_G\,|$, es wird bei der Hydratation mehr Energie frei, als zur Kompensation der Gitterenergie benötigt wird. Die Folge: ΔH_L ist negativ, der Vorgang ist also exotherm. Die Lösung erwärmt sich.

Fall 2. $|\,\Delta H_{(solv)}\,| < |\,\Delta U_G\,|$, der Solvatationsenergiebetrag reicht nicht zur Kompensation der Gitterenergie. Die Folge: ΔH_L ist positiv, der Differenzbetrag wird dem Lösungsmittel entnommen, die Lösung kühlt sich ab.

Fall 3. $|\,\Delta H_{(solv)}\,| = |\,\Delta U_G\,|$, $\Delta H_L = 0$, keine Wärmetönung.

Bei der Auflösung von Ionenkristallen hat man natürlich die Hydratisierung beider Ionensorten (Kationen + Anionen) zu berücksichtigen (s. Abb. 3–6).

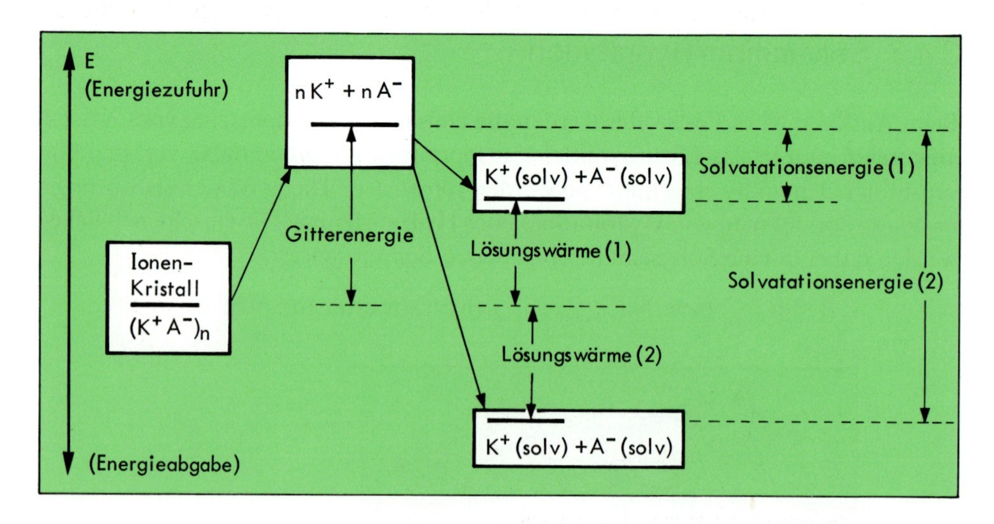

Abb. 3–6 Versieht man die Gitterenergie mit einem positiven Vorzeichen (Energiezufuhr zur Überwindung der Anziehungskräfte) und addiert die Solvatationsenergie (negatives Vorzeichen), so erhält man die Lösungswärme. Sie kann positiv sein (*Fall 1*), dieser Vorgang verläuft also unter „Wärmebedarf". Die notwendige Wärmemenge wird dem umgebenden Lösungsmittel entnommen, dessen Temperatur deshalb sinkt. Ist die Solvatationsenergie größer als die Gitterenergie (*Fall 2*), steigt die Temperatur des Lösungsmittels während des Auflösungsvorgangs.

Betrachten wir als *Beispiel* zunächst die Auflösung von wasserfreiem Calciumchlorid in Wasser. Ohne Wärmezufuhr von außen steigt während des Auflösens die Temperatur der Lösung. Warum? Zum besseren Verständnis zerlegen wir den Gesamtvorgang gedanklich in zwei Teilvorgänge.

1. Dissoziation

   $CaCl_2 + \mid \Delta U_G \mid \rightarrow Ca^{2+} + 2\,Cl^-$

   In diesem Teilschritt muß die gegenseitige Anziehung der Teilchen überwunden werden, also muß der Gitterenergiebetrag ΔU_G zugeführt werden.

2. Solvatisierung der Ionen

   $Ca^{2+} + 2Cl^- + \text{Wasser} \rightarrow Ca^{2+}{}_{(aq)} + 2Cl^-{}_{(aq)} + \mid \Delta H_{(solv)} \mid$

   Hierbei wird die Solvatationsenergie frei. Ihr Betrag ist größer als der unter 1. benötigte. Der Überschuß bewirkt die Selbsterwärmung der Lösung.

Lösen wir kristallwasserhaltiges Calciumchlorid, $CaCl_2 \cdot 6H_2O$, in Wasser, dann wird hierbei nur ein kleiner Hydratationsenergiebetrag frei, denn die Ionen sind ja schon im Kristallgitter von einigen Wassermolekülen umgeben gewesen. Er reicht nicht mehr zur Deckung des unter 1. benötigten Betrages. Das resultierende Defizit wird dem Wärmeenergievorrat des Lösungsmittels entnommen, die Lösung kühlt sich ab.

Mit abnehmender Polarität des Solvens (geringere Anziehungskräfte) und zunehmender Temperatur (verstärkte Molekülbewegung) sinkt verständlicherweise die Solvatation – die Zahl der in der Solvathülle gehaltenen Moleküle wird geringer.

Eine größere Hydrathülle (Solvathülle) und damit ein größerer Durchmesser des hydratisierten (solvatisierten) Teilchens äußert sich in einer verringerten Beweglichkeit. Ferner kann dadurch der Transport durch Membranen behindert werden, wenn deren Poren klein genug sind. Dies hat Bedeutung für Stoffwechselvorgänge durch die Zellwände hindurch.

Das Zusammenspiel von Gitterenergie und Solvatationsenergie beeinflußt auch die Löslichkeit. Sie bezeichnet die maximale Menge eines Stoffes, die in einem bestimmten Lösungsmittelvolumen unter bestimmten Bedingungen löslich ist (vgl. dazu auch Kapitel Energetik und Löslichkeit/pH).

Je kleiner ein Ion (hohe Feldstärke an der Oberfläche) und je höher seine Ladung, um so stärker ist es solvatisiert (Tab. 3–5 und Abb. 3–7).

Tab. 3–5 Hydratisierungsgrad einiger Kationen

Hydratisiertes Ion	$Li^+_{(aq)}$	$Na^+_{(aq)}$	$K^+_{(aq)}$	$Mg^{2+}_{(aq)}$	$Ca^{2+}_{(aq)}$
Zahl der H_2O-Moleküle in der Hydrathülle	13	9	4	14	10–12

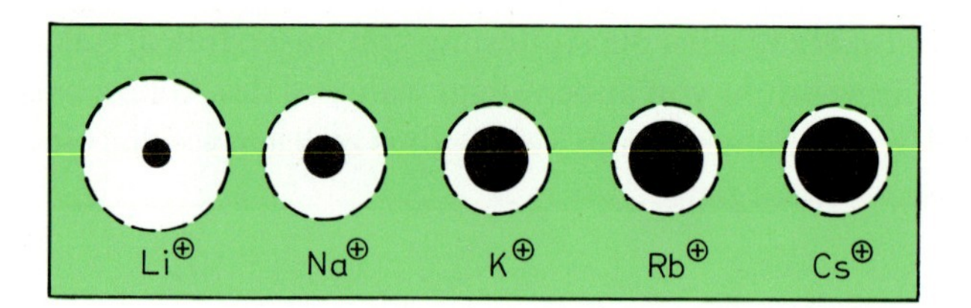

Abb. 3–7 Der Hydratationsgrad der Alkalimetallionen sinkt mit steigender Atommasse. Die gestrichelte Kreislinie deutet den Umfang des hydratisierten Ions an.

3.4.4 Dampfdruck

Aus der Oberfläche einer Flüssigkeit gelangen ständig Moleküle in den darüberliegenden (Gas)Raum. Ist das Gefäß verschlossen, so stellt sich ein Gleichgewichtszustand ein, bei dem die Zahl der die Oberfläche verlassenden Moleküle gleich ist der Zahl der wieder eintretenden (Abb. 3–8). Im Gasraum stellt sich also ein gewisser **Dampfdruck** p ein, der sich beim Erwärmen der Flüssigkeit erhöht. Im offenen Gefäß verdunstet die Flüssigkeit langsam. Steigert man durch Temperaturerhöhung den Dampfdruck soweit, daß er den von außen herrschenden Luftdruck erreicht (z. B. 1,013 bar), so beginnt die Flüssigkeit zu sieden (Abb. 3–9). Am **Siedepunkt** findet eine rasche Verdampfung statt; durch Abkühlung läßt sich der Dampf wieder kondensieren (**Destillation**). Auf diese Weise gelingt die Abtrennung einzelner Komponenten aus Gemischen von Stoffen mit verschiedenen Siedepunkten und damit zugleich eine Reinigung.

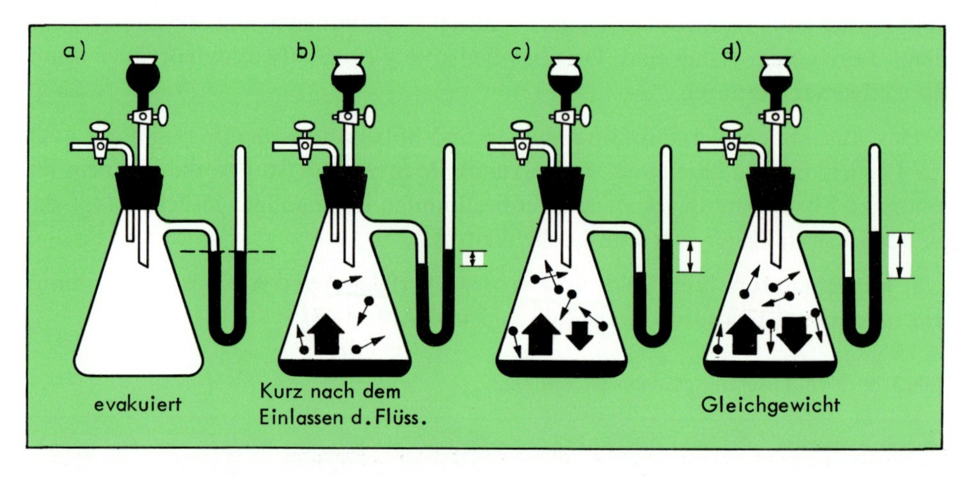

Abb. 3–8 Dampfdruck. Wird ein evakuiertes Gefäß a) mit einer Flüssigkeit beschickt b), so verdampft ein Teil. Der Wiedereintritt von Gasmolekülen in die Oberfläche verläuft umso rascher, je höher der Dampfdruck angestiegen ist. Schließlich stellt sich ein Gleichgewicht ein d).

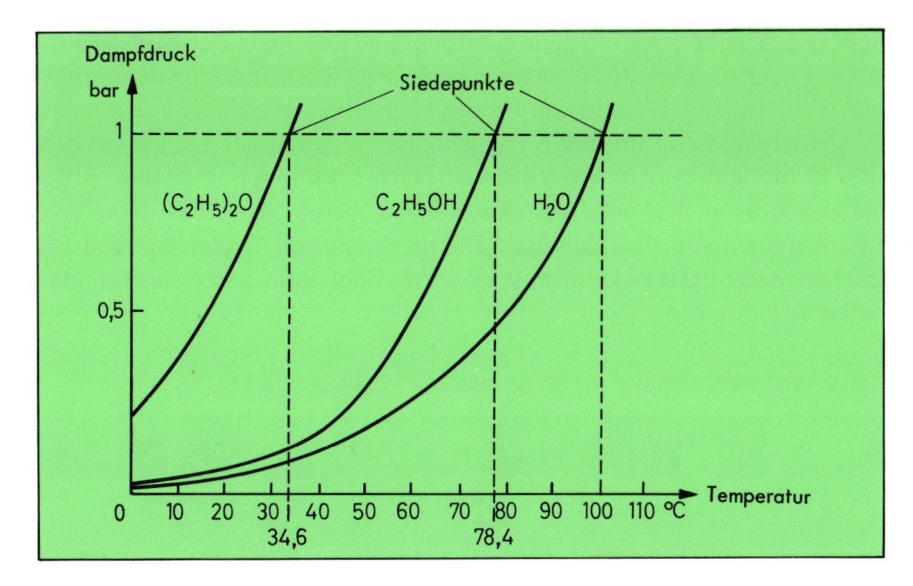

Abb. 3–9 Dampfdrücke von Wasser, Ethanol und Diethylether als Funktion der Temperatur. Am Siedepunkt erreicht der Dampfdruck die Höhe des Außendrucks – in offenen Gefäßen ca. 1 bar.

Eine Lösung hat einen geringeren Dampfdruck als das Lösungsmittel und siedet deshalb erst bei höherer Temperatur (Abb. 3–10).

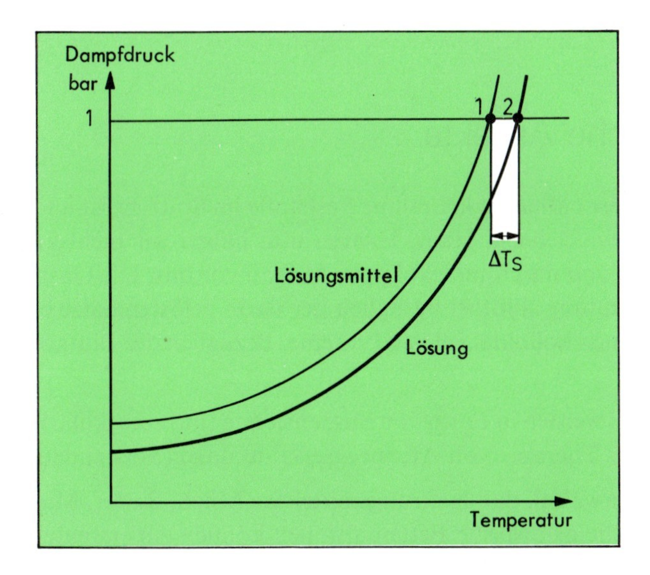

Abb. 3–10 Dampfdruckkurven einer Lösung und des Lösungsmittels
1 = Siedepunkt des reinen Lösungsmittels
2 = Siedepunkt der Lösung
ΔT_S = Siedepunktserhöhung

Lösungen sieden bei höherer Temperatur als das reine Lösungsmittel (**Siedepunktserhöhung** ΔT_S), denn die Fremdteilchen erschweren den Übertritt der Lösungsmittelmoleküle in die Gasphase. Dagegen gilt für den Gefrierpunkt: Lösungen zeigen den Effekt der **Gefrierpunktserniedrigung** ΔT_G, denn die Fremdteilchen erschweren den Aufbau des Kristallgitters. Aus konzentrierter NaCl-Lösung z.B. kristallisiert Eis erst einige Grade unter 0 °C aus. Auf diesem Effekt beruht die Verwendung von Salzen zum Auftauen von Eis (Tausalze). Die beschriebenen Phänomene sind bei gegebenem Lösungsmittel um so größer, je größer die Zahl der in der Lösung befindlichen Teilchen ist (Tab. 3–6).

Tab. 3–6 Siede- und Schmelzpunkte von Wasser und NaCl-Lösungen bei 1 bar

	Wasser	0,5 mol/l NaCl (H_2O)	1 mol/l NaCl (H_2O)
Siedepunkt (°C)	100	100,52	101,04
Gefrierpunkt (°C)	0	−1,86	−3,72

Auch über einem Eisstück herrscht ein gewisser – wenn auch relativ kleiner – Wasserdampfdruck. Entfernt man diesen Wasserdampf ständig – z. B. durch Abpumpen – so wird das Eisstück immer kleiner. Das Wasser geht aus der festen Phase in die Gasphase über, ohne den Aggregatzustand „flüssig" zu durchlaufen (**Sublimation**) (Anwendung bei der schonenden Trocknung biologischen Materials durch *Gefriertrocknung*).

3.5 Biochemische Aspekte

Menschen und viele Tiere enthalten kristalline Feststoffe im Stützgerüst und in Konkrementen. Bei Muskeln, Sehnen, Haut, Haaren u.ä. haben wir nicht-kristalline, heterogene Festphasen von makromolekularem Aufbau vor uns. Die Gasphase hat für Atemprozesse Bedeutung. Blut ist bezüglich der darin gelösten Salze eine echte Lösung, enthält aber auch kolloidal gelöste Proteine. Bezüglich der Blutkörperchen ist es eine Suspension.

Manche Arzneimittel werden in Form von Suspensionen (intramuskulär) injiziert. Aerosole werden in der Therapie von Atemwegserkrankungen verwendet.

Schließlich sei auch erwähnt, daß Nahrungsmittel wie Milch, Butter, Mayonnaise u.ä. Emulsionen sind. Feinstdisperse Fettemulsionen können zur parenteralen Ernährung (Applizierung durch intravenöse Injektion) verwendet werden.

Das hohe Wasserbindungsvermögen von Li- und Na-Kationen äußert sich bei Zugabe solcher Salze zu Proteinlösungen. Die Proteine flocken aus, weil das Wasser z.T. von den genannten Kationen gebunden wird und damit den Proteinen nicht mehr im ursprünglichen Maß als Lösungsmittel zur Verfügung steht. Man bezeichnet diesen Vorgang als **Aussalzen**.

Auf den Zusammenhang zwischen der Größe eines solvatisierten Teilchen und seiner Permeationsfähigkeit durch Membranen wurde schon hingewiesen. Beim Thema Membranen werden wir auf diesen Sachverhalt zurückkommen.

4 Materie in Wechselwirkung mit thermischer, elektrischer und Strahlungsenergie

4.1 Energieaufnahme und -abgabe

Ionen, Atome und Moleküle können unter geeigneten Bedingungen Energie absorbieren bei Wechselwirkung mit thermischer, elektrischer oder Strahlungsenergie. Dabei gehen die Teilchen vom **Grundzustand** (E_0) in einen **angeregten Zustand** (E_1) über. Der Energiebetrag ($E_1 - E_0 = \Delta E$) kann aus einer Flamme, einem Lichtbogen oder einer (Anregungs-)Strahlung stammen.

Die Energieaufnahme erfolgt in bestimmten Beträgen – entsprechend der Differenz $E_1 - E_0 = \Delta E$ der Teilchen (**Quantelung des Energieaustauschs**). Bei Anregung durch Strahlung läßt sich die absorbierte Wellenlänge zur Berechnung von ΔE heranziehen:

$$E_1 - E_0 = \Delta E = \frac{h \cdot c}{\lambda} = h \cdot \nu \qquad \lambda = \frac{h \cdot c}{\Delta E}$$

h = Planck-Konstante
c = Lichtgeschwindigkeit (Konstante)
λ = Wellenlänge
ν = Frequenz

Je größer ΔE, um so größer muß die Frequenz (um so kleiner die Wellenlänge) der Anregungsstrahlung sein.

Jedes angeregte Teilchen kehrt nach kurzer Zeit (Sekundenbruchteile) in den Grundzustand zurück. Dabei wird der bei der Anregung aufgenommene Energiebetrag wieder frei. Er wird in Bewegungsenergie (Translationen und Rotationen) umgewandelt, in manchen Fällen abgestrahlt (Emission). Abb. 4–1 zeigt die Energieabsorption und -emission beim Lithium. Auch einige organische Verbindungen geben einen Teil der Anregungsenergie in Form von Strahlung wieder ab (**Fluoreszenz**), der Rest wird ebenfalls in kinetische Energie umgewandelt.

Auch können die angeregten Teilchen manchmal chemische Reaktionen eingehen, die ohne Energiezufuhr nicht stattfinden. Beispielsweise bildet sich unter der Einwir-

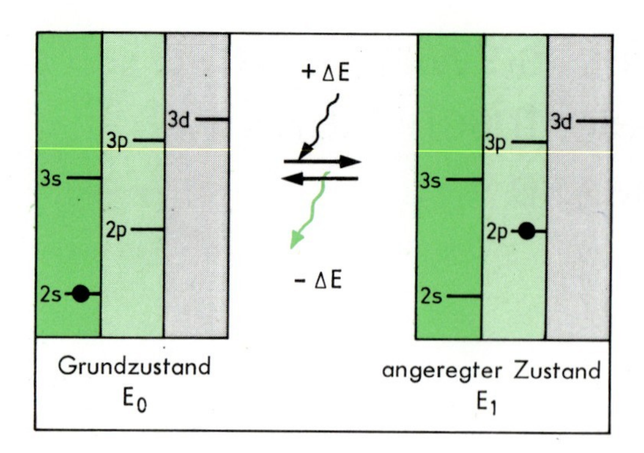

Abb. 4–1 Energieabsorption und -emission beim Lithium. Die Energieabsorption ($\Delta E > 0$) bewirkt einen Übergang vom Grundzustand (E_0) in einen angeregten Zustand (E_1), d.h., ein Elektron wird in ein höheres Orbital gebracht. Nach kurzer Zeit findet der rückläufige Prozeß ($E_1 \rightarrow E_0$) unter Abstrahlung des Energiebetrages $\Delta E = E_1 - E_0$ statt. Auch zwischen anderen Orbitalen können analoge Elektronenübergänge ablaufen.

kung von ultraviolettem Licht oder von elektrischen Entladungen aus Sauerstoff Ozon.

$$3O_2 \underset{}{\overset{(+\text{Energie})}{\rightleftharpoons}} 2O_3$$

Das eigentümlich riechende Ozon, das bei Raumtemperatur allmählich wieder zerfällt (Rückreaktion), ist ein starkes Oxidationsmittel und wird zur Desinfektion benutzt. In größeren Konzentrationen wirkt es giftig.

4.2 Spektralanalyse

Es gibt grundsätzlich zwei Möglichkeiten zur Untersuchung von Energieaufnahme und -abgabe.

1. **Die Emissionsspektroskopie.** Man beobachtet dabei die emittierte Strahlung. Ihre Wellenlänge gestattet Rückschlüsse auf die Anwesenheit bestimmter Atome (Linienspektren bei Metallen) oder Moleküle (unstrukturierte, breite Fluoreszenzspektren).

2. **Die Absorptionsspektroskopie.** Hierbei wird ermittelt, bei welcher Wellenlänge Absorption auftritt. Nur jene Strahlung wird aufgenommen, deren Energieinhalt der Differenz ΔE entspricht (Quantelung).

Zur Beobachtung von Emissions-Linienspektren (z. B. bei Alkalimetallen) genügt ein einfaches **Spektroskop**. Die Absorption von Substanzen (meist in Lösung, aber auch in der Gasphase) wird in einem **Spektralphotometer** gemessen, das auch mit einem Linienschreiber gekoppelt sein kann (**Spektrograph**).

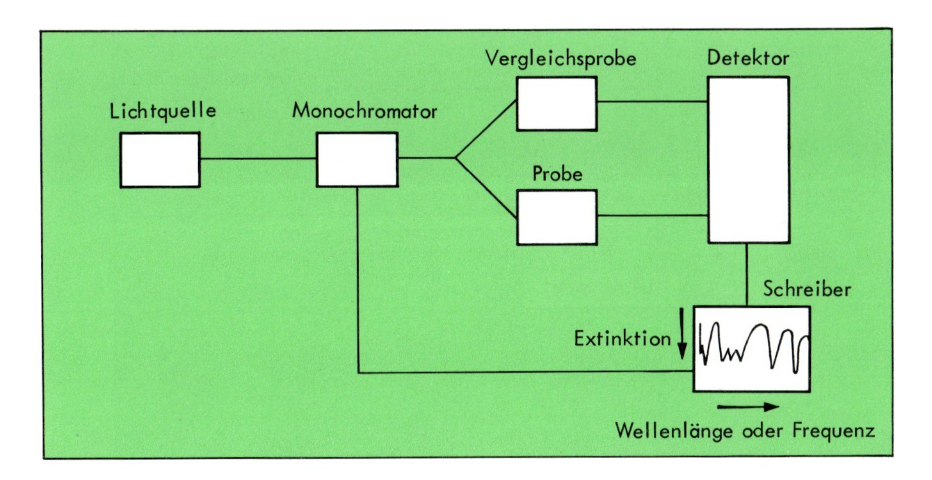

Abb. 4–2 Schema eines Spektrographen.

Aufbau und Funktion eines Spektrographen (Abb. 4–2). Aus dem Lichtstrahl einer geeigneten Strahlungsquelle wird mit Hilfe eines **Monochromators** eine bestimmte Wellenlänge ausgesondert. Der nun monochromatische Strahl durchläuft jetzt die betreffende Substanz (Lösung), die sich in einer Küvette befindet. In einem dahinter befindlichen Empfänger wird die Strahlungsintensität gemessen und mit der eines Vergleichsstrahls – der nur das reine Lösungsmittel durchlaufen hat – verglichen. Mit Hilfe eines Schreibers wird die von der Probe durchgelassene Strahlungsintensität in Abhängigkeit von der Wellenlänge oder Frequenz aufgezeichnet. So entsteht ein Spektrum (Abb. 4–5).

4.3 Spektren

Viele Kenntnisse über den Aufbau von Atomen, Molekülen und Ionen stammen aus Spektren. In der folgenden Abbildung sind einige für solche Untersuchungen wichtige **Strahlungsbereiche** gekennzeichnet (Abb. 4–3).

Emissionsspektren von Alkali- und Erdalkalimetallen enthalten eine oder mehrere Linien im sichtbaren Bereich. Man kann sie beobachten, wenn man die beim Erhitzen von Alkali- oder Erdalkalimetallsalzen in der offenen Flamme entstehende Flammenfärbung durch ein Spektroskop betrachtet (Abb. 4–4).

Atomabsorptionsspektren (AAS) dienen zur Bestimmung von Metallen und lassen sich auf folgende Weise erhalten. Man verdampft die Probe und schickt durch diesen Dampf das Licht jenes Elements, dessen Menge man ermitteln will. Also wird z. B. gelbes, von einer Natriumkathode stammendes Licht verwendet, wenn man Natrium bestimmen will. Es wird absorbiert von den Natriumatomen, die bei der Verdamp-

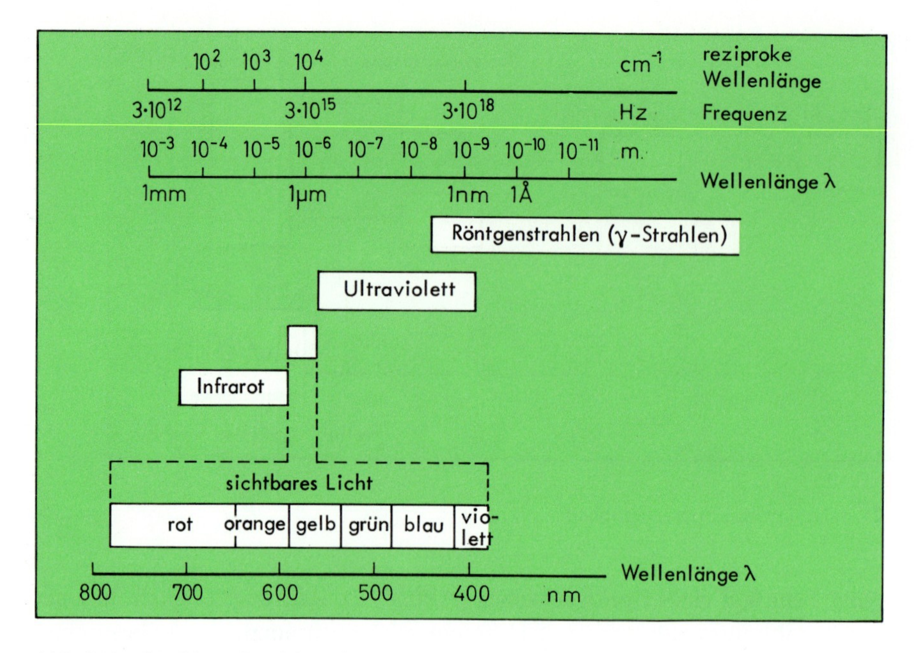

Abb. 4–3 Strahlungsbereiche.

Wellenlänge	800 700 650 600 550 500 450 400 in nm	Flammenfärbung
Lithium		rot
Natrium		gelb
Kalium		violett
Calcium		rot
Strontium		rot
Barium		grün

Abb. 4–4 Lage der Spektrallinien in einigen Emissionsspektren.

fung der Probe durch thermische Dissoziation entstanden sind. Grundlage des Verfahrens ist also die Tatsache, daß ein durch ein angeregtes Atom emittiertes Lichtquant von einem nicht angeregten Atom des gleichen Elements absorbiert werden kann (Resonanzabsorption).

Organische Moleküle und auch viele anorganische Verbindungen absorbieren Strahlung des ultravioletten (**UV**) oder des sichtbaren (**VIS** = visible) Bereichs. Auch hierbei werden Elektronen in energiereichere Niveaus transferiert. Die mit einem Spektrographen erhältlichen **UV/VIS-Absorptionsspektren** zeigen jedoch keine Li-

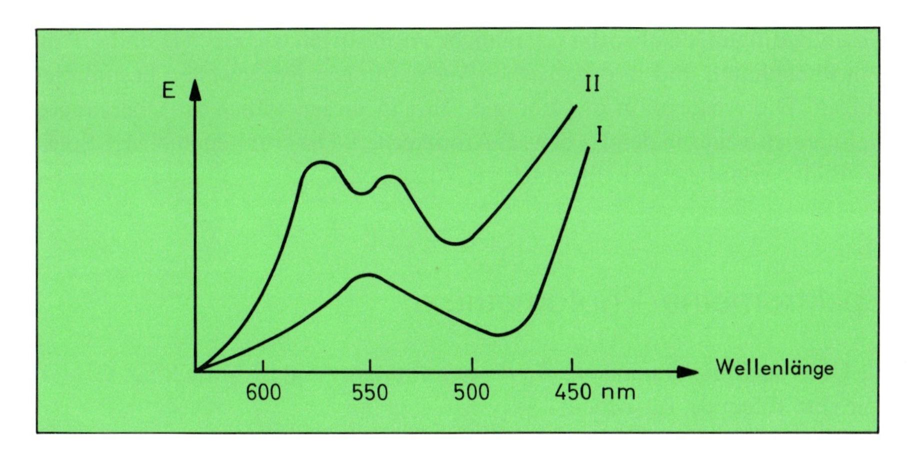

Abb. 4–5 Absorptionsspektren des Hämoglobins (I) und des mit Sauerstoff beladenen Hämoglobins (II).

nien, sondern (breite) Absorptionsbanden, da bei der Anregung mehrere energetisch dicht beieinander liegende Energieniveaus erreicht werden (Abb. 4–5).

Strahlung des infraroten Bereichs (**IR**) vermag das Elektronensystem von Molekülen nicht mehr anzuregen. Vielmehr werden Schwingungen im Molekül erzeugt, bei denen die einzelnen Bindungen geringfügig gestreckt (bzw. gestaucht) oder verbogen werden (Abb. 4–6).

Große Bedeutung hat für diagnostische Zwecke ein Verfahren erlangt, das **NMR-Spektroskopie** (**N**uclear **M**agnetic **R**esonance) genannt wird. Im medizinischen Bereich sind auch die folgenden Bezeichnungen üblich: KMR (**K**ern**m**agnetische **R**esonanz), MR (**m**agnetic **r**esonance), MRI (**M**agnetic **R**esonance **I**maging = bildgebendes Verfahren). Der Patient wird zur Untersuchung in ein starkes Magnetfeld gebracht.

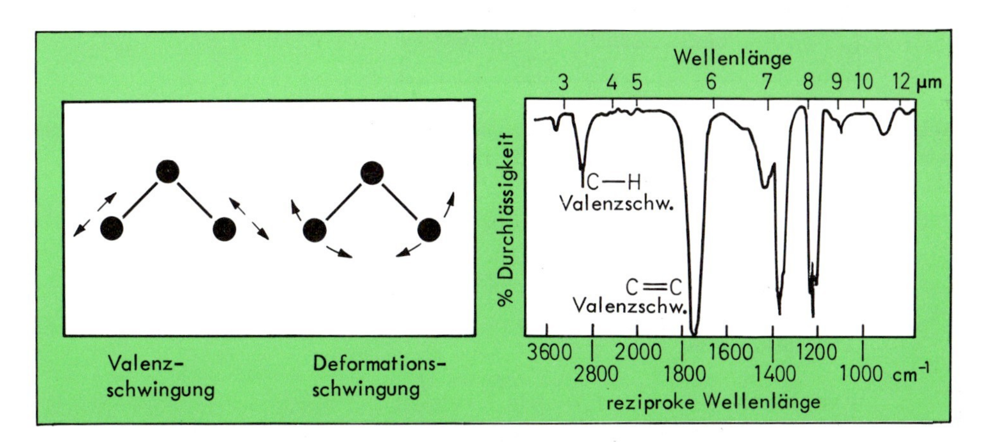

Abb. 4–6 Infrarotes Licht (IR-Strahlung) „passenden" Energieinhalts vermag in mehratomigen Teilchen Schwingungen der Atome anzuregen.

Unter diesen Bedingungen absorbieren manche Atomsorten wie z. B. ^{1}H und ^{31}P im Wasser, in Phosphaten und in organischen Verbindungen Radiowellen bestimmter Wellenlängen. Die Absorption der Energie führt in diesen Fällen zu Übergängen zwischen Energieniveaus in den H- bzw. P-Atomkernen. Die erhaltenen NMR-Spektren bzw. Bilder erlauben sehr differenzierte Aussagen.

4.4 Spektrometrie/Photometrie

Spektrale Untersuchungen sind auch für die quantitative Analyse brauchbar. Grundlage dafür sind folgende Tatsachen:

- Die Intensität der Linien eines **Emissionsspektrums** ist der Zahl der angeregten Teilchen proportional. Aus der Intensität einer Flammenfärbung läßt sich somit ermitteln, welche Mengen an Metall(ionen) eine Probe enthielt (**Flammenspektrometrie** oder **-photometrie**).
- Die Intensität der Absorption, die sich aus einem **Absorptionsspektrum** ablesen läßt, ist kennzeichnend für die Anzahl der im Strahlengang befindlichen (absorbierenden) Teilchen.

Das Maß der Strahlungsabsorption ergibt sich aus der eingestrahlten Lichtintensität I_O im Verhältnis zur hindurchgelassenen I_D (Abb. 4–7).

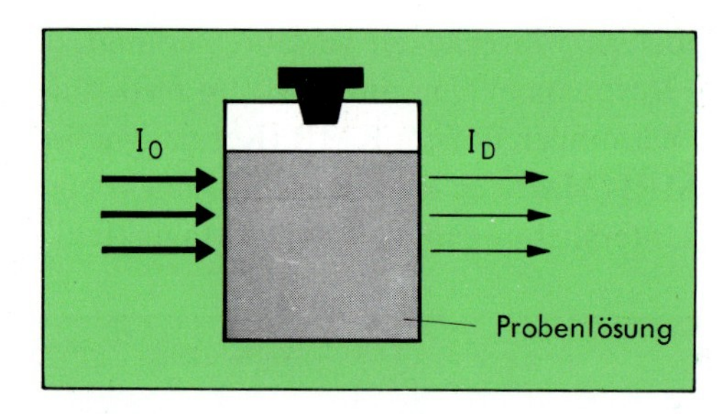

Abb. 4–7 Beim Durchtritt durch eine absorbierende Probenlösung wird Strahlung der ursprünglichen Intensität I_0 geschwächt und damit auf die Intensität I_D gemindert.

Drei Größen spielen als Maß eine Rolle:

Transmissionsgrad $\tau = \frac{I_D}{I_O} \leqslant 1 = 100\%$

Absorptionsgrad $\alpha = 1 - \tau$

Extinktion $E = -\lg\frac{I_D}{I_O} = \lg\frac{I_O}{I_D}$

τ und E sind abhängig von der Konzentration c der absorbierenden Substanz. Sie kann an einem modernen Spektrometer direkt abgelesen werden (Abb. 4–8).

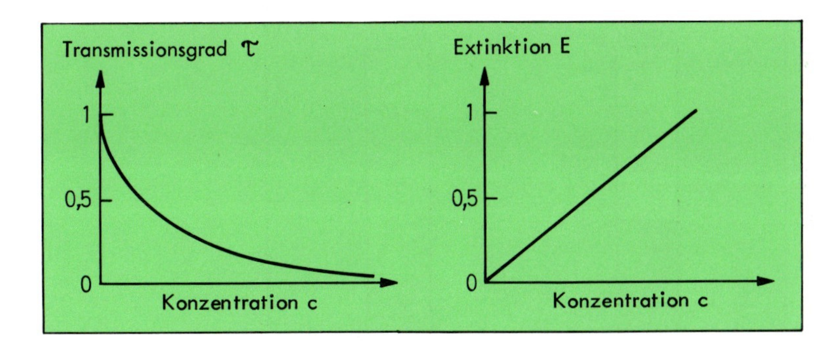

Abb. 4–8 Transmissionsgrad und Extinktion einer Lösung als Funktion der Konzentration.

Die Extinktion steht in einem einfachen Zusammenhang mit der Konzentration an absorbierenden Teilchen und der Schichtdicke.

$E = \varepsilon \cdot c \cdot d$	Lambert-Beersches Gesetz

E = Extinktion
ε = molarer Extinktionskoeffizient (Stoffkonstante)
c = Stoffmengenkonzentration
d = Schichtdicke

Daraus ergibt sich: Verdünnt man eine Lösung im Verhältnis 1 : 1, 1 : 2, 1 : 3 usw., geht die Extinktion auf 1/2, 1/3, 1/4 usw. ihres ursprünglichen Wertes zurück. Erhöht man dabei die Schichtdicke auf das Doppelte, Dreifache, Vierfache usw. (z. B. mehrere Küvetten hintereinander), so bleibt E konstant – weil $c \cdot d = \text{const.}$ (Abb. 4–9). Abweichungen vom Lambert-Beerschen Gesetz deuten auf Dissoziations- oder Assoziationsvorgänge bzw. auf chemische Umsetzungen hin. Die Konzentrationsbestimmung an einer Probe kann erfolgen:

- Durch Extinktionsmessung und Errechnung von c; dabei muß neben d auch ε bekannt sein.
- Es wird mit Lösungen bekannter Konzentration eine Eichkurve ($E = f(c)$) angefertigt und dann die zur gemessenen Extinktion der Probe gehörige Konzentration aus dem Diagramm abgelesen.
- Ein bekanntes Volumen einer Probenlösung wird mit reinem Lösungsmittel aus einer Bürette soweit verdünnt, bis ihr Transmissionsgrad (früher: Durchlässigkeit) gleich der einer Standardlösung (bei gleichem d) ist. Unter Berücksichtigung des zugegebenen Lösungsmittelvolumens läßt sich die ursprüngliche Konzentration der Probe errechnen.

Das letztgenannte Verfahren wird bei Lösungen farbiger Substanzen angewandt und heißt **Kolorimetrie**.

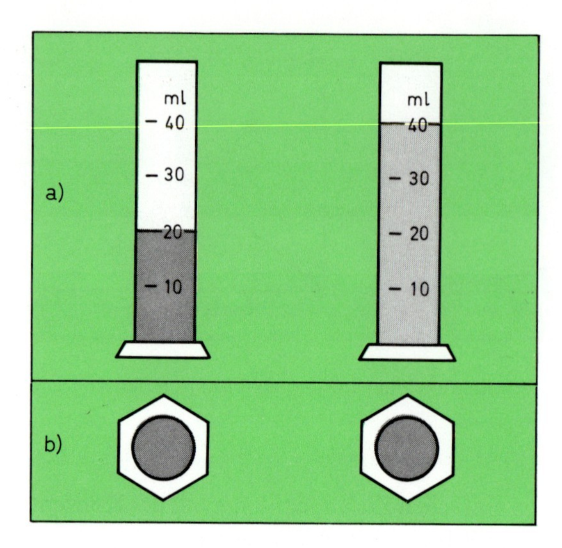

Abb. 4–9 Setzt man die Konzentration einer Lösung auf die Hälfte herab a) (Verdoppelung der Lösungsmittelmenge) und erhöht gleichzeitig die Schichtdicke auf das Doppelte, so ändert sich die Extinktion der Lösung nicht (b, Blick von oben); es sei denn, die Verdünnung hat die Gesamtzahl der absorbierenden Teilchen verändert (verstärkte Dissoziation, chemische Reaktion usw.).

4.5 Biochemische Aspekte und Anwendungen

In der Biosphäre findet unter dem Einfluß des Sonnenlichts die Bildung von Kohlenhydraten aus CO_2 und H_2O statt.

$$n\,CO_2 + n\,H_2O \xrightarrow{(+\text{Energie})} C_n(H_2O)_n + n\,O_2$$

Bei diesem Assimilation oder Photosynthese genannten Prozeß der Bildung von (gegenüber den Ausgangsprodukten) energiereichen Kohlenhydraten wirkt der grüne Pflanzenfarbstoff Chlorophyll mit. Er absorbiert die Strahlung und gibt die Anregungsenergie dann in einer Kette komplizierter chemischer Reaktionen weiter. Im menschlichen und tierischen Organismus findet unter Freisetzung des gleichen Energiebetrages (Wärme, Muskelarbeit usw.) der umgekehrte Prozeß statt. Das Kohlendioxid wird über die Lunge ausgeschieden.

Spektroskopische und photometrische Verfahren finden breite Anwendung in der klinischen Chemie, Toxikologie und Gerichtsmedizin. Auch in der Diagnostik benutzt man spektroskopische Verfahren (Tab. 4–1).

Die letztgenannte Methode ist durch den Einsatz von Computern enorm leistungsfähig geworden (**NMR-Computertomographie**) und findet als Diagnoseverfahren immer breitere Anwendung. Die Ergebnisse werden sofort auf dem Bildschirm des

Computers sichtbar. Das Verfahren verursacht keine Strahlenschäden, im Gegensatz zu jenen, die mit harter Strahlung arbeiten (**Röntgen, Röntgen-Computertomographie**).

Tab. 4–1 Einige Anwendungen photometrischer und spektroskopischer Verfahren in der Medizin

Methode	Untersuchungsobjekt
Absorptionsphotometrie (ultraviolettes und sichtbares Gebiet)	Hämoglobinderivate, farbige Derivate von Proteinen, Cholesterin usw.
Emissionsflammenphotometrie	Natrium, Kalium
Fluoreszenzphotometrie	Proteinderivate
Atomabsorptions-Spektroskopie oder auch -Photometrie	Calcium, Magnesium, Schwermetalle
Röntgen	lebende Organismen
NMR-Spektroskopie	lebende Organismen

5 Die chemische Reaktion

Sowohl eine **Summenformel** als auch eine **Strukturformel** zeigt, welche Atome in welchen Zahlenverhältnissen in einer Verbindung enthalten sind. Daraus lassen sich die Massenverhältnisse berechnen. Analog zeigt eine **chemische Gleichung**, welche Stoffe in welchen Massenverhältnissen miteinander reagieren. Für die quantitative Beschreibung dieser Sachverhalte ist die Kenntnis einiger Größen einschließlich der zugehörigen Einheiten nötig.

Das Internationale Einheitensystem (SI, Système International d'Unités) mit seinen sieben Basiseinheiten hat sich inzwischen weltweit durchgesetzt. In der Bundesrepublik Deutschland ist die Anwendung der SI-Einheiten im amtlichen und im geschäftlichen Verkehr seit 1969 gesetzlich vorgeschrieben.

5.1 Größen und Einheiten

Die folgenden Tabellen enthalten eine Zusammenstellung wichtiger Größen mit ihren Einheiten sowie Angaben, welche Einheiten nicht mehr verwendet werden sollen. Ferner sind Erklärungen und Anwendungsbeispiele angefügt.

Tab. 5–1 SI-Basiseinheiten

Größe	Symbol der Größe	Einheit	Symbol der Einheit
Länge	l	Meter	m
Masse	m	Kilogramm	kg
Zeit	t	Sekunde	s
Stromstärke	I	Ampere	A
Temperatur	T	Kelvin	K
Stoffmenge	n	Mol	mol
Lichtstärke	I_v	Candela	cd

Eine Reihe von häufig benutzten Einheiten, die nicht zum SI gehören, können weiter benutzt werden.

Tab. 5–2 Einheiten, die im Zusammenhang mit dem SI benutzt werden dürfen

Einheit Name	Symbol	Wert in SI-Einheiten	
Minute	min	1 min = 60 s	
Stunde	h	1 h = 60 min	= 3600 s
Tag	d	1 d = 24 h	= 86400 s
Liter	l	1 l = 1 dm^3	= 10^{-3} m^3
Grad Celsius	°C	T in K = t in °C + 273,15	
Druck	mm Hg	1 mm Hg = 1,332 mbar	

Teile und Vielfache von SI-Einheiten werden gebildet, indem vor den Namen bzw. das Symbol der Einheit ein Vorsatz bzw. Vorsatzzeichen gesetzt wird.

Tab. 5–3 International festgelegte Vorsätze für SI-Einheiten

Faktor	Vorsatz	Vorsatzzeichen	Faktor	Vorsatz	Vorsatzzeichen
10^{12}	Tera	T	10^{-2}	Zenti	c
10^{9}	Giga	G	10^{-3}	Milli	m
10^{6}	Mega	M	10^{-6}	Mikro	µ
10^{3}	Kilo	k	10^{-9}	Nano	n
10^{2}	Hekto	h	10^{-12}	Piko	p
10	Deka	da	10^{-15}	Femto	f
10^{-1}	Dezi	d	10^{-18}	Atto	a

Einige von SI-Einheiten abgeleitete Einheiten haben besondere Namen und Symbole erhalten.

Tab. 5–4 Beispiele für abgeleitete SI-Einheiten mit besonderem Namen

Größe	Einheit	Symbol	Beziehung zur älteren Einheit
Frequenz	Hertz	Hz	
Kraft	Newton	N	1 kp = 9,81 N
Druck	Pascal	Pa	1 bar = 10^5 Pa
	Bar	bar	1 atm = 1,013 bar
			1 mm Hg = 1,332 mbar = 1 Torr
Energie, Wärmemenge, Arbeit	Joule	J	1 cal = 4,184 J

Die nachstehende Zusammenstellung enthält weitere in der klinischen Chemie gebräuchliche Größen mit ihren Dimensionen, Einheiten, Symbolen und Untereinheiten. Dabei sind nur die in einer Zeile stehenden Angaben jeweils äquivalent.

Größe (Dimension) SI-Einheit	Symbole der Einheit und Untereinheiten Empfohlen	Nicht empfohlen	nicht mehr anzuwenden
Länge	m		
(L)		cm	
Meter	mm		
	µm		µ, u
	nm		mµ, mu
			Å
Fläche	m^2		
(L^2)		cm^2	
Quadratmeter	mm^2		
	μm^2		μ^2
Volumen		m^3	
(L^3)	l	L, dm^3	
Kubikmeter	dl		
	ml	cm^3	cc, ccm
	µl	mm^3	λ, ul
	nl		
	pl		µµl, uul
	fl		μ^3, u^3
Masse	kg		Kg
(M)	g		gr
Kilogramm	mg		
	µg		γ, ug
	ng		mµg, mug
	pg		γγ, µµg, uug

Atommasse/Molekülmasse*/Formelmasse. Die absoluten Atommassen liegen zwischen 10^{-24} und 10^{-22} g. Da der Umgang mit diesen kleinen Zahlen unbequem ist, verwendet man zur Berechnung der Massenverhältnisse in Verbindungen und bei chemischen Reaktionen (**Stöchiometrie**) die **relativen Atommassen** (A_r) (vgl. Tab. 5–5).

Eine atomare Masseneinheit (u) ist definiert als 1/12 der Masse eines Kohlenstoffnuclids ^{12}C, 1 u = $1{,}66 \cdot 10^{-24}$ g. Also hat ein ^{12}C-Atom die Masse von genau 12 u, ein ^{1}H-Atom die Masse von ca. 1 u (genauerer Wert 1,008), ein ^{16}O-Atom die Masse von ca. 16 u (genauerer Wert 15,995) usw. Die drei genannten Nuclide haben also die folgenden relativen Atommassen (A_r):

$$A_r(^{12}C) = 12{,}000$$
$$A_r(^{1}H) = 1{,}008$$
$$A_r(^{16}O) = 15{,}996.$$

* Früher Atomgewicht und Molekulargewicht

In der Medizin ist auch die Einheit **Dalton** in Gebrauch.

$$1 \text{ Dalton} = 1 \text{ u} = 1{,}66018 \cdot 10^{-24} \text{ g}.$$

Die **relative Molekülmasse** (M_r) ist die Summe der relativen Atommassen eines Moleküls.

Beispiel (unter Verwendung gerundeter Atommassen):
Berechnung der relativen Molekülmasse der Schwefelsäure.

$$M_r(H_2SO_4) = 2A_r(H) + A_r(S) + 4A_r(O)$$
$$= (2 \cdot 1) + 32 + (4 \cdot 16) = \mathbf{98}$$

Auch wenn die Verbindung nicht aus Molekülen, sondern aus Ionen besteht, wie z. B. bei Salzen, wird meist der Begriff relative Molekülmasse, seltener der Begriff **Formelmasse** verwendet.

Beispiel:

$$M_r(NaCl) = A_r(Na) + A_r(Cl) = 23 + 35 = \mathbf{58}$$

Das **Mol** ist die Einheit der **Stoffmenge** (Symbol n). Das Symbol für Mol ist **mol**.

Größe (Dimension) Name der Einheit	Symbole der Einheit und Untereinheiten	
	Empfohlen	Nicht mehr anzuwenden
Stoffmenge	mol	M, aeq, val, g-mol
(N)	mmol	mM, maeq, mval
Mol	µmol	µM, uM, µaeq, µval
	nmol	nM, naeq, nval

1 mol ist diejenige Stoffmenge, die $N_A = 6{,}023 \cdot 10^{23}$ Teilchen enthält. So viele Atome fand man in 12 g des Kohlenstoffnuclids ^{12}C, das als Basis für die Definition dient.

$$N_A = 6{,}023 \cdot 10^{23} \text{ mol}^{-1}$$

1 mol Substanz enthält also N_A Teilchen

Diese Konstante wird **Avogadro-Konstante** genannt. Gleiche Stoffmengen verschiedener Stoffe enthalten somit die gleiche Teilchenzahl. Die Teilchen können Atome, Moleküle, Ionen, Elektronen, Äquivalentteilchen (s. unten) usw. sein. Man mache sich bewußt: 1 mol ist die Angabe einer Stückzahl. Die so definierte Größe „Stoffmenge" erleichtert quantitative Betrachtungen chemischer Reaktionen erheblich.

Die **molare Masse** (M) eines Stoffes gibt an, wieviel Gramm 1 mol wiegt (N_A Teilchen):

$$M = \frac{m}{n} \text{ (in g/mol)}$$

Beispiele (unter Verwendung relativer, gerundeter Atommassen):

$M(H_2SO_4) = 98$ g/mol

$M(CO_2) = 44$ g/mol

$M(Na^+) = 23$ g/mol

M (Glucose) = 180 g/mol (Summenformel von Glucose: $C_6H_{12}O_6$)

Der Zahlenwert der molaren Masse in g/mol ist gleich dem der relativen Atom- bzw. Molekülmasse A_r bzw. M_r. Diese sind aber Verhältniszahlen ohne Einheit.

In vielen Fällen ist es bequem, die Stoffmenge nicht auf ganze Atome, Ionen oder Moleküle zu beziehen, sondern auf eine fiktive Größe, die man **Äquivalentteilchen** oder kurz **Äquivalent** nennt.

$$1 \text{ Äquivalent} = \frac{1}{z^*}X \qquad X = \text{Atom, Molekül oder Ion}$$

Die **Äquivalentzahl** z^* im Nenner ergibt sich wie folgt.

$z^* =$ Anzahl der reagierenden H^+- bzw. OH^--Ionen gemäß korrespondierendem Säure/Base-Paar; bei OH^--freien Basen die Anzahl der reagierenden Basizitätszentren.

$z^* =$ Anzahl der ausgetauschten Elektronen gemäß korrespondierendem Redoxpaar bei Redoxreaktionen.

$z^* =$ Anzahl der Ladungen eines reagierenden Kations oder Anions.

Auch die molare Masse M kann man entweder auf Äquivalente beziehen – $M(\frac{1}{z^*}X)$ – oder auf Atome, Moleküle oder Ionen – $M(X)$.

Beispiele:

Teilchen X	$M(X)$ in $g \cdot mol^{-1}$	Äquivalent-zahl z^*	Äquivalent $\frac{1}{z^*}X$	$M\left(\frac{1}{z^*}X\right)$ in $g \cdot mol^{-1}$
H^+	1	1	H^+	1
OH^-	17	1	OH^-	17
H_2SO_4	98	2	$\frac{1}{2}H_2SO_4$	49
	(für eine Umsetzung, bei der beide H^+ reagieren)			
$H_2NCH_2CH_2NH_2$	60	2	$\frac{1}{2}H_2NCH_2CH_2NH_2$	30
	(zwei Basizitätszentren)			

Teilchen X	M(X) in $g \cdot mol^{-1}$	Äquivalent-zahl z^*	Äquivalent $\frac{1}{z^*}X$	$M\left(\frac{1}{z^*}X\right)$ in $g \cdot mol^{-1}$
Fe^{2+}	56	1	Fe^{2+}	56
	(für die Oxidation zu Fe^{3+})			
Fe^{2+}	56	2	$\frac{1}{2}Fe^{2+}$	28
	(für die Reduktion zu Fe)			
Fe^{3+}	56	3	$\frac{1}{3}Fe^{3+}$	56/3
	(für die Reduktion zu Fe)			
Ca^{2+}	40	2	$\frac{1}{2}Ca^{2+}$	20

Nicht mehr verwendet werden sollen die Begriffe
- Äquivalentmasse (Äquivalentgewicht)
- Grammäquivalent
- Val

Will man die quantitative Zusammensetzung einer Lösung beschreiben, so gelingt dies, indem man angibt, in welchen Verhältnissen die Komponenten vorhanden sind. Besondere Probleme verursachte lange die im Laufe der Zeit entstandene Vielfalt der Konzentrationseinheiten. Hier bringen die SI-Vorschriften einschneidende Änderungen. Die **Konzentration** soll als **Stoffmengenkonzentration** c oder als **Massenkonzentration** β angegeben werden.

Größe (Dimension) Name der Einheit	Symbole der Einheit und Untereinheiten: Empfohlen	Nicht empfohlen
Stoffmengenkonzentration	mol/l	M, aeq/l, val/l, N, n
(N/L^3)	mmol/l	mM, maeq/l, mval/l
Mol durch Liter	µmol/l	µM, uM, µaeq/l
	nmol/l	naeq/l, nM
Massenkonzentration	kg/l	g/ml
(M/L^3)		%, g%, % (w/v), g/100 ml, g/dl
Kilogramm durch Liter	g/l	‰, g‰, ‰ (w/v)
	mg/l	mg%, mg% (w/v), mg/100 ml, mg/dl
		ppm, ppm (w/v)
		µg%, ug% (w/v), µg/100 ml, µg/dl, γ%
	µg/l	ppb, ppb (w/v)
	ng/l	µµg/ml, uug/ml

Die Zahlenwerte der Stoffmengen- und Massenkonzentration hängen von der Temperatur der Lösung und vom herrschenden Druck ab, da Temperatur und Druck das Volumen beeinflussen. Man beachte ferner, daß im Nenner das Gesamtvolumen (von Gelöstem und Lösungsmittel) steht.

Beispiel:

Die Angabe c(Glucose) = 1 mol/l heißt, daß in 1 l Lösung $6 \cdot 10^{23}$ – also 180 g – Glucosemoleküle enthalten sind. Man beachte, daß Lösungen der Konzentration 1 mol/l infolge Dissoziation mehrere Mole Teilchen enthalten können. Wenn etwa c(NaCl) = 1 mol/l, dann befinden sich insgesamt $2N_A$ Teilchen in der Lösung, nämlich N_A Natriumionen plus N_A Chloridionen.

Die Angabe der Stoffmengenkonzentration (in mol/l) ist zu wählen, wenn die chemische Formel bekannt ist. Kennt man die Molekülmasse nicht, gibt man die Massenkonzentration (in kg/l) an. Folgende sehr verbreitete Ausdrucks- und Schreibweisen sollen nicht mehr benutzt werden:

- Molarität, molare Konzentration, 1 M Lösung usw.
- 1-molar, 0,1-molar usw.;
- Normalität, 1 N Lösung, 0,1-normale Lösung usw.
- die Angabe 0,1 val Schwefelsäure pro Liter u.ä.

Beispiel für eine korrekte Angabe:

Man nehme 5 ml 0,1 mol/l Salzsäure, oder
man nehme 5 ml Salzsäure der Konzentration 0,1 mol/l.

Ferner sind noch die folgenden, nicht zu Konzentrationsgrößen zu zählenden Angaben in Gebrauch.

Größe (Dimension) Name der Einheit	Einheit, Untereinheiten und Symbole Empfohlen	Nicht empfohlen
Molalität (N/M)	mmol/kg	m, mmol/g, μmol/mg
Mol durch Kilogramm	nmol/kg	mm
	μmol/kg	μm, um

Man hat also die Stoffmenge des Gelösten zu dividieren durch die Masse des Lösungsmittels.

Beispiel:

Löst man 98 g Schwefelsäure (1 mol) in 1000 g Wasser, dann gilt: Molalität $b(H_2SO_4)$ = 1 mol/kg.

Man beachte: Im Nenner steht nur die Masse des Lösungsmittels. Der Zahlenwert ist von der Temperatur der Lösung und vom Druck unabhängig.

Größe (Dimension)	Einheit, Untereinheiten und Symbole Empfohlen	Nicht empfohlen
Massenanteil (M/M)	1	kg/kg, g/g
		%, % (w/w)
	10^{-3}	g/kg, ‰, ‰ (w/w)
	10^{-6}	mg/kg, ppm, ppm (w/w)
	10^{-9}	µg/kg, ppb, ppb (w/w)
	10^{-12}	ng/kg

Beispiel:

Löst man 100 g Schwefelsäure in 900 g Wasser, dann gilt:
Massenanteil $w(H_2SO_4) = 100/(100 + 900) = 100/1000 = 10^{-3}$. Im Nenner steht die Summe beider Massen.

Der Zahlenwert des Massenanteils ist von der Temperatur und vom Druck des Systems unabhängig.

Größe (Dimension)	Einheit, Untereinheiten und Symbole Empfohlen	Nicht empfohlen
Volumenanteil (L^3/L^3)	1	l/l, ml/ml
		%, % (v/v), vol%
	10^{-3}	ml/l, ‰, ‰ (v/v), vol ‰
	10^{-6}	µl/l, ppm, ppm (v/v)

Beispiel:

Mischt man 10 ml reines Ethanol mit 90 ml Wasser, so gilt: Volumenanteil φ(Ethanol) = 0,1. Nicht mehr verwenden soll man Formulierungen wie:
10prozentiges Ethanol
10 Vol% u.a.

Der Zahlenwert des Volumenanteils hängt ab vom Druck und von der Temperatur sowie von den Komponenten des Systems. Beispielsweise liefern 500 ml Wasser plus 500 ml Ethanol weniger als 1000 ml Mischung. Dieser Volumenkontraktion genannte Effekt tritt natürlich auch bei anderen Mischungsverhältnissen als 1 : 1 auf. Es ist also in solchen Fällen nötig, den experimentellen Angaben eine genaue Beschreibung des angewandten Verdünnungsprozesses beizufügen.

5.2 Umrechnungen

Gelegentlich ist es nötig, Umrechnungen von einer Größe in eine andere vorzunehmen. Für einige Fälle werden nachstehend die Umrechnungsvorschriften angegeben.

Masse/Stoffmenge.

$$\frac{\text{Masse in g}}{\text{molare Masse in g/mol}} = \text{Stoffmenge in mol}$$

Beispiele:

Wieviel mol sind 49 g Schwefelsäure?

$$\frac{49\ \text{g}}{98\ \text{g/mol}} = n = \mathbf{0{,}5\ mol}$$

Wie groß ist die Masse m von 2 mmol NaOH?

$$\frac{m}{(23 + 16 + 1)\ \text{g/mol}} = 2\ \text{mol} \cdot 10^{-3} \qquad m = 40\ \text{g/mol} \cdot 2\ \text{mol} \cdot 10^{-3}$$

$$= 80\ \text{g} \cdot 10^{-3} = \mathbf{80\ mg}$$

Massenkonzentration/Stoffmengenkonzentration.

$$\frac{\text{Massenkonzentration in g/l}}{\text{molare Masse in g/mol}} = \text{Stoffmengenkonzentration in mol/l}$$

Beispiel:

Wie groß ist die Stoffmengenkonzentration c(NaOH) in mol/l, wenn β(NaOH) = 20 g/l?

$$\frac{20\ \text{g/l}}{(23 + 16 + 1)\ \text{g/mol}} = c(\text{NaOH}) = \mathbf{0{,}5\ mol/l}$$

Liegt eine Konzentrationsangabe in g/100 ml vor, so erhält man durch multiplizieren mit dem Faktor 10 die Konzentration in g/l und durch nachfolgendes Dividieren durch die molare Masse M die Konzentration in mol/l:

$$\frac{\text{Massenkonzentration in g/100 ml}}{\text{molare Masse in g/mol}} \cdot 10 = \text{Stoffmengenkonzentration in mol/l}$$

Beispiel:

Wie groß ist die Stoffmengenkonzentration c(NaOH), wenn β(NaOH) = 2 g/100 ml?

$\beta(\text{NaOH}) = 2\ \text{g}/100\ \text{ml} = 20\ \text{g}/1000\ \text{ml}$

$$\frac{20\ \text{g/l}}{40\ \text{g/mol}} = c(\text{NaOH}) = \mathbf{0{,}5\ mol/l}$$

Man beachte: Die Volumenangaben bezeichnen jeweils – außer beim Volumenanteil – das Volumen der fertigen Lösung.

5.3 Chemische Reaktionen/Reaktionsgleichungen

Chemische Reaktionen (Umsetzungen) sind Stoffumwandlungen. Aus **Edukten (Ausgangsstoffen)** bilden sich dabei **Produkte (Endstoffe)** mit veränderten chemischen und physikalischen Eigenschaften. Die Edukte stehen üblicherweise auf der linken Seite der Gleichung („Linksstoffe"), die Produkte auf der rechten („Rechtsstoffe"). Chemische Umsetzungen werden bevorzugt in Lösungsmitteln vorgenommen. Das biochemisch wichtigste Lösungsmittel ist Wasser.

Im Bereich der anorganischen Chemie verlaufen chemische Reaktionen meist unter Beteiligung von Ionen. Wichtige **Reaktionstypen** sind die

- Säure-Base-Reaktion
- Fällungsreaktion (Bildung eines Niederschlags)
- Reduktion/Oxidation (Redoxvorgang)
- Komplexbildung und -zerfall

Im organisch-chemischen Bereich sind besonders wichtig die

- Substitutionsreaktion (S)
- Additionsreaktion (A)
- Eliminierungsreaktion (E)
- Umlagerung.

Bei ihnen werden bestehende kovalente (bzw. polarisierte) Bindungen getrennt und neue geknüpft.

Die **Reaktionsgleichung** beschreibt den ablaufenden Prozeß qualitativ und quantitativ. Als Beispiel möge die Umsetzung von Schwefel mit Sauerstoff dienen.

$$S + O_2 \rightarrow SO_2{}^*$$

Nach dieser Gleichung bildet ein Schwefelatom mit einem Saucrstoffmolekül ein Molekül Schwefeldioxid. Entsprechende Relationen gelten natürlich bei Umsetzung von N_A S-Atomen mit N_A O_2-Molekülen zu N_A SO_2-Molekülen. Durch Einsetzen der Atom- bzw. Molekülmassen erhält man also die reagierenden und gebildeten Massen

* Das Gleichheitszeichen anstelle des Pfeils ist heute kaum noch üblich.

in Gramm (bzw. Teile oder Vielfache davon). 1 mol Schwefel (32 g) bildet also mit 1 mol Sauerstoff (32 g) 1 mol Schwefeldioxid (64 g).

Bei der SO_3-Bildung aus Schwefel und Sauerstoff – die unter geeigneten Bedingungen ebenfalls gelingt –

$$2S + 3O_2 \rightarrow 2SO_3$$

stöchiometrische Zahlen

setzen sich 2 mol Schwefel (64 g) mit 3 mol Sauerstoff (96 g) um (also im Stoffmengenverhältnis 2 : 3 = 1 : 1,5). Deshalb findet sich auch die Schreibweise

$$S + 1{,}5O_2 \rightarrow SO_3$$

Natürlich lassen sich bei Beteiligung von Gasen die entsprechenden Gasmengen auch in Volumeneinheiten angeben (vgl. Molvolumen von Gasen). Solche Berechnungen über Massenverhältnisse bei chemischen Reaktionen nennt man **stöchiometrische Berechnungen**.

Bei Reaktionen zwischen Ionen in Lösungen begnügt man sich häufig mit der Aufstellung einer **Ionengleichung** – unter Verzicht auf die an der chemischen Reaktion unbeteiligten (Gegen)Ionen. Zum Beispiel läßt sich die Ausfällung (↓) von schwer löslichem Calciumfluorid beim Zusammentreffen von Ca^{2+}-Ionen und F^--Ionen (etwa beim Zusammengießen von $CaCl_2$-Lösung und NaF-Lösung)

$$CaCl_2 + 2NaF \rightarrow CaF_2\downarrow + 2NaCl$$

kürzer und allgemeiner formulieren als

$$Ca^{2+} + 2F^- \rightarrow CaF_2\downarrow$$

1 mol Ca^{2+}-Ionen reagiert also mit 2 mol F^--Ionen zu 1 mol CaF_2.
In den Fällen

$$Ag^+ + Cl^- \rightarrow AgCl\downarrow \text{ und}$$
$$Ba^{2+} + SO_4^{2-} \rightarrow BaSO_4\downarrow$$

reagieren Kationen und Anionen im Stoffmengenverhältnis 1 : 1 zu schwerlöslichen Niederschlägen.

Aus dem Vorstehenden ergeben sich folgende *Regeln* für chemische Reaktionen:

- Chemische Umsetzungen zwischen Stoffen erfolgen in bestimmten Massenverhältnissen (der Reaktionsgleichung entsprechend).
- Die Summe der Massen auf der einen Seite der Gleichung muß gleich der Summe der Massen auf der anderen Seite sein (**Erhalt der Masse**).
- Die Summe der Ladungen muß auf beiden Seiten der Reaktionsgleichung identisch sein (**Erhalt der Ladung**).

Will man bei einer chemischen Reaktion einen Teilaspekt besonders hervorheben, so kann man einen Teil der Edukte oder Produkte auf den Reaktionspfeil setzen. Statt

$A + B \rightarrow C + D$ schreibt man $A \xrightarrow{+B,\ -D} C$ oder

$A \xrightarrow{B \searrow \nearrow D} C \;\hat{=}\; A \xrightarrow[\searrow D]{B \searrow} C \;\hat{=}\; A \xrightarrow{B \smile D} C$

wenn man das Augenmerk besonders auf die Umwandlung von A in C lenken möchte.

Die letzte Schreibweise ist vor allem in der Biochemie üblich, da sie mehrere ineinandergreifende Reaktionen übersichtlich darzustellen gestattet. Im folgenden Schema wird dies deutlich:

A ⟩⟨ B ⟩⟨ F

C ⟩⟨ D ⟩⟨ E

hier ist u.a. die Rückverwandlung von D in B mit der Umwandlung von E in F gekoppelt.

5.4 Chemisches Gleichgewicht und Massenwirkungsgesetz

Viele Umsetzungen kommen zum Stillstand, obwohl noch Edukte vorhanden sind. Das System befindet sich jetzt im Gleichgewicht. In diesem **Gleichgewichtszustand** verläuft die Bildung der Endstoffe (Hinreaktion) ebenso schnell wie die Rückbildung der Ausgangsstoffe (Rückreaktion) (vgl. auch Kap. 10.3). Obwohl sich also die prozentuale Zusammensetzung des Reaktionsgemisches nicht mehr ändert, finden ständig Reaktionen statt. Wenn ein Gleichgewicht weit auf einer Seite liegt, läßt sich dies durch unterschiedliche Pfeile kenntlich machen.

$$A + B \leftarrow\!\!\rightleftharpoons C + D \qquad \text{oder} \qquad A + B \rightleftharpoons C + D$$

Die vorstehenden Gleichungen besagen, daß A und B nur in geringem Umfang zu C und D reagieren, daß das Gleichgewicht also weit auf der Seite der Edukte liegt.

Der Gleichgewichtszustand kann für das vorstehende System durch die folgenden Gleichungen beschrieben werden (c bzw. [ ]: Konzentration in mol/l; der Gebrauch von eckigen Klammern als Symbol für die Konzentration ist noch häufig anzutreffen, er sollte jedoch vermieden werden).

$$\frac{\text{Produkte}}{\text{Edukte}} \qquad \frac{c_C \cdot c_D}{c_A \cdot c_B} = K \quad \text{oder} \quad \frac{c(C) \cdot c(D)}{c(A) \cdot c(B)} = K \quad \text{oder} \quad \frac{[C] \cdot [D]}{[A] \cdot [B]} = K$$

Dieser Ausdruck heißt **Massenwirkungsgesetz** (MWG). Der Zahlenwert der **Gleich-**

gewichtskonstanten (Massenwirkungskonstanten) K ist je nach Art der Komponenten verschieden und außerdem temperaturabhängig. Man beachte, daß die Zahlenwerte der Konzentrationen im Zähler und im Nenner zu multiplizieren, nicht zu addieren, sind.

Stöchiometrische Zahlen tauchen im MWG als Exponenten auf. Für

$x\mathrm{A} + y\mathrm{B} \rightleftharpoons z\mathrm{C}$ z. B. lautet das MWG also

$$\frac{c^z(\mathrm{C})}{c^x(\mathrm{A}) \cdot c^y(\mathrm{B})} = K$$

Das Massenwirkungsgesetz ist von fundamentaler Bedeutung und gestattet, z. B. für eine Reaktion des Typs $\mathrm{A} + \mathrm{B} \rightleftharpoons \mathrm{C} + \mathrm{D}$, u. a. die folgenden wichtigen Aussagen: Eine Veränderung der Konzentration einer Reaktionskomponente bzw. des Partialdrucks bei Gasreaktionen bewirkt auch eine Veränderung der Konzentration der übrigen Partner (*Verschiebung der Gleichgewichtslage*). Erhöht man $c(\mathrm{A})$ so erhöhen sich auch $c(\mathrm{C})$ und $c(\mathrm{D})$ (Verschiebung des Gleichgewichts in Richtung der Produkte) – wobei $c(\mathrm{B})$ etwas absinkt, da B bei der Bildung von C und D verbraucht wird. Bei bekanntem K läßt sich errechnen, in welchem Umfang eine chemische Reaktion abläuft. Ein kleiner K-Wert z. B. bedeutet niedrigen Umsatz.

Das MWG läßt sich vielseitig anwenden, u. a. zur Beschreibung von

1. Dissoziationsvorgängen bei schwachen – also nur z. T. dissoziierenden – Elektrolyten, wie schwache Säuren und Basen (s. Kap. 6); für die Beschreibung der Dissoziation starker Elektrolyte eignet sich das MWG nicht;
2. reversiblen (umkehrbaren) chemischen Reaktionen, z. B. manchen Redoxreaktionen (s. Kap. 7) und in der organischen Chemie;
3. Verteilungsvorgängen in Mehrphasensystemen (s. Kap. 8), z. B. Verteilung eines Stoffes zwischen den beiden Phasen Wasser und Öl.

Beispiel zu 1:

Der schwache Elektrolyt Essigsäure dissoziiert beim Lösen in Wasser nach folgender Gleichung:

$$CH_3COOH \rightleftharpoons H^+ + CH_3COO^-$$

Für diesen Vorgang lautet das MWG

$$K(\mathrm{Diss}) = \frac{c(H^+) \cdot c(CH_3COO^-)}{c(CH_3COOH)} \approx 10^{-6}\ \mathrm{mol/l}$$

Wie der Wert $K(\mathrm{Diss}) = 10^{-6}$ zeigt, ist der Wert des Zählers klein gegenüber dem des Nenners. Mehr als 99% der Essigsäure bleiben also undissoziiert. Was geschieht, wenn man dieser Lösung Natriumacetat, ein Salz der Formel CH_3COONa, zusetzt? Das Natriumacetat löst sich in der verdünnten Essigsäure und dissoziiert dabei vollständig, wie das fast alle löslichen Salze in wäßriger Phase tun.

$$CH_3COONa \xrightarrow{(H_2O)} CH_3COO^- + Na^+$$

Der Wert für $c(CH_3COO^-)$ steigt an, deshalb läuft bei der Auflösung des Salzes ein weiterer Vorgang ab, nämlich die Zurückdrängung der Dissoziation der Essigsäure: Der Wert für K(Diss) wird eingehalten, indem unter H^+-Ionenverbrauch die Größe $c(CH_3COOH)$ im Nenner ebenfalls ansteigt.

$$CH_3COO^- + H^+ \rightarrow CH_3COOH$$

Man erkennt so, daß nicht alle zugefügten Acetationen in der Lösung frei beweglich auftreten, sondern daß ein Teil davon zur Bildung von Essigsäure gezwungen wird. Man sagt, das Dissoziationsgleichgewicht wird durch Zuführung von Acetationen auf die andere Seite verschoben, hier auf die Seite der undissoziierten Essigsäure (Gleichgewichtsverschiebung). Natürlich läßt sich dieser Effekt auch durch Zuführung des anderen Produkts der Dissoziation, nämlich von H^+-Ionen, erzielen, etwa durch Zugabe von konzentrierter Salzsäure.

Generell gelten folgende *Regeln*:

- ► Ein chemisches Gleichgewicht reagiert auf Konzentrationsänderungen der laut MWG beteiligten Komponenten und auf Temperaturänderungen mit einer Gleichgewichtsverschiebung, bis die von K geforderten Konzentrationsverhältnisse erreicht sind. Diese Regel wird auch *Prinzip des kleinsten Zwangs* genannt.
- ► Richtung und Umfang der Konzentrationsänderungen aller Komponenten sind anhand des MWG berechenbar.

Strenge Gültigkeit hat das MWG nur in niedrigen Konzentrationsbereichen. Oberhalb $0{,}1 \text{ mol} \cdot l^{-1}$ machen sich Abweichungen bemerkbar, die auf Wechselwirkungen der Teilchen untereinander zurückgehen. Ihr Reaktionsvermögen ist dadurch geringer. Um die formale Schreibweise des MWG dennoch benutzen zu können, kann man jeweils anstelle der Konzentration c die sog. **Aktivität** a einsetzen. Sie ist als wirksame Konzentration definiert und ergibt sich aus c und einem **Aktivitätskoeffizienten** f durch Multiplikation.

$$a = f \cdot c \qquad f \leqslant 1$$

Je kleiner c wird, um so mehr nähert sich f dem Wert 1. Die Werte für f sind also von der herrschenden Konzentration abhängig und müssen für jeden Fall experimentell ermittelt werden.

5.5 Berechnungen in der Biochemie

Zur Ausführung von stöchiometrischen Berechnungen benötigt man die relativen Atommassen der Elemente. Die in der Biochemie und klinischen Chemie wichtigsten sind in Tab. 5–5 aufgelistet.

Tab. 5–5 Relative Atommassen einiger biochemisch wichtiger Elemente (gerundet)

Hauptgruppenelemente					
Wasserstoff	H	1	Phosphor	P	31
Helium	He	4	Schwefel	S	32
Lithium	Li	7	Chlor	Cl	35
Kohlenstoff	C	12	Kalium	K	39
Stickstoff	N	14	Calcium	Ca	40
Sauerstoff	O	16	Arsen	As	75
Fluor	F	19	Brom	Br	80
Natrium	Na	23	Iod	I	127
Magnesium	Mg	24	Barium	Ba	137
Übergangselemente (Nebengruppenelemente)					
Chrom	Cr	52	Molybdän	Mo	96
Mangan	Mn	55	Silber	Ag	108
Eisen	Fe	56	Platin	Pt	195
Kobalt	Co	59	Gold	Au	197
Kupfer	Cu	63	Quecksilber	Hg	200
Zink	Zn	65			

Konzentrationsangaben sollten zukünftig konsequent in Mol durch Liter (mol/l) erfolgen bzw. in den zulässigen Untereinheiten (s. Kap. 5.1), wenn die relative Molekülmasse des Gelösten bekannt ist. Ein Vorzug dieser Regelung sei anhand der Tab. 5–6 erläutert.

Tab. 5–6 Konzentration einiger Ionen im Blutplasma

Ion	Konzentration in mg/100 ml	mmol/l
Na^+	330	143
K^+	19	5
Ca^{2+}	10	2,5
Cl^-	364	104
HCO_3^-	165	27

Tab. 5–6 enthält in zwei verschiedenen Einheiten die Konzentrations-Zahlenwerte einiger Katione und Anionen, die sich im Blutplasma befinden. Die Angabe in mg/100 ml könnte zu der Annahme verleiten, daß auf ca. 17 Na^+-Ionen 1 K^+-Ion kommt. Aus den Zahlen in mmol/l, die ja Teilchenzahlen enthalten, ist dagegen leicht ein Teilchenverhältnis von 143/5 abzulesen, d. h., das Blutplasma enthält rund 29mal so viele Na^+-Ionen wie K^+-Ionen.

Über physiologische NaCl-Lösung findet sich in vielen Büchern die Angabe, sie sei „0,9-prozentig“, manchmal die Angabe $c(\text{NaCl}) = 0{,}9$ g/100 ml. Nach den gültigen gesetzlichen Vorschriften muß es heißen: c(NaCl) = 154 mmol/l. Der Leser möge die Umrechnung nachvollziehen unter Verwendung folgender relativer Atommassen: A_r(Na) = 23, A_r(Cl) = 35,5.

Auch wer bereit ist, die neuen Vorschriften zu akzeptieren, muß in der Lage sein, die ältere Literatur zu verstehen. Deshalb seien einige der älteren Einheiten zusammengestellt (Tab. 5–7).

Tab. 5–7 Ältere Bezeichnungen und Einheiten

Einheit	Erklärung
Molarität (M)	Mol/Liter (mol/l)
Normalität (N)	Äquivalente*/Liter (val/l)
Prozent (%)	Gehalt auf der Basis 10^2
Milligrammprozent (mg-%)	Milligramm/100 g Lösung
Gewichtsprozent (w/w) oder Masseprozent	Gramm/100 g Lösung
Volumenprozent (v/v)	Milliliter/100 ml Lösung
Promille (‰)	Gehalt auf der Basis 10^3
parts per million (ppm)	Gehalt auf der Basis 10^6
parts per billion (ppb)	Gehalt auf der Basis 10^9

* Der Begriff Äquivalent ist hier im frühen üblichen Sinne verwendet.

Beispiele:

Eine 1-molare Schwefelsäure enthält 98 g H_2SO_4/l Lösung.

Eine 1-normale Schwefelsäure enthält 49 g H_2SO_4/l Lösung, denn 1 mol H_2SO_4 = 2 val H_2SO_4.

Eine 2prozentige (w/w) Schwefelsäure erhält man durch Mischen von 2 g H_2SO_4 und 98 g Wasser.

6 Säuren und Basen

6.1 Die Begriffe Säure, Base, Protolyse

Säuren sind nach Brönsted **Protonendonatoren***, Stoffe also, die H^+-Ionen liefern können. Dabei entstehen **Basen**, d. h. **Protonenakzeptoren**, die bei der Rückreaktion Protonen aufnehmen.

$$\text{Säure} \rightleftharpoons H^+ + \text{Base} \qquad \text{(Prinzip)}$$

Die Fähigkeit von Stoffen zur Abgabe von Protonen nennt man **Acidität**, die Fähigkeit zur Aufnahme von Protonen **Basizität**. Eine Säure kann ihr Proton nur abgeben, wenn eine Base als Akzeptor zur Verfügung steht, freie Protonen kommen in Lösung nicht vor. Den Vorgang der Protonenübergabe von HA an einen Akzeptor (eine Base) B kann man gedanklich in zwei Einzelschritte zerlegen, deren Summierung dann den Gesamtvorgang ergibt.

Einzelschritt	$HA \rightleftharpoons H^+ + A^-$
Einzelschritt	$B + H^+ \rightleftharpoons BH^+$
Summe	$HA + B \rightleftharpoons BH^+ + A^-$
allgemein	
Einzelschritt	$\text{Säure 1} \rightleftharpoons H^+ + \text{Base 1}$
Einzelschritt	$\text{Base 2} + H^+ \rightleftharpoons \text{Säure 2}$
	$\text{Säure 1} + \text{Base 2} \rightleftharpoons \text{Säure 2} + \text{Base 1}$

Säure-Base-Reaktionen sind also Protonenübertragungsreaktionen (**Protolysen**). Protonenabgabe und -aufnahme verlaufen reversibel (umkehrbar); durch Umsetzung von HA mit B stellt sich ein **Protolysegleichgewicht** ein, das auch durch Reaktion von BH^+ mit A^- erreicht wird. Bei der Hinreaktion wirken HA als Säure und B als Base. Bei der Rückreaktion fungieren BH^+ als Säure und A^- als Base. Ferner gelten folgende Bezeichnungen:

* Der Begriff Proton dient einerseits zur Beschreibung des Kernaufbaus (s. Tab. 1–1), wird aber auch bei Säure-Base-Reaktionen im Sinne von Wasserstoff-Ion (H^+) gebraucht. Ein Atomkern, aus dem ein Proton abgegeben wird, ist kein Protonendonator im Sinne der Säure-Base-Theorie.

A^- ist die korrespondierende (oder konjugierte) Base zu HA
HA ist die korrespondierende (oder konjugierte) Säure zu A^-

HA und A^- bilden ein **korrespondierendes** (oder **konjugiertes**) **Säure-Base-Paar**. Analoges gilt für das Verhältnis von B zu BH^+. Die Gleichung

$$HCl_{(Gas)} + NH_{3(Gas)} \rightleftharpoons NH_4^+Cl^-_{(Festkörper)}$$

enthält beispielsweise das

Säure-Base-Paar 1: HCl/Cl^- und das
Säure-Base-Paar 2: NH_4^+/NH_3.

Wichtig sind vor allem Protolysevorgänge in wäßriger Lösung. Notwendig ist die Anwesenheit eines Lösungsmittels jedoch nicht. Man beachte, daß auch sauer bzw. alkalisch reagierende wäßrige Lösungen kurz als Säuren bzw. Basen (oder Laugen) bezeichnet werden (s. Kap. 6.2 und 3).

Bezüglich der Schreibweise der Summenformeln herrschen folgende Gepflogenheiten. Bei anorganischen Säuren und Basen schreibt man sie meist in der Form H_nX für Säuren, also die H-Atome links, für H-haltige Basen in der Form YH_n.

Beispiele:

Säuren: HCl, HOCl, H_2SO_4.
Basen: OH^-, NH_3.

Anstelle der Summenformeln organischer Säuren findet man meist die Schreibweise R—COOH, gelegentlich auch HOOC—R.

6.2 Säure-Base-Reaktionen mit Wasser

Um die Vorgänge bei der Auflösung von Säuren, Basen und Salzen zu erörtern, seien zunächst einige Begriffe aus der Elektrolyttheorie behandelt.

Elektrolyte leiten in polaren Lösungsmitteln den elektrischen Strom, wobei die Leitfähigkeit durch Ionen bewirkt wird. *Echte* Elektrolyte enthalten diese Ionen schon im Festkörper (Ionengitter). *Potentielle* Elektrolyte bilden Ionen aus Molekülen erst bei der Reaktion mit dem Lösungsmittel.

Beispiele:

Echter Elektrolyt $(Na^+Cl^-)_n$(Ionengitter) $\xrightarrow{(H_2O)} n\,Na^+_{(aq)} + n\,Cl^-_{(aq)}$

Potentieller Elektrolyt R—COOH $\underset{}{\overset{(H_2O)}{\rightleftharpoons}} H^+_{(aq)} + R\text{—}COO^-_{(aq)}$*

Weitere Beispiele sind aus Tab. 6–1 ersichtlich.

* Die Bildung von Ionen beim Lösen potentieller Elektrolyte wird in der medizinischen Literatur gelegentlich auch als **Ionisierung** bezeichnet (siehe aber zu diesem Begriff auch Kap. 1.4).

Tab. 6–1 Starke und schwache Elektrolyte

starke Elektrolyte	schwache Elektrolyte
Alkalimetallhalogenide	Carbonsäuren (R—COOH)
Erdalkalimetallhalogenide	Phenole (Aryl-OH)
und die meisten anderen Salze	Organische Basen (R—NH_2 u.a.; einige
Alkalimetallhydroxide	N-Heterocyclen)
Mineralsäuren	Einige Metallverbindungen, z.B. $Fe(SCN)_3$, $HgCl_2$
(HCl, H_2SO_4, HNO_3)	

Die Bildung frei beweglicher, solvatisierter Ionen bei der Auflösung eines Stoffes in Wasser nennt man **elektrolytische Dissoziation**. **Starke Elektrolyte** sind solche, die im Wasser vollständig bzw. weitgehend dissoziieren, **schwache** dagegen dissoziieren nur in geringem Maß (ca. 1%, eine scharfe Grenze wird nicht gezogen).

Löst man eine zur Protonenabgabe fähige Verbindung HA in Wasser, dann tritt Dissoziation in H^+ und A^- (konjugierte Base zu HA) ein.

$$\overset{\delta+}{H}\overset{\delta-}{A} \underset{}{\overset{(H_2O)}{\rightleftharpoons}} H^+ + A^- \quad \text{(Dissoziation)}$$

Genauer betrachtet handelt es sich aber dabei um eine Protolyse: Die Protonen werden auf das Wasser übertragen, es bilden sich (Abb. 6–1) sogenannte **Oxoniumionen** (H_3O^+) – auch als Hydronium- oder Hydroxoniumionen bezeichnet – die mit weiteren Wassermolekülen größere Aggregate bilden ($H_3O^+ \cdot 3H_2O$, Abb. 6–2)*. Das Wasser reagiert bei dieser Protolyse als Base (Protonenakzeptor).

$$H_2O + H^+ \rightleftharpoons H_3O^+$$

Enthält ein Stoff mehrere dissoziationsfähige Protonen (mehrbasige oder besser mehrprotonige Säure, z.B. H_3PO_4), so spielen sich beim Auflösen in Wasser mehrere Protolysevorgänge nacheinander – allerdings in sinkendem Umfang – ab.

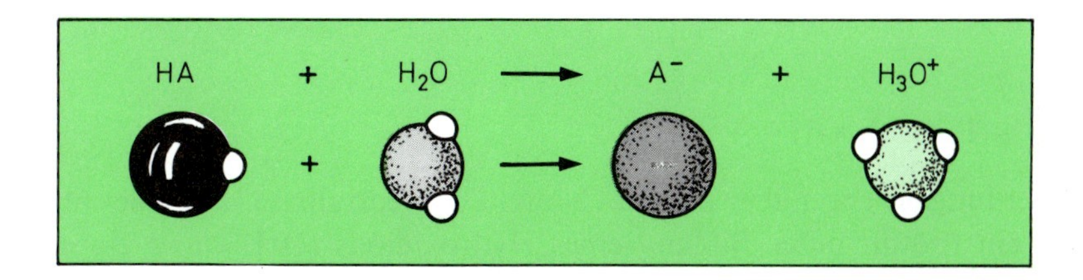

Abb. 6–1 Protonendonatoren (hier HA) übertragen ihr(e) Proton(en) auf Protonenakzeptoren (hier H_2O). Dieser Vorgang heißt Protolyse.

---

* Alle im Wasser auftretenden Ionen werden hydratisiert, so daß H_3O^+ als hydratisiertes Proton

$$H_2O + HA \overset{(H_2O)}{\rightleftharpoons} H_3O^+ + A^-_{(aq)}$$

bzw. $H_3O^+ \cdot 3H_2O$ als hydratisiertes Oxoniumion anzusehen ist.

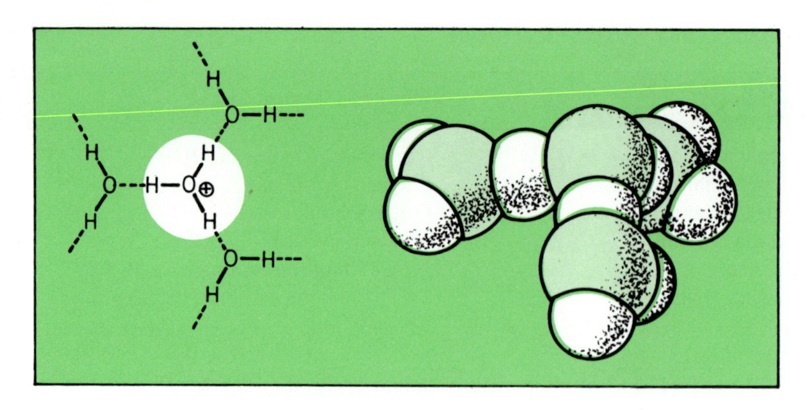

Abb. 6–2 Das H^+-Ion ist in Wirklichkeit ein H_3O^+-Ion, das von einer Hydrathülle umgeben ist. Die zweite von den Wassermolekülen ausgehende H-Brücke wurde aus Gründen der Übersichtlichkeit jeweils weggelassen.

Beispiel (als Dissoziation formuliert):

$H_3PO_4 \rightleftharpoons H^+ + H_2PO_4^-$ (Dihydrogenphosphat, primäres Phosphat)

$H_2PO_4^- \rightleftharpoons H^+ + HPO_4^{2-}$ (Hydrogenphosphat, sekundäres Phosphat)

$HPO_4^{2-} \rightleftharpoons H^+ + PO_4^{3-}$ (Phosphat, tertiäres Phosphat)

Die Phosphorsäure dissoziiert also in 3 Stufen. Das zuerst entstandene primäre Phosphat ist einerseits die korrespondierende Base (**Anionbase**) zu H_3PO_4, andererseits aber auch eine Säure (**Anionsäure**), denn es kann ein weiteres Proton abgeben unter Bildung von HPO_4^{2-}. Für das letztere Ion gelten analoge Überlegungen. Das Teilchen PO_4^{3-} ist ausschließlich Base (Anionbase), da es keine dissoziablen Protonen mehr besitzt, wohl aber welche binden kann.

Für die Auflösung von Protonenakzeptoren in Wasser lautet die Protolysegleichung

$$B + H_2O \rightleftharpoons OH^- + BH^+$$

Beispiel:

$NH_3 + H_2O \rightleftharpoons OH^- + NH_4^+$

Wasser fungiert gegenüber NH_3 als Säure. Die Neutralbase NH_3 übernimmt vom H_2O ein Proton unter Bildung eines Hydroxidions (OH^-) und eines Ammoniumions (NH_4^+).

Für wäßrige Lösungen von Basen (**Laugen**) ist ein mehr oder minder großer Überschuß an OH^--Ionen charakteristisch. Sie werden entweder aus Wassermolekülen gebildet – wie oben erläutert – oder entstammen dem NaOH, KOH o.ä.

Protolysen beim Auflösen von Salzen. Die wäßrigen Lösungen zahlreicher Salze reagieren nicht neutral (s. Kap. 6.3), da bei der Auflösung Protolyse* eintritt. Wäßrige Lösungen von Alkali- oder Erdalkalimetallsalzen schwacher Säuren reagieren alkalisch, da die Anionen (Anionbasen) mit Wasser unter Bildung von OH^--Ionen reagiert haben.

Beispiel:

Eine Natriumcarbonatlösung reagiert alkalisch, weil sich folgendes Gleichgewicht eingestellt hat:

$$CO_3^{2-} + H_2O \rightleftharpoons HCO_3^- + OH^-$$

Die Lösung enthält jetzt mehr OH^--Ionen als reines Wasser.

Wäßrige Lösungen von Salzen schwacher Basen reagieren sauer, da sich die entsprechenden Kationen (Kationsäuren) mit Wasser unter Bildung von H_3O^+-Ionen umgesetzt haben.

Beispiel:

Bei der Auflösung von NH_4Cl bewirkt die Protolyse der Kationsäure NH_4^+ gemäß der Gleichung

$$NH_4^+ + H_2O \rightleftharpoons NH_3 + H_3O^+$$

eine saure Reaktion der Lösung.

Berechnungen zum Thema dieses Abschnitts finden sich in Kap. 6.4.

6.3 Autoprotolyse des Wassers/pH- und pOH-Wert

Wie oben beschrieben, kann Wasser sowohl Protonendonator als auch Protonenakzeptor sein. Dabei entstehen OH^--Ionen bzw. H_3O^+-Ionen: Wasser ist ein **Ampholyt**, es zeigt amphoteres Verhalten.

Der Ampholytcharakter des Wassers ist auch an der in reinem Wasser ablaufenden **Autoprotolyse**** des Wassers erkennbar. Dabei wird ein H^+-Ion von einem Wassermolekül auf ein anderes übertragen.

$$\begin{array}{rl} H_2O \rightleftharpoons & H^+ + OH^- \\ H^+ + H_2O \rightleftharpoons & H_3O^+ \\ \hline 2H_2O \rightleftharpoons & H_3O^+ + OH^- \end{array}$$

* Die für solche Vorgänge noch immer übliche Bezeichnung „Hydrolyse" sollte ausschließlich den Spaltungen von Kovalenzbindungen durch Wasser vorbehalten bleiben.

** Protonenübertragung zwischen Molekülen gleicher Art.

oder

$$H_2O \rightleftharpoons H^+ + OH^- \quad \text{(als Dissoziation formuliert)}$$

Die Autoprotolyse läuft nur in sehr geringem Umfang ab: In reinem Wasser von 25 °C beträgt die Konzentration an H_3O^+-Ionen und an OH^--Ionen je 10^{-7} mol/l. Dies ist der **Neutralpunkt** auf der Säure-Base-Skala. Temperaturerhöhung verstärkt die Autoprotolyse und umgekehrt. Deshalb ist die Lage des Neutralpunktes, an dem $c(H_3O^+) = c(OH^-)$ ist, von der Temperatur abhängig.

Beispiele:

Temperatur	0 °C	25 °C	40 °C
$c(H_3O^+)$ am Neutralpunkt in mol/l	$10^{-7,74}$ niedriger	$10^{-7,00}$	$10^{-6,77}$ höher

Neben den 100 nmol H_3O^+-Ionen und 100 nmol OH^--Ionen enthält 1 l (1000 g) neutrales Wasser 1000/18 g = 55,5 mol H_2O-Moleküle. Auf je 1 H_3O^+-Ion und 1 OH^--Ion kommen also 555 Millionen H_2O-Moleküle. An diesem Zahlenverhältnis wird klar, daß der Wert $c(H_2O)$ in wäßrigen Lösungen als konstant angesehen werden kann.

Beispiel:

Wir erhöhen durch Zugabe von 0,1 mol HCl (starker Elektrolyt, 100 % Protolyse) zu 1 l Wasser die H_3O^+-Ionenkonzentration von 10^{-7} mol/l auf 10^{-1} mol/l, also um den Faktor 10^6. Dabei werden entsprechend der Gleichung

$$H_2O + HCl \rightarrow H_3O^+ + Cl^-$$

0,1 mol H_2O-Moleküle verbraucht. Von den ursprünglich 55,5 mol Wasser sind jetzt noch 55,4 mol übrig. Der Rückgang ist relativ gering (ca. 0,2 %), obwohl $c(H_3O^+)$ auf das 10^6-fache gestiegen ist.

Die Einsicht, daß $c(H_2O)$ in wäßrigen Systemen als konstant angesehen werden kann, erlaubt folgende Umformung des Massenwirkungsgesetzes bei Anwendung auf die Autoprotolyse des Wassers. In dem Ausdruck

$$\frac{c(H_3O^+) \cdot c(OH^-)}{c^2(H_2O)} = K$$

läßt sich der Nenner mit K zu einer neuen Konstanten K_W zusammenziehen:

$$c(H_3O^+) \cdot c(OH^-) = K \cdot c^2(H_2O) = K_W = 10^{-14}\ \text{mol}^2/\text{l}^2$$

Zahlenwert für 25 °C

Die Konstante K_W heißt **Ionenprodukt des Wassers**. Dieser Wert stellt sich in wäßriger Lösung immer schnell ein, d.h., eine Erhöhung von $c(H_3O^+)$ ist immer mit einer Verminderung von $c(OH^-)$ verbunden und umgekehrt (Abb. 6–3).

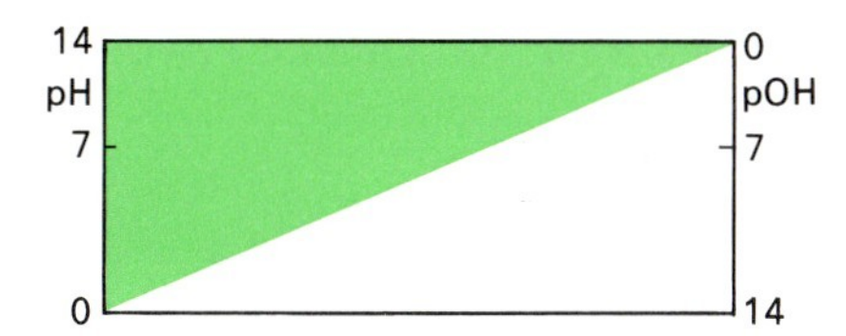

Abb. 6–3 Gegenläufigkeit von pH- und pOH-Wert.

Aus praktischen Gründen rechnet man nicht mit den umständlichen Potenzgrößen der Konzentration, sondern mit deren negativen dekadischen Logarithmen. Der so entstandene Zahlenwert für die H^+-Ionenkonzentration heißt **pH-Wert** der Lösung.

$$\mathrm{pH} = -\lg c(\mathrm{H_3O^+})$$

Eine **neutrale** Lösung hat den pH-Wert 7. In einer **sauren** Lösung ist $c(\mathrm{H_3O^+})$ größer als 10^{-7} mol/l, mithin ist pH < 7. Eine **alkalische** Lösung liegt vor, wenn $c(\mathrm{H_3O^+})$ kleiner ist als 10^{-7} mol/l, hier liegt also der pH-Wert oberhalb von 7.

Mit den Definitionen

$$\mathrm{pOH} = -\lg c(\mathrm{OH^-}) \quad \text{und} \quad pK_\mathrm{W} = -\lg K_\mathrm{W} = 14$$

läßt sich das **Ionenprodukt des Wassers** auch wie folgt formulieren:

$$\mathrm{pH} + \mathrm{pOH} = 14 \quad (\text{bei } 25\,^\circ\mathrm{C})$$

Je größer der pH-Wert, desto kleiner der pOH-Wert und umgekehrt (siehe auch Abb. 6–3). Berechnungen unter Verwendung der vorstehenden Gleichung finden sich in Kap. 6.4.2.

Zwischen pH-Wert und $c(\mathrm{H_3O^+})$ herrscht ein logarithmischer Zusammenhang (s. Tab. 6–2). Eine Erniedrigung des pH-Wertes um 0,3 zeigt also eine Verdoppelung der $\mathrm{H_3O^+}$-Ionenkonzentration an, eine Erhöhung um 0,3 entsprechend eine Halbierung von $c(\mathrm{H_3O^+})$. Erst eine Konzentrationsänderung um dem Faktor 10 ändert den pH-Wert um 1,0.

Ferner sei in diesem Zusammenhang darauf hingewiesen, daß für eine pH-Wertänderung um einen bestimmten Betrag unterschiedliche $\mathrm{H_3O^+}$-Mengen verantwortlich sind – je nach „Start-pH-Wert“.

Beispiel:

Zwei Säuren mögen vorliegen mit den folgenden Werten:

Säure A mit pH = 5 Säure B mit pH = 6

Wie groß ist der Konzentrationsunterschied $\Delta c(H_3O^+)$ in mol/l zwischen beiden?

Säure A enthält 10^{-5} mol/l = $10 \cdot 10^{-6}$ mol/l H_3O^+
Säure B enthält 10^{-6} mol/l H_3O^+

$\Delta c(H_3O^+) = 10 \cdot 10^{-6}$ mol/l $- 1 \cdot 10^{-6}$ mol/l
$\Delta c(H_3O^+) = 9 \cdot 10^{-6}$ mol/l = **9 µmol/l**

Ein analoger Vergleich zwischen Säure C mit pH = 2 und Säure D mit pH = 3 ergibt:

$\Delta c(H_3O^+) = 10 \cdot 10^{-3}$ mol/l $- 10^{-3}$ mol/l
$\Delta c(H_3O^+) = 9 \cdot 10^{-3}$ mol/l = **9000 µmol/l**

Im letzten Fall ist der Konzentrationsunterschied 1000mal größer als im ersten, obwohl die pH-Differenz (A/B bzw. C/D) in beiden Fällen den Wert 1 hatte.

Mit pH-Papier oder besser mit einem pH-Meter lassen sich pH-Werte bequem messen. Taucht man eine sog. *Glaselektrode* in die Probenlösung, dann stellt sich an dieser Meßsonde ein Potential ein (Millivoltbereich), dessen Höhe pH-abhängig ist. An einem angeschlossenen, entsprechend geeichten Meßgerät läßt sich der pH-Wert direkt ablesen.

Tab. 6–2 pH- und pOH-Skala

$c(H_3O^+)$ in mol/l	pH	pOH	$c(OH^-)$ in mol/l		
10^{0}	0	14	10^{-14}		↑
10^{-1}	1	13	10^{-13}		
10^{-2}	2	12	10^{-12}		
10^{-3}	3	11	10^{-11}	Säuren	zunehmende
10^{-4}	4	10	10^{-10}		Acidität
10^{-5}	5	9	10^{-9}		
10^{-6}	6	8	10^{-8}		
10^{-7}	7	7	10^{-7}	Neutralpunkt	
10^{-8}	8	6	10^{-6}		
10^{-9}	9	5	10^{-5}		
10^{-10}	10	4	10^{-4}		
10^{-11}	11	3	10^{-3}	Basen	zunehmende
10^{-12}	12	2	10^{-2}		Basizität
10^{-13}	13	1	10^{-1}		
10^{-14}	14	0	10^{0}		↓

6.4 Die Stärke von Säuren und Basen

6.4.1 *K*- und p*K*-Werte

Bei schwachen Säuren und Basen verlaufen die Protolysen bei der Auflösung in Wasser nur unvollständig. Es stellt sich ein Gleichgewicht ein. Die Anwendung des Massenwirkungsgesetzes auf die Reaktion der Säure HA bzw. der Base B ergibt:

Reaktion von HA mit Wasser	Reaktion von B mit Wasser
$HA + H_2O \rightleftarrows H_3O^+ + A^-$	$B + H_2O \rightleftarrows BH^+ + OH^-$
$K_1 = \frac{c(H_3O^+) \cdot c(A^-)}{c(HA) \cdot c(H_2O)}$	$K_2 = \frac{c(BH^+) \cdot c(OH^-)}{c(B) \cdot c(H_2O)}$

In verdünnten Lösungen kann $c(H_2O)$ als konstant angesehen werden und mit der Gleichgewichtskonstanten K_1 bzw. K_2 zu einer neuen Konstanten vereinigt werden, so daß man erhält:

$$K_1 \cdot c(H_2O) = K_S = \frac{c(H_3O^+) \cdot c(A^-)}{c(HA)} \qquad K_2 \cdot c(H_2O) = K_B = \frac{c(BH^+) \cdot c(OH^-)}{c(B)}$$

K_S (gelegentlich auch K_A genannt) heißt **Säure-** oder **Aciditätskonstante**, K_B nennt man **Basenkonstante**.* Beide sind ein Maß für die Säure- bzw. Basenstärke. Für Rechnungen werden auch hier meist die negativen Logarithmen der *K*-Werte benutzt.

$$-\lg K_S = pK_S \qquad -\lg K_B = pK_B$$

Je schwächer die Säure, desto kleiner ihr K_S-Wert bzw. desto größer ihr pK_S-Wert. Die K_B- bzw. pK_B-Werte der entsprechenden konjugierten Basen nehmen jeweils den umgekehrten Verlauf (Abb. 6–4 und Tab. 6–3).

Mehrprotonige (mehrbasige) Säuren dissoziieren in mehreren Stufen. Für jede Stufe gilt ein eigener K_S- bzw. pK_S-Wert. Aus den drei K_S-Werten der Phosphorsäure z. B. wird deutlich, daß das zweite und dritte Proton zunehmend schwerer abgegeben wird.

$$H_3PO_4\colon\quad pK_{S1} = 1{,}96; \quad pK_{S2} = 7{,}12; \quad pK_{S3} = 12{,}32$$

* Häufig auch mit kleinen Indices (K_s, K_a, K_b). Formuliert man den Vorgang als Dissoziation $HA \rightleftarrows H^+ + A^-$, erhält man analog die Dissoziationskonstante K_{Diss}

$$K_{Diss} = \frac{c(H^+) \cdot c(A^-)}{c(HA)}$$

Ihr Zahlenwert ist gleich dem der Aciditätskonstante K_S.

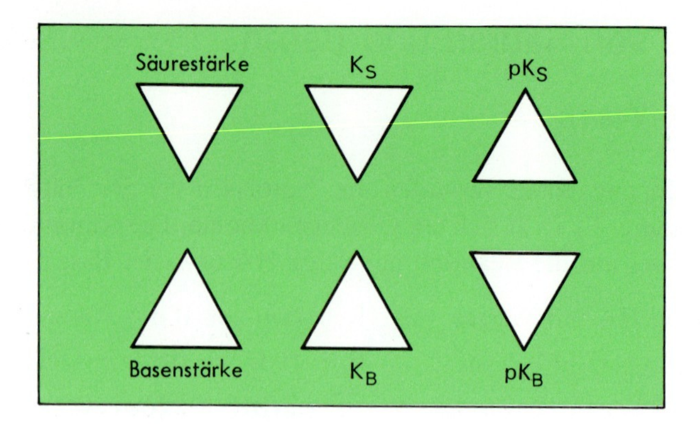

Abb. 6–4 Beim Übergang von starken zu schwachen Säuren sinken die Zahlenwerte für K_S (Die Werte nehmen jeweils zur Spitze hin ab).

Tab. 6–3 pK-Werte einiger Säure-Base-Paare (bei 22 °C)

pK_S	Säure		korrespondierende Base		pK_B
ca. −6*	HCl	Salzsäure	Cl^-	Chlorid	ca. 20
ca. −3*	H_2SO_4	Schwefelsäure	HSO_4^-	Hydrogensulfat	ca. 17
−1,74	H_3O^+	Oxoniumion	H_2O	Wasser	15,74
−1,32	HNO_3	Salpetersäure	NO_3^-	Nitrat	15,32
1,92	HSO_4^-	Hydrogensulfat	SO_4^{2-}	Sulfat	12,08
1,96	H_3PO_4	Phosphorsäure	$H_2PO_4^-$	Dihydrogenphosphat	12,04
3,7	$HCOOH$	Ameisensäure	$HCOO^-$	Formiat	10,3
4,75	CH_3COOH	Essigsäure	CH_3COO^-	Acetat	9,25
6,52	$CO_2(aq)$	Kohlensäure	HCO_3^-	Hydrogencarbonat	7,48
7,12	$H_2PO_4^-$	Dihydrogenphosphat	HPO_4^{2-}	Hydrogenphosphat	6,88
9,25	NH_4^+	Ammoniumion	NH_3	Ammoniak	4,75
10,4	HCO_3^-	Hydrogencarbonat	CO_3^{2-}	Carbonat	3,6
12,32	HPO_4^{2-}	Hydrogenphosphat	PO_4^{3-}	Phosphat	1,68
15,74	H_2O	Wasser	OH^-	Hydroxid	− 1,74

Bei korrespondierenden Säure-Base-Paaren ergibt die Summe beider pK-Werte in Wasser stets den Zahlenwert 14, d. h., je leichter eine Säure ihr Proton abgibt, desto schwächer ist ihre korrespondierende Base und umgekehrt (Abb. 6–4).

$$pK_S + pK_B = 14$$

Dieser Zusammenhang beinhaltet, daß man die Stärke einer Base entweder durch

* In nichtwäßrigen Lösungsmitteln gemessen. In Wasser kann der pH-Wert −1,74 nicht unterschreiten, d. h. $c(H_3O^+) = 10^{1,74}$ mol/l = 55,5 mol/l nicht überschritten werden. Die brauchbare Spanne der pH-Werte liegt zwischen 0 und 14.

ihren pK_B-Wert oder durch den pK_S-Wert ihrer korrespondierenden Säure kennzeichnen kann. Letzteres ist in der Biochemie üblich.

Beispiel:

Die Basizität von CO_3^{2-} ist relativ groß ($pK_B = 3{,}6$). Gleichwertig ist die Aussage, daß die korrespondierende Säure HCO_3^- eine sehr schwache Säure mit dem pK_S-Wert 10,4 ist.

Die Acidität von Verbindungen des Typs HX nimmt innerhalb einer Gruppe des Periodensystems von oben nach unten zu, bei den Halogenwasserstoffen also in der Reihenfolge HF, HCl, HBr, HI. Der vom Fluor zum Iod wachsende Atomradius (s. Kap. 1.4) macht verständlich, daß die Bindungsenergie zwischen Wasserstoff und Halogen beim HI am kleinsten ist. Bei Verbindungen des Typs YOH gelten ähnliche Überlegungen innerhalb einer Periode. Vergleichen wir die Dissoziation für die beiden folgenden Fälle:

$$NaOH \xrightarrow{(H_2O)} Na^+ + OH^-$$

$$ClOH \xrightarrow{(H_2O)} ClO^- + H^+$$

Die unterschiedlichen Bindungsenergien bewirken im ersten Fall die Lösung der Bindung zwischen Natrium und Sauerstoff, im zweiten Fall zwischen Sauerstoff und Wasserstoff.

6.4.2 pH-Berechnungen bei Säuren und Basen

In diesem Kapitel soll der Zusammenhang interessieren zwischen der Konzentration einer Säure oder Base und dem pH-Wert der Lösung. Dazu beginnen wir mit einem konkreten Beispiel. Nehmen wir zunächst an, wir hätten 10^{-2} mol HCl in Wasser gelöst und dann auf 1 l Gesamtvolumen aufgefüllt. Man sagt dann

$$c(HCl) = 10^{-2}\,mol/l = 0{,}01\,mol/l$$

und nennt diese Angabe die **Gesamtkonzentration** c oder auch die **Ausgangskonzentration** c_0. Dies ist üblich, obwohl in Wirklichkeit kaum HCl-Moleküle in der Lösung vorhanden sind, denn die starke Säure HCl ist ja fast vollständig protolysiert:

$$HCl + H_2O \rightarrow H_3O^+ + Cl^-$$

Pro Molekül HCl ist ein H_3O^+-Ion entstanden. Die H_3O^+-Konzentration ist demnach so groß wie $c_0(HCl)$. Allgemein gilt für starke einprotonige Säuren, daß

$$c(H_3O^+) = c_0(\text{Säure})$$

und nach Logarithmierung und Vorzeichenumkehr

$$\text{pH} = -\lg c_0(\text{Säure})$$

Für starke Basen des Typs MOH (M = Na, K o.ä.) ergibt sich analog

$$c(\text{OH}^-) = c_0(\text{Base})$$
$$\text{pOH} = -\lg c_0(\text{Base})$$

$$\text{pH} = 14 - \lg c_0(\text{Base})$$

Für Säuren, die nicht vollständig protolysiert sind, gelten andere Formeln. Dies sei am Beispiel Essigsäure gezeigt. Die Protolysegleichung lautet:

$$CH_3COOH + H_2O \rightleftharpoons H_3O^+ + CH_3COO^-$$

Für dieses Gleichgewicht lautet das Massenwirkungsgesetz:

$$\frac{c(H_3O^+) \cdot c(CH_3COO^-)}{c(CH_3COOH)} = K_S = 1{,}8 \cdot 10^{-5}\ \text{mol/l}$$

Pro H_3O^+-Ion entsteht gemäß obiger Protolysegleichung *ein* Acetation, ihre Konzentrationen sind also gleich:

$$c(H_3O^+) = c(CH_3COO^-)$$

Deshalb kann man im Quotienten des MWG $c(CH_3COO^-)$ durch $c(H_3O^+)$ ersetzen:

$$\frac{c(H_3O^+) \cdot c(H_3O^+)}{c(CH_3COOH)} = \frac{c^2(H_3O^+)}{c(CH_3COOH)} = K_S = 1{,}8 \cdot 10^{-5}\ \text{mol/l}$$

$$c^2(H_3O^+) = K_S \cdot c(CH_3COOH)$$

Wie der Zahlenwert von $1{,}8 \cdot 10^{-5}$ zeigt, ist nur ein kleiner Bruchteil der Essigsäuremoleküle protolysiert. Wir dürfen diesen vernachlässigen und die aktuelle Konzentration an undissoziierter Essigsäure gleichsetzen mit $c_0(CH_3COOH)$:

$$c^2(H_3O^+) = K_s \cdot c_0(\text{Essigsäure})$$

Allgemein gilt für einprotonige schwache Säuren also:

$$c(H_3O^+) = \sqrt{K_S \cdot c_0(\text{Säure})}$$

oder $$\text{pH} = \tfrac{1}{2}\text{p}K_S - \tfrac{1}{2}\lg c_0(\text{Säure})$$

oder $$\text{pH} = \frac{\text{p}K_S - \lg c_0(\text{Säure})}{2}$$

Analoge Überlegungen führen zu folgenden Formeln für die pH-Werte schwacher einsäuriger Basen:

$$\text{pH} = 14 - (\tfrac{1}{2}\,\text{p}K_B - \tfrac{1}{2}\lg c_0(\text{Base}))$$
$$\text{pH} = 14 - \frac{\text{p}K_B - \lg c_0(\text{Base})}{2}$$

Beispiele:

Wie groß ist der pH-Wert einer 0,1 mol/l Essigsäure?
Rechnen Sie mit $K_S = 1{,}8 \cdot 10^{-5}$ mol/l.

$$\text{pH} = \frac{\text{p}K_S - \lg c_0(\text{Essigsäure})}{2} = \frac{4{,}75 - (-1)}{2} = \mathbf{2{,}88}$$

Wie groß ist der pH-Wert einer 0,01 mol/l Base, deren Basenkonstante $K_B = 10^{-4}$ mol/l beträgt?

$$\text{pH} = 14 - (\tfrac{1}{2}\,\text{p}K_B + \tfrac{1}{2}\lg c_0(\text{Base}))$$
$$\text{pH} = 14 - ((\tfrac{1}{2}\cdot 4) + (\tfrac{1}{2}\lg 10^{-2})) = 14 - 2 - 1 = \mathbf{11}$$

Protolysegrad. Mit steigender Verdünnung steigt der Dissoziationsgrad schwacher Elektrolyte. Dies folgt aus dem Massenwirkungsgesetz. Auf schwache Säuren und Basen angewendet heißt das: Der Protolysegrad steigt mit steigender Verdünnung. Der Protolysegrad α ist eine Angabe über den Umfang der Protolyse.

$$\text{Protolysegrad } \alpha = \frac{c(\text{protolysierte Säure})}{c(\text{Säure vor der Protolyse})}$$

Er kann Werte von 0 bis 1 annehmen; bei starken Säuren ist $\alpha = 1$ (100% Protolyse).

Beispiel:

Dissoziations- bzw. Protolysegrad der Essigsäure

c(Essigsäure)	α	Protolyse in %
0,1 mol/l	0,0134	1,34
0,001 mol/l	0,125	12,5

Die Annahme $c(\text{Säure}) = c_0(\text{Säure})$ ist eine Näherung. Damit sind die abgeleiteten Formeln zur pH-Berechnung also mit einem um so größeren Fehler behaftet, je verdünnter die Lösungen werden. Brauchbare Ergebnisse erhält man, wenn

$$c(\text{Säure}) > 25\,K_S \quad \text{und} \quad \text{pH} < 6$$
$$c(\text{Base}) > 25\,K_B \quad \text{und} \quad \text{pH} > 8$$

Zwischen pH = 6 und pH = 8 müßten andernfalls die aus der Autoprotolyse des Wassers stammenden Ionenkonzentrationen berücksichtigt werden.

6.4.3 pH-Berechnungen bei Salzlösungen

Viele Salze lösen sich unter Änderung des pH-Wertes (vgl. auch Kap. 6.2), weil die Kationen oder Anionen des Salzes mit dem Wasser reagieren. Eine Berechnung sei am Beispiel des Natriumacetats CH_3COONa demonstriert. Wir wollen annehmen, daß wir 0,1 mol dieses Salzes zur Herstellung von 1 l Lösung eingesetzt haben.

Natriumacetat dissoziiert beim Lösen in Wasser vollständig. Die Na^+-Ionen erleiden durch das Wasser keine Protolyse, wohl aber die Acetationen, denn sie sind Anionbasen:

$$CH_3COO^- + H_2O \rightleftharpoons CH_3COOH + OH^-$$

Die Anwendung des MWG ergibt:

$$K_B = \frac{c(CH_3COOH) \cdot c(OH^-)}{c(CH_3COO^-)}$$

Pro gebildetes CH_3COOH-Molekül ist ein OH^--Ion entstanden, also sind ihre Konzentrationen gleich, wenn man von den durch Autoprotolyse des Wassers entstandenen OH^--Ionen absieht:

$$c(CH_3COOH) = c(OH^-)$$

In der vorletzten Gleichung läßt sich der Zähler damit wie folgt verändern:

$$K_B = \frac{c(OH^-) \cdot c(OH^-)}{c(CH_3COO^-)}$$

Die Zahl der bei der Essigsäurebildung verbrauchten Acetationen ist sehr klein im Verhältnis zur Zahl der in die Lösung eingebrachten Acetationen ($pK_B \approx 9$!). Wir machen also keinen großen Fehler, wenn wir annehmen, die aktuelle Acetationenkonzentration sei so groß wie vor der Protolyse:

$$\begin{aligned} c(CH_3COO^-) &= c_0(CH_3COO^-) = c(\text{Anionbase}) \\ &= c(\text{Natriumacetat}) \end{aligned}$$

Damit entsteht nun aus der Gleichung für K_B:

$$K_B = \frac{c(OH^-)^2}{c(\text{Natriumacetat})}$$

$$c(OH^-) = \sqrt{K_B \cdot c(\text{Natriumacetat})}$$

$$\text{pOH} = {}^1\!/_2\, pK_B - {}^1\!/_2 \lg c(\text{Natriumacetat})$$

Die abgeleitete Formel gilt allgemein für Salzlösungen, bei denen eine starke Anionbase im Spiel ist, natürlich mit der Einschränkung, daß das Kation keine Protolyse mit dem Wasser eingeht und die Anionbase nur ein Basizitätszentrum betätigt.

$$\mathrm{pOH} = \tfrac{1}{2}\,\mathrm{p}K_\mathrm{B} - \tfrac{1}{2}\lg c(\mathrm{Base}) = \tfrac{1}{2}\,\mathrm{p}K_\mathrm{B} - \tfrac{1}{2}\lg c(\mathrm{Salz})$$

Mit den am Anfang der Ableitung genannten Wert c(Natriumacetat) = 0,1 mol/l, dem $\mathrm{p}K_\mathrm{S}$-Wert von 5 für Essigsäure und der Formel pH + pOH = 14 ergibt sich nun:

$$\begin{aligned}\mathrm{pOH} &= \tfrac{1}{2}(14-5) - \tfrac{1}{2}\lg 10^{-1}\\ &= 4{,}5 + \tfrac{1}{2} = 5\\ \mathrm{pH} &= 14 - \mathrm{pOH} = \mathbf{9}\end{aligned}$$

6.5 Indikatoren

Säure-Base-Indikatoren sind Substanzen, deren Lösungen bei pH-Änderung in bestimmten Bereichen (s. Tab. 6–4) ihre Farbe ändern. Es sind Säuren (HIn), die eine andere Farbe haben als ihre korrespondierenden Basen ($\mathrm{In^-}$).

Für das Protolysegleichgewicht in wäßriger Lösung

$$\mathrm{HIn + H_2O \rightleftarrows In^- + H_3O^+}$$

gilt:

$$K_\mathrm{S}(\mathrm{HIn}) = \frac{c(\mathrm{In^-}) \cdot c(\mathrm{H_3O^+})}{c(\mathrm{HIn})}$$

Nach Umformung und Logarithmieren erhält man

$$\mathrm{pH} = \mathrm{p}K_\mathrm{S}(\mathrm{HIn}) + \lg\frac{c(\mathrm{In^-})}{c(\mathrm{HIn})}$$

Säurezusatz (pH-Senkung) bewirkt Bildung von HIn auf Kosten von $\mathrm{In^-}$, bei Basenzusatz steigt $c(\mathrm{In^-})$ wobei sich $c(\mathrm{HIn})$ vermindert. Man durchläuft bei solchen pH-Änderungen den Punkt, an dem

$$c(\mathrm{In^-}) = c(\mathrm{HIn}), \quad \lg\frac{c(\mathrm{In^-})}{c(\mathrm{HIn})} = \lg 1 = 0 \qquad \text{also}$$

$$\mathrm{pH} = \mathrm{p}K_\mathrm{S}(\mathrm{HIn})$$

ist. Diesen pH-Wert nennt man den *Umschlagspunkt* des Indikators, er liegt bei dem pH-Wert, der numerisch dem $\mathrm{p}K_\mathrm{S}$-Wert gleich ist.

In der Praxis zeigt sich, daß ein Farbumschlag für das Auge erkennbar ist, wenn das Verhältnis $\mathrm{HIn : In^-}$ von etwa 10 : 1 nach 1 : 10 wechselt (bzw. umgekehrt). Dazwischen tritt eine Indikator-Mischfarbe auf (*Umschlagsbereich*). Ein brauchbarer

Umschlagsbereich umfaßt also ein pH-Intervall von ca. zwei Einheiten in der Gegend des Indikator-pK_S-Wertes:

$$\text{Umschlagsbereich} = pK_S(\text{HIn}) - 1 \quad \text{bis} \quad pK_S(\text{HIn}) + 1$$

Tab. 6–4 Farbindikatoren

Indikator	pK_S(HIn)	Umschlagsbereich (pH)	HIn	Farbe	In^-
Methylrot	5,1	4,4– 6,2	rot		gelb
Bromthymolblau	6,9	6,2– 7,7	gelb		blau
Phenolphthalein	9,1	8,2–10,0	farblos		rot

6.6 Neutralisation/Säure-Base-Titration

Die Umsetzung einer Säure mit einer Base nennt man eine **Neutralisation(sreaktion)**. Setzt man starke Säuren mit starken Basen in äquivalenten Mengen um, so reagiert die Lösung anschließend neutral, sie hat dann den pH-Wert 7. Es resultiert eine Salzlösung. Die Umsetzung von Salzsäure mit Natronlauge ist dafür ein Beispiel:

$$H_3O^+ + Cl^- + Na^+ + OH^- \rightarrow Na^+ + Cl^- + 2H_2O$$

Die Neutralisation ist eine Protolyse, bei der H_3O^+-Ionen und OH^--Ionen im Stoffmengenverhältnis 1 : 1 zu Wasser reagieren.

Um 1 mol NaOH zu neutralisieren, braucht man 1 mol HCl oder 0,5 mol H_2SO_4 (zwei dissoziable H^+) usw. Generell gilt: 1 Äquivalent Säure neutralisiert 1 Äquivalent Base (zum Begriff des Äquivalents vgl. Kap. 5.1). Man befindet sich dann am **Äquivalenzpunkt**. Kennt man die Konzentration der Säure (Maßlösung) und mißt das verbrauchte Volumen bis zum Erreichen des Äquivalenzpunktes, dann läßt sich die ursprüngliche Basenmenge errechnen und vice versa. Dieses Verfahren heißt **Säure-Base-Titration** oder **Acidimetrie**. Am Äquivalenzpunkt ist der **Titrationsgrad** = 1.

Beispiel:

Eine Salzsäureprobe unbekannten Gehalts benötigte bis zum Äquivalenzpunkt 10 ml 0,1 mol/l Natronlauge. Wieviel mol HCl enthielt die Probe?

Die 10 ml (= 0,01 l) Natronlauge enthielten 0,01 l · 0,1 mol/l = 0,001 mol NaOH. Also enthielt die Salzsäure **0,001 mol HCl**.

Trägt man die Änderung des pH-Wertes der Lösung, die mit einem pH-Meter leicht zu verfolgen ist, gegen den Titrationsgrad auf, dann erhält man eine **Neutralisationskurve** oder **Titrationskurve** (Abb. 6–5). Im Bereich kleiner Werte des Titrationsgrades ändert sich der pH-Wert nur geringfügig. In der Nähe des Äquivalenzpunktes (Titra-

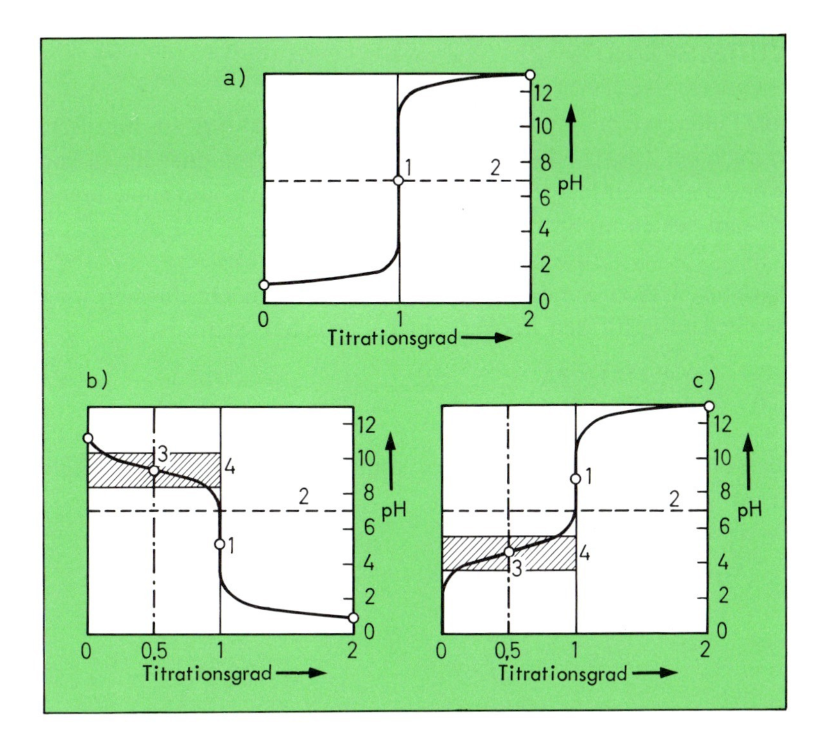

Abb. 6–5 Titrationskurven. Bei einer Säure-Base-Titration ändert sich der pH-Wert zunächst nur relativ geringfügig, in der Nähe des Äquivalenzpunktes (Titrationsgrad 1, ein Äquivalent Titrationsmittel wurde zugesetzt) jedoch sprunghaft.
a) starke Säure/starke Base (z. B. HCl titriert mit NaOH)
b) schwache Base/starke Säure (z. B. NH_3 titriert mit HCl)
c) schwache Säure/starke Base (z. B. Essigsäure titriert mit NaOH)
1 = Äquivalenzpunkt; 2 = Neutralpunkt; 3 = Halbneutralisationspunkt: Titrationsgrad 0,5; $c(HA) = c(A^-)$; pH = p*K*; 4 (schraffiertes Gebiet) = Gebiet kleiner pH-Änderungen (Pufferbereich).

tionsgrad 1) erfolgt ein deutlicher Sprung des pH-Wertes. Der Wendepunkt der Kurve markiert den Äquivalenzpunkt der Reaktion. Er liegt bei pH = 7, wenn man starke Säuren mit starken Basen umsetzt (Abb. 6–5a). Titriert man eine schwache Base (Säure) mit einer starken Säure (Base) so liegt der Äquivalenzpunkt im sauren (alkalischen) Gebiet. Auch ist der pH-Sprung kleiner (Abb. 6–5b und c). Deshalb ist in diesen Fällen auf die Wahl des richtigen Indikators – der durch Farbumschlag das Erreichen des Äquivalenzpunktes anzeigen soll – zu achten. Für die Titration Essigsäure/NaOH wäre Phenolphthalein geeignet, Methylrot hingegen nicht (vgl. Tab. 6–4).

Bei der acidimetrischen Titration wird die **Gesamtacidität** (aktuelle + potentielle Acidität = $H_3O^+ + HA$) erfaßt, bei der pH-Messung nur die *aktuelle Acidität* (H_3O^+).

6.7 Puffersysteme

Definition. Puffersysteme, auch kurz **Puffer** genannt, haben die Eigenschaft, ihren pH-Wert auch bei Zusatz erheblicher Mengen von Säuren oder Basen kaum zu ändern. Sie bestehen im einfachsten Fall aus einer schwachen Säure und ihrer konjugierten Base – am besten im Stoffmengenverhältnis 1 : 1.

Puffergleichung. Um zu verstehen, wie Puffer funktionieren, formen wir die schon bekannte Gleichung für den K_S-Wert einer schwachen Säure HA

$$K_S = \frac{c(H_3O^+) \cdot c(A^-)}{c(HA)}$$

so um, daß $c(H_3O^+)$ auf die linke Seite kommt, und logarithmieren unter Vorzeichenumkehr

$$c(H_3O^+) = K_S \cdot \frac{c(HA)}{c(A^-)}$$

$$pH = pK_S + \lg \frac{c(A^-)}{c(HA)}$$

Mit S und B für die schwache Säure und die korrespondierende Base lautet diese Gleichung schließlich:

$$pH = pK_S + \lg \frac{c(B)}{c(S)}$$

Puffergleichung (Henderson-Hasselbalch-Gleichung*)

Aus der Puffergleichung ergeben sich folgende *Grundregeln für Puffer*:

1. Der pH-Wert eines Puffers wird durch das Verhältnis $c(B)/c(S)$ bestimmt, nicht durch deren Absolutkonzentrationen. Bei Verdünnung ergibt sich also keine pH-Änderung.

   Beispiel:
   Ein Acetatpuffer möge einen pH-Wert von 6,75 besitzen. Wie ist das Verhältnis $c(\text{Acetat})/c(\text{Essigsäure})$ ($pK_S = 4{,}75$)?

   $pH = pK_S + \lg x$
   $\lg x = 6{,}75 - 4{,}75 = 2$
   $x = \mathbf{100/1}$

* Bei Anwendung auf das System CO_2/HCO_3^-.

2. Mischungen aus schwacher Säure und korrespondierender (konjugierter) Base im Stoffmengenverhältnis 1 : 1 halten den pH-Wert am besten konstant, sie zeigen die geringsten pH-Wertänderungen bei Säure- oder Basezusatz. Die schwache Säure vermag zugesetzte Basen zu neutralisieren, die korrespondierende Base bindet im Bedarfsfall die H_3O^+-Ionen.

$$HA + OH^- \rightarrow H_2O + A^-$$
$$A^- + H_3O^+ \rightarrow HA + H_2O$$

Sind die Konzentrationen an schwacher Säure und korrespondierender Base gleich, dann wird

$$pH = pK_S, \quad \text{weil} \quad \lg \frac{c(A^-)}{c(HA)} = \lg 1 = 0$$

ist. In einer solchen Lösung herrscht also ein pH-Wert, der dem pK_S-Wert der betreffenden Säure entspricht. Dieser Punkt wird erreicht, indem man eine gegebene Menge Säure zu 50% neutralisiert („Halbneutralisation") oder Säure und Salz – z. B. Essigsäure und Natriumacetat – im Stoffmengenverhältnis 1 : 1 in Wasser löst. Trägt man den pH-Wert in einem Diagramm gegen die prozentualen Verhältnisse von HA zu A^- auf, so erhält man eine sogenannte **Pufferungskurve** (Abb. 6–6).

3. Der beste Pufferbereich liegt bei $pK_S \pm 1$ (vgl. Abb. 6–6 und 6–7).
4. Bei Kenntnis des Konzentrationsverhältnisses $c(A^-)/c(HA)$ läßt sich der pH-Wert der Lösung berechnen.

   Beispiel:
   Welchen pH-Wert hat eine Lösung, die 0,1 mol Natriumacetat und 0,05 mol Essigsäure enthält ($pK_S = 4{,}75$)?

   $pH = pK_S + \lg(0{,}1/0{,}05) = 4{,}75 + \lg 2 = 4{,}75 + 0{,}3 = \mathbf{5{,}05}$

5. Die Pufferkapazität steigt mit wachsender Konzentration von HA und A^- (s. u.).

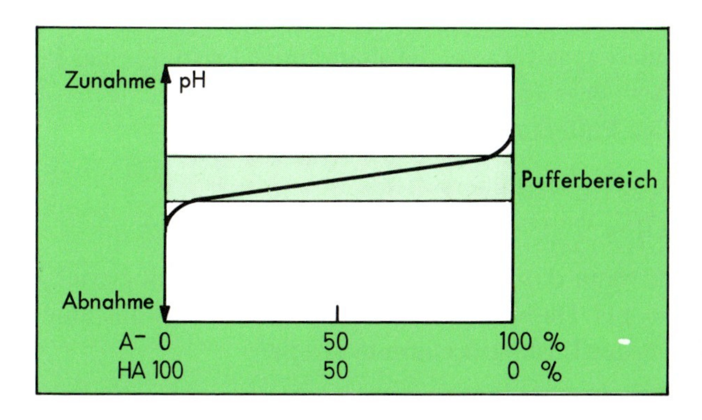

Abb. 6–6 Pufferungskurve. Einer starken Änderung des Stoffmengenverhältnisses HA/A^- steht eine nur kleine Änderung des pH-Wertes gegenüber.

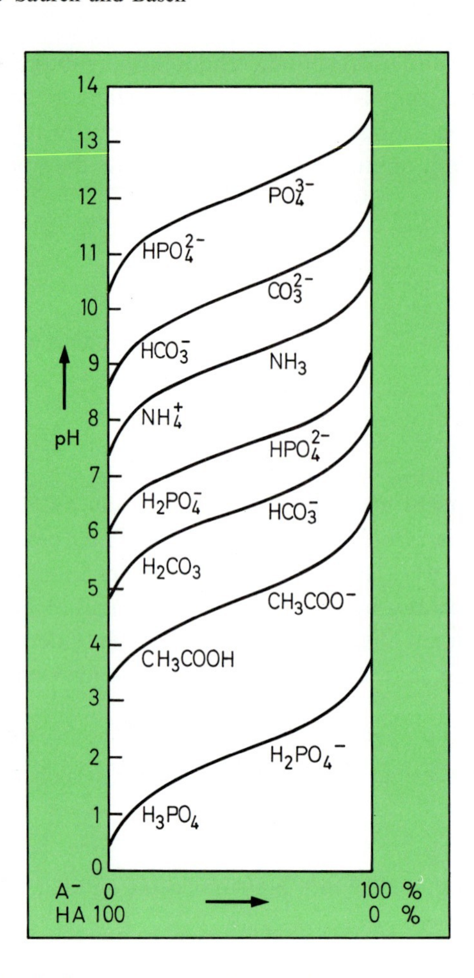

Abb. 6–7 Pufferungskurven einiger Puffersysteme.

Pufferkapazität. Die **Pufferkapazität** zeigt die quantitative Leistung eines Puffers. Sie gibt an, wieviel Säure- bzw. Base nötig sind, um in 1 l Pufferlösung eine pH-Änderung von 1,0 zu bewirken. Die Pufferkapazität ist abhängig von:

- der Gesamtkonzentration des Puffersystems
- der Entfernung des pK_S-Wertes vom pH-Wert der Lösung

und sie ist am größten, wenn das Verhältnis von Säure zu konjugierter Base 1 : 1 beträgt, wenn also pK_S = pH. Damit ist die Pufferkapazität keine konstante, sondern eine durch den pH-Wert der Lösung bestimmte Größe.

Kennt man nicht nur das Verhältnis $c(B)/c(S)$, sondern auch ihre Stoffmengen n in der Lösung, dann lassen sich deren Änderungen bei Zugabe bekannter Säure- bzw. Basemengen berechnen. Dadurch sind auch die damit verbundenen – geringfügigen –

pH-Änderungen berechenbar. Mit den Stoffmengen der Pufferbestandteile läßt sich die Puffergleichung wie folgt schreiben:

$$\mathrm{pH} = \mathrm{p}K_\mathrm{S} + \lg \frac{n(\mathrm{B})}{n(\mathrm{S})}$$

S, B: korrespondierendes Säure-Base-Paar des Puffers
n: Stoffmengen im Volumen der Probe

Fügt man einer solchen Lösung die Stoffmenge $n(H_3O^+)$ an H_3O^+-Ionen zu, dann werden diese mit B reagieren. Die Stoffmenge $n(\mathrm{B})$ wird also um $n(H_3O^+)$ abnehmen, die Stoffmenge $n(\mathrm{S})$ wird um $n(H_3O^+)$ zunehmen (S wird ja beim Pufferungsvorgang gebildet).

Wir können nun die Puffergleichung erweitern:

$$\mathrm{pH} = \mathrm{p}K_\mathrm{S} + \lg \frac{n(\mathrm{B}) - n(\mathrm{H_3O^+})}{n(\mathrm{S}) + n(\mathrm{H_3O^+})}$$

Damit wird klar, daß eine Pufferlösung den pH-Wert nicht absolut konstant hält, und es lassen sich damit auch die auftretenden pH-Wertänderungen berechnen.

Beispiele:

1 l Pufferlösung möge 1 mol Acetat und 1 mol Essigsäure ($\mathrm{p}K = 1{,}8 \cdot 10^{-5}$) enthalten. Ihr pH-Wert beträgt also

$$\mathrm{pH} = \mathrm{p}K_\mathrm{S} = -(\lg 1{,}8 \cdot 10^{-5}) = 4{,}75$$

Nun geben wir 0,1 mol HCl hinzu. Dann wird

$$\mathrm{pH} = 4{,}75 + \lg \frac{1 - 0{,}1}{1 + 0{,}1} = 4{,}75 + \lg \frac{0{,}9}{1{,}1} = 4{,}75 - 0{,}09$$

$$\mathrm{pH} = \mathbf{4{,}66}$$

Der pH-Wert ist also um $4{,}75 - 4{,}66 = 0{,}09$ Einheiten gesunken. Nehmen wir anstelle der Pufferlösung 1 l Wasser (pH = 7) und fügen 0,1 mol HCl hinzu, dann erhalten wir (vgl. Kap. 6.4.2) eine Lösung mit dem

$$\mathrm{pH} = -\lg c_0(\mathrm{HCl}) = -\lg 10^{-1} = \mathbf{1}$$

Der pH-Wert ändert sich dabei um 6 Einheiten, die H_3O^+-Konzentration also um den Faktor 1 000 000.

6.8 Kohlensäure

Die Kohlensäure (H_2CO_3) bildet zwei Reihen von Salzen:

Hydrogencarbonate (früher Bicarbonate), Anion HCO_3^-
Carbonate, Anion CO_3^-

Bei der Behandlung dieser Salze oder ihrer Lösungen mit starken Säuren entsteht freie Kohlensäure, die spontan in Wasser und Kohlendioxid (Anhydrid der Kohlensäure*) zerfällt:

$$CO_3^- \underset{-H^+}{\overset{+H^+}{\rightleftarrows}} HCO_3^- \underset{-H^+}{\overset{+H^+}{\rightleftarrows}} H_2CO_3 \rightleftarrows CO_2\uparrow + H_2O$$

Diese Gleichgewichte sind also pH-abhängig. Das im alkalischen Milieu hauptsächlich vorliegende Carbonat geht mit sinkendem pH schließlich in eine Lösung von CO_2 in Wasser über, wobei die Hauptmenge des CO_2 gasförmig entweicht – nicht zu stark verdünnte Lösungen vorausgesetzt. Andererseits wird verständlich, daß CO_2 in Gegenwart von Wasser wie Kohlensäure reagiert.

Setzt man Carbonate mit Kohlensäure (d.h. mit CO_2 und H_2O) um, so kann die Reaktion nur bis zur Hydrogencarbonatstufe laufen:

$$CO_3^{2-} + CO_2 + H_2O \rightleftarrows 2HCO_3^-$$

Durch Erhitzen läßt sich das im Gleichgewicht befindliche CO_2 aus der Lösung austreiben und so die Rückbildung von Carbonat erreichen. In der Natur vollzieht sich so aus Kalkstein ($CaCO_3$) die Bildung $Ca(HCO_3)_2$-haltigen („kalkhaltigen") Wassers. Daraus scheidet sich beim Kochen das praktisch wasserunlösliche Calciumcarbonat wieder ab (Kesselsteinbildung):

$$CaCO_3 + CO_2 + H_2O \rightleftharpoons Ca(HCO_3)_2$$

Aus CO_2 und den stark basischen Hydroxidionen entstehen Hydrogencarbonationen, diese dissoziieren in geringem Umfang unter Bildung von Carbonationen:

$$CO_2 + OH^- \rightleftharpoons HCO_3^- \rightleftharpoons H^+ + CO_3^{2-}$$

Verwendet man als neutralisierende Basen Calcium- oder Bariumhydroxid, so kommt es also rasch zur Ausfällung der im neutralen und alkalischen Milieu praktisch unlöslichen Carbonate, z.B.:

$$CO_2 + OH^- \rightleftharpoons HCO_3^- \overset{-H^+}{\rightleftharpoons} CO_3^{2-} \overset{+Ca^{2+}}{\rightleftharpoons} CaCO_3\downarrow$$

* Häufig inkorrekt ebenfalls als Kohlensäure bezeichnet.

Weitere CO_2-Zufuhr kann zur Wiederauflösung des Carbonats führen unter Bildung des erheblich besser löslichen Hydrogencarbonats:

$$CaCO_3 + CO_2 + H_2O \rightleftarrows Ca(HCO_3)_2$$

Selbstverständlich führt auch die Reaktion der genannten Erdalkalimetallhydroxide mit Alkalimetallcarbonatlösungen oberhalb pH 7 zur Bildung von Niederschlägen:

$$Ca^{2+} + CO_3^{2-} \rightarrow CaCO_3\downarrow$$

Aus der pH-Abhängigkeit der Gleichgewichtslagen im System $CO_3^{2-}/CO_2—H_2O$ resultiert also eine pH-Abhängigkeit der Löslichkeit bei den Salzen der Kohlensäure, denn $Ca(HCO_3)_2$ ist besser löslich als $CaCO_3$.

6.9 Phosphorsäure

Von der Phosphorsäure (H_3PO_4) sind drei Reihen von Salzen bekannt:

Dihydrogenphosphate (**primäre** Phosphate), Anion $H_2PO_4^-$
Hydrogenphosphate (**sekundäre** Phosphate), Anion HPO_4^{2-}
Phosphate (**tertiäre** Phosphate), Anion PO_4^{3-}

Die sich in ihren Lösungen einstellenden Protolysegleichgewichte

$$PO_4^{3-} \underset{-H^+}{\overset{+H^+}{\rightleftarrows}} HPO_4^{2-} \underset{-H^+}{\overset{+H^+}{\rightleftarrows}} H_2PO_4^- \underset{-H^+}{\overset{+H^+}{\rightleftarrows}} H_3PO_4$$

lassen sich durch Zusatz starker Säuren in Richtung H_3PO_4 verschieben; durch Zusatz von starken Basen zu H_3PO_4 bilden sich über primäre und sekundäre schließlich tertiäre Phosphate.

Die Löslichkeit von Ca-Phosphaten nimmt in der eben genannten Richtung ab und ist daher pH-abhängig. Aus einer gesättigten Lösung von primärem Ca-Phosphat fällt bei Basenzusatz daher zunächst sekundäres Ca-Phosphat aus. Dessen gesättigte Lösung liefert bei Basenzusatz eine Fällung von tertiärem Ca-Phosphat.

Anders als die Kohlensäure bildet die Phosphorsäure ein Anhydrid nur unter starker Energiezufuhr. Die Wasserabspaltung erfolgt intermolekular*, wobei die Stufen der Di-, Tri- ... Polyphosphorsäure durchlaufen werden. Endprodukt ist das Phosphorsäureanhydrid (Abb. 6–8). Bei dessen exotherm erfolgender Wasseraufnahme bildet sich letztlich die Phosphorsäure zurück.

---

* Zwischen Molekülen, Gegensatz intramolekular.

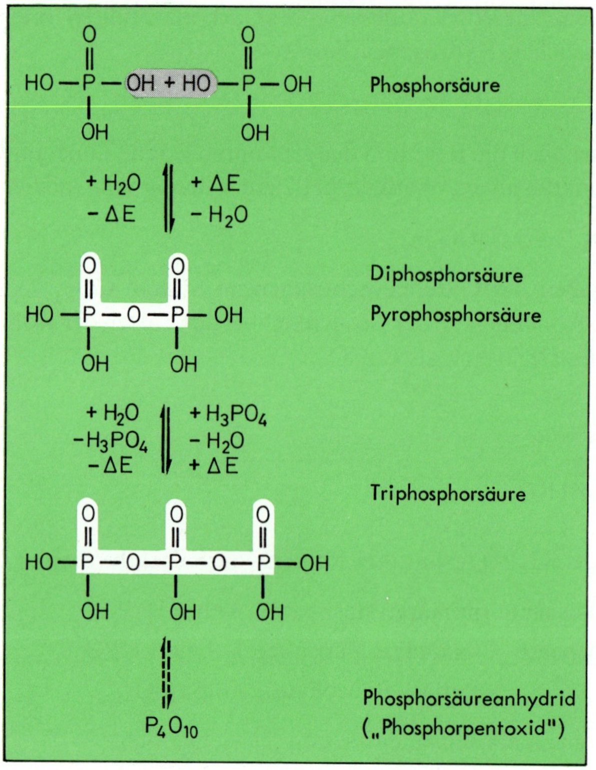

HO—P(=O)(OH)—OH + HO—P(=O)(OH)—OH Phosphorsäure

$+ H_2O$ / $- \Delta E$ ⇅ $+ \Delta E$ / $- H_2O$

HO—P(=O)(OH)—O—P(=O)(OH)—OH Diphosphorsäure Pyrophosphorsäure

$+ H_2O$ / $-H_3PO_4$ / $- \Delta E$ ⇅ $+ H_3PO_4$ / $- H_2O$ / $+ \Delta E$

HO—P(=O)(OH)—O—P(=O)(OH)—O—P(=O)(OH)—OH Triphosphorsäure

⇅

P_4O_{10} Phosphorsäureanhydrid („Phosphorpentoxid")

Abb. 6–8 Die Bildung von Phosphorsäureanhydridstrukturen erfordert Energie. Sie wird bei der Hydrolyse wieder frei.

6.10 Säuren und Basen in der Biosphäre

Stoffwechselprodukte. Säuren und Basen findet man in großer Zahl in der Biosphäre. Einige Beispiele enthält Tab. 6–5.

Tab. 6–5 pH-Werte einiger Flüssigkeiten

	pH
Magensaft	1,2–3,0
Speichel	6,4–6,8
Blutplasma	7,4
Urin	5–8
Pankreassaft	7,8–8,0
Zitronensaft	2,3
Tomatensaft	4,3

Viele Zwischenprodukte und auch einige Endprodukte des menschlichen Stoffwechsels sind organische Säuren oder Basen (vgl. Kap. 14 und folgende). Aus dem anorganischen Bereich seien hier folgende Beispiele genannt: Kohlendioxid, Wasser, Ammoniak (Endprodukt des Stickstoffstoffwechsels), Schwefelsäure (aus S-haltigen Aminosäuren).

Puffersysteme. In den lebenden Zellen und in den Interzellulärräumen müssen die verschiedenen pH-Werte innerhalb bestimmter Grenzen gehalten werden, vor allem deshalb, weil Enzyme (Biokatalysatoren) nur dann optimal arbeiten. Mehrere Puffersysteme bewirken dies gleichzeitig:

1. CO_2/HCO_3^- (Hydrogencarbonatsystem, früher Bicarbonatsystem)
2. NH_4^+/NH_3 (Ammoniaksystem)
3. $H_2PO_4^-/HPO_4^{2-}$ (Hydrogenphosphatsystem)
4. Proteinpuffer (vgl. dazu Kap. 24)

Das **Hydrogencarbonatsystem** wird als **offenes (flüchtiges) Puffersystem** bezeichnet, da das CO_2 über die Lungen im Austausch mit der Atmosphäre steht. Die CO_2-Konzentration im Blut kann somit konstant gehalten werden (vgl. dazu die Gleichgewichte in Kap. 6.9), obwohl der Stoffwechsel eines Menschen pro Tag mehr als 25 mol CO_2 liefern kann. Dieses wird im Blut in Form von HCO_3^- transportiert. In der Lunge wird das HCO_3^- unter Aufnahme von Protonen wieder in CO_2 ($+H_2O$) umgewandelt und abgeatmet.

Auch das NH_4^+/NH_3-System gehört zu den offenen Puffern, wogegen die unter 3 und 4 genannten als **geschlossene Puffer** bezeichnet werden.

Störungen des Säure-Base-Haushalts. Als Störungen des Säure-Base-Haushalts seien genannt: Die **Acidose**, ein Abfall des pH-Wertes im Extrazellulärraum, und die **Alkalose**, ein Anstieg des pH-Wertes im Extracellulärraum.

***K'*- und p*K'*-Werte.** In der Biochemie werden anstelle von K- und pK-Werten, die für reine wäßrige Lösungen gelten, häufig K'- und pK'-Werte verwendet, die man in biologischen Flüssigkeiten (z. B. Blut und Urin) findet. Sie können beträchtlich von den K- und pK-Werten abweichen. Ursachen für die Unterschiede können u. a. sein: Fremdioneneinflüsse, Wahl einer von 25 °C abweichenden Temperatur.

7 Redoxvorgänge

In diesem Kapitel sollen chemische Reaktionen behandelt werden, bei denen der Partner A an den Partner B Elektronen abgibt (**Elektronentransfer, Elektronenverschiebung**). Beispiele aus unserem Erfahrungsbereich sind: Die Verbrennung von organischen Materialien, die Herstellung von Metallen aus geeigneten Verbindungen und die Korrosion von Metallen (beim Eisen als „Rosten" bezeichnet).

7.1 Reduktion und Oxidation

7.1.1 Reduktion

Teilchen (Atome, Moleküle oder Ionen) **werden reduziert**, indem man ihnen Elektronen übergibt. Daraus entstand die Kurzformel: Reduktion = Elektronenaufnahme.

Beispiel:

Ein H^+-Ion wird durch Aufnahme eines Elektrons zu einem H-Atom, das H^+-Ion wird reduziert.

$H^+ + e^- \rightarrow H$

Die Reduktion der H^+-Ionen wird durch einen geeigneten Partner bewirkt. Dieser ist also das **Reduktionsmittel**. Er liefert die Elektronen und wird dabei selbst oxidiert.

7.1.2 Oxidation

Teilchen **werden oxidiert**, indem man ihnen Elektronen entzieht, d. h., indem man sie zur Abgabe von Elektronen zwingt. Kurz: Oxidation = Elektronenabgabe.

Beispiel:

Die Umkehrung der vorstehenden Gleichung:

$H - e^- \rightarrow H^+$

oder besser $H \rightarrow H^+ + e^-$

Der Partner, der die Oxidation bewirkt, d.h. den Elektronenabzug vom Substrat erzwingt, ist das **Oxidationsmittel**. Er nimmt die Elektronen auf, wird selbst also dabei reduziert.

Eine Teilchensorte, nämlich das Oxidationsmittel, erhält Elektronen immer von einer anderen Teilchensorte, nämlich dem Reduktionsmittel. Reduktion und Oxidation, die vorstehend getrennt besprochen wurden, verlaufen daher stets gekoppelt (**Redoxvorgang**).

Ursprünglich verstand man unter einer Oxidation die Verbindung eines Substrates mit Sauerstoff. Ein Oxidationsmittel war ein „Sauerstoff-zuführendes" Reagenz, ein Reduktionsmittel demzufolge ein „Sauerstoff-abführendes" Reagenz.

Beispiel:

$$2\,Mg + O_2 \rightarrow 2\,MgO$$

MgO ist aus Ionen aufgebaut ($Mg^{2+}O^{2-}$). Dem Magnesium wurden also 2 Elektronen entzogen. Die alte und die neuere Definition des Begriffs Oxidation stehen nicht im Widerspruch. Mit der modernen Definition wird jedoch erkennbar, daß eine Oxidation des Magnesiums auch ohne Mitwirkung von Sauerstoff erfolgen kann.

Beispiel:

$$Mg + Cl_2 \rightarrow MgCl_2(Mg^{2+}Cl^-Cl^-)$$

Es sei an dieser Stelle auf eine umgangssprachliche Verdrehung aufmerksam gemacht. Falsch ist in den vorstehenden Beispielen die Aussage: „Magnesium oxidiert zu Magnesiumoxid bzw. zu Mg^{2+}." Korrekt muß es heißen: „Magnesium wird oxidiert." Generell sei in solchen Fällen die passivische Form des sprachlichen Ausdrucks empfohlen.

7.1.3 Redoxpaare

Die reduzierte Stufe eines Reaktionspartners geht durch Elektronenabgabe in die oxidierte Stufe über. Der Vorgang ist meist umkehrbar (durch Wahl geeigneter Reaktionsbedingungen).

$$\begin{array}{lcl} \text{Elektronendonator} & \rightleftarrows & \text{Elektronenakzeptor} + ze^- \\ \text{Reduzierte Stufe (Red)} & \rightleftarrows & \text{Oxidierte Stufe (Ox)} + ze^- \\ \text{Reduktionsmittel} & \rightleftarrows & \text{Oxidationsmittel} + ze^- \end{array}$$

kurz: $\text{Red} \rightleftarrows \text{Ox} + ze^- \quad z = 1, 2, 3, \ldots$

Den letzteren Ausdruck nennt man ein **korrespondierendes Redoxpaar**. Der ebenfalls gebräuchliche Ausdruck Redoxsystem sollte der Kombination zweier Redoxpaare vorbehalten bleiben (s. Kap. 7.1.6).

Beispiele unter Weglassung der Elektronen (Kurzschreibweise):

$$Na/Na^+, \; Mg/Mg^{2+}, \; Fe^{2+}/Fe^{3+}, \; H_2/2H^+.$$

Sind an einem Redoxpaar sauerstoffhaltige komplexe Ionen (z. B. MnO_4^-) beteiligt, dann sind auch noch Protolysevorgänge zu berücksichtigen (s. Kap. 7.1.5).

Tab. 7–1 Definitionen

Begriff	Bedeutung	Beispiel
Reduktion (eines Reaktionspartners)	Partner nimmt Elektronen auf (Verringerung der Oxidationszahl)	$Cl + e^- \rightarrow Cl^-$
Oxidation (eines Reaktionspartners)	Partner gibt Elektronen ab (Erhöhung der Oxidationszahl)	$Na \rightarrow Na^+ + e^-$
Redoxvorgang	Elektronentransfer von einem Partner zum anderen	$Na + Cl \rightarrow Na^+Cl^-$
Redoxpaar (korrespondierendes)	$Red \rightleftharpoons Ox + ze^-$	hier: Cl^-/Cl bzw. Na/Na^+
Reduzierte Stufe (Red)	Elektronendonator (Elektronendonor)	hier: Cl^- bzw. Na
Oxidierte Stufe (Ox)	Elektronenakzeptor	Cl bzw. Na^+

7.1.4 Oxidationszahl

Zur Aufstellung von Redoxgleichungen muß man die **Oxidationszahl (Oxidationsstufe**, Oxidationsgrad, elektrochemische Wertigkeit) jedes Atoms in den Edukten und Produkten kennen. Sie kann durch eine kleine arabische Ziffer über dem Elementsymbol angegeben werden.

Beispiele:

$$\overset{0}{H}—\overset{0}{H}, \quad \overset{+1}{H}—\overset{-1}{Cl}, \quad \overset{-2}{O}{=}\overset{+4}{C}{=}\overset{-2}{O}.$$

Tab. 7–2 enthält eine Auflistung von Beispielen, aus denen der Zusammenhang zwischen den Oxidationszahlen der Bausteine und der Ladung der Teilchen hervorgeht.

Tab. 7–2 Oxidationszahlen

Beispiel	Oxidationszahl	Summe = Ladung des Teilchens
H, H in H_2, Cl in Cl_2	0	
H^+, Na^+, K^+, Cu^+	+1	
Ca^{2+}, Cu^{2+}, Fe^{2+}	+2	
Cl^-, I^-	−1	
O in H_2O, H_3O^+, Oxiden	−2	
O in H_2O_2	−1	
N in NH_3	−3	
N in NH_4^+	−3	$-3+4=+1$
N in HNO_3	+5	$+1+5+(-2)\cdot 3=0$
N in NO_3^-	+5	$+5+(-2)\cdot 3=-1$
S in H_2S, HS^-, S^{2-}	−2	
S in H_2SO_4 und ihren Salzen	+6	
P in H_3PO_4 und ihren Salzen	+5	$+1\cdot 3+5+(-2)\cdot 4=0$
C in CO_2 und H_2CO_3	+4	$+1\cdot 2+4+(-2)\cdot 3=0$
C in Salzen der H_2CO_3	+4	
Mn in MnO_4^-	+7	$+7+(-2)\cdot 4=-1$

7.1.5 Formulierung von Redoxpaaren

Die Aufstellung von Gleichungen für Redoxpaare („Halbreaktionen“) geschieht nach folgenden *Regeln*:

1. Die Zahl der zu- oder abgeführten Elektronen ist gleich der Differenz der Oxidationszahlen zwischen reduzierter und oxidierter Stufe.

   Beispiel:

   $H_2/2H^+$ Differenz: $2e^-$, also:

   $$H_2 \rightleftharpoons 2H^+ + 2e^-$$

2. Die Summe der Atome und der Ladungen ist auf beiden Seiten gleich.

   Beispiel:

   Cl—Cl + $2e^-$ Ladungssumme: $2\cdot 0+2\cdot(-1)=-2$

   $\uparrow\downarrow$

   $2Cl^-$ Ladungssumme: $2\cdot(-1)=-2$

3. Bei Redoxpaaren komplexer Ionen hat die reduzierte Spezies häufig weniger Sauerstoffatome als die oxidierte. In solchen Fällen sind H_2O-Moleküle an der Reaktion beteiligt.

Beispiel:

$$MnO_4^- + 8H^+ + 5e^- \rightarrow Mn^{2+} + 4H_2O$$

bzw. bei Abwesenheit von Säure

$$MnO_4^- + 4H_2O + 5e^- \rightarrow Mn^{2+} + 8OH^-$$

Die vom Zentralteilchen (hier Mangan) bei der Elektronenaufnahme abwandernden Sauerstoffatome nehmen die Bindungselektronen mit (hohe Elektronegativität!) und tauchen als Wassermoleküle (bei saurer Lösung) bzw. OH^--Ionen (bei neutraler Lösung) auf der anderen Seite der Gleichung auf.

7.1.6 Kombinationen von Redoxpaaren (Redoxsysteme)

Durch Kombination zweier Redoxpaare erhält man ein **Redoxsystem**. Die dabei ablaufenden **Redoxreaktionen** (Redoxvorgänge) lassen sich durch **Redoxgleichungen** beschreiben. Das Aufstellen von Redoxgleichungen wird erleichtert, indem man zunächst die beiden Redoxpaare (Halbreaktionen) formuliert und sie dann addiert. Die Zahl der Elektronen muß in beiden Halbreaktionen natürlich gleich groß sein, nötigenfalls wird entsprechend multipliziert.

$$\begin{array}{lcl} Ox^1 + ze^- & \rightleftharpoons & Red^1 \\ Red^2 & \rightleftharpoons & Ox^2 + ze^- \\ \hline Ox^1 + Red^2 & \rightleftharpoons & Red^1 + Ox^2 \end{array}$$

Regel: Auf beiden Seiten der Redoxgleichung müssen übereinstimmen: die Summe der Ladungen und Oxidationszahlen(stufen) und die Summe der Elementsymbole.

Beispiele:

Umsetzung von Natrium mit Säure

$$\begin{array}{rcll} Na & \rightarrow & Na^+ + e^- & \times 2 \\ 2H^+ + 2e^- & \rightarrow & H_2 & \\ \hline 2Na + 2H^+ & \rightarrow & 2Na^+ + H_2 & \end{array}$$

Knallgasreaktion

$$\begin{array}{rcll} H_2 & \rightarrow & 2H^+ + 2e^- & \times 2 \\ O_2 + 4e^- & \rightarrow & 2O^{2-} & \\ \hline 2H_2 + O_2 & \rightarrow & 2H_2O & \end{array}$$

Umsetzung von MnO_4^- mit Fe^{2+} in saurer Lösung

$$MnO_4^- + 8H^+ + 5e^- \rightarrow Mn^{2+} + 4H_2O$$
$$Fe^{2+} \rightarrow Fe^{3+} \qquad \times 5$$

$$MnO_4^- + 8H^+ + 5Fe^{2+} \rightarrow Mn^{2+} + 4H_2O + 5Fe^{3+}$$

Wasserstoffperoxid (H_2O_2) kann sowohl oxidiert als auch reduziert werden – je nach Reaktionspartner. Aus den beiden Redoxpaaren wird auch die bei der Zersetzung des Wasserstoffperoxids stattfindende Bildung von Sauerstoff und Wasser verständlich. Dabei oxidiert jeweils ein Molekül H_2O_2 ein zweites, wobei also das zweite als Reduktionsmittel fungiert.

$$H{-}O{-}O{-}H \rightarrow O_2 + 2H^+ + 2e^- \quad (H_2O_2 \text{ wird oxidiert})$$
$$2H^+ + H{-}O{-}O{-}H + 2e^- \rightarrow 2H_2O \quad (H_2O_2 \text{ wird reduziert})$$

$$2H_2O_2 \rightarrow 2H_2O + O_2$$

7.2 Redoxpotentiale

7.2.1 Konzentrationsabhängigkeit des Redoxpotentials

Redoxpotentiale (Symbol E, SI-Einheit: Volt) kennzeichnen das Reduktions- bzw. Oxidationsvermögen eines Redoxpaares (vgl. Tab. 7–2). Die Gleichung Red $\rightleftharpoons$ Ox $+ ze^-$ läßt erkennen, daß eine Erhöhung der Konzentration an Red im Vergleich zur Konzentration an Ox das Reduktionsvermögen erhöhen wird, und umgekehrt. Mit anderen Worten: das Redoxpotential eines Redoxpaares ist abhängig vom Verhältnis der Konzentrationen an Red und Ox. Mittels der **Nernstschen Gleichung** läßt sich diese Abhängigkeit berechnen.

$E = E^\circ + \frac{0{,}059}{z} \cdot \lg \frac{c(\mathrm{Ox})}{c(\mathrm{Red})}$	Nernstsche Gleichung Ox und Red sind löslich

Einfluß der Konzentrationen

E = wirksames Potential (in Volt)
E° = Standardpotential des Redoxpaares (Tabellenwert, s. Kap. 7.2.2)
z = Anzahl der ausgetauschten Elektronen beim Übergang Red $\rightleftharpoons$ Ox
c = Stoffmengenkonzentration (in mol/l)
Temperatur: 25 °C

Beispiel:

Wie groß ist das Potential E des Redoxpaares Fe^{2+}/Fe^{3+} bei 25 °C in Volt, wenn: $E^\circ = 0{,}75$ V, $c(Fe^{2+}) = 10^{-1}$ mol/l und $c(Fe^{3+}) = 1$ mol/l?

$$E = +0{,}750\ \text{V} + \frac{0{,}059}{1} \cdot \lg \frac{1}{10^{-1}}\ \text{V}$$

$$E = +0{,}750\ \text{V} + (0{,}059 \cdot \lg 10)\,\text{V} = 0{,}750\ \text{V} + (0{,}059 \cdot 1)\,\text{V}$$

$$E = \mathbf{0{,}809\ V}$$

Die Oxidationskraft des Redoxpaares Fe^{2+}/Fe^{3+} läßt sich also erhöhen durch Verringerung von $c(Fe^{2+})$ oder Erhöhung von $c(Fe^{3+})$ und umgekehrt. Eine Änderung des Verhältnisses $c(\text{Ox})/c(\text{Red})$ um den Faktor 10 bewirkt allgemein eine Änderung des Redoxpotentials um $0{,}059/z$ Volt.

Ist in einem Redoxpaar eine feste Phase, z. B. ein Metall, enthalten, dann ist deren Konzentration nicht variabel und die Nernstsche Gleichung vereinfacht sich.

$E = E^\circ + \frac{0{,}059}{z} \lg c(\text{Ox})$	Nernstsche Gleichung, wenn Red eine feste Phase

Beispiel:

$$E(\text{Zn}/\text{Zn}^{2+}) = E^\circ(\text{Zn}/\text{Zn}^{2+}) + \frac{0{,}059}{2} \lg c(\text{Zn}^{2+})$$

Nur die Metallionenkonzentration geht in diesem Falle als variable Größe in die Gleichung ein.

Ein Redoxpaar in einem Experiment wird **Halbelement** oder **Halbzelle** genannt. Kombiniert man zwei Halbelemente mittels einer Salzbrücke (s. Abb. 7–1) oder einer porösen Wand (Diaphragma, semipermeable Wand, s. Abb. 7–2 und 3), dann entsteht ein **Element**, auch **Zelle** oder **Kette** genannt. Unterscheiden sich die beiden Halbelemente nur hinsichtlich ihrer Konzentrationen, sind aber gleichionig, so liegt eine **Konzentrationskette** vor (Abb. 7–1).

Zwischen den beiden als indifferente Elektroden dienenden Platinblechen in Abb. 7–1 ist eine Spannung, eine **Potentialdifferenz**

$$\Delta E = E(\text{Elektronenakzeptor}) - E(\text{Elektronendonator})$$

meßbar. Der Grund: Das System tendiert zur Beseitigung der unterschiedlichen Konzentrationsverhältnisse. Dazu müssen Elektronen über den äußeren Stromkreis in die linke Halbzelle fließen. Dadurch werden dort Fe^{3+}-Ionen in Fe^{2+}-Ionen umgewandelt. In der rechten Halbzelle läuft der umgekehrte Prozeß ab.

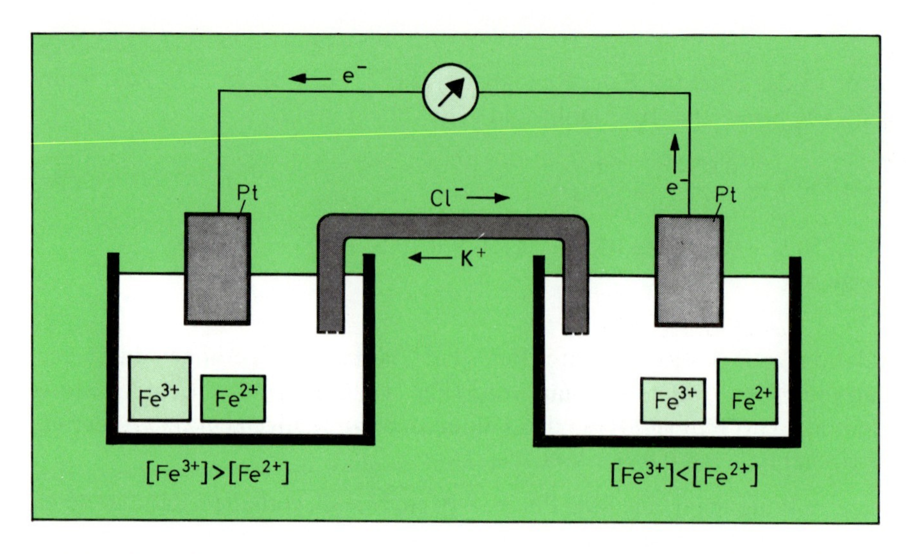

Abb. 7–1 Zwei Halbzellen mit unterschiedlichen Konzentrationen an Fe^{3+} und Fe^{2+} liefern – zu einer Zelle kombiniert – eine Potentialdifferenz (Konzentrationskette). Im Bild sind die beiden Halbzellen durch eine Salzbrücke (Rohr mit KCl-Lösung, beiderseits eine poröse Masse als Verschluß) verbunden. Darin bewegen sich die Anionen in Richtung der elektronenliefernden Halbzelle, die Kationen in umgekehrter Richtung.

Beispiel:

Wie groß ist die Potentialdifferenz zwischen zwei Halbelementen mit folgenden Konzentrationsverhältnissen?

Linkes Halbelement: $c(Fe^{3+})/c(Fe^{2+}) = 10/1 = 10$
Rechtes Halbelement: $c(Fe^{3+})/c(Fe^{2+}) = 1/10 = 10^{-1}$

$$\begin{aligned}\Delta E &= E(\text{linkes Halbelement}) - E(\text{rechtes Halbelement})\\ &= E^\circ(\text{linkes H.}) - E^\circ(\text{rechtes H.}) + (0{,}059 \cdot \lg 10)\,\text{V} - (0{,}059 \cdot \lg 10^{-1})\,\text{V}\\ &= 0{,}059\ \text{V} + 0{,}059\ \text{V} = \mathbf{0{,}118\ V}\end{aligned}$$

Bei der Subtraktion der beiden Nernstschen Gleichungen heben sich hier die beiden E°-Werte heraus, denn sie sind bei gleichionigen Halbelementen natürlich gleich groß.

Im Verlaufe des Elektronenübergangs von einem Halbelement zum anderen wird die Potentialdifferenz kleiner. Sie erreicht den Wert null,

$$\Delta E = E(\text{linkes Halbelement}) - E(\text{rechtes Halbelement}) = \text{null},$$

wenn die beiden E-Werte gleich groß geworden sind, d.h., die Quotienten $c(\text{Ox})/c(\text{Red})$ auf beiden Seiten identisch geworden sind, wenn also

$$\frac{c(\text{Ox})}{c(\text{Red})}(\text{linkes Halbelement}) = \frac{c(\text{Ox})}{c(\text{Red})}(\text{rechtes Halbelement})$$

Ausdrücklich sei betont: Die Nernstsche Gleichung beschreibt in der eingangs beschriebenen Form die Verhältnisse in jeweils einem Halbelement. Erst wenn man zwei Halbelemente mittels einer Salzbrücke wie in Abb. 7–1 oder mittels eines Diaphragmas (Abb. 7–2) – dazu eignet sich z. B. eine poröse Tonwand – zu einer Kette (Zelle, galvanisches Element) zusammenschaltet, erhält man eine Versuchsanordnung, die Spannungsmessungen gestattet.

7.2.2 Standardpotentiale

Man hat sich geeinigt, die Redoxpotentiale aller Redoxpaare auf ein standardisiertes Halbelement zu beziehen, nämlich auf die sogenannte **Standardwasserstoffelektrode**. Das ist ein Halbelement mit dem Redoxpaar

$$H_2 \rightleftharpoons 2H^+ + 2e^-$$

Es besteht aus einer 1 mol/l Säure der Temperatur 25 °C, in die ein von H_2-Gas (1,013 bar) umspültes Platinblech taucht (Abb. 7–2, linkes Halbelement).

Das Symbol für einen *E*-Wert, der unter Standardbedingungen (Druck = 1,013 bar, Temperatur = 25 °C = 298 K) auftritt, ist E°. Das Redoxpotential der Standardwasserstoffelektrode erhielt den Wert null.

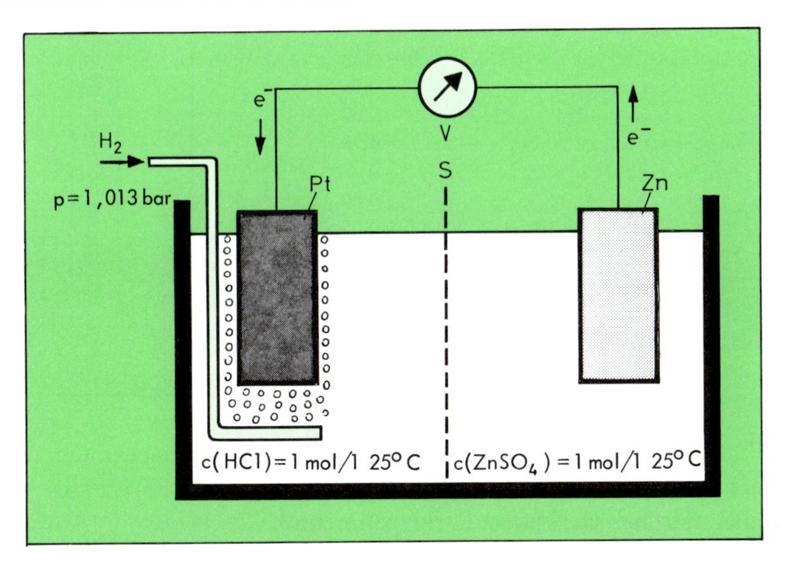

Abb. 7–2 Eine Standardwasserstoffelektrode (linke Hälfte) besteht aus einer von H_2-Gas umspülten Platinelektrode in einer Säure ($c(H_3O^+) = 1$ mol/l) unter Standardbedingungen (Druck = 1,013 bar, Temperatur = 25 °C). Kombiniert man sie mit einem Zn/Zn^{2+}-Halbelement unter Standardbedingungen und $c(Zn^{2+}) = 1$ mol/l, dann mißt man mit dem Voltmeter V das Standardpotential von 0,76 V. Das Zink ist Kathode, von hier fließen die Elektronen zur Halbzelle mit dem höheren Redoxpotential. In dieser Abb. übernimmt eine semipermeable Wand S anstelle einer Salzbrücke den notwendigen Kontakt zwischen beiden Flüssigkeiten.

$$E^\circ(H_2/2H^+) = 0\ V^*$$

Kombiniert man eine solche Standardwasserstoffelektrode mit einer anderen Standardelektrode, z. B. mit einem Zinkhalbelement unter Standardbedingungen (vgl. Abb. 7–2), dann liefert die Spannungsmessung also das Standardpotential – hier jenes des Zinkhalbelements. Auf analoge Weise kann man auch die E°-Werte anderer Redoxpaare erhalten. **Standardpotentiale *E*°** sind also Relativwerte bezogen auf die Standardwasserstoffelektrode, deren Standardpotential** willkürlich gleich null gesetzt wurde.

Tab. 7–2 Standardpotentiale von Redoxpaaren (Redoxreihe)

Redoxpaar „Red-Form“		„Ox-Form“	E° in V
Na	⇌	$Na^+ + e^-$	−2,71
Mg	⇌	$Mg^{2+} + 2e^-$	−2,40
Zn	⇌	$Zn^{2+} + 2e^-$	−0,76
S^{2-}	⇌	$S + 2e^-$	−0,51
$(COOH)_2$	⇌	$2CO_2 + 2H^+ + 2e^-$	−0,47
Fe	⇌	$Fe^{2+} + 2e^-$	−0,44
H_2	⇌	$2H^+ + 2e^-$	0
Cu^+	⇌	$Cu^{2+} + e^-$	+0,17
Cu	⇌	$Cu^{2+} + 2e^-$	+0,35
$2I^-$	⇌	$I_2 + 2e^-$	+0,58
H_2O_2	⇌	$O_2 + 2H^+ + 2e^-$	+0,68
Hydrochinon	⇌	Chinon $+ 2H^+ + 2e^-$	+0,70
Fe^{2+}	⇌	$Fe^{3+} + e^-$	+0,75
Ag	⇌	$Ag^+ + e^-$	+0,80
Hg	⇌	$Hg^{2+} + 2e^-$	+0,85
$2Br^-$	⇌	$Br_2 + 2e^-$	+1,07
$2Cr^{3+} + 7H_2O$	⇌	$Cr_2O_7^{2-} + 14H^+ + 6e^-$	+1,33
$2Cl^-$	⇌	$Cl_2 + 2e^-$	+1,36
$Mn^{2+} + 4H_2O$	⇌	$MnO_4^- + 8H^+ + 5e^-$	+1,51
$2H_2O$	⇌	$H_2O_2 + 2H^+ + 2e^-$	+1,78

Richtung des Elektronenflusses ↓ — Redoxpotential steigt ↓ — Oxidationsvermögen steigt ↓ — Reduktionsvermögen sinkt ↓

In der Tabelle 7–2 steigen die Standardpotentiale von oben nach unten. Als Oxidationsmittel wirkt unter Standardbedingungen „Ox“ eines Redoxpaares gegenüber „Red“ aller darüber stehenden Redoxpaare und vice versa*** (Abweichungen s. Kap. 7.2.4). Aus den Werten der Tab. 7–2 läßt sich auch leicht errechnen, welche

* In Analogie zu Höhenangaben, für die die Höhe des Meeresspiegels als Nullpunkt gilt.

** Früher waren die Bezeichnungen **Normalpotential** und **Normalwasserstoffelektrode** üblich.

*** Wenig glücklich sind für diesen Sachverhalt Formulierungen wie: Die Potentiale werden von oben nach unten „positiver“, das Redoxpaar mit dem „positiveren“ Potential entzieht jenem mit dem „negativeren“ Potential die Elektronen u. ä.

Potentialdifferenz ΔE° man jeweils beim Kombinieren zweier Halbelemente unter Standardbedingungen erhält. Dazu zieht man das Standardpotential des schwächeren Oxidationsmittels vom Standardpotential des stärkeren Oxidationsmittels ab ($E_2^\circ - E_1^\circ = \Delta E^\circ$). Für das Kupfer-Zink-Element (Abb. 7–3) ergibt sich so der Wert 1,1 V (s. Abb. 7–4).

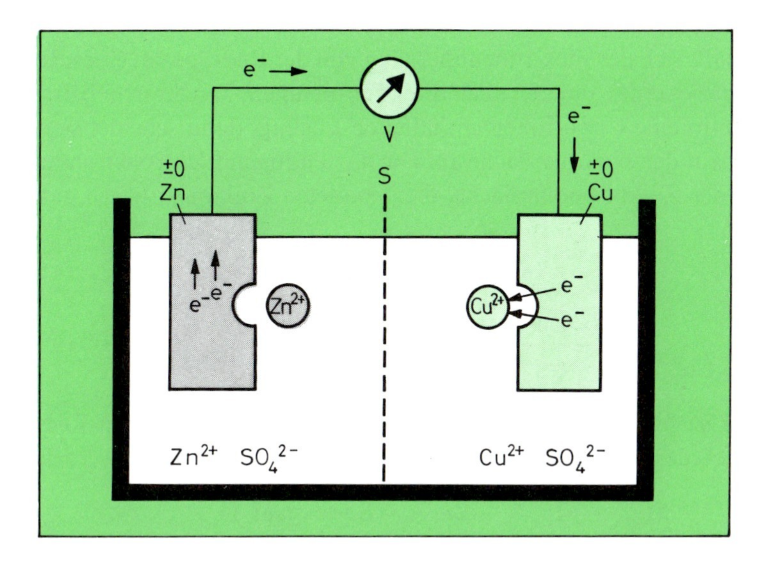

Abb. 7–3 Galvanisches Element aus den beiden Halbelementen Zn/Zn^{2+} und Cu/Cu^{2+}. Die Elektronen fließen im äußeren Stromkreis von der Zinkelektrode zur Kupferelektrode. Metallisches Zink löst sich auf, metallisches Kupfer scheidet sich ab, (S = poröse Wand, Diaphragma; V = Voltmeter).

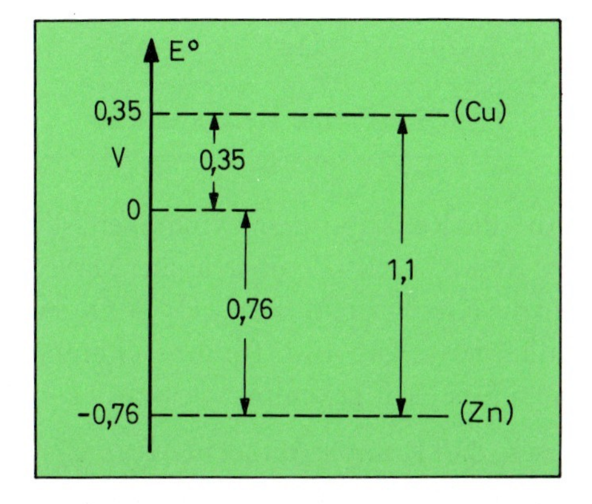

Abb. 7–4 Berechnung der Potentialdifferenz am Beispiel des Cu-Zn-Elements.

Arbeitet man nicht bei Standardkonzentrationen, so ergibt sich ΔE wie folgt:

$$\Delta E = E^\circ(\text{Cu-Halbel.}) - E^\circ(\text{Zn-Halbel.}) + \frac{0{,}059}{2} \lg \frac{c(\text{Cu}^{2+})}{c(\text{Zn}^{2+})}$$

Die Anordnung der Redoxpaare nach zunehmender Oxidationskraft der Ox-Stufe, d. h., nach abnehmender Reduktionskraft der Red-Stufe, heißt **Redoxreihe** oder elektrochemische **Spannungsreihe**. Tab. 7–2 enthält auch die E°-Werte einiger Nichtmetall-Redoxpaare.

Natürlich läßt sich der Elektronenübergang von der Red-Spezies eines Redoxpaares zur Ox-Spezies eines anderen auch direkt vornehmen. Taucht man beispielsweise ein Zinkblech in eine Cu^{2+}-Ionen enthaltende Lösung, dann scheidet sich metallisches Kupfer auf der Zinkoberfläche ab. Die dazu nötigen Elektronen stammen von Zinkatomen der Zinkblechoberfläche, die gebildeten Zinkionen treten dabei in die Lösung über.

$$\begin{array}{rl} \text{Cu}^{2+} + 2\text{e}^- \rightarrow \text{Cu} & \text{(Redoxpaar 1)} \\ \text{Zn} \rightarrow \text{Zn}^{2+} + 2\text{e}^- & \text{(Redoxpaar 2)} \\ \hline \text{Cu}^{2+}\text{Zn} \rightarrow \text{Cu} + \text{Zn}^{2+} & \end{array}$$

Aus Tab. 7–2 ist ferner ersichtlich, daß die oberhalb des Wasserstoff-Redoxpaares stehenden Metalle unter H_2-Entwicklung mit H^+-Ionen reagieren werden, z. B.

$$\begin{array}{rl} \text{Mg} \rightarrow \text{Mg}^{2+} + 2\text{e}^- & \text{(Redoxpaar 1)} \\ 2\text{H}^+ + 2\text{e}^- \rightarrow \text{H}_2 & \text{(Redoxpaar 2)} \\ \hline \text{Mg} + 2\text{H}^+ \rightarrow \text{Mg}^{2+} + \text{H}_2 & \end{array}$$

Die edleren Metalle wie Silber, Gold, Platin und Quecksilber tun dies nicht.

Unedle Metalle		Halbedelmetalle	Edelmetalle
Na Mg Zn Fe	H	Cu Ag Hg	Au Pt
$+H^+$: H_2-Entwicklung		$+H^+$: keine Redoxreaktion	

Einige Redoxreaktionen laufen nicht ab – die Reaktionsgeschwindigkeit ist praktisch gleich null – obwohl dies aufgrund der Redoxpotentiale überrascht. Manche laufen erst nach „Zündung“ ab, man denke an die Knallgasreaktion ($2H_2 + O_2 \rightarrow 2H_2O$). In diesen Fällen ist die Aktivierungsenthalpie (s. Kap. 10.1) für die Hemmung verantwortlich. Solche Reaktionen nennt man kinetisch gehemmt.

Schließlich sei auch darauf hingewiesen, daß Komplexbildner (s. Kap. 27) die Konzentration von Metallionen stark vermindern und auf diesem Wege Redoxpotentiale (E, nicht E°!) beeinflussen können.

7.2.3 pH-Abhängigkeit von Redoxpotentialen

Bei allen Redoxreaktionen, die mit Protolysen verknüpft sind, geht die H^+-Konzentration – wie beim Massenwirkungsgesetz – in die Nernstsche Gleichung ein. E ist hier also pH-abhängig. Für

$$MnO_4^- + 8H^+ + 5e^- \rightleftharpoons Mn^{2+} + 4H_2O \quad \text{gilt daher}$$

$$E = E^\circ + \frac{0{,}059}{5} \cdot \lg \frac{c(MnO_4^-) \cdot c^8(H^+)}{c(Mn^{2+})}.$$

Saure Permanganatlösungen haben also eine beträchtlich höhere Oxidationskraft – $c^8(H^+)$! – als neutrale.

Sind bei einem pH-abhängigem Redoxpaar die Konzentrationen von Ox und Red bekannt, läßt sich der pH-Wert durch eine Messung von E bestimmen (**Redoxelektrode**). Im Labor kann zur Messung des pH-Wertes die **Glaselektrode** (Abb. 7–5) dienen. Sie spricht auch in Abwesenheit von H_2-Gas auf pH-Unterschiede an und besteht aus einem Platindraht in einem Glasrohr, dessen eines Ende eine dünnwandige Glasmembran besitzt und das mit einer Pufferlösung mit bekanntem und konstantem pH-Wert gefüllt ist. An dieser Membran stellt sich beim Eintauchen in eine Lösung ein Potential E ein, dessen Größe vom Unterschied der H^+-Konzentrationen beiderseits der Glasmembran abhängt (pH-sensibles Halbelement). Nach Kombination mit einer Hilfselektrode (2. Halbelement, Bezugshalbzelle), die gleich in die Glaselektrode mit eingebaut ist, läßt die gemessene Spannung einen Rückschluß auf den pH-Wert

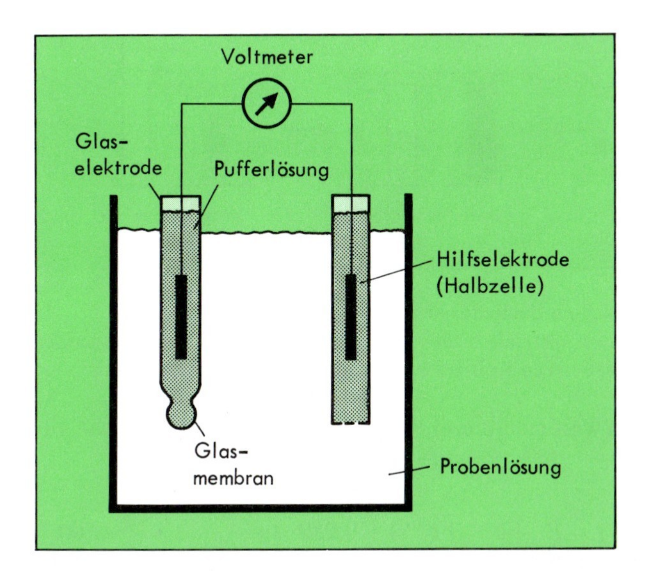

Abb. 7–5 Meßanordnung zur pH-Messung mittels Glaselektrode. Die gemessene Spannung ist dem pH-Wert der Probenlösung proportional.

der Probenlösung zu. Der Wert kann nach Eichung des Geräts mittels geeigneter Pufferproben direkt am Gerät abgelesen werden. Die Glaselektrode verändert sich bei der Potentialmessung nicht, ist also zur laufenden Beobachtung von pH-Änderungen geeignet, bzw. nach kurzem Abspülen mit destilliertem Wasser zur Messung in einer anderen Probe bereit.

7.2.4 Redoxgleichgewichte

Während einer Redoxreaktion – sei sie nun im Reagenzglas oder in einem galvanischen Element (Kette, Zelle) durchgeführt – verändern sich notwendigerweise die Konzentrationen aller beteiligten Teilchen, bis das Gleichgewicht erreicht ist (bzw. bei stark einseitiger Lage des Gleichgewichts die Edukte praktisch verbraucht sind). An diesem Punkt ist

$$E(2) - E(1) = \Delta E = 0, \text{ weil } E(2) = E(1)$$

d. h. jetzt sind die Redoxpotentiale (nicht die Standardpotentiale!) beider Redoxpaare gleich groß geworden.

An der Umsetzung von Fe^{3+} mit I^-, die wegen der dicht beieinanderliegenden E°-Werte „nicht quantitativ" verläuft, läßt sich dies einfach verfolgen.

$$Fe^{3+} + I^- \rightleftharpoons Fe^{2+} + {}^1\!/_2 I_2$$

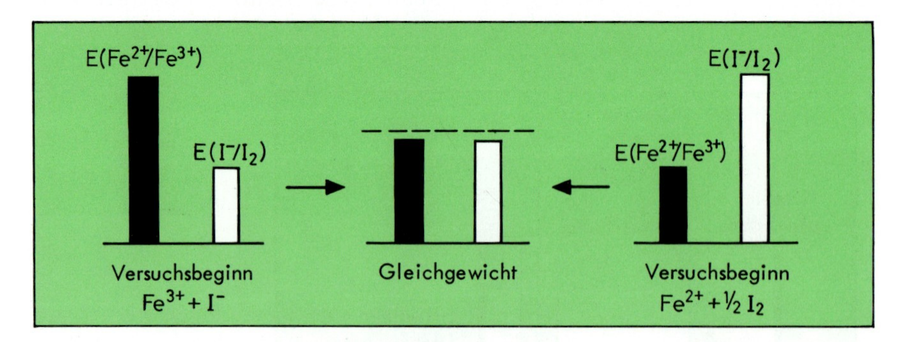

Abb. 7–6 Schema zur Einstellung des Redoxgleichgewichts $Fe^{3+} + I^- \rightleftharpoons Fe^{2+} + {}^1\!/_2 I_2$. Im Gleichgewichtszustand sind die Redoxpotentiale beider Redoxpaare gleich groß – hervorgerufen durch die während der Reaktion eingetretenen Konzentrationsänderungen bei allen vier Komponenten.

Während der Reaktion werden laufend Fe^{3+}- und I^--Ionen verbraucht, Fe^{2+}-Ionen und Iod gebildet: $E(Fe^{2+}/Fe^{3+})$ sinkt und $E(I^-/I_2)$ steigt.

$$E(Fe^{2+}/Fe^{3+}) = E^\circ(Fe^{2+}/Fe^{3+}) + 0{,}059 \cdot \lg \frac{c(Fe^{3+})}{c(Fe^{2+})} \quad \text{sinkt}$$

$$E(I^-/I_2) = E^\circ(I^-/I_2) + 0{,}059 \cdot \lg \frac{c^{1/2}(I_2)}{c(I^-)} \quad \text{steigt}$$

Wenn beide Potentiale gleich groß geworden sind, also wenn

$$E(Fe^{2+}/Fe^{3+}) - E(I^-/I_2) = 0$$

ist, kommt die Reaktion zum Stillstand. Dieser Gleichgewichtspunkt kann auch durch Umsetzung von Fe^{2+} mit I_2 erreicht werden (vgl. dazu Abb. 7–6).

7.3 Biochemische Aspekte

Die Potentialangaben *E* und *E'*. In der Biochemie werden Redoxpotentiale häufig nicht auf die Standardwasserstoffelektrode mit dem pH = 0 ($c(H^+) = 1$ mol/l) bezogen, sondern auf die Bedingung pH = 7. Man macht dies mit einem Strich rechts oben am Symbol kenntlich. Die Nernstsche Gleichung bekommt dann die Form

$$E' = E^{\circ\prime} + \frac{0{,}059}{z} \lg \frac{c(\text{Elektronenakzeptor})}{c(\text{Elektronendonator})}.$$

Für biologische Redoxvorgänge mit Übertragung von zwei Elektronen zwischen Red und Ox ergibt sich dann

$E' = E^{\circ\prime} + 0{,}03 \lg \frac{c(\text{Ox})}{c(\text{Red})}$	pH = 7 Temperatur = 25 °C Transfer von 2 Elektronen

Für das Gleichgewicht

$$2H^+ + 2e^- \rightleftharpoons H_2$$

errechnet sich für biologische Flüssigkeiten mit dem pH = 7:

$$E^{\circ\prime} = -0{,}42\ \text{V}$$

Biooxidation. Der größte Teil der zum Leben notwendigen Energie entstammt der chemischen Energie der Nahrungsmittel, also organischen Verbindungen. Ihre Kohlenstoff- und Wasserstoffatome tauchen am Ende einer komplizierten Kette von Redoxpaaren als Kohlendioxid und Wasser auf.

$$\text{C (organisch gebunden)} \rightarrow CO_2$$
$$\text{H (organisch gebunden)} \rightarrow H_2O$$

Oxidationsmittel ist in beiden Fällen letztlich der in der Atemluft enthaltene elementare Sauerstoff. Für diese Vorgänge sind die Bezeichnungen „langsame Verbrennung“ oder „biologische Oxidation“ oder kurz „Biooxidation“ gebräuchlich. Redoxprozesse an organischen Verbindungen werden in späteren Kapiteln genauer besprochen.

Die Übertragung von Elektronen vom jeweiligen Substrat – auch als Übertragung von Redoxäquivalenten bezeichnet – auf den elementaren Sauerstoff

$$\frac{1}{2}O_2 + 2e^- + 2H^+ \rightarrow H_2O$$

erfolgt nicht in einem Schritt, sondern über eine Kaskade von Redoxpartnern mit abgestuften Redoxpotentialen. Die gestufte Übergabe der Elektronen hat folgende Konsequenzen:

- Der Organismus hat so mehrere Feinregulierungsmöglichkeiten.
- Der bei der Wasserbildung insgesamt freiwerdende, relativ große Energiebetrag wird in kleine Portionen geteilt.
- Am Redoxpotential einer Zwischenstufe der Kaskade ist zu erkennen, an welcher Stelle sie ihre Funktion ausübt.

Ein Teil der in der Atmungskette freiwerdenden Energie wird zur Bildung energiereicher Verbindungen mit dem Strukturfragment

```
·—P—O—P—·
  ||    ||
  O     O
```

benutzt (**A**denosin**di**phosphat → **A**denosin**tri**phosphat, kurz ADP → ATP). Dieser Vorgang heißt **oxidative Phosphorylierung**.

Biocide Wirkung. Viele Oxidationsmittel zerstören die Membranen der lebenden Zelle und wirken infolgedessen biocid. Zur Desinfektion haben Oxidantien heute nur noch wenig Bedeutung. Gewisse Vorzüge hat das Wasserstoffperoxid, das u. a. durch den freigesetzten atomaren Sauerstoff wirkt. Es ist besonders umweltfreundlich, weil es neben dem Sauerstoff nur Wasser liefert.

Membranpotential. Fast alle Zellen weisen eine Potentialdifferenz über die Zellmembran hinweg auf, und zwar verhält sich das Zellinnere negativ gegenüber der extrazellulären Flüssigkeit. Dieses sogenannte Ruhe-Membranpotential wird übereinkunftsgemäß mit einem negativen Vorzeichen geschrieben und hat je nach Zellart Werte zwischen −0,01 V und −0,1 V. Ursache für dieses Phänomen ist u. a. die Tatsache, daß die Zellmembran gegenüber verschiedenen Ionen unterschiedlich permeabel (durchlässig) ist.

Das Membranpotential läßt sich in vielen Fällen mit der Nernstschen Gleichung beschreiben. Für die Froschmuskelzelle fand man beispielsweise einen Wert von −0,087 V, der sich auch aus folgender Berechnung ergibt:

$$E = -0{,}087\ \mathrm{V} = \frac{0{,}059}{-1} \lg \frac{c(\mathrm{Cl}^-)\mathrm{innen}}{c(\mathrm{Cl}^-)\mathrm{außen}}$$

8 Gleichgewichte in Mehrphasensystemen

Bei homogenen Mischungen liegen die Mischungs-Komponenten in Form *einer* Phase vor – z. B. Wasser/Ethanol. Existieren zwei (oder mehr) homogene Phasen nebeneinander, z. B. Wasser/Öl, so nennt man das ein **Mehrphasensystem (heterogene Verteilung)**.

Einstoff-Zweiphasensysteme wurden schon in Kapitel 3 besprochen, ebenso die Zweistoff-Zweiphasensysteme Lösung/Eis und Lösung/Wasserdampf. Im folgenden werden weitere Mehrstoff-Mehrphasensysteme und die darin auftretenden Gleichgewichte behandelt. Dazu ist die Kenntnis des Begriffs „Diffusion" nötig. Unter **Diffusion*** versteht man die ohne Einwirkung äußerer Kräfte allmählich eintretende Vermischung verschiedener Stoffe aufgrund der Wärmebewegung der Teilchen.

Beispiel:

Ein Zuckerkristall löst sich im Wasser allmählich völlig auf, es entsteht eine homogene Lösung.

Die Anreicherung von Stoffen gegen ein Konzentrationsgefälle heißt **aktiver Transport**. Dafür wird Energie benötigt.

Die in Mehrphasensystemen auftretenden Gleichgewichte werden häufig als **heterogene Gleichgewichte** bezeichnet, obwohl der Begriff „heterogen" nur für das System sinnvoll ist.

8.1 Gleichgewichte unter Beteiligung einer festen Phase

8.1.1 Adsorption** an Oberflächen

Gase, Flüssigkeiten oder feinverteilte, feste Partikel werden an der Oberfläche eines Festkörpers – eines **Adsorbens** – mehr oder weniger stark festgehalten (adsorbiert). Bekannte Adsorbentien sind Aktivkohle und Kieselgur.

---

* diffundere (lat.) = ausbreiten, sich zerstreuen.

** Zu unterscheiden von der A**b**sorption im Innern eines A**b**sorbens.

Die Aufnahmefähigkeit eines Adsorbens steigt u.a. mit

- der Größe seiner Oberfläche bzw. seinem Zerteilungsgrad – poröse Stoffe und feine Pulver sind daher besonders geeignet;
- steigendem Gasdruck bzw. steigender Konzentration der zu adsorbierenden Teilchen in der Umgebung des Adsorbens. Sie strebt jedoch schließlich einem Maximalwert zu (Sättigung, s. Abb. 8–1);
- sinkender Temperatur.

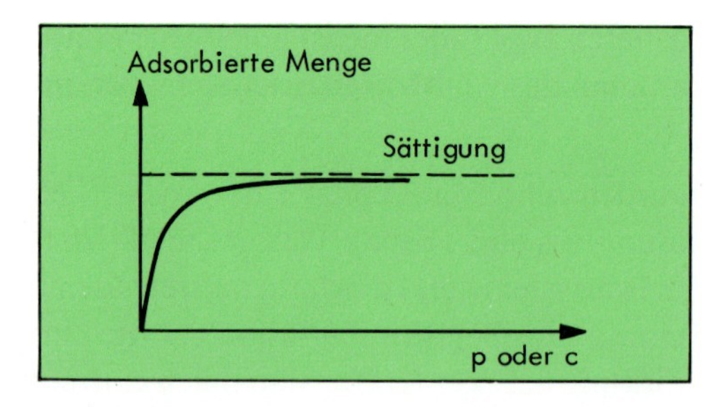

Abb. 8–1 Die von einem Adsorbens gebundene Menge Adsorbat steigt mit dessen Partialdruck oder Konzentration. Bei einem bestimmten Wert tritt jedoch Sättigung ein.

Ist die Zahl der pro Zeiteinheit vom Adsorbens wegwandernden Teilchen gleich der Zahl heranwandernder Teilchen geworden, so herrscht Gleichgewicht.

Wird ein Gemisch der Stoffe A und B mit einem Adsorbens in Kontakt gebracht und wird A schlechter adsorbiert, so wird sich Stoff B an der Oberfläche des Adsorbens anreichern. Mit hinreichenden Mengen Adsorbens läßt sich also B praktisch vollständig aus dem Gemisch entfernen (Gasmaske; *selektive Adsorption* mancher Komponenten aus biologischem Material).

8.1.2 Löslichkeit und Löslichkeitsprodukt

Viele Stoffe sind in Flüssigkeiten löslich. Eine Lösung, die trotz Kontakts mit noch Ungelöstem (Bodenkörper) nichts mehr aufnimmt, nennt man *gesättigt*. Zwischen beiden Phasen herrscht dann Gleichgewicht, d.h., Auflösungs- und Abscheidungsgeschwindigkeit sind gleich geworden (Tab. 8–1).

Bei mäßig oder schwer löslichen Elektrolyten kann die Löslichkeit auch durch das **Löslichkeitsprodukt** L angegeben werden. Darunter versteht man das Produkt der Ionenkonzentrationen der gesättigten Lösung bei 25 °C.

Tab. 8–1 Löslichkeit von anorganischen Feststoffen in Wasser bei 20 °C

Feststoff	Löslichkeit in g/kg Lösung	
$AgNO_3$	683	
$NaCl$	264	
KCl	255	gut löslich
Na_2SO_4	161	
$CaSO_4$	$1{,}4 \cdot 10^{-2}$	
$BaSO_4$	$2{,}3 \cdot 10^{-3}$	schwer löslich
$AgCl$	$1{,}4 \cdot 10^{-3}$	

Beispiel:

$L(\text{AgCl}) = c(\text{Ag}^+) \cdot c(\text{Cl}^-) = 10^{-10}\,\text{mol}^2/\text{l}^2$ (Löslichkeitsprodukt von Silberchlorid). Die Löslichkeit von AgCl beträgt also $10^{-5}\,\text{mol/l} = (108 + 35{,}5) \cdot 10^{-5}\,\text{g/l} = 1{,}4\,\text{mg AgCl/l} = 1{,}4 \cdot 10^{-3}\,\text{g/kg}$ Lösung (relative Atommassen siehe Tab. 5–5).

Mit steigender Temperatur steigt im allgemeinen die Löslichkeit (s. Abb. 8–2). Beim Abkühlen heißer gesättigter Lösungen scheidet sich ein Teil des gelösten Feststoffs in Form von Kristallen wieder aus (Umkristallisation). Die abgeschiedene feste Phase ist meist reiner als das ursprünglich aufgelöste Kristallisat (Reinigung durch *Umkristallisieren*).

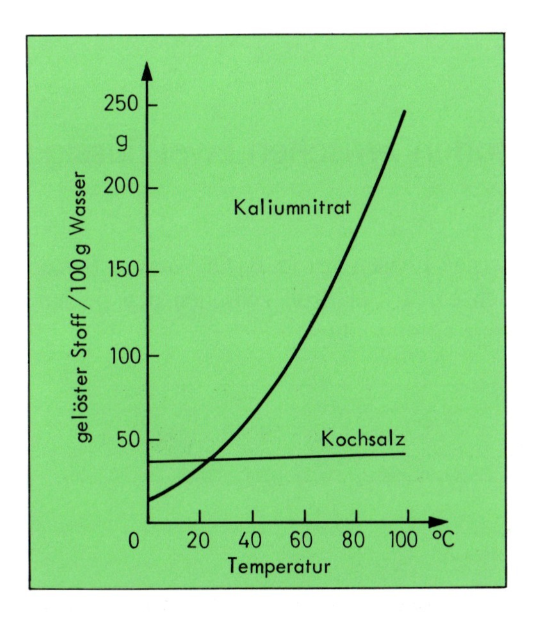

Abb. 8–2 Löslichkeit von Kaliumnitrat und Natriumchlorid in Abhängigkeit von der Temperatur.

8.2 Gleichgewichte unter Beteiligung einer flüssigen Phase

Die Phasenkombination flüssig/fest wurde im vorstehenden Kapitel abgehandelt. Auch Gleichgewichte zwischen einer Flüssigkeit und ihrer Gasphase wurden schon besprochen (s. Kap. 3.4.4). Von großer Wichtigkeit sind noch Gleichgewichte zwischen Flüssigkeit und Fremdgas-Phase (Henry-Daltonsches Gesetz) sowie Verteilungen einer Flüssigkeit oder eines Feststoffs zwischen zwei flüssigen Phasen (Nernstsches Verteilungsgesetz).

Löslichkeit von (Fremd)Gasen in Flüssigkeiten. Die Löslichkeit eines Gases in einer Flüssigkeit steigt mit seinem (Partial)Druck in der angrenzenden Gasphase. Anders formuliert: Je höher der Partialdruck eines Gases ist, umso mehr löst sich davon in der angrenzenden Flüssigkeit.

$\frac{p}{c} = K$	Henry-Daltonsches Gesetz

p = Partialdruck des Gases
c = Konzentration des Gases in der Flüssigkeit
K = Konstante (abhängig von der Art des Gases und der Flüsigkeit sowie von der Temperatur)

Mit steigender Temperatur sinkt die Löslichkeit von Gasen in Flüssigkeiten. Daher läßt sich z. B. Wasser durch Kochen weitgehend von gelösten Gasen befreien.

8.3 Verteilung von Stoffen zwischen zwei flüssigen Phasen

Liegen in einem System zwei flüssige Phasen vor (z. B. Öl/Wasser, Benzin/Wasser, Chloroform/Wasser), so wird sich ein dritter Stoff zwischen den beiden flüssigen Phasen verteilen. Das dafür gültige Gesetz lautet:

$\frac{c_A(\text{in Phase 1})}{c_A(\text{in Phase 2})} = K$	Nernstsches Verteilungsgesetz

K = Verteilungskoeffizient
c_A = Konzentration des Stoffes A

Bringt man z. B. eine Lösung eines Stoffes A in Wasser (Phase 1) mit Chloroform (Phase 2) in Kontakt, so wird A solange vom Wasser in das Chloroform übergehen,

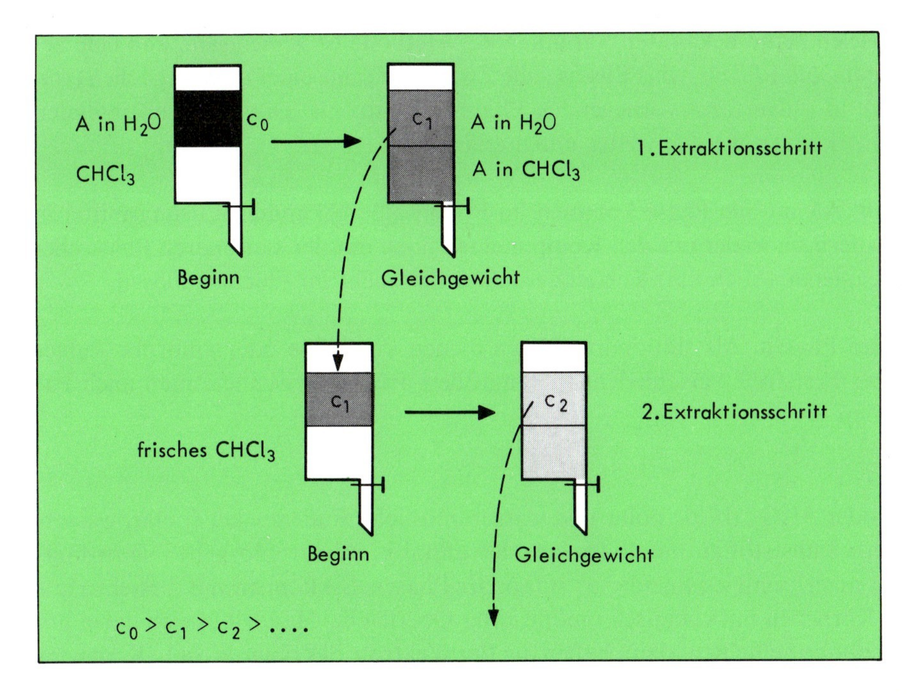

Abb. 8–3 Schema zur Mehrfach-Extraktion. Der Stoff A, in Wasser gelöst (Konzentration ist c_0), geht zu einem Teil in die $CHCl_3$-Phase. Die Konzentration von A in Wasser geht dabei von c_0 auf einen kleineren Wert c_1 zurück. Erneutes Extrahieren der so entstandenen Phase (mit $c(A) = c_1$) mit frischem $CHCl_3$ senkt c(A in H_2O) auf den Wert c_2 usw.

bis Gleichgewicht herrscht, d. h. bis der Quotient aus den beiden Konzentrationen c_A (in Wasser): c_A (in Chloroform) den Wert K erreicht hat. Auf diese Weise läßt sich A aus der wäßrigen Lösung *extrahieren* (Abb. 8–3).

Liegen zwei Stoffe (A u. B) in Wasser gelöst vor, so läßt sich bei unterschiedlicher Größe der K-Werte einer der beiden bevorzugt extrahieren. (Trennung der beiden Stoffe A und B bei mehrfacher Wiederholung der Verteilung mit jeweils frischem Extraktionsmittel).

8.4 Chromatographie

8.4.1 Der chromatographische Prozeß

Gleichgewichte zwischen verschiedenen Phasen spielen auch eine Rolle bei der **Chromatographie**, einer Methode zur analytischen und präparativen Trennung von Substanzgemischen. Zur weiteren Erörterung wird ein Gemisch aus zwei Komponenten A und B angenommen.

Den vielen heute bekannten Varianten der Methode ist gemeinsam, daß eine bewegliche (*mobile*) *Phase* – das **Eluens** – die Zwischenräume einer unbeweglichen (*stationären*), in Pulverform vorliegenden Phase durchströmt. Die dabei auftretenden Wechselwirkungen werden weiter unten erläutert.

Eluentien. Als mobile Phase kommen im Prinzip alle bekannten Lösungsmittel in Frage, sofern sie weder mit den Komponenten noch mit der stationären Phase chemisch reagieren. Auch darf sich letztere natürlich nicht im Eluens auflösen.

Stationäre Phasen. Als stationäre Phasen dienen kristalline oder amorphe Pulver geeigneter Feststoffe verschiedener Korngrößen, früher verwendete man auch Papierstreifen.

Beispiele:

SiO_2 oder Al_2O_3 (beide polar und wasserunlöslich), Puderzucker (polar, wasserlöslich), Kunststoffgranulate (polar oder unpolar, wasserunlöslich). Neuerdings gibt es auch „maßgeschneiderte" stationäre Phasen. Sie können z. B. bestehen aus SiO_2-Körnchen mit chemisch modifizierter Oberfläche. Handelt es sich dabei um hydrophobe Schichten, dann haben die Partikel trotz des polaren SiO_2-Kerns unpolare Eigenschaften (*reversed phase chromatography*).

Das Chromatogramm. Bei der praktischen Durchführung wird die Probe, das Gemisch aus A und B, in konzentrierter Lösung auf die Startzone der stationären Phase gebracht und der Fluß des Elutionsmittels in Gang gesetzt. Bei einigen Varianten (s. unten) wird das Komponentengemisch in das fließende Eluens eingeschleust (Probeneinlaß).

Die im Eluens gelösten Komponenten A und B werden im günstigen Fall unterschiedliche oder verschieden starke Wechselwirkungen mit der Oberfläche der stationären Phase zeigen: unterschiedliche Adsorption (**Adsorptionschromatographie**) oder unterschiedliche Verteilungskoeffizienten (**Verteilungschromatographie**). Meist sind beide Effekte im Spiel.

$$\frac{c_{\mathrm{A}}(\text{stationäre Phase})}{c_{\mathrm{A}}(\text{mobile Phase})} = K_{\mathrm{A}} \neq K_{\mathrm{B}} = \frac{c_{\mathrm{B}}(\text{stationäre Phase})}{c_{\mathrm{B}}(\text{mobile Phase})}$$

Die Folge sind unterschiedliche Wanderungsgeschwindigkeiten der Gemischkomponenten. Sie verlassen, in Eluens gelöst, die Apparatur nacheinander und werden einem **Detektor** (z. B. einem Spektralphotometer) zugeleitet, sofern sie nicht aufgrund von Farbigkeit mit bloßem Auge erkennbar sind. Die Signale werden in Form von Glockenkurven (Abb. 8–4) auf einem Schreiber registriert. Die Signale nennt man **Peaks**, ihre Gesamtheit **Chromatogramm**.

Die **Peakfläche** ist jeweils der Menge der registrierten Komponente proportional. Gleich große Peakflächen zeigen allerdings nur dann gleiche Mengen an A und B an, wenn der Detektor für beide gleich sensibel ist. Bei Verwendung von Spektralphotometern zur Detektion sind für Berechnungen die meist unterschiedlichen Extinktionskoeffizienten (Kap. 4.4) zu berücksichtigen.

Als **Retentionszeit** einer Komponente wird der Zeitraum zwischen Probeneinlaß und Auftreten des Peakmaximums bezeichnet (Abb. 8–4). Sie ist bei gleichen chromatographischen Bedingungen (Art der mobilen Phase, Art der stationären Phase und ihre Korngröße, Fließgeschwindigkeit des Eluens, Temperatur) stets gleich groß. Stehen Referenzproben zur Verfügung, dann sind die Retentionszeiten zur Identifizierung von Substanzen geeignet. Chromatographiert man farbige Substanzen, dann ist ein Detektor entbehrlich.

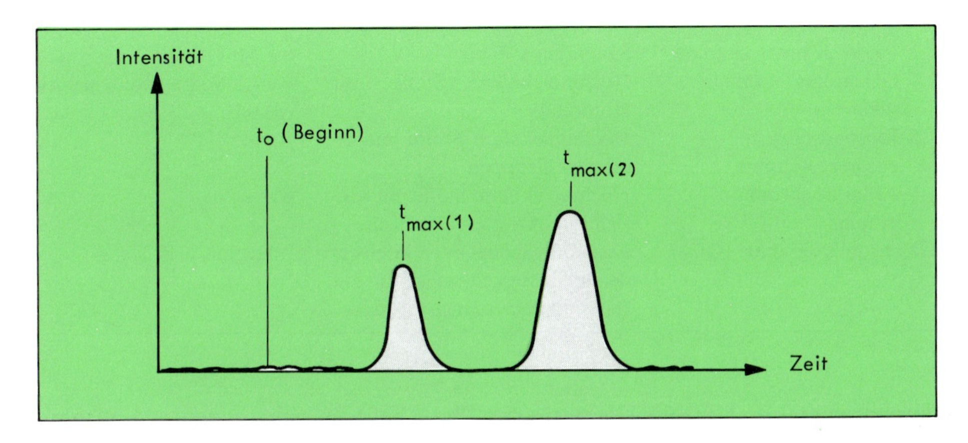

Abb. 8–4 Chromatogramm eines Gemisches aus zwei Komponenten, t_0 bezeichnet den Zeitpunkt, an dem das Gemisch in den Fluß der mobilen Phase eingeschleust wurde. Die Differenz $t_{max} - t_0$ ist die Retentionszeit („Rückhaltezeit“, Verweilzeit in der Apparatur) der jeweiligen Komponente.

Die Wanderungsgeschwindigkeit läßt sich auch durch den $\boldsymbol{R_F}$**-Wert** ausdrücken. Das ist der Quotient aus der Substanzwanderungsstrecke und der Eluenswanderungsstrecke (Abb. 8–7). R_F-Werte sind unabhängig davon, wie weit die Lösungsmittelfront vom Startpunkt entfernt ist.

$$R_F = \frac{\text{Substanzwanderungsstrecke}}{\text{Lösungsmittelwanderungsstrecke}}$$

$$0 \leq R_F \leq 1$$

Die R_F-Werte liegen also zwischen null und eins und sind für schneller wandernde Komponenten größer als für langsamer wandernde.

8.4.2 Chromatographische Methoden

Heute gibt es viele Varianten chromatographischer Verfahren. Tab. 8–2 zeigt eine Übersicht.

Tab. 8–2 Varianten chromatographischer Verfahren

	Stationäre Phase	Mobile Phase
1. Flüssigkeitschromatographie		
1.1 Säulenchromatographie (SC)	Feststoffteilchen, z. B. SiO_2, Al_2O_3, Cellulose	Lösungsmittel z. B. Butanol, Essigsäure, Wasser oder Mischungen aus ihnen
1.2 Dünnschichtchromatographie (DC)	wie bei 1.1, in dünner Schicht	wie bei 1.1
1.3 Papierchromatographie	Saugfähiges Papier	wie bei 1.1
1.4 Gelchromatographie (Gelfiltration)	Hochmolekulare Stoffe mit Hohlräumen	wie 1.1, vorzugsweise jedoch Wasser
1.5 Ionenaustauschchromatographie	Hochmolekulare Stoffe mit ionischen Gruppen	Wasser
1.6 Affinitätschromatographie	Hochmolekulare Stoffe mit speziell modifizierter Oberfläche	Wasser
2. Gaschromatographie (GC)	Feststoffteilchen oder hochsiedende Flüssigkeiten als Film auf festen Partikeln, meist geheizt	Trägergas, z. B. He, Ar

Säulenchromatographie (SC). Die stationäre Phase befindet sich in einem senkrechten Glasrohr, das Eluens wird von oben eingeführt (Abb. 8–5) und strömt infolge der Schwerkraftwirkung langsam nach unten. Die in Abb. 8–5 erläuterte Technik erlaubt bei Korngrößen der stationären Phase von ca. 200 µm und entsprechenden Abmessungen der Säule (bis zu mehreren Metern Länge) die Trennung von Massen bis zu mehreren Gramm pro Charge, doch benötigt man dazu in manchen Fällen mehrere Stunden. Je geringer die Korngröße, desto schneller kann man den Trennprozeß ablaufen lassen und desto kürzer kann man die Säule wählen. Die Verwendung von Korngrößen um 5 µm in 0,1–0,5 m langen Edelstahlsäulen ist heute auch üblich, allerdings muß man dann das Eluens unter Druck (ca. 300 bar) durch die Säule pressen **(HPLC = Hochdruckflüssigkeitschromatographie, high pressure liquid chromatography, high performance liquid chromatography)**. Unter diesen Bedingungen dauert ein Durchgang nur noch Minuten. Durch diesen Vorzug hat die HPLC auch in der Analytik Eingang gefunden.

Dünnschichtchromatographie (DC). Überwiegend analytisch angewendet wird die Dünnschichtchromatographie (DC), bei der die stationäre Phase als dünne Schicht vorliegt (Abb. 8–6). Die Vorzüge dieser Technik: geringer Substanzbedarf (weniger als 1 µg), rasche Durchführbarkeit (Minuten), simple Geräte, geringe Kosten.

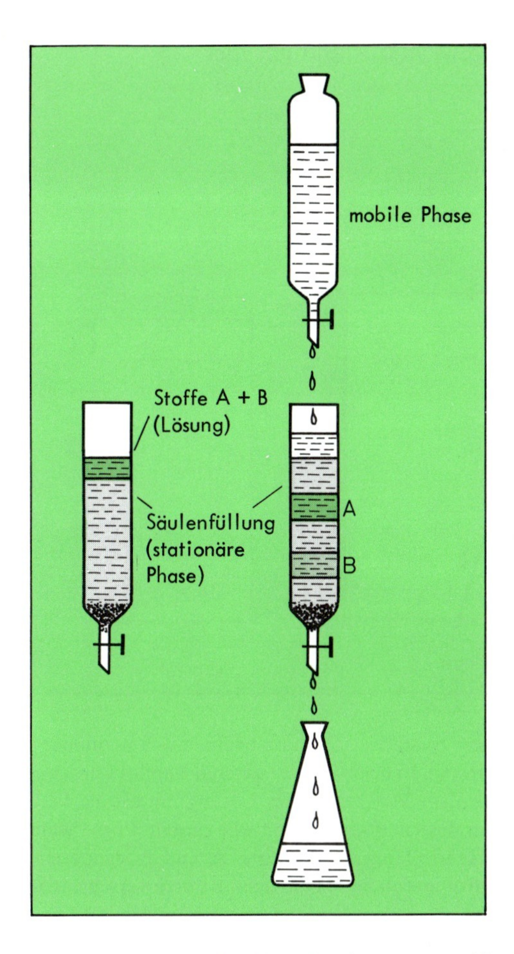

Abb. 8–5 Gemischtrennung durch Säulenchromatographie. Das Gemisch (A + B) wird in möglichst konzentrierter Lösung auf den oberen Teil der stationären Phase gebracht. Nach Öffnen des Hahns und Zufuhr von frischem Lösungsmittel strömt die mobile Phase langsam durch die locker in der Säule liegende stationäre Phase. A und B wandern unterschiedlich schnell mit. B verläßt (in Lösung) die Säule zuerst.

Gelchromatographie. Dieses Verfahren trägt noch viele andere Bezeichnungen, z. B. **Gelfiltration, Gelpermeations-, Ausschluß- und Hohlraumdiffusionschromatographie**. Die stationäre Phase besteht aus einem gequollenen Gel (z. B. Dextran), in dessen Hohlräume jene Moleküle hineindiffundieren, die klein genug sind. Die größeren Moleküle wandern an den Gelpartikeln vorbei und verlassen die Säule zuerst (Abb. 8–8).

Ionenaustauschchromatographie. Ionenaustauscher sind Feststoffe, die aus einer Lösung Ionen (A) binden und dafür eine äquivalente Menge anderer Ionen (B) an die

Lösung abgeben. Für den Gleichgewichtszustand gilt hier

$$K = \frac{c_A(\text{am Austauscher})}{c_A(\text{in der Lösung})}.$$

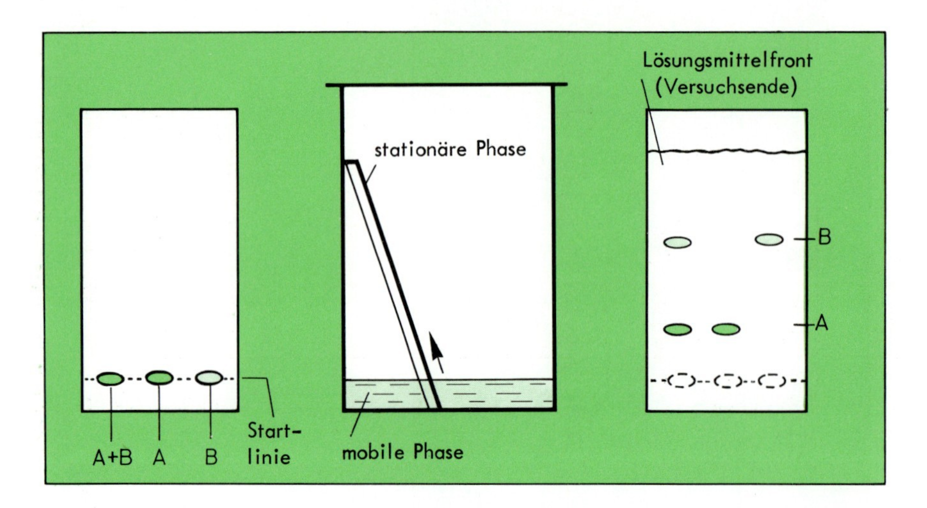

Abb. 8–6 Dünnschichtchromatographie. Die stationäre Phase befindet sich in dünner Schicht auf einer Trägerplatte (Glas oder Aluminiumfolie). In der Nähe des unteren Randes werden einige Tropfen Probenlösung aufgebracht und nach dem Verdunsten des Lösungsmittels die Platte in einen verschließbaren Behälter gestellt. Die an dessen Boden befindliche mobile Phase wandert in der lockeren Schicht aufgrund der Kapillarkräfte langsam aufwärts, A und B wandern verschieden schnell vom Startpunkt weg. Farblose Substanzen können am Schluß durch verschiedene Verfahren sichtbar gemacht werden.

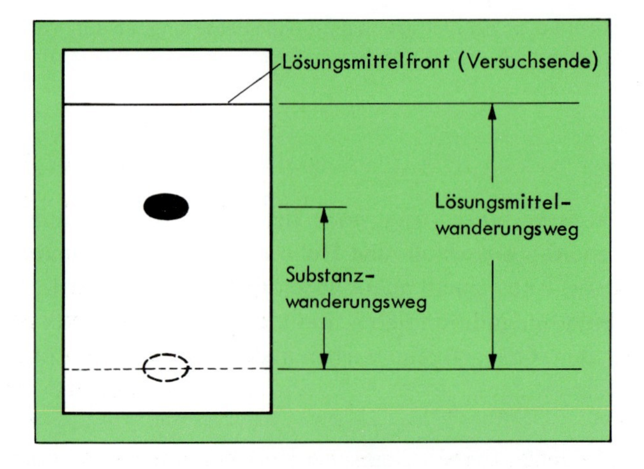

Abb. 8–7 Illustration der R_F-Wert-Berechnung.

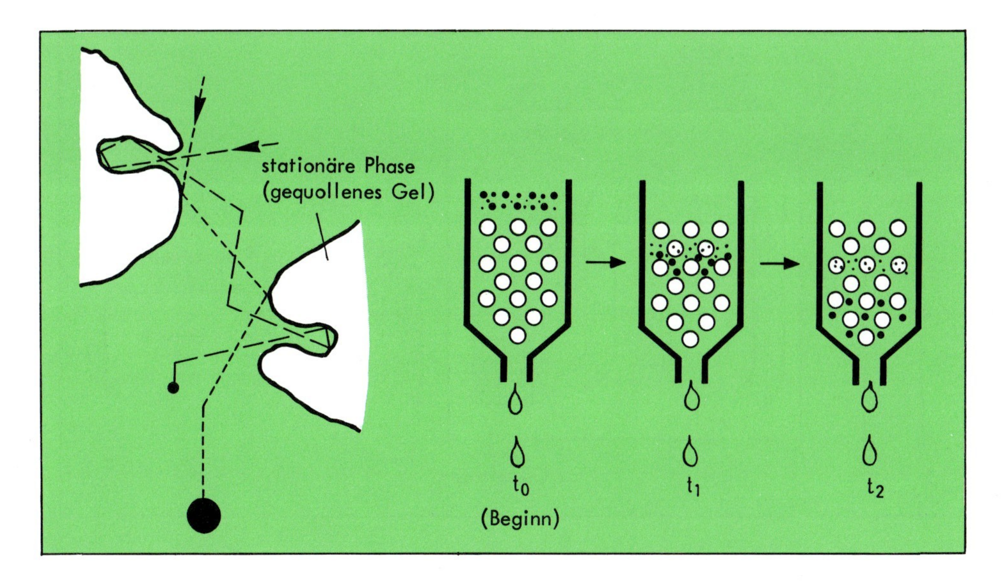

Abb. 8–8 Gelchromatographie. Kleine Partikel (des Gelösten) halten sich zeitweilig in den Hohlräumen der stationären Phase (gequollenes Gel) auf. Sie kommen deshalb mit der strömenden mobilen Phase nur langsamer voran. Eine Trennung von Gemischen nach Molekülgröße gelingt auf diese Weise.

Affinitätschromatographie. Wenn man auf der Oberfläche einer stationären Phase einen Stoff A verankert (durch kovalente Bindung an der Oberfläche der Partikel), der eine besonders ausgeprägte Affinität gegenüber B hat, nicht aber gegenüber den Begleitstoffen C, D, ..., dann wird B fester gebunden und es lassen sich besonders effektvolle Trennungen durchführen. Die Wechselwirkung eines Gemisches aus B, C und D mit der chemisch modifizierten stationären Phase läßt sich wie folgt beschreiben:

$$\begin{array}{c}(\text{Stationäre Phase-A}) + \text{B} + \text{C} + \text{D} \\ \downarrow \\ (\text{Stationäre Phase-A} \ldots \text{B}) + \text{C} + \text{D}\end{array}$$

Die Begleitstoffe C und D werden nun aus der Säule herausgewaschen, anschließend wird mit geändertem Eluens B von der stationären Phase wieder abgelöst. So lassen sich manchmal selbst kleine Mengen bestimmter Stoffe aus komplexen Gemischen selektiv abtrennen.

Gaschromatographie (GC). Dieses Trennverfahren (Abb. 8–9) arbeitet in der Gasphase, ist also nur für Substanzen geeignet, die sich unzersetzt verdampfen lassen. Als Eluens strömt ein inertes Gas (z. B. Helium) durch die Apparatur. Dieses sogenannte **Trägergas** ist mit dem Dampf(gemisch) der Probe beladen. Die Säule wird in einem Ofen beheizt. Die einzelnen Gemischkomponenten passieren nacheinander mit dem Trägergas Detektor und Ausgang und können nach Abkühlung (→ Kondensation) rein gewonnen werden. In der Analytik findet die GC breite Anwendung.

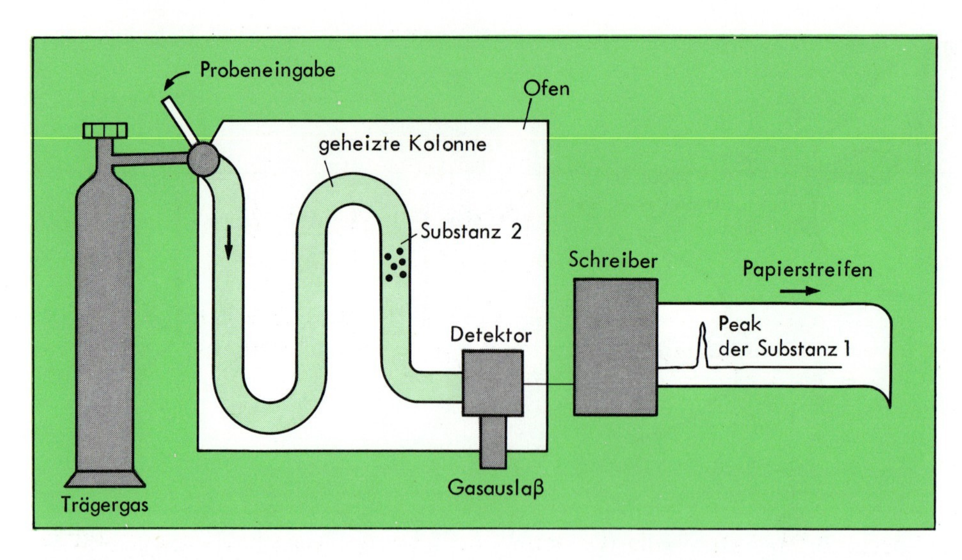

Abb. 8–9 Funktionsschema eines Gaschromatographen. Im Bild hat die (schnellwandernde) Substanz 1 den Gaschromatographen bereits verlassen.

8.5 Gleichgewichte bei Mitwirkung von Membranen

Sind Lösungen verschiedener Konzentrationen durch semipermeable Membranen getrennt, so treten besondere Effekte auf.

8.5.1 Dialyse

Zuerst sei der Fall betrachtet, daß eine wäßrige Lösung von Eiweiß (große Teilchen) und Kaliumchlorid (kleine Teilchen K^+ und Cl^-) durch eine Membran von reinem Wasser getrennt ist. Die Membran sei undurchlässig nur für Eiweißmoleküle. In diesem Fall diffundieren K^+- und Cl^--Ionen in das reine Lösungsmittel (H_2O).

Diesen Vorgang macht man sich bei der **Dialyse** zunutze. Darunter versteht man die Abtrennung von niedermolekularen Teilchen aus Kolloide oder Makromoleküle enthaltenden Lösungen durch Diffusion an semipermeablen Membranen, die die großen Teilchen zurückhalten. Die Dialyseflüssigkeit – meist Wasser – wird dabei laufend erneuert (Abb. 8–10).

8.5.2 Osmose

Sind Lösung und reines Lösungsmittel durch eine Membran getrennt, deren Poren nur für das Lösungsmittel durchlässig sind, dann wandert letzteres durch die Membran und zwar in Richtung Lösung (**Osmose**). Es herrscht also die Tendenz zur Konzentrationsverringerung auf der Seite der Lösung.

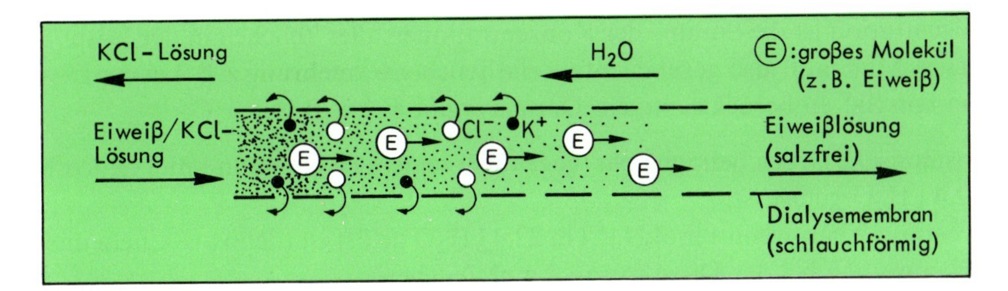

Abb. 8–10 Entsalzung von Eiweißlösungen durch Dialyse. Die Lösung fließt im Bild innerhalb des Dialysierschlauches (Membran) von links nach rechts. Kationen und Anionen wandern durch die Membran in das außen in Gegenrichtung strömende Wasser.
(● = K^+, ○ = Cl^-, Ⓔ = Eiweißpartikel)

Der osmotische Druck ist die Kraft pro Fläche, mit der das reine Lösungsmittel in die Lösung drängt. Durch die Wanderung des Lösungsmittels in Richtung Lösung entsteht im Versuch der Abb. 8–11 ein Niveauunterschied zwischen beiden Kammern. Wenn der dadurch entstehende hydrostatische Druck ebenso groß geworden ist wie der osmotische, herrscht Gleichgewicht. Je höher die *Teilchenzahl* in der Lösung und je höher die Temperatur, desto höher ist der osmotische Druck. Für den Zusammenhang dieser Größen gilt eine Gleichung, die der Gasgleichung ähnelt.

$$p_{\text{osm}} = c \cdot R \cdot T$$

p_{osm} = osmotischer Druck
c = Stoffmengenkonzentration (mol/l)
R = Gaskonstante
T = thermodynamische Temperatur

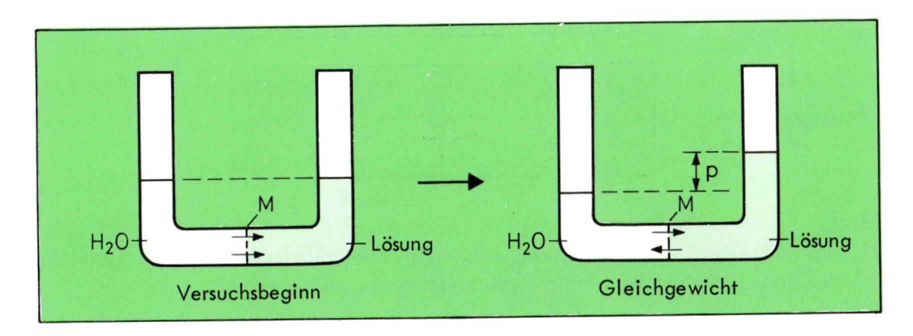

Abb. 8–11 Osmose. Das Wasser wandert durch die Membran in die Kammer mit der Lösung. Für das Gelöste (Salz, Eiweiß usw.) ist die Membran undurchlässig. Nach Erreichen eines gewissen hydrostatischen Drucks p, der dem osmotischen Druck (p_{osm}) entspricht, herrscht Gleichgewicht: Das Wasser wandert jetzt in beiden Richtungen gleich schnell.

Als Konzentration ist die Summe der Konzentrationen aller Teilchen in der Lösung einzusetzen. Man muß also gegebenenfalls die Teilchenvermehrung z. B. bei der Dissoziation von Salzen berücksichtigen. Daraus ergibt sich z. B. für 0 °C:

- der osmotische Druck beträgt 1 bar (gegenüber reinem H_2O), wenn 1 mol Glucose in 22,4 l H_2O gelöst ist;
- p_{osm} beträgt 2 bar, wenn 1 mol NaCl in 22,4 l H_2O gelöst ist (denn aus einem mol NaCl entstehen bei der Dissoziation 2 mol Teilchen).

Zur Kennzeichnung der osmotischen Verhältnisse dienen folgende Größen:

1 osmol:	Die Masse von $6{,}023 \cdot 10^{23}$ osmotisch wirksamen Teilchen
1 osmol/l:	Die Lösung hat die **Osmolarität** 1
1 osmol/kg H_2O:	Die Lösung hat die **Osmolalität** 1

8.5.3 Donnan-Gleichgewicht und Membranpotential

Sind zwei Räume durch eine Membran getrennt, so verteilen sich die Ionen eines Elektrolyten gleichmäßig auf beide Räume – vorausgesetzt, die Diffusion ist unbehindert. Im Gleichgewicht ist (Abb. 8–12)

$$c_{\mathrm{I}}(\mathrm{K}^+) = c_{\mathrm{II}}(\mathrm{K}^+) \quad \text{und} \quad c_{\mathrm{I}}(\mathrm{Cl}^-) = c_{\mathrm{II}}(\mathrm{Cl}^-)$$

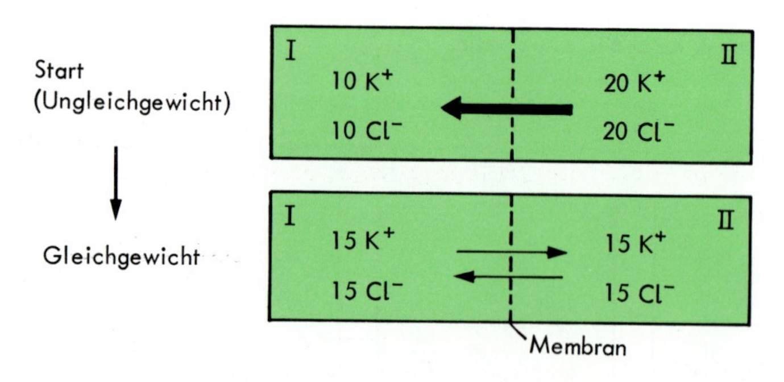

Abb. 8–12 Sind Elektrolytlösungen verschiedener Konzentration durch eine Membran getrennt, die für die Ionen durchlässig ist, dann findet Konzentrationsausgleich statt.

Enthält ein Raum anstelle der Cl^--Ionen ein Polyanion (z. B. $Poly^{10-}$), das die Membran nicht passieren kann, so stellt sich eine ungleichmäßige Ionenverteilung ein (Abb. 8–13).

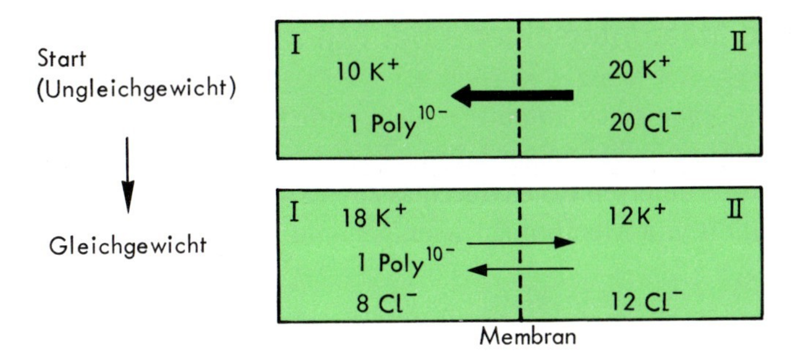

Abb. 8–13 Kann eine Ionensorte die trennende Membran nicht passieren – z. B. ein Polyanion ($Poly^{10-}$) – dann stellt sich eine ungleichmäßige Ionenverteilung ein (Donnan-Gleichgewicht).

Die in den zunächst Cl^--freien Raum I einwandernden Cl^--Ionen nehmen K^+-Ionen gegen ein Konzentrationsgefälle mit. Im Gleichgewicht gilt

$$\frac{c_{II}(K^+)}{c_I(K^+)} = \frac{c_I(Cl^-)}{c_{II}(Cl^-)}$$

und allgemein für die Verteilung der niedermolekularen Ionen

$$\frac{c_{II}(\text{Kation})}{c_I(\text{Kation})} = \frac{c_I(\text{Anion})}{c_{II}(\text{Anion})} \quad \text{Donnan-Gleichgewicht}$$

Aus dieser Gesetzmäßigkeit folgt, daß eine Zelle aufgrund ihres Proteingehaltes eine höhere Konzentration an Ionen hat als der extrazelluläre Raum und damit einen höheren osmotischen Druck. Analoge Überlegungen erklären, warum die H^+-Konzentration in der Zelle höher ist als außerhalb.

Unterschiedliche Ionenkonzentrationen beiderseits einer semipermeablen Membran haben ferner die Bildung eines **Membranpotentials** zur Folge. Die Potentialdifferenz an einer Zellmembran beträgt im Ruhezustand etwa 88 mV. Diesen Wert erhält man auch aus der Gleichung

$$\Delta E = \frac{RT \cdot 2{,}3}{F} \lg \frac{c(K^+)\text{innen}}{c(K^+)\text{außen}}$$

R = Gaskonstante
T = thermodynamische Temperatur
F = Faraday-Konstante

8.5.4 Permeabilitätsunterschiede bei Membranen

In einem lebenden Organismus kommt es nicht zum Konzentrationsausgleich der gelösten Stoffe. Die freie Diffusion wird durch Membranen behindert, denn sie sind für verschiedene Stoffe unterschiedlich durchlässig (permeabel). Als Ursachen für die **selektive Permeabilität** von Membranen seien genannt:

- Porengröße
- Chemische Zusammensetzung; für Ionen ist es z. B. schwierig, hydrophobe Membranen zu durchwandern
- Ladung; ionische Teile der Membranwände in der Nähe der Poren und in den Poren erschweren den Ionen mit gleicher Ladung den Durchtritt
- Aktiver Transport; d. h. Stoffbewegungen gegen Konzentrationsgradienten, die nötige Energie entstammt chemischen Umsetzungen anderer Substrate.

Viele Transportaktivitäten durch die Zellmembran hindurch erfolgen unter Mitwirkung von speziellen **Transportproteinen** (**Carrier**, englisch **Carriers**, **Transporters**). Sie sind Bestandteile der Membranen (Abb. 8–14).

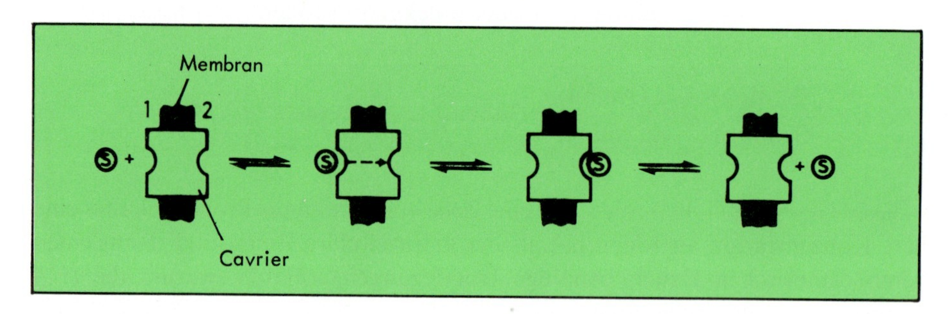

Abb. 8–14 Modell für den Transport durch Membranen über Carrier. Das Substrat wird auf der einen Seite (1) der Membran vom Carrier gebunden, innerhalb dieses „Vehikels" zur anderen Seite der Membran (2) transportiert und dissoziiert dort vom Carrier wieder ab.

8.6 Mehrphasengleichgewichte in der Biosphäre

Aus der Fülle der Phänomene und Anwendungen kann hier nur eine kleine Auswahl kurz besprochen werden.

Löslichkeit von CO_2 in Wasser. Das Henry-Daltonsche Gesetz hat Bedeutung bei atemphysiologischen Prozessen: Sinkender O_2-Partialdruck (in der Lunge) hat zur Folge, daß sich weniger Sauerstoff im Blut löst; erhöhter CO_2-Partialdruck in der Atemluft bewirkt eine Anreicherung von CO_2 im Blut.

Verteilungsgleichgewichte. Verteilungsgleichgewichte von Stoffen zwischen zwei Flüssigkeiten haben für Transport und Aufenthalt von Substanzen im Organismus große Bedeutung. Medikamente z. B., die ihre Wirksamkeit im Nervengewebe entfalten sollen, müssen eine gewisse Löslichkeit in lipophilen Phasen besitzen, um aus der wäßrigen Phase (Blut) in das fettreiche (lipophile) Nervengewebe hinüberwandern zu können.

Je größer der Quotient Fettlöslichkeit/Wasserlöslichkeit bei einem Anästhetikum ist, desto stärker ist seine Narkosewirkung (Abb. 8–15). Daraus ist zu schließen, daß Narkosemittel ihre Wirkung in hydrophobem Gewebe entfalten.

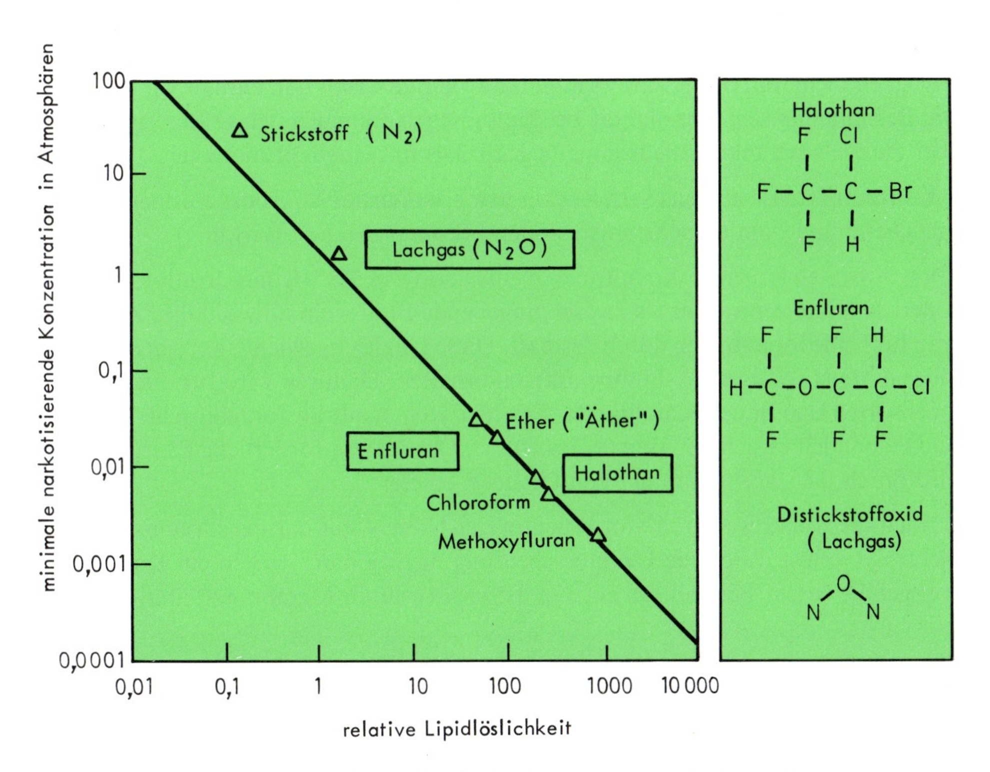

Abb. 8–15 Je höher die Fettlöslichkeit (Lipidlöslichkeit) eines Anästhetikums, desto höher ist seine narkotische Stärke, desto geringer kann man seine Dosierung (hier als minimale narkotisierende Konzentration in bar angegeben) wählen.

Ionenaustausch. Menschliche Knochensubstanz hat Ionenaustauschereigenschaften; einige Schwermetallionen werden besonders fest gebunden. Auf diese Weise kann es zu gefährlichen Anhäufungen anorganischer Giftstoffe im Körper kommen.

Neuerdings verwendet man Ionenaustauscher als Träger für Medikamente (sofern diese ionische Gruppen enthalten). Der Wirkstoff wird im Magen-Darm-Kanal langsam freigesetzt („Retard-Präparate").

Chromatographie. Beispiele für analytische Anwendungen der Gaschromatographie (GC) sind: Dopingkontrolle, Ermittlung und quantitative Bestimmung von Alkohol und Rauschgiften im Blut. Bei der Bestimmung von Rauschgiften wird jetzt auch zunehmend die Hochdruckflüssigkeitschromatographie (HPLC) eingesetzt.

Gleichgewichte an Membranen. Die Dialyse findet Anwendung bei der künstlichen Niere.

Für die Kennzeichnung der osmotischen Verhältnisse in biologischen Flüssigkeiten wird meist die Osmolalität gewählt, da diese Angabe wegen des Bezugs auf 1 kg Wasser druckunabhängig ist. Blutserum: 300 mosmol/kg H_2O, Urin: 50–1400 mosmol/kg H_2O. Physiologische Kochsalzlösung, die temporär als Blutersatzflüssigkeit dient, hat die gleiche Osmolalität wie Blutserum und enthält 9 g NaCl/kg. Die Bestimmung der Osmolalität bei biologischen Flüssigkeiten erfolgt am besten über die Gefrierpunktserniedrigung (s. Kap. 3.4) mit einem Osmometer.

Konzentrierte Lösungen (Salz, Zucker usw.) wirken auf Mikroorganismen wasserentziehend und damit wachstumshemmend (konservierende Wirkung).

Erythrozyten haben in ihrem Inneren eine geringere Na^+-Konzentration und eine höhere K^+-Konzentration als das sie umgebende Blutserum, obwohl ihre Zellmembran für beide Ionensorten durchlässig ist. Diese Ungleichgewichte werden durch die sogenannte Na^+- und K^+-Pumpe aufrechterhalten. Dadurch wird für diese beiden Ionensorten eine Impermeabilität der Erythrozytenmembran vorgetäuscht. In Wirklichkeit handelt es sich um aktiven Transport. Der dafür erforderliche Energiebetrag wird durch die „Verbrennung“ von Glucose geliefert.

Auch die Rückresorption von Ionen in der Niere – mit der der Organismus den Elektrolytverlust durch die Urinausscheidung niedrig hält – gegen ein Konzentrationsgefälle ist ein Beispiel für aktiven Transport durch Membranen hindurch.

9 Energetik chemischer Reaktionen

Die **Energetik*** befaßt sich mit den Beziehungen zwischen verschiedenen Energieformen. Sie gibt Antwort auf die Fragen, ob zwei Substanzen miteinander reagieren können (und unter welchen Bedingungen), in welchem Umfang eine chemische Reaktion abläuft (chemisches Gleichgewicht), welche Energieeffekte (z. B. exotherme/endotherme Reaktion) damit verbunden sind u. a. m. Die Gesetze der Energetik haben für das gesamte Naturgeschehen Gültigkeit, deshalb empfehlen sich zur Illustration oft auch Beispiele aus der Physik.

Die Differenz im Energiegehalt zwischen der linken und der rechten Seite einer Reaktionsgleichung ist wie folgt definiert:

$$\Delta \text{Energie} = \text{Energiegehalt(Ende)} - \text{Energiegehalt(Anfang)}$$

Als Einheit für alle Energieformen ist jetzt das Joule (J) vorgeschrieben. Die alte Einheit ist die Kalorie (cal), 1 cal = 4,18 Joule.

Die folgenden Bezeichnungen sind im Zusammenhang mit energetischen Effekten üblich:

- **Exotherm:** Wärme wird vom System abgegeben
- **Endotherm:** Wärme wird dem System zugeführt
- **Exergon(isch):** Freie Enthalpie wird vom System abgegeben
- **Endergon(isch):** Freie Enthalpie wird dem System zugeführt

9.1 Energieformen/Systeme/Zustandsänderungen

Energie kann weder entstehen noch verschwinden (**Energieerhaltungssatz**), jedoch kann man sie übertragen (z. B. Heiz- bzw. Kühlvorgänge) oder die einzelnen Energieformen ineinander umwandeln (Abb. 9–1). Umwandlungen von Energie(formen) untersucht man in sog. **Systemen**. Darunter versteht man Reaktionsräume, die durch physikalische oder gedachte Grenzen von der Umgebung getrennt sind. Man unterscheidet abgeschlossene (isolierte), geschlossene und offene Systeme (Tab. 9–1).

---

* Der synonyme Begriff „Thermodynamik" ist ebenfalls in Gebrauch.

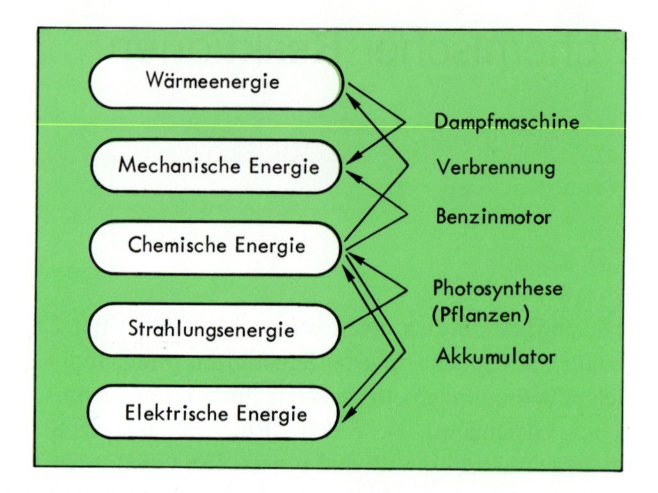

Abb. 9–1 Beispiele für Umwandlungen von Energieformen.

Tab. 9–1 Zur Definition des Begriffs „System“

System	Die Grenzen zur Umgebung sind für	Beispiel
abgeschlossen oder isoliert	Energie und Materie } undurchlässig E M Umgebung	verschlossene (ideale) Thermosflasche
geschlossen	Energie durchlässig Materie undurchlässig E M Umgebung	verschlossene Ampulle, Energieaustausch möglich
offen	Energie und Materie } durchlässig E M Umgebung	Pflanzen und Tiere

Systeme können beschrieben werden, indem man Eigenschaften wie Volumen (V), Druck (p), Temperatur (T) und Stoffmenge (n) angibt. Diese Größen sind kennzeichnend für den Zustand eines Systems. Ändert sich auch nur eine dieser Zustandsgrößen, so findet eine *Zustandsänderung* statt. Beschreibbar ist sie, indem man die Zustandsgrößen des Ausgangs- und Endzustandes vergleicht (Abb. 9–2).

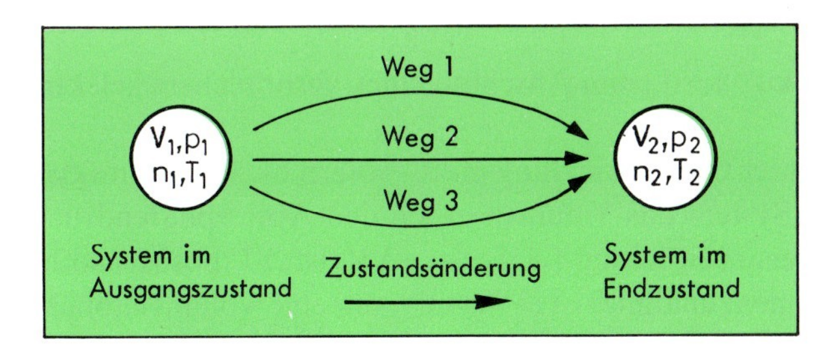

Abb. 9–2 Zustandsänderungen lassen sich durch Änderungen von Größen wie Volumen (V), Druck (p), Stoffmenge (n) und Temperatur (T) – durch Zustandsgrößen – beschreiben. In welcher Reihenfolge sich diese Größen geändert haben (verschiedene Wege) ist für den Endzustand gleichgültig.

Den Zusammenhang zwischen Zustandsgrößen liefert die *Zustandsgleichung* (für ideale Gase beispielsweise $p \cdot V = n \cdot R \cdot T$). Die sich während einer Zustandsänderung im System verringernden Größen erscheinen als negative Beträge, die größer werdenden als positive Beträge. Bei einer Volumenvergrößerung z. B. ($\Delta V = V(\text{Ende}) - V(\text{Anfang})$) ist $V > 0$.

9.2 Innere Energie und Enthalpie

Jedes System besitzt Energie. Sie wird **innere Energie** (U) genannt und ist eine Eigenschaft eines Systems. Energieübertragungen von einem System zum anderen (bzw. auf die Umgebung) – also Änderungen der inneren Energie (U) – sind möglich, in dem man Wärme (Q) oder Arbeit (A) überträgt: Wärme und Arbeit sind *Formen der Energieübertragung*.

Über den Zusammenhang der vorstehend genannten Größen macht der **1. Hauptsatz** der Thermodynamik folgende Aussage: Die vom System mit seiner Umgebung ausgetauschte Summe von Wärme(menge) und Arbeit(smenge) ist gleich der Änderung der inneren Energie des Systems. Für ein abgeschlossenes System gilt also definitionsgemäß (s. Tab. 9–1)

$$U(\text{Ende}) - U(\text{Anfang}) = \Delta U = 0$$

d. h. eine Änderung der inneren Energie findet nicht statt.

Für ein geschlossenes System hingegen lautet die Gleichung dem 1. Hauptsatz entsprechend

$$\Delta U = Q + A$$

Die innere Energie eines Systems läßt sich also durch Heizen ($Q > 0$; Zuführung) erhöhen, durch Kühlen ($Q < 0$; Entnahme) erniedrigen. Die Größe A begegnet uns in der Chemie hauptsächlich als *elektrische Arbeit* und als *Volumenarbeit*.

Beispiele:

1. Dem System „Akku“ wird beim Anschluß eines Verbrauchers „elektrische Arbeit“ entnommen.
2. Bei Reaktionen unter Gasentwicklung muß – sofern nicht im Autoklaven gearbeitet wird – das System das Volumen gegen den Atmosphärendruck vergrößern, d.h. Volumenarbeit leisten ($A_{vol} = -p\Delta V$; ist ΔV positiv, so handelt es sich um eine Volumenzunahme, ist es negativ, um eine Volumenabnahme). Für Reaktionen unter konstantem Druck läßt sich dann schreiben

$$\Delta U = Q - p\Delta V$$

Übereinkunftsgemäß nennt man nun die bei isothermen (T = const.) und isobaren (p = const.) Vorgängen auftretende Reaktionswärme **Enthalpie** (ΔH). Der erste Hauptsatz erhält dann die Form

$$\Delta U = \Delta H + A_{vol} \qquad \text{oder}$$

$$\Delta U = \Delta H - p\Delta V \quad \text{bzw.} \quad \Delta H = \Delta U + p\Delta V$$

ΔH ist also die Wärmemenge, die von einer unter konstantem Druck ablaufenden chemischen Reaktion von außen aufgenommen (positiver Wert) oder nach außen abgegeben (negativer Wert) wurde ($\Delta H = \Sigma H$(Produkte) $- \Sigma H$(Edukte)). Sie heißt **Reaktionswärme** oder **Reaktionsenthalpie** (meist mit ΔH_r, symbolisiert).

$\Delta H < 0$: Die Reaktion ist exotherm (Wärmeentwicklung)
$\Delta H > 0$: Die Reaktion ist endotherm (Wärmeverbrauch, Abkühlung)

Je nach betrachtetem Prozeß unterscheidet man Schmelz-, Verdampfungs-, Mischungs-, Lösungs-, Solvatations-, Hydratations-, Neutralisations-, Bildungs- oder (allgemein) Reaktionsenthalpie.

Reaktionswärmebeträge, die bei der Bildung von Verbindungen aus den Elementen unter Standardbedingungen auftreten, sind in großer Zahl tabelliert. Für diese **Standardbildungsenthalpie**-Werte wird das Symbol ΔH_f° benutzt (f steht für „formation“). Um sie zu erhalten, wurde willkürlich festgelegt: Die stabilste Form eines Elements bei 25 °C und einem Druck von 1,013 bar = 1 atm besitzt die Enthalpie null.

Die **Standardbildungsenthalpie** ΔH_f° einer Verbindung ist die Reaktionswärme, die bei der Bildung von 1 mol der Verbindung bei Standardbedingungen aus den Elementen auftritt. Standardbedingungen heißt: 1,013 bar Druck, 25 °C = 298 K.

Für die Wasserbildung z.B. aus H_2 (gasförmig) und O_2 (gasförmig)

$$H_{2(g)} + \tfrac{1}{2}O_{2(g)} \rightarrow H_2O_{(g)}$$

läßt sich Tabellenwerken entnehmen:

$$\Delta H_f^\circ(H_2O) = \Delta H_{298}^\circ(H_2O) = -242\ \text{kJ/mol}$$

Die Reaktionsenthalpie ist nur vom Anfangs- und Endzustand des Systems abhängig, jedoch unabhängig vom Reaktionsweg (**Hess'scher Satz**). Bei aufeinanderfolgenden Reaktionen addieren sich die Reaktionsenthalpien der Einzelschritte (Abb. 9–3).

$$\Delta H(\text{gesamt}) = \Delta H(\text{für A} \rightarrow \text{B}) + \Delta H(\text{für B} \rightarrow \text{C}) + \ldots$$

Betrachten wir die folgenden drei Gleichungen:

$$\begin{array}{lllll} \text{I:} & C + O_2 & \rightarrow CO_2 & \Delta H_{298}^\circ = -393\ \text{kJ/mol} \\ \text{II:} & C + \frac{1}{2}O_2 & \rightarrow CO & \Delta H_{298}^\circ = -110\ \text{kJ/mol} \\ \text{III:} & CO + \frac{1}{2}O_2 & \rightarrow CO_2 & \Delta H_{298}^\circ = -283\ \text{kJ/mol} \end{array}$$

Man erkennt: Die Summe der ΔH_f°-Werte der Teilschritte II und III ist so groß wie der ΔH_f°-Wert der Gleichung I. Der Hess'sche Satz ist ein Spezialfall des Energieerhaltungssatzes.

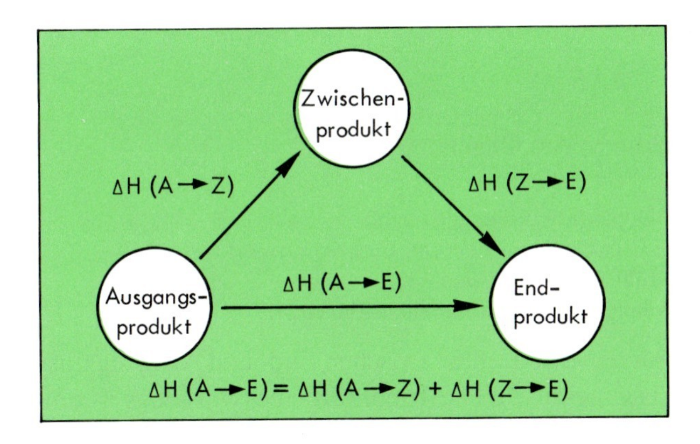

Abb. 9–3 Zur Illustration des Hess'schen Satzes. Die Reaktionsenthalpie ist unabhängig vom Reaktionsweg.

9.3 Freie Enthalpie und Entropie

9.3.1 Die Größe ΔG/Gleichgewicht

Die Gibbs-Helmholtzsche Gleichung. Erfahrungsgemäß laufen nicht alle nach dem Energieerhaltungssatz denkbaren Vorgänge wirklich ab. Ein warmer Metallblock z. B. gibt Wärme an einen kälteren ab. Für den umgekehrten Vorgang jedoch existiert keine *Triebkraft*, er erfolgt nicht *von selbst*, obwohl dies dem Energieerhaltungssatz nicht widerspräche; der Wärmefluß von einem wärmeren zu einem kälteren Körper ist **irreversibel** (nicht umkehrbar) (Abb. 9–4).

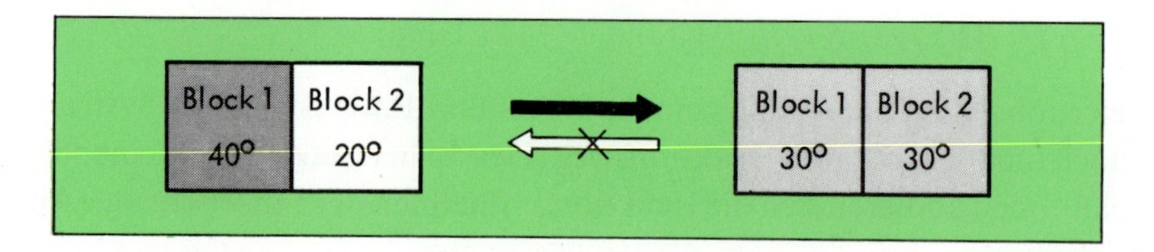

Abb. 9–4 Wärmeenergie fließt vom wärmeren zum kälteren Metallblock. Die vom Block 1 abgegebene Wärme(menge) wird von Block 2 aufgenommen (Energieerhaltung). Für den rückläufigen Vorgang existiert keine Triebkraft.

Die für die **Triebkraft** eines physikalischen oder chemischen Vorgangs charakteristische Größe heißt bei isothermen (T = const.) und isobaren Prozessen (p = const.) **freie Enthalpie** (ΔG). Sie wird bestimmt von der **Enthalpie** (ΔH) im Zusammenspiel mit einem zweiten Faktor, der **Entropie** (ΔS), letztere ist ein Maß für die (Un)Ordnung, die in einem System herrscht. Zunehmende Unordnung entspricht zunehmender Entropie (Abb. 9–5). Der Zusammenhang zwischen den drei genannten Größen lautet für **isobare und isotherme Vorgänge**

$\Delta G = \Delta H - T\Delta S$
Gibbs-Helmholtzsche Gleichung

ΔG = Freie Enthalpie (übl. Einheit: kJ/mol)
ΔH = Enthalpie (Reaktionswärme) (übl. Einheit: kJ/mol)
ΔS = Entropie (übl. Einheit: kJ/(mol · K))
T = thermodynamische Temperatur (übl. Einheit: K)

Auch hier interessiert nur der Unterschied zwischen End- und Ausgangszustand: $\Delta G = G$(Endzust.) – G(Ausgangszust.). Die Triebkraft eines Vorgangs ist umso höher, je kleiner ΔG ist, d.h., je größer $|\Delta G|$ bei negativem Vorzeichen ist, je stärker also Wärmeentwicklung (ΔH negativ) und Entropiezunahme (ΔS positiv) sind. Endotherme Reaktionen (ΔH positiv) haben dann eine Triebkraft (ΔG negativ), wenn das letzte Glied der Gibbs-Helmholtz-Gleichung den Enthalpiebetrag überkompensiert. Bei Vorgängen mit $\Delta H \approx 0$ wird allein das Entropieglied wirksam.

Bezüglich ΔG sind die folgenden drei Fälle zu unterscheiden:

$\Delta G < 0$:	Exergoner (exergonischer) Prozeß, kann von selbst (freiwillig, ohne Energiezufuhr) ablaufen
$\Delta G > 0$:	Endergoner (endergonischer) Prozeß, kann nur unter Energiezufuhr (in Form von Arbeit nicht aber Wärme) ablaufen
$\Delta G = 0$:	Es herrscht Gleichgewicht

In einem Diagramm lassen sich die Energieverhältnisse einer chemischen Reaktion verdeutlichen (Abb. 9–6).

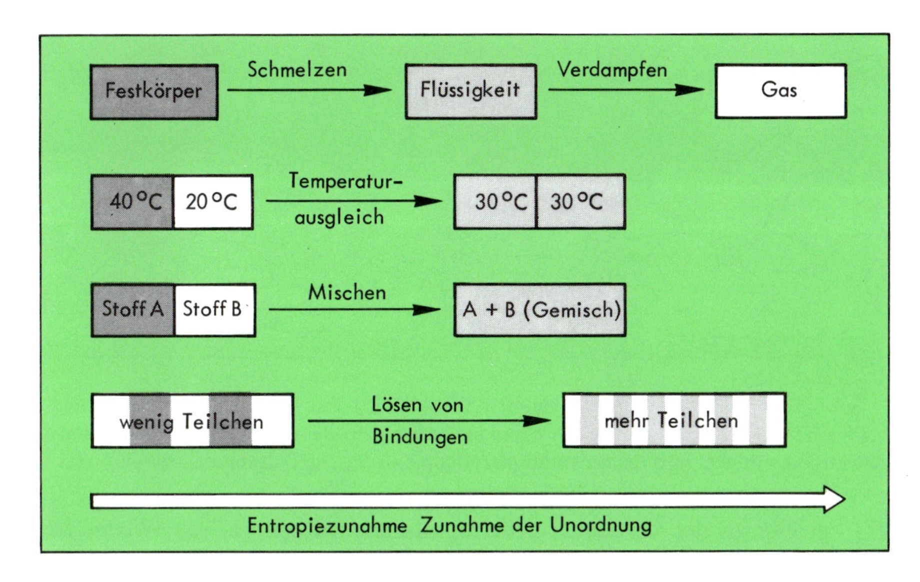

Abb. 9–5 Zur Illustration des Begriffs Entropie. Bei den skizzierten Vorgängen nimmt die Unordnung zu – mithin auch die Entropie.

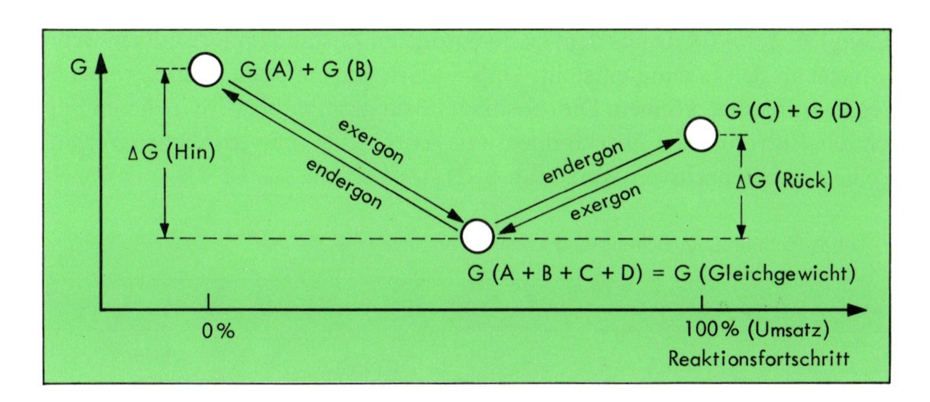

Abb. 9–6 Energiediagramm der Reaktion $A + B \rightleftharpoons C + D$. Ausgehend von $A + B$ wird G mit fortschreitender Reaktion immer kleiner. Am Gleichgewichtspunkt hat G ein Minimum, $\Delta G = 0$, Ausgangs- und Endprodukte liegen – in bestimmten Konzentrationsverhältnissen – nebeneinander vor.

Lösungsvorgänge. Bei der Auflösung eines Ionenkristalls in Wasser muß jedes Ion aus dem Gitterverband herausgelöst, also die Gitterenergie überwunden werden (Energiezufuhr nötig). Dabei findet Hydratation (allgemein Solvatation) der Ionen statt, die *Hydratationsenthalpie* (Solvatationsenthalpie) wird hierbei frei (Abb. 9–7).

Die *Lösungswärme* oder *Lösungsenthalpie* (ΔH_L) ist die Summe aus beiden (s. auch Kap. 3.4.3)

$$\Delta H_L = |\text{Gitterenergie}| - |\Delta H_{solv}|$$

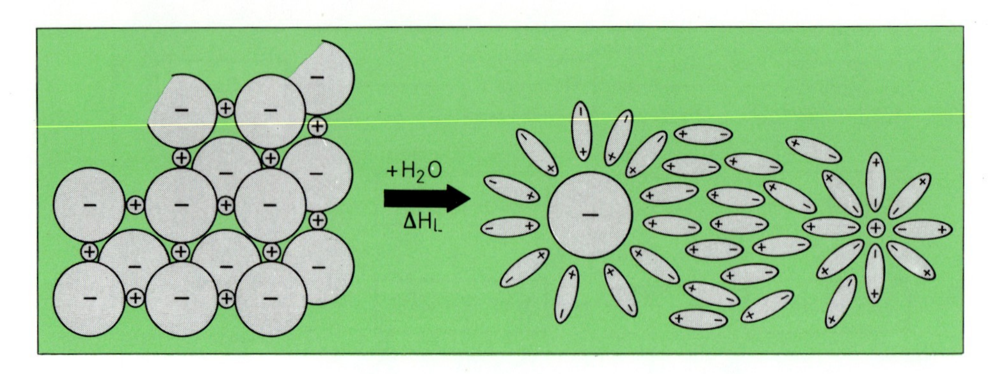

Abb. 9–7 Schema zum Verständnis der Lösungsenthalpie (ΔH_L). Zur Herauslösung der Ionen aus dem Kristallverband muß die Gitterenergie überwunden werden. Bei der gleichzeitig erfolgenden Bildung solvatisierter Ionen wird die Solvatationsenthalpie (ΔH_{solv}) (Hydratationsenergie) frei.

Ist $|\Delta H_{solv}|$ größer als der Gitterenergiebetrag, dann wird beim Lösen Wärme frei ($\Delta H_L < 0$). Kann die Gitterenergie von der Solvatationsenthalpie nicht aufgebracht werden, so wird der Umgebung Wärme entzogen. Die Lösung kühlt sich ab, der Vorgang ist endotherm ($\Delta H_L > 0$).

Bei Lösungsvorgängen nimmt die Entropie nicht immer aber meist zu (S(Ende) $- S$(Anfang) $= \Delta S > 0$), da aus dem hochgeordneten Zustand im Kristall ein weniger geordneter in der Lösung entsteht. Dies erklärt, warum auch endotherme Lösungsvorgänge ablaufen können: Die (positive) Lösungsenthalpie wird in diesen Fällen durch das Entropieglied überkompensiert. ΔG hat bei schwerlöslichen Verbindungen einen hohen positiven Wert (Tab. 9–2).

Tab. 9–2 Gibbs-Helmholtz-Gleichung und Lösungsvorgänge ($t = 25\,°C$)

	ΔH_L in $kJ \cdot mol^{-1}$	$T\Delta S$ in $kJ \cdot mol^{-1}$	ΔG in $kJ \cdot mol^{-1}$	
AgCl	+ 65	+ 9	+ 56	schwer
$BaSO_4$	+ 19	−31	+ 50	löslich
NH_4Cl	+ 15	+22	− 7	
$MgCl_2$	−155	−29	−126	

Die Auflösung unpolarer Stoffe in unpolaren Lösungsmitteln wird hauptsächlich vom Entropieglied bestimmt (geringe Solvatation):

$$\Delta G = -T\Delta S, \quad \text{weil} \quad \Delta H_L \approx 0$$

Chemische Reaktionen. Die Änderung der freien Enthalpie (ΔG) im Verlaufe einer reversiblen chemischen Reaktion

$$a\mathrm{A} + b\mathrm{B} \rightleftharpoons c\mathrm{C} + d\mathrm{D}$$

kann nach den folgenden Gleichungen berechnet werden.

$$\Delta G \quad = \Delta G^\circ + RT \cdot \ln \frac{c^c(\mathrm{C}) \cdot c^d(\mathrm{D})}{c^a(\mathrm{A}) \cdot c^b(\mathrm{B})}$$

$$\Delta G_{298} = \Delta G^\circ + 5{,}7 \cdot \lg \frac{c^c(\mathrm{C}) \cdot c^d(\mathrm{D})}{c^a(\mathrm{A}) \cdot c^b(\mathrm{B})}$$

(ΔG-Werte in $\mathrm{kJ \cdot mol^{-1}}$)

ΔG° = Änderung der freien Enthalpie unter Standardbedingungen (1 Formelumsatz, Edukte und Produkte als reine Stoffe bei 298 K und 1,013 bar (Gase), Konzentrationen 1 mol/l)

ΔG° ist für jede Reaktion bei bestimmter Temperatur eine konstante Größe. Der gemessene Wert ΔG ist mit ihr identisch – also $\Delta G = \Delta G^\circ$ – wenn $c(\mathrm{A}) = c(\mathrm{B}) = c(\mathrm{C}) = c(\mathrm{D}) = 1$ mol/l. Das logarithmische Glied wird ja dann 0. ΔG variiert mit den Konzentrationen der Edukte und Produkte.*

Für den Gleichgewichtszustand – bei dem $\Delta G = 0$ ist und bei dem der Bruch den Wert der Gleichgewichtskonstanten K hat – ergibt sich aus den vorstehenden Gleichungen:

$$\Delta G^\circ = -RT \ln K$$

$$\Delta G^\circ = -5{,}7 \lg K \quad \text{(bei Verwendung der Einheit } \mathrm{kJ \cdot mol^{-1}}\text{)}$$

K = Gleichgewichtskonstante

Im Gleichgewichtszustand liegen natürlich die durch das Massenwirkungsgesetz bestimmten Gleichgewichtskonzentrationen vor. Ihre Messung gestattet die Ermittlung von ΔG°-Werten.

Betrachtet man eine Reaktion ohne Stoffmengenänderung (z. B. $\mathrm{A + B \rightleftharpoons C + D}$), so lassen sich die folgenden Aussagen machen: Ist $\Delta G^\circ = 0$, erfolgt ein Umsatz von 50 % ($K = 1$). Hat der Wert von ΔG° ein negatives Vorzeichen, dann liegt der Umsatz über 50 % und zwar umso weiter, je größer $|\Delta G^\circ|$. Bei positivem Wert von ΔG° liegt der Umsatz unter 50 % (vgl. Abb. 9–8 und Tab. 9–3).

Mit den vorstehenden Gleichungen lassen sich aus Tabellenwerten für die Enthalpie und Entropie der Edukte und Produkte die Werte für ΔG°, ΔG in Abhängigkeit von den aktuellen Konzentrationen und schließlich über die K-Werte auch die Gleichgewichtskonzentrationen von Reaktionspartnern berechnen.

* Analogiebeispiele: a) E variiert bei Änderung von $c(\mathrm{Ox})$ oder $c(\mathrm{Red})$, E° = const. (s. Nernstsche Gleichung). b) Der pH-Wert einer Säure variiert in Abhängigkeit von den Konzentrationen an Protonendonator oder -akzeptor, $\mathrm{p}K_\mathrm{S}$ = const.

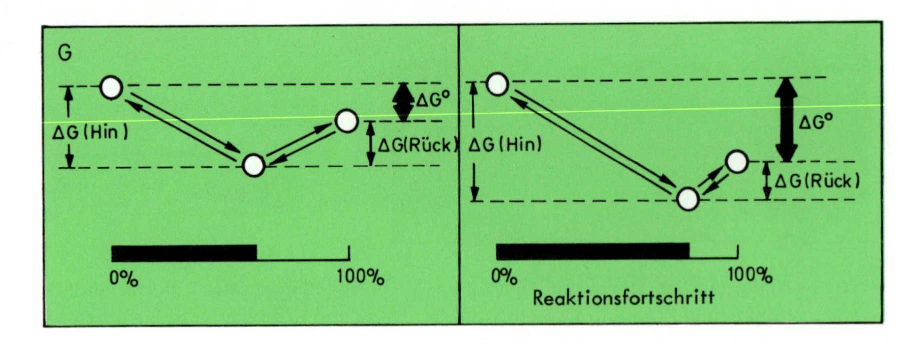

Abb. 9–8 Vergleich zweier chemischer Reaktionen. Je größer $|\Delta G^\circ|$ bei negativem Vorzeichen ist, desto weiter liegt das Gleichgewicht auf Seiten der Produkte.

Tab. 9–3 Beziehungen zwischen ΔG° und K (25 °C)

K	ΔG° in $J \cdot mol^{-1}$
10^{-3}	17120
10^{-2}	11413
10^{-1}	5707
1	0
10^{1}	− 5707
10^{2}	−11413
10^{3}	−17120

Beispiel:

Für die Bildung von D,L-Alanyl-glycin (kurz D,L-Ala-Gly) nach der Gleichung D,L-Ala + Gly $\rightleftharpoons$ D,L-Ala-Gly + H_2O in wäßriger Lösung sind drei Größen zu berechnen, nämlich ΔG°, ΔG_{298} und die Gleichgewichtskonstante K.

Zur Berechnung benötigte Tabellenwerte:

Stoff (in wäßriger Lösung)	ΔG_f°* in $kJ \cdot mol^{-1}$
D,L-Alanin	−373,6
Glycin	−372,8
D,L-Alanyl-Glycin	−491,6
H_2O	−237,2

* ΔG_f°: Freie Bildungsenthalpie (f = formation) der Substanz aus den Elementen unter Standardbedingungen.

a) Berechnung der freien Standardreaktionsenthalpie ΔG° (d. h., Konzentrationen 1 mol/l)

$$\begin{aligned}\Delta G^\circ &= \Sigma\Delta G_f^\circ(\text{Produkte}) - \Sigma\Delta G_f^\circ(\text{Edukte})\\ &= (-491{,}6 + (-237{,}2)) - (-373{,}6 + (-372{,}8))\\ &= \mathbf{17{,}6\ kJ \cdot mol^{-1}}\end{aligned}$$

Der positive und relativ hohe Wert für ΔG° zeigt, daß das Gleichgewicht weit auf der Seite der Aminosäuren liegt, die Umsetzung also nur in sehr geringem Umfang abläuft.

b) Berechnung von ΔG_{298}, c(D,L-Ala-Gly) = c(D,L-Ala) = c(Gly) = 0,1 mol/l

$$\begin{aligned}\Delta G_{298} &= \Delta G^\circ + 5{,}7 \cdot \lg \frac{c(\text{D,L-Ala-Gly}) \cdot c(H_2O)}{c(\text{D,L-Ala}) \cdot c(\text{Gly})}\\ &= 17{,}6 + 5{,}7 \cdot \lg \frac{0{,}1 \cdot 1^*}{0{,}1 \cdot 0{,}1}\\ &= 17{,}6 + 5{,}7\\ &= \mathbf{23{,}3\ kJ}\end{aligned}$$

Bei diesen Konzentrationsverhältnissen liegt das Gleichgewicht im Vergleich zu a) also noch weiter auf der Seite der unverknüpften Aminosäuren.

c) Berechnung von K

$$\begin{aligned}\Delta G^\circ &= -5{,}7 \lg K\\ 17{,}6 &= -5{,}7 \lg K\\ K &= \mathbf{8{,}13 \cdot 10^{-4}}\end{aligned}$$

Auch an diesem Wert ist erkennbar, daß nur geringe Mengen des Dipeptids D,L-Ala-Gly im Gleichgewicht vorhanden sind.

9.3.2 Mehrstufige Reaktionen/Kopplung

Aus Erfahrung wissen wir, daß es möglich ist, Stoffe herzustellen, die energiereicher sind als die Edukte – natürlich ohne Verletzung des Energieerhaltungssatzes und der anhand von ΔG formulierten Gesetze. Es gibt grundsätzlich zwei Wege:

1. **Mehrstufige Reaktion.** Auch bei ungünstiger Gleichgewichtslage (niedriger Wert von K) bilden sich geringe Mengen Produkte (s. Tab. 9–3). Werden sie ständig entfernt, dann läuft die Reaktion trotz des niedrigen K-Wertes ab. Das Entfernen von Produkten aus der Reaktionsmischung kann in vielen Fällen durch physikali-

---

* In der Biochemie wird bei Reaktionen in wäßriger Lösung für $c(H_2O)$ nicht der wahre Wert von 55,5 mol · l^{-1} eingesetzt, sondern übereinkunftsgemäß der Wert 1,0.

sche Prozesse (z. B. Destillieren) erfolgen, biochemisch bedeutsam ist jedoch der Fall einer nachgeschalteten chemischen Reaktion (Mehrstufenprozeß mit gemeinsamem Zwischenprodukt).

Prinzip: In zwei aufeinander folgenden Reaktionen möge der erste Schritt ein leicht endergoner, der zweite ein deutlich exergoner sein.

$$(1) \quad A + B \rightleftharpoons D \qquad \Delta G^\circ(1) = +10 \text{ kJ/mol}$$
$$(2) \quad D + C \rightleftharpoons E \qquad \Delta G^\circ(2) = -30 \text{ kJ/mol}$$
$$\Delta G^\circ(1) + \Delta G^\circ(2) = \Delta G^\circ(\text{gesamt}) = -20 \text{ kJ/mol}$$

Gemäß dem angenommenen Wert von $+10$ kJ/mol für die Reaktion (1) wird sich nur wenig (energiereiches) D mit A + B ins Gleichgewicht setzen (s. Tab. 9–3). D bringt nun seinen Energieinhalt in die zweite (exergone) Reaktion ein und setzt sich gemäß $\Delta G^\circ(2) = -30$ kJ/mol mit C weitgehend zu E um, weshalb D aus A und B nachgeliefert werden muß usw. Die exergone Reaktion (2) übernimmt also eine Schlepperfunktion für die Reaktion (1). Schließlich ist Reaktion (1) weitgehend abgelaufen, obwohl die Bildung von D ein endergoner Schritt ist.

2. **Kopplung zweier Reaktionen.** Hierbei stellt eine exergone Reaktion ihre freiwerdende Energie oder einen Teil davon einer endergonen zweiten Reaktion durch Übertragung energiereicher Teilstrukturen zur Verfügung (**Gruppenübertragung**).

   Prinzip:

$$(1) \quad A + B \rightleftharpoons C + D \qquad \Delta G^\circ(1) = +10 \text{ kJ/mol}$$

↑ Energietransfer durch Gruppenübertragung

$$(2) \quad E + F \rightleftharpoons G + H \qquad \Delta G^\circ(2) = -20 \text{ kJ/mol}$$
$$\Delta G^\circ(\text{gesamt}) = -10 \text{ kJ/mol}$$

   Der Energietransfer von (1) auf (2) erfolgt im Organismus durch Übertragung energiereicher Teilstrukturen (**Gruppenübertragung**).

9.3.3 Die Größe ΔG/Redoxpotential/pK_S-Wert

Eine sehr genaue Bestimmung von ΔG ist bei Redoxvorgängen möglich:

$$\Delta G = -z \cdot F \cdot \Delta E$$

z = Zahl der übertragenen Elektronen (lt. Reaktionsgleichung)
F = Faraday-Konstante (96500 Coulomb · mol^{-1})
ΔE = Potential zwischen zwei Halbzellen

Für die Reaktion von MnO_4^- mit Fe^{2+} ist z beispielsweise 5, für die Reaktion von MnO_4^- mit Oxalat dagegen 10.

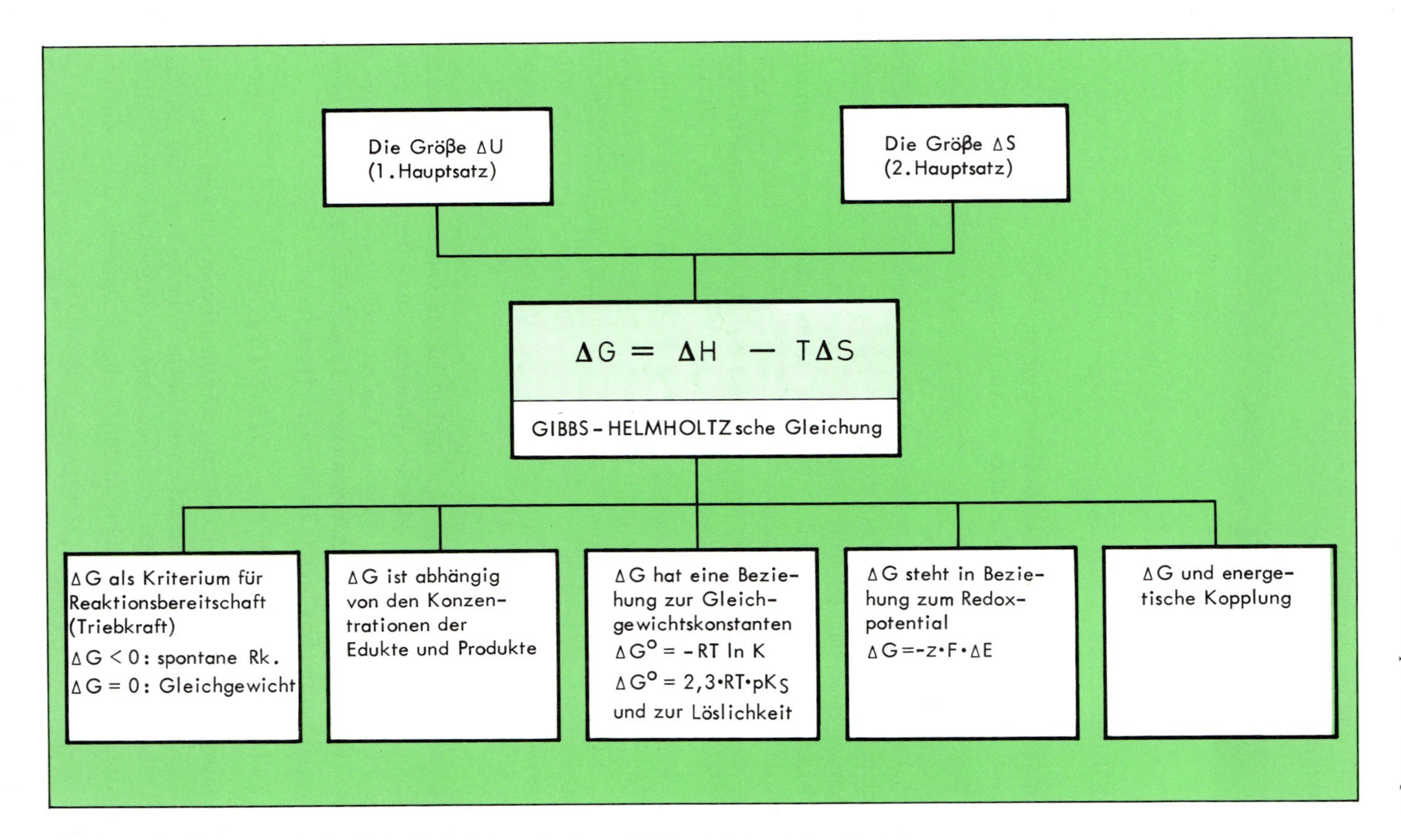

Abb. 9–9 Beziehungen zwischen freier Enthalpie und anderen Größen bei chemischen Reaktionen.

Die freie Enthalpie steht auch im Zusammenhang mit dem pK_S-Wert. Für Säure-Base-Reaktionen gilt nämlich:

$$\Delta G^\circ = \mathrm{p}K_S \cdot 2{,}3\,RT$$

9.4 Bioenergetik

Die Kenntnis der vorstehend erörterten Gesetze ist eine Voraussetzung, um die energetischen Zusammenhänge biochemischer Reaktionen zu verstehen. Einige Beispiele seien im folgenden kurz beleuchtet.

Energieerhaltungssatz. Nahrungsmittel werden im Körper zu CO_2, H_2O und Harnstoff abgebaut. Die dabei dem Organismus zur Verfügung gestellten Energiemengen decken den Energiebedarf (Wärmeabgabe, Muskelarbeit, osmotische Arbeit usw.) und sind sogenannten „Joule-Tabellen" (früher „Kalorientabellen") zu entnehmen. Überschüssige Nahrungsmittelmengen werden ausgeschieden oder in Form bestimmter Verbindungen im Körper deponiert. Der tägliche Energieumsatz des Menschen im Ruhezustand (Grundumsatz) liegt bei 6000–8000 kJ (1500–2000 kcal).

Zellen speichern Energie in sog. **energiereichen Verbindungen** wie z. B. im Adenosintriphosphat (ATP). Seine Bildung durch Wasserabspaltung aus Adenosindiphosphat (ADP) ist eine endergone Reaktion, die durch **Kopplung** mit exergonen Reaktionen ermöglicht wird. Bei der Hydrolyse des ATP zu ADP wird diese Energie wieder frei für biologische Leistungen wie Muskelarbeit, Sekretionsarbeit, Acetylierung von Coenzym A usw. (s. auch Kap. 26).

Freie Enthalpie. Die Bildung von Glucose aus CO_2 und H_2O bei der Photosynthese ist eine endergone Reaktion, sie erfolgt unter Aufnahme von Energie aus der Sonnenstrahlung. Im menschlichen und tierischen Körper verläuft der umgekehrte – also exergone – Prozeß. Dies geschieht über mehrere Zwischenstufen. Dadurch wird der Gesamtenergiebetrag in mehreren Teilbeträgen freigesetzt:

$$\Delta G(\text{gesamt}) = \Delta G(\text{A} \rightarrow \text{B}) + \Delta G(\text{B} \rightarrow \text{C}) + \ldots$$

Die Gleichgewichtskonstanten jedes Schritts müssen näher bei 1 liegen als die Gleichgewichtskonstante einer Gesamtreaktion in einem Schritt. Auf allen Stufen der „Energiekaskade" kann der Organismus regulierend eingreifen durch Konzentrationsänderungen bei Edukten und Produkten (s. auch Rechenbeispiel für die Bildung von Alanyl-glycin in Kap. 9.3).

Entropie. Diffusion und Eiweißdenaturierung sind Beispiele für Vorgänge, deren Triebkraft aus einer Entropiezunahme resultiert. Bei der Diffusion wird ein Konzentrationsgradient verkleinert oder beseitigt. Natives Eiweiß hat einen gewissen Ordnungsgrad (s. auch Kap. 24), der sich bei der Hitzebehandlung, bei Zugabe von Säure oder bei Zugabe konzentrierter Elektrolytlösungen verringert (**Koagulation**, **Denaturierung**).

ΔG- und $\Delta G'$-Werte. In der Biochemie verwendet man meist die Größen $\Delta G^{\circ\prime}$ und $\Delta G'$ anstelle von ΔG° und ΔG. $\Delta G^{\circ\prime}$ ist bezogen auf einen pH-Wert von 7. $\Delta G'$ ist die freie Enthalpie in biologischen Flüssigkeiten (s. auch Kap. 26). Ebenso verfährt man bekanntlich bei Potentialangaben und pK-Werten (Kap. 6.10 und 7.3).

Endergone Prozesse/Energiereiche Verbindungen. In der stark exergonen Atmungskette, in der letztlich Wasser gebildet wird, werden erhebliche Energiebeträge frei. Ein Teil davon landet in energiereichen Verbindungen (s. Kap. 26). Mit deren Hilfe wird das Energiedefizit endergoner Vorgänge gedeckt (s. auch Abb. 9–10).

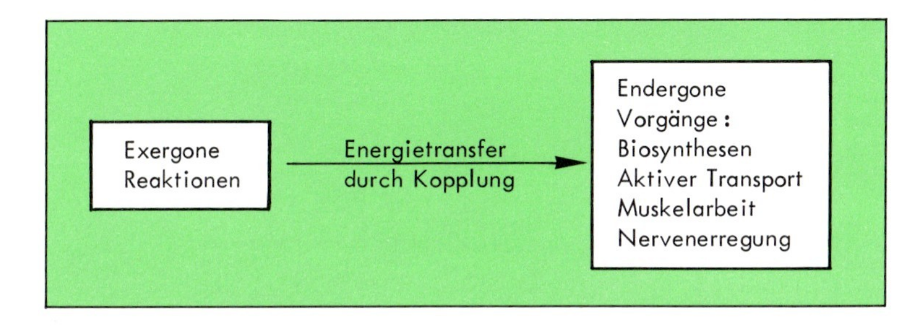

Abb. 9–10 Zusammenhang zwischen exergonen und endergonen Vorgängen durch Kopplung.

10 Kinetik chemischer Reaktionen

In der Thermodynamik (Energetik chemischer Reaktionen) werden Anfangs- und Endzustand eines Systems betrachtet und Aussagen über die Richtung einer Reaktion gemacht. Die zur Umsetzung benötigte Reaktionszeit spielt bei diesen Betrachtungen keine Rolle.

Die **Kinetik** befaßt sich mit der **Reaktionsgeschwindigkeit** (zeitlicher Ablauf einer Reaktion) und dem **Reaktionsweg (Mechanismus)**.

Chemische Reaktionen lassen sich unter kinetischen Gesichtspunkten nach der **Reaktionsmolekularität** und nach der **Reaktionsordnung** klassifizieren. Wir kennen:

- **Monomolekulare Reaktionen,** *ein* Teilchen setzt sich um: $A \rightarrow B$ (Umlagerung) oder $A \rightarrow B + C$ (Zerfall);
- **Bimolekulare Reaktionen,** *zwei* Teilchen reagieren miteinander: $A + B \rightarrow C$ oder $A + B \rightarrow C + D$

Höhermolekulare Reaktionen kommen extrem selten vor.

Die Reaktionsgeschwindigkeit ist bei manchen Reaktionen unabhängig von der Konzentration der Edukte, bei anderen von einer oder von zwei Konzentrationsgrößen abhängig. Deshalb unterscheidet man:

- Reaktionen **nullter Ordnung**
- Reaktionen **erster Ordnung**
- Reaktionen **zweiter Ordnung**

Im folgenden werden diese Sachverhalte ausführlicher erörtert.

10.1 Die Reaktionsgeschwindigkeit

10.1.1 Definition

Die Reaktionsgeschwindigkeit (r) ist definiert als Konzentrationsänderung pro Zeiteinheit, z. B. als Konzentrationsabnahme eines Edukts pro Minute (– bedeutet Abnahme, + bedeutet Zunahme der Konzentration, Δt = Zeitintervall)

$$r = -\frac{\Delta c(\text{Edukt})}{\Delta t} = \frac{\Delta c(\text{Produkt})}{\Delta t}$$

oder allgemein

$$r = \frac{dc}{dt}$$

Je steiler der Kurvenverlauf, desto höher ist die Reaktionsgeschwindigkeit. Die zum halben Umsatz nötige Zeitspanne heißt **Halbwertszeit** (Abb. 10–1).

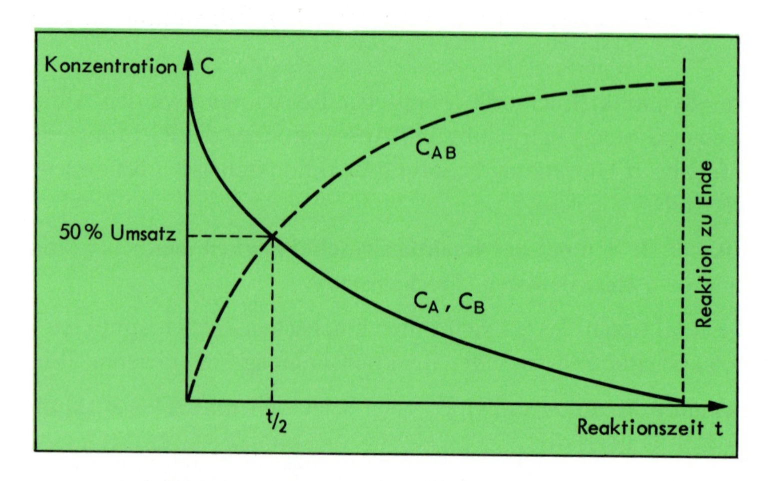

Abb. 10–1 Die Konzentration als Funktion der Reaktionszeit für die Umsetzung A + B → AB. Die Konzentrationsänderung erfolgt zu Beginn am raschesten, die Kurve ist hier am steilsten.

10.1.2 Aktivierungsenergie und Katalyse

Bei Reaktionen zwischen Ionen ist die Reaktionsgeschwindigkeit relativ groß (z. B. Fällungsreaktionen). Umsetzungen zwischen organischen Verbindungen verlaufen meist langsamer; offenbar führt hier nur ein geringer Prozentsatz aller Zusammenstöße zwischen A und B zur Bildung von AB: nur hinreichend „aktive Moleküle" reagieren.

Aus dem Energieprofil (Abb. 10–2) ist ersichtlich, daß bei der Reaktion zwischen A und B ein energiereicher **Übergangszustand (aktivierter Komplex)*** durchlaufen wird. Die Differenz zwischen dem Energieinhalt des Übergangszustandes und dem des Ausgangszustandes heißt **Aktivierungsenergie (E_A)****. Die Existenz des Übergangszustandes bringt folgende Konsequenzen mit sich:

► Nur jene Zusammenstöße von A und B (für A + B → AB) können eine Umsetzung bewirken, bei denen der Zusammenprall heftig genug ist – die kinetische

* Ein aktivierter Komplex ist kein Zwischenprodukt (s. Abb. 10–12).

** Für Reaktionen bei konstantem Druck muß es hier streng genommen **„freie Aktivierungsenthalpie"** heißen. In der Biochemie ist aber meist der unkorrekte Ausdruck „Aktivierungsenergie" in Gebrauch.

Energie (Bewegungsenergie) groß genug ist. Da nun in einem chemischen System die Teilchen eine unterschiedliche Geschwindigkeit, d. h. eine unterschiedliche Energie besitzen (Abb. 10–3), können nur jene Teilchen reagieren, deren Energieinhalt gleich dem Wert E_A oder größer ist. Bei Reaktionen, an denen zwei Teilchen beteiligt sind, muß die Summe ihrer Energien mindestens den Wert E_A erreichen.

- ▶ Je höher der Wert für E_A ist, um so langsamer verläuft die betreffende Reaktion.
- ▶ Stehen für Umsetzungen mehrere Wege offen (Parallelreaktionen), so läuft jene mit der kleineren Aktivierungsenergie bevorzugt ab (Abb. 10–4).

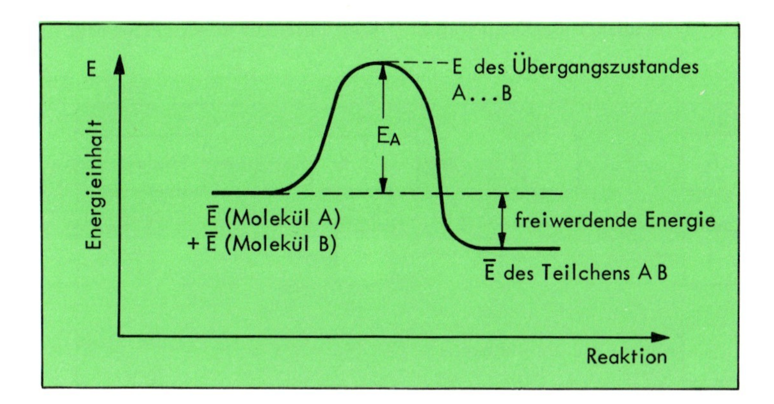

Abb. 10–2 Energieprofil einer chemischen Reaktion. Bei der Reaktion zwischen einem Teilchen A und einem Teilchen B wird ein energiereicher Übergangszustand (aktivierter Komplex A ... B) durchlaufen. Seine Höhe über dem Ausgangsniveau heißt freie Aktivierungsenergie (E_A). Tabellierte E_A-Werte sind bezogen auf 1 mol Umsatz, $\bar{E}$ = mittlerer Energieinhalt eines Teilchens.

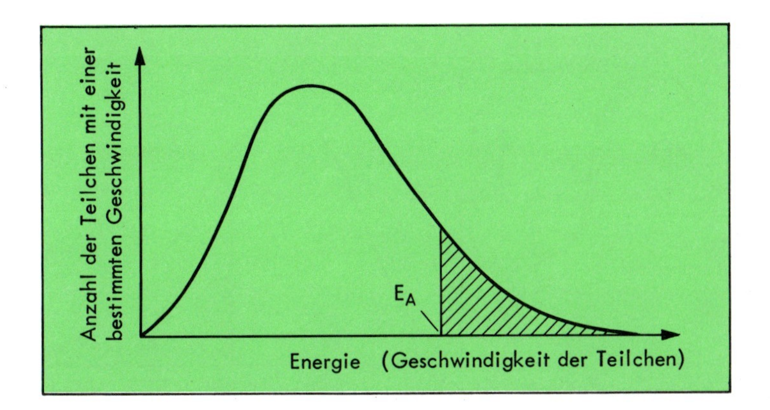

Abb. 10–3 In einer Teilchenansammlung haben nicht alle Teilchen den gleichen Energieinhalt, sondern es stellt sich immer eine Verteilung ein, die durch eine Art Glockenkurve wiedergegeben werden kann. Jene Teilchen, deren Energie zusammen mit der des Reaktionspartners mindestens den Wert E_A erreicht (schraffiertes Feld), können reagieren.

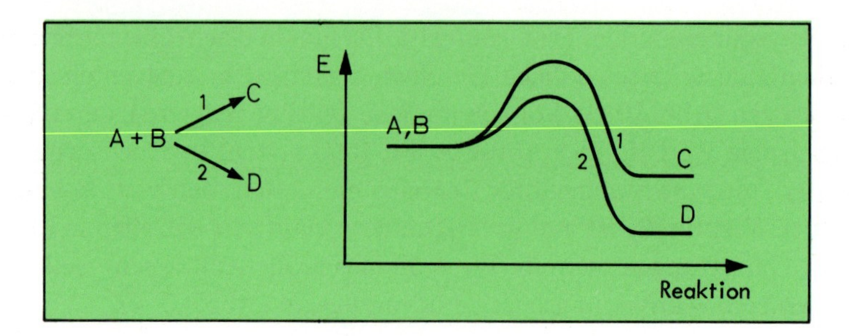

Abb. 10–4 Vergleich zweier chemischer Reaktionen. Es läuft jene mit der geringeren Aktivierungsenergie (A + B → D) schneller ab. Das Produkt C bildet sich nur in geringerer Menge.

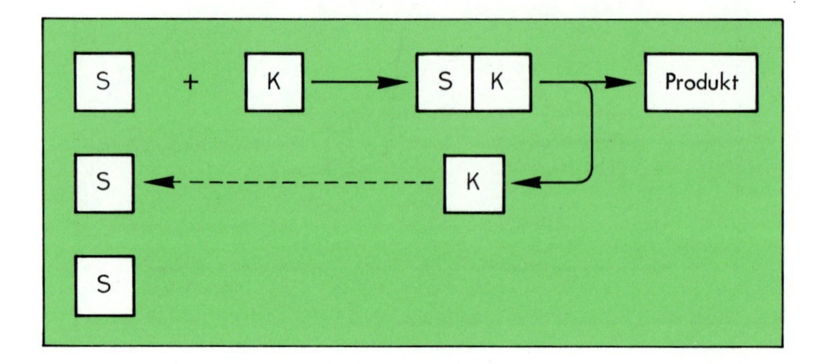

Abb. 10–5 Schema der Katalysatorwirkung. Der Katalysator geht mit dem Substrat eine Zwischenverbindung ein, aus der er bei der Bildung des Endprodukts wieder regeneriert wird. Daher wirken meist schon geringe Mengen.
S = Substrat, K = Katalysator, SK = Zwischenverbindung.

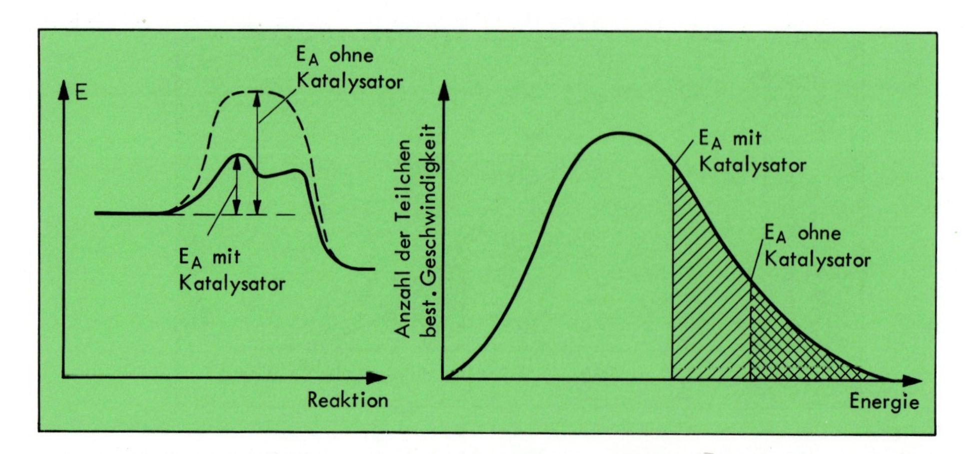

Abb. 10–6 Wirkung eines Katalysators. Der neue Reaktionsweg mit niedriger Aktivierungsenergie bewirkt, daß mehr Teilchen einen für eine Reaktion notwendigen Energieinhalt besitzen. Es reagieren mehr Teilchen pro Zeiteinheit.

Die Geschwindigkeit vieler Reaktionen kann durch Zusatz bestimmter Stoffe erhöht werden (**Katalyse**). Die Anwesenheit des Katalysators eröffnet einen neuen Reaktionsweg mit geringerer Aktivierungsenergie (Abb. 10–5 und 10–6). Dadurch erhöht sich die Reaktionsgeschwindigkeit, da jetzt eine höhere Teilchenzahl den Betrag E_A überschreitet (bei gleichbleibender Geschwindigkeitsverteilung). Die Einstellung des Gleichgewichts wird beschleunigt.

Katalysatoren können *selektiv* wirken, d. h., nicht alle normalerweise ablaufenden (Parallel)Reaktionen werden gleich stark beschleunigt (**Richtungsspezifität**). Die höchste Richtungsspezifität zeigen organische Biokatalysatoren (**Enzyme**), die auf diese Weise nicht nur beschleunigend, sondern auch steuernd wirken (Abb. 10–7).

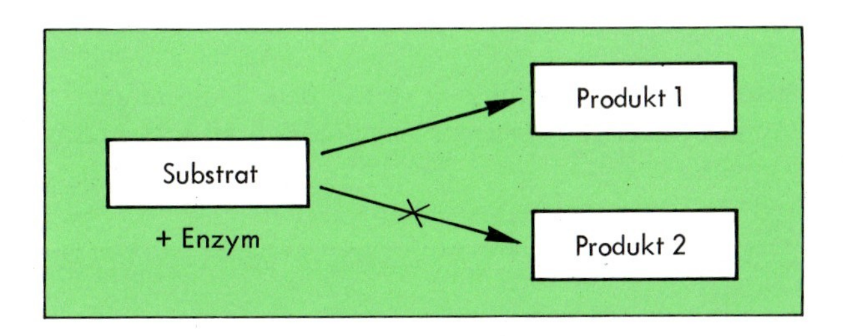

Abb. 10–7 Ein Biokatalysator (Enzym) katalysiert häufig nur einen von mehreren möglichen Reaktionswegen (Richtungsspezifität).

10.1.3 Temperatureinfluß

Temperaturerhöhung beschleunigt chemische Umsetzungen, Temperaturerniedrigung verlangsamt sie – etwa um den Faktor zwei (Verdoppelung der Reaktionsgeschwindigkeit bzw. Halbierung) pro 10 °C Temperaturdifferenz ($Q_{10} \approx 2$, RGT-Regel). Dies ist vor allem zurückzuführen auf eine Erhöhung des Anteils hinreichend aktivierter Teilchen (Abb. 10–8), nur zum geringen Teil auf die Zunahme der Zahl der Teilchenzusammenstöße.

Arrhenius fand, daß zwischen der Geschwindigkeitskonstanten k – das ist der Quotient aus Reaktionsgeschwindigkeit und Konzentration (s. u.) – einer chemischen Reaktion, der Aktivierungsenergie E_A und der Temperatur T folgende Beziehung besteht:

$$k = A \cdot e^{-\frac{E_A}{RT}} \quad \text{bzw.} \quad \ln k = -\frac{E_A}{RT} + \text{const.}$$

Bestimmt man also die Geschwindigkeitskonstante k einer chemischen Reaktion bei verschiedenen Temperaturen und trägt dann $\ln k$ als Funktion von $\frac{1}{T}$ in ein Dia-

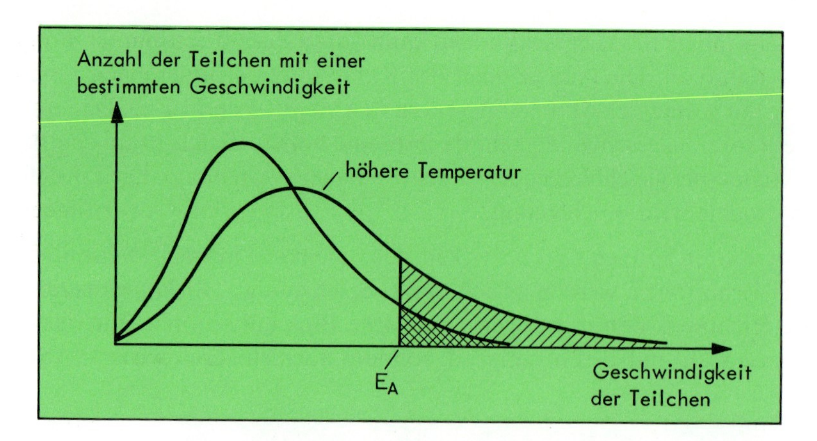

Abb. 10–8 Geschwindigkeitsverteilungskurven für zwei verschiedene Temperaturen. Bei höherer Temperatur ist der Prozentsatz der Teilchen mit höherer Energie als E_A größer, somit reagieren mehr Teilchen pro Zeiteinheit.

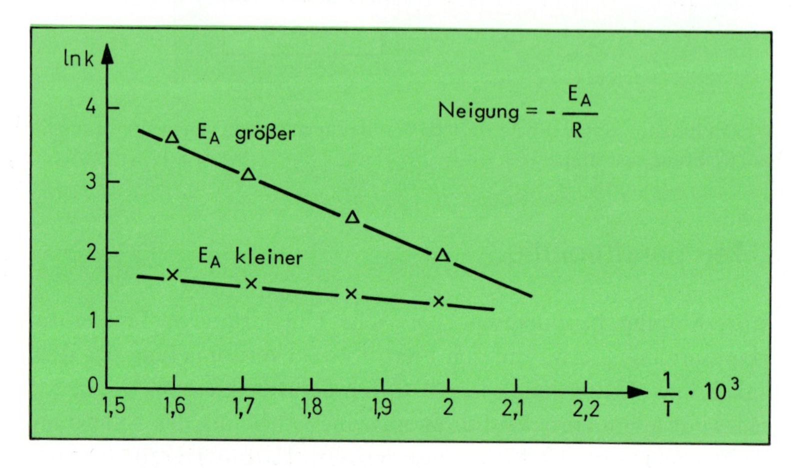

Abb. 10–9 Vergleich zweier chemischer Reaktionen. $\ln k$ (k = Geschwindigkeitskonstante) ist eine lineare Funktion der reziproken Temperatur (Arrhenius-Gerade). Wird $\ln k$ gegen $1/T$ aufgetragen, so verläuft die Gerade um so steiler, je höher die Aktivierungsenergie E_A ist.

gramm ein, so ist die Neigung der entstehenden Geraden kennzeichnend für die Größe $\frac{E_A}{R}$. Auf diese Weise läßt sich E_A ermitteln (Abb. 10–9).

10.1.4 Konzentrationseinfluß/Reaktionsordnung

Auch die Konzentrationsverhältnisse in einer Reaktionslösung haben Einfluß auf die Reaktionsgeschwindigkeit, die sich gewöhnlich mit der Zeit verlangsamt und schließlich auf null zurückgeht (völlige Umsetzung bzw. Gleichgewicht). Bei der Reaktion

A → B (**monomolekulare Reaktion**), ist die Reaktionsgeschwindigkeit proportional der Konzentration von A:

$$r = -\frac{\mathrm{d}c(\mathrm{A})}{\mathrm{d}t} = +\frac{\mathrm{d}c(\mathrm{B})}{\mathrm{d}t} = kc(\mathrm{A})$$

Das heißt, je kleiner $c(\mathrm{A})$, desto kleiner wird die Reaktionsgeschwindigkeit r. Ein solcher Reaktionstyp, bei dem r nur **einem** Konzentrationsglied (in der ersten Potenz) proportional ist, heißt **Reaktion 1. Ordnung.**

Eine **bimolekulare Reaktion** liegt vor, wenn zwei Edukte beteiligt sind, z.B. A + B → C oder A + B → C + D. Für den letzteren Fall gilt:

$$r = -\frac{\mathrm{d}c(\mathrm{A})}{\mathrm{d}t} = -\frac{\mathrm{d}c(\mathrm{B})}{\mathrm{d}t} = +\frac{\mathrm{d}c(\mathrm{C})}{\mathrm{d}t} = +\frac{\mathrm{d}c(\mathrm{D})}{\mathrm{d}t} = k \cdot c(\mathrm{A}) \cdot c(\mathrm{B})$$

Hierbei ist r *zwei* Konzentrationsgliedern proportional. Es liegt eine **Reaktion 2. Ordnung** vor.

Findet man Konzentrationsunabhängigkeit, also

$$-\frac{\mathrm{d}c}{\mathrm{d}t} = k$$

so liegt eine **Reaktion nullter Ordnung** vor. Ein Beispiel dafür ist die Photosynthese in den Pflanzen in Gegenwart von Chlorophyll als Katalysator. Die Bildungsgeschwindigkeit der Glucose in der Pflanze ist unabhängig von der Konzentration an CO_2 und Wasser.

Aus den vorstehenden Differential-Gleichungen für die Reaktionsgeschwindigkeiten ergeben sich durch Integration die folgenden Ausdrücke (t = Reaktionszeit, c_0 = Anfangskonzentration, c = Konzentration zur Zeit t, k = Geschwindigkeitskonstante):

$\lg c = \lg c_0 - \frac{k}{2{,}3} \cdot t$	für eine Reaktion 1. Ordnung
$\frac{1}{c} = \frac{1}{c_0} + k \cdot t$	für eine Reaktion 2. Ordnung
$c = c_0 - k \cdot t$	für eine Reaktion 0. Ordnung

Im Diagramm entstehen also Geraden, wenn man $\lg c$ bzw. $1/c$ bzw. c gegen die Zeit t aufträgt. Auf diese Weise läßt sich die Ordnung einer Reaktion ermitteln (Abb. 10–10 und 11). Bei Reaktionen 2. Ordnung wird gelegentlich auch c_0/c gegen t aufgetragen.

Der Zeitraum, der zwischen dem Zeitpunkt Null (Start der Reaktion) und dem Zeitpunkt des halben Umsatzes liegt, heißt **Halbwertszeit**. Setzt man in die für Reaktionen 1. Ordnung gültige Gleichung $c = c_0/2$ (halber Umsatz) ein, so ergibt sich $t_{1/2} = 0{,}693/k$, d.h. bei diesem Reaktionstyp ist die Halbwertszeit konzentrationsunabhängig.

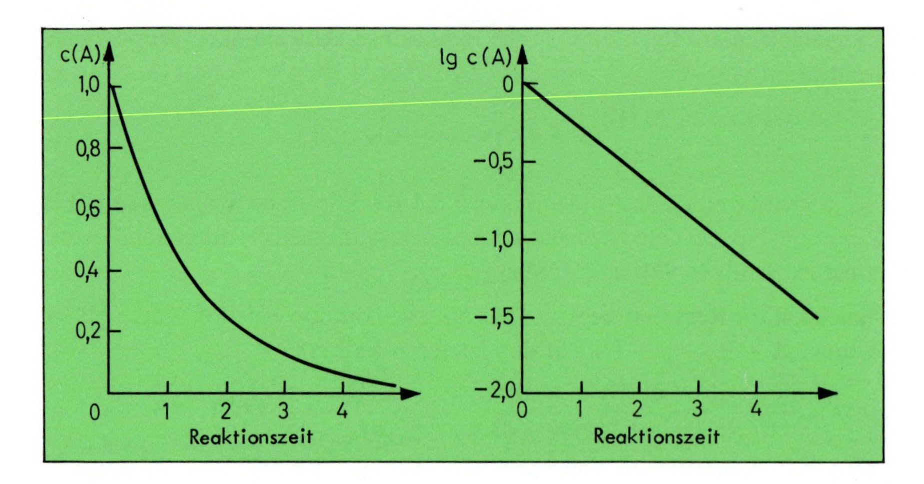

Abb. 10–10 Reaktion 1. Ordnung. c(A) und lg c(A) aufgetragen gegen die Reaktionszeit. Im letzteren Falle entsteht eine Gerade.

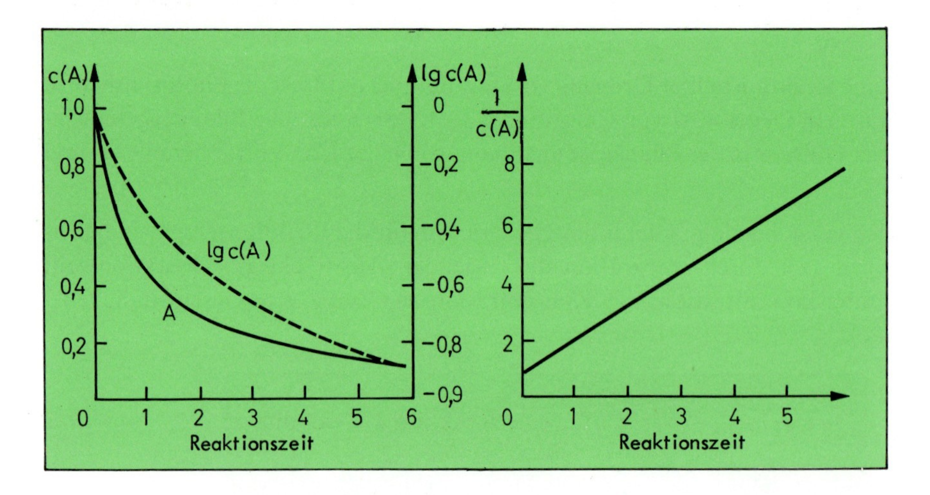

Abb. 10–11 Eine Reaktion 2. Ordnung ist daran erkennbar, daß $1/c$ aufgetragen gegen die Reaktionszeit eine Gerade ergibt.

Reaktionen 2. Ordnung können in solche 1. Ordnung übergehen – und heißen dann **pseudomonomolekulare Reaktionen** – wenn einer der beiden Reaktionspartner in großem Überschuß angeboten wird. Dies ist z. B. der Fall bei einer Hydrolyse in verdünnter wäßriger Lösung. Die bei der Reaktion verbrauchte Wassermenge ändert am Wert $c(H_2O)$ kaum etwas.

$$\mathrm{A} + \mathrm{H_2O}(\text{Überschuß}) \rightarrow \mathrm{C} + \mathrm{D}$$

$$r = k \cdot c(\mathrm{A}) \cdot c(\mathrm{H_2O}) = k \cdot c(\mathrm{A}) \cdot \text{const} = k' \cdot c(\mathrm{A})$$

Bei $c(H_2O) \approx$ const. ist die Reaktionsgeschwindigkeit praktisch nur noch von $c(A)$ abhängig (Reaktion **pseudoerster Ordnung**). In mäßig verdünnter Lösung findet man eine gebrochene Reaktionsordnung mit einem Wert zwischen eins und zwei.

10.1.5 Sonstige Einflüsse

In heterogenen Stoffsystemen ist die Reaktionsgeschwindigkeit auch von der **Oberfläche** der Reaktionspartner abhängig. Je feiner die Zerteilung (größere Oberfläche), desto höher ist die Reaktionsgeschwindigkeit – um so mehr Teilchen können nämlich pro Zeiteinheit an der Grenzfläche zusammentreffen. Feinvermahlene Feststoffe und feindisperse Emulsionen reagieren deshalb rascher als im grobdispersen Zustand (z. B. Staubexplosion). Dieser Gesichtspunkt spielt bei der Zubereitung von Medikamenten eine Rolle.

Auch der **Molekülbau** kann auf die Geschwindigkeit einer Reaktion Einfluß haben. So setzt sich z. B. SO_2 mit Wasser schneller zur Säure (H_2SO_3) um als CO_2 zu Kohlensäure (H_2CO_3). Der Dipol Wasser reagiert mit dem Dipol SO_2 rascher als mit dem linear gebauten CO_2, das keinen Dipolcharakter hat.

$$H_2O + SO_2 \rightleftharpoons 2H^+ + SO_3^{--}$$

$$H_2O + O{=}C{=}O \rightleftharpoons 2H^+ + CO_3^{--}$$

10.2 Mehrstufige und gekoppelte Reaktionen

Viele chemische Umsetzungen verlaufen über **Zwischenstufen**, die mehr oder weniger schnell zu den Endprodukten weiterreagieren. Bildet sich z. B. aus A langsam (höhere E_A) das Zwischenprodukt Z und daraus schnell (niedrigere E_A) das Endprodukt B, so können sich größere Mengen an Z nicht ansammeln (Abb. 10–12). Bei solchen **mehrstufigen Reaktionen** ist der langsamste Teilschritt der geschwindigkeitsbestimmende. Die kleinste Reaktionsgeschwindigkeit wird von der Messung erfaßt, in Abb. 10–12 also $r_{A \to Z}$. Analoges gilt, wenn drei (oder mehr) Edukte in eine Gesamtreaktion eingehen (Abb. 10–13):

$$A + B \rightarrow D$$
$$D + C \rightarrow E + F$$
$$A + B + C \rightarrow E + F \quad \text{(Gesamtreaktion)}$$

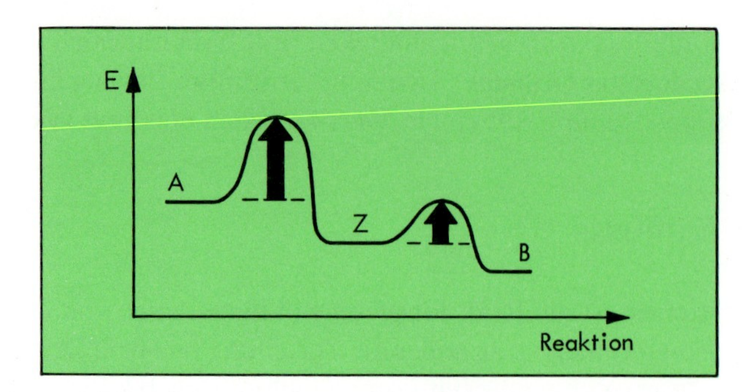

Abb. 10–12 Energieprofil einer zweistufigen Reaktion, bei der der erste Schritt langsamer erfolgt (A → Z) als der zweite (Z → B). Z reagiert rasch weiter, so daß es im Reaktionsgemisch nur in geringer Konzentration vorhanden ist. Im Unterschied zu einem aktivierten Komplex ist das Zwischenprodukt Z durch ein Energieminimum (Energiemulde) gekennzeichnet.

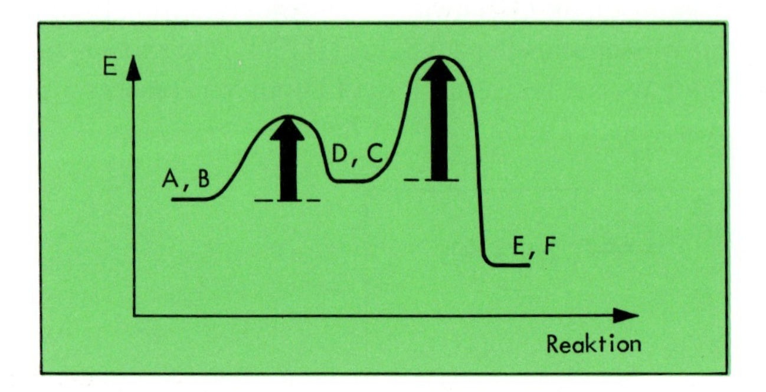

Abb. 10–13 Beispiel für ein Energieprofil einer zweistufigen Reaktion. Die erste Reaktion hat die kleinere Aktivierungsenergie, D reichert sich also zunächst an. Schließlich liegen aber überwiegend E und F vor.

10.3 Chemisches Gleichgewicht/Massenwirkungsgesetz

Bei den meisten chemischen Reaktionen werden die Ausgangsstoffe nur unvollständig umgesetzt. Es stellt sich ein **chemisches Gleichgewicht** ein. An diesem Punkt ist die Geschwindigkeit der Hinreaktion r_{hin} gleich der Geschwindigkeit der Rückreaktion $r_{\text{rück}}$ (**dynamisches Gleichgewicht**). Aus den Gleichungen für die Reaktionsgeschwindigkeit für $A + B \rightleftharpoons C + D$ ergibt sich z. B. (s. Kap. 10.1.4)

$$r_{\text{hin}} = k_1 \cdot c(A) \cdot c(B) \qquad r_{\text{rück}} = k_2 \cdot c(C) \cdot c(D)$$

Bei $\quad r_{\text{hin}} = r_{\text{rück}}$ gilt $k_1 \cdot c(A) \cdot c(B) = k_2 c(C) \cdot c(D)$

und damit ist

$$\frac{c(\text{C}) \cdot c(\text{D})}{c(\text{A}) \cdot c(\text{B})} = \frac{k_1}{k_2} = K$$

Massenwirkungsgesetz (MWG)
k_1, k_2 = Geschwindigkeitskonstanten
K = Gleichgewichts- oder Massenwirkungskonstante

Das MWG wird also aus kinetischen Betrachtungen plausibel.

Bei mehrstufigen Reaktionen ist die Gleichgewichtskonstante der Gesamtreaktion (K_{ges}) gleich dem Produkt der Gleichgewichtskonstanten der Einzelreaktionen ($K_1 K_2 \ldots$):

$$\text{A} \rightleftharpoons \text{B} \rightleftharpoons \text{C}$$

$$K_{\text{A}\to\text{B}} = \frac{c(\text{B})}{c(\text{A})} \qquad K_{\text{B}\to\text{C}} = \frac{c(\text{C})}{c(\text{B})} \qquad c(\text{B}) = \frac{c(\text{C})}{K_{\text{B}\to\text{C}}}$$

Setzt man den letzteren Ausdruck in die erste Gleichung ein, so ergibt sich

$$K_{\text{A}\to\text{B}} = \frac{c(\text{C})}{K_{\text{B}\to\text{C}} \cdot c(\text{A})}$$

$$K_{\text{A}\to\text{B}} \cdot K_{\text{B}\to\text{C}} = \frac{c(\text{C})}{c(\text{A})} = K_{\text{A}\to\text{C}}$$

Um zu prüfen, ob der Gleichgewichtszustand erreicht ist, genügt es meist, die Konzentrationsänderung einer Reaktionskomponente zu messen. Wenn $c(\text{A})$ = const. ist, dann ist auch die Konzentration der übrigen Komponenten konstant. Dies gilt jedoch nur, wenn während der Reaktion weder Edukte bzw. Produkte von außen zugeführt, noch aus dem System entfernt werden.

Führt man z. B. der Reaktion A $\rightleftharpoons$ B den Stoff A in dem Maße zu und entfernt B in dem Maße, in dem die beiden verbraucht bzw. gebildet werden, so bleibt ihre Konzentration konstant (**stationäre Konzentration**), obwohl sich noch kein Gleichgewicht eingestellt hat. Es liegt hier ein **offenes System** vor, in dem sich ein sog. **Fließgleichgewicht*** einstellt (Abb. 10–14).

Auch in Reaktionsfolgen können stationäre Konzentrationen an Zwischenprodukten entstehen. Abb. 10–15 enthält das Schema für einen vereinfachten Fall mit zwei langsamen Reaktionsschritten gleicher Geschwindigkeit.

Der lebende Organismus ist ein offenes System (Nahrungsmittelaufnahme, Ausscheidung), in dem sich stationäre Konzentrationen an Zwischenprodukten finden.

* Dies ist kein Gleichgewicht im Sinne des MWG ($\Delta G \neq 0$!). Zwar wird der Gleichgewichtszustand laufend angestrebt, aber nicht erreicht – hervorgerufen durch Transportvorgänge.

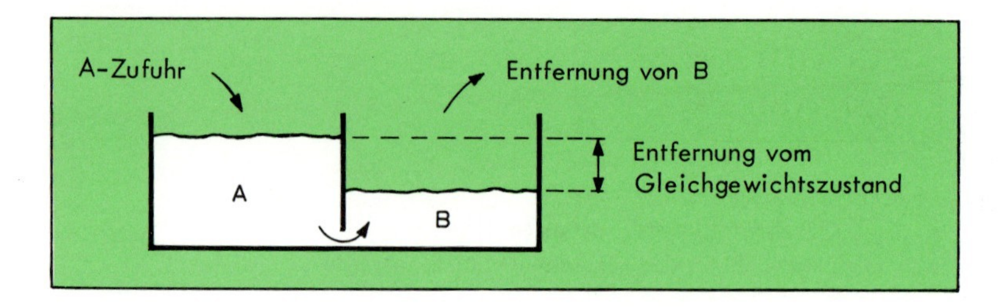

Abb. 10–14 Schema eines Fließgleichgewichts. Wird A in dem Maße ergänzt, in dem es sich in B umwandelt und B in dem Maße entfernt, in dem es entsteht, so bleibt die Entfernung vom Gleichgewichtszustand konstant.

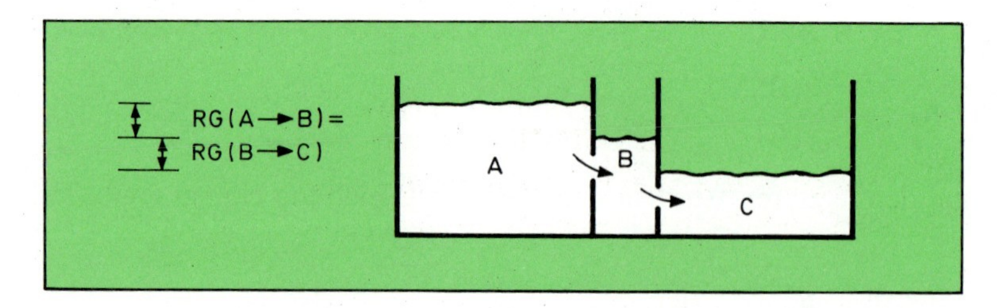

Abb. 10–15 Schema eines Fließgleichgewichts für die gekoppelten Reaktionen A → B → C. Zur Vereinfachung wurde angenommen, daß beide Reaktionsgeschwindigkeiten (RG) gleich sind.

10.4 Biokatalyse

Begriffe. Biokatalysatoren oder **Enzyme** sind kompliziert aufgebaute Proteine (Eiweißstoffe), die in biologischen Systemen wirken. Die **Enzymdiagnostik** ist ein wertvolles Instrument zur Feststellung und Verlaufskontrolle von Krankheiten.

Ein Enzym katalysiert nur wenige Reaktionen, manches nur eine einzige (**Spezifität**). Von zwei Enantiomeren wird nur eines umgesetzt (Ausnahme: Racemasen). Von möglichen Parallelreaktionen wird meist nur eine beschleunigt (**Richtungsspezifität**). Ein bestimmtes Enzym wirkt nur auf bestimmte chemische Gruppen eines Moleküls (**Gruppenspezifität**, **Substratspezifität**).

Jedes Enzym hat einen bestimmten Molekülbezirk, der die Katalyse bewirkt, das **aktive Zentrum**. Substanzen, die die Enzymaktivität beeinflussen, heißen **Effektoren**; solche, die sie erhöhen, nennt man **Aktivatoren**, solche, die sie erniedrigen, heißen **Inhibitoren.**

Charakterisierung von Enzymen. Die Geschwindigkeit einer enzymatisch katalysierten Reaktion wird u.a. durch folgende Faktoren beeinflußt:

- Aktivität des Enzyms
- Enzymkonzentration
- Substratkonzentration
- Temperatur
- pH-Wert
- Ionen
- Effektoren (Aktivatoren, Inhibitoren)

Die **Aktivität** eines Enzyms kann durch die **Wechselzahl** gekennzeichnet werden. Das ist die Zahl der Substratmoleküle, die pro Zeiteinheit von einem Enzymmolekül umgesetzt werden. *Beispiele* für Wechselzahlen:

Katalase 5000000/min, Acetylcholinesterase 18000000/min.

Eine andere Möglichkeit zur Kennzeichnung der Enzymaktivität, nämlich durch die **Michaelis-Konstante** K_m, soll im folgenden kurz erläutert werden. Hält man Enzymkonzentration, Temperatur und pH-Wert konstant, dann kann der Einfluß der Substratkonzentration auf die Reaktionsgeschwindigkeit (r) studiert werden; r nimmt mit steigender Substratkonzentration zunächst rasch zu, dann langsamer, um schließlich einen Maximalwert r(max) (s. Abb. 10–16) anzunehmen. Jetzt hat die Substratkonzentration am Enzym einen Sättigungswert erreicht.

Wegen der asymptotischen Annäherung der Kurve an r(max) ist die Sättigungskonzentration nur ungenau bestimmbar. Deshalb hat sich als Maß für die Enzymaktivität der Wert für c(Substrat) bei r(max)/2 eingebürgert. Das ist die **Michaelis-Konstante K_m**. Ihr Wert liegt zwischen 10^{-2} mol/l (geringe Affinität zwischen Substrat und Enzym) und 10^{-5} mol/l Substrat (große Affinität). Im letzten Fall genügt ein geringer Wert von c(Substrat) für die Sättigung des Enzyms.

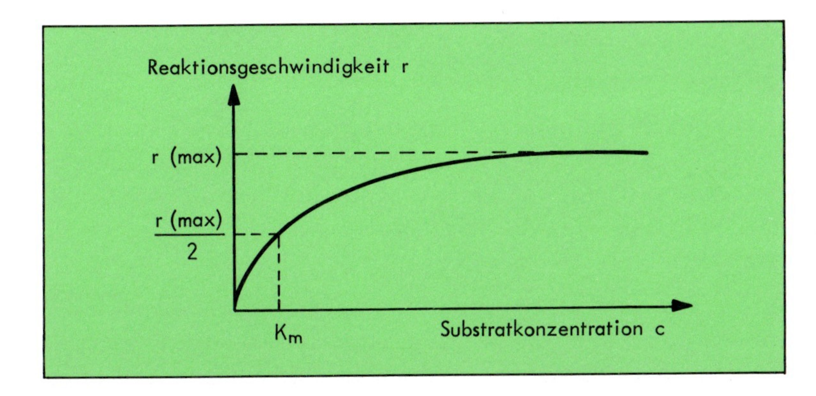

Abb. 10–16 Je höher die Substratkonzentration in der Lösung und damit am Enzym wird, desto höher steigt die Reaktionsgeschwindigkeit r. Der Punkt, an dem r(max) erreicht wird, ist schlecht zu bestimmen. Besser ist jene Substratkonzentration zu ermitteln, bei der r(max)/2 erreicht sind. Dieser Wert heißt Michaelis-Konstante K_m.

Die **Umsatzgeschwindigkeit** eines Enzyms bei Sättigung wird angegeben durch den Substratverbrauch je Zeiteinheit, z. B. in µmol/min oder in mg/min.

Eine **Enzymeinheit U** liegt vor, wenn unter Standardbedingungen 1 µmol Substrat pro Minute umgesetzt wird. Eine auf SI-Einheiten basierende Einheit für die Enzymaktivität ist das **Katal (kat)**.

$$1\,\text{kat} = 1\,\text{mol/s Substratumsatz} = 6 \cdot 10^{7}\,\text{U}$$

In der Praxis ist diese Größe zu unhandlich, man arbeitet daher mit dem Nanokatal (nkat).

$$1\,\text{nkat} = 10^{-9}\,\text{kat} = 0{,}06\,\text{U}$$

$$1\,\text{U} = 16{,}67\,\text{nkat}$$

Hemmung von Enzymen. Gifte wie Hg^{2+} oder CN^{-} hemmen Enzymaktivitäten irreversibel. Wenn ein organisches Fremdmolekül mit dem Substrat in reversibler Weise um einen Platz am Enzym konkurriert, spricht man von **reversibler Hemmung**. Man unterscheidet hier:

- **kompetitive Hemmung**, ein Fremdmolekül konkurriert um den Platz am aktiven Zentrum, $r(\text{max})$ bleibt gleich, aber die Steigung – also K_m – ändert sich;
- **nichtkompetitive Hemmung,** $r(\text{max})$ wird kleiner, K_m ist unverändert.

11 Aufbau und Reaktionstypen organischer Verbindungen

Die in den vorangegangenen Kapiteln behandelten Gesetzmäßigkeiten haben für die gesamte Chemie Gültigkeit. Aus Gründen der Übersichtlichkeit und wegen einiger Besonderheiten der Kohlenstoffverbindungen – der organischen Verbindungen* – ist jedoch ihre Behandlung in gesonderten Kapiteln gerechtfertigt. Schlüssel zum Verständnis der chemischen und physikalischen Eigenschaften organischer Verbindungen sind die in ihnen herrschenden Bindungsverhältnisse sowie der räumliche Aufbau der Moleküle (*Molekülgeometrie*).

11.1 Bindungsverhältnisse in Kohlenwasserstoffen

Im einfachsten organischen Molekül, dem Methan mit der Summenformel CH_4, sind alle C—H-Bindungen gleichartig. Die H-Atome sind in den Ecken eines Tetraeders angeordnet (Abb. 11–1).

Man nimmt an, daß das 2s-Orbital und die drei 2p-Orbitale des Kohlenstoffs zu vier sp^3-Hybridorbitalen verschmelzen, die in die Ecken eines Tetraeders weisen (Abb. 11–2). Sie überlappen dann mit den 1s-Orbitalen der H-Atome (→ Kovalenzbindung). Im Ethan (CH_3—CH_3) überlappt ein sp^3-Hybridorbital eines Kohlenstoffs mit dem eines zweiten Kohlenstoffatoms unter Bildung einer C—C-Einfach-

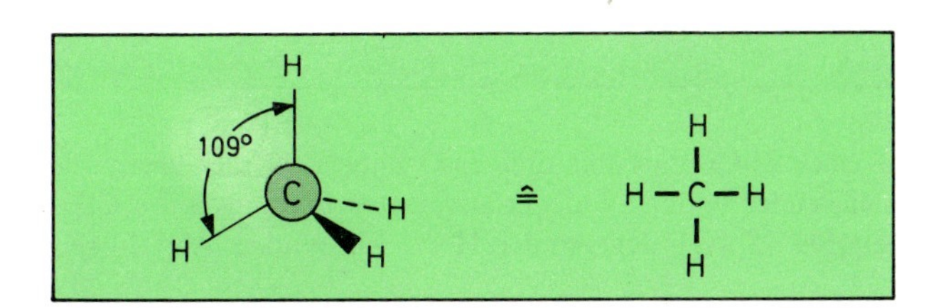

Abb. 11–1 Das Methanmolekül. Die C—H-Bindungen weisen in die Ecken eines Tetraeders (links). Rechts die Projektionsformel des CH_4.

* Carbonate und Cyanide rechnet man traditionell zu den anorganischen Verbindungen.

bindung. Die restlichen sp^3-Hybridorbitale (2×3) binden die sechs H-Atome (Abb. 11–3). Auf analoge Weise bauen sich die höheren Glieder (C_3H_8, C_4H_{10} usw.) der **homologen Reihe*** der Alkane auf.

Die in den Kohlenwasserstoffen auftretenden C—C- und C—H-Einfachbindungen heißen **σ-Bindungen**. Um diese Achsen können die Molekülteile gegeneinander rotieren (*freie Drehbarkeit*) (Abb. 11–4). Kohlenwasserstoffe, die ausschließlich σ-Bindungen enthalten, heißen *gesättigt* (**Alkane**).

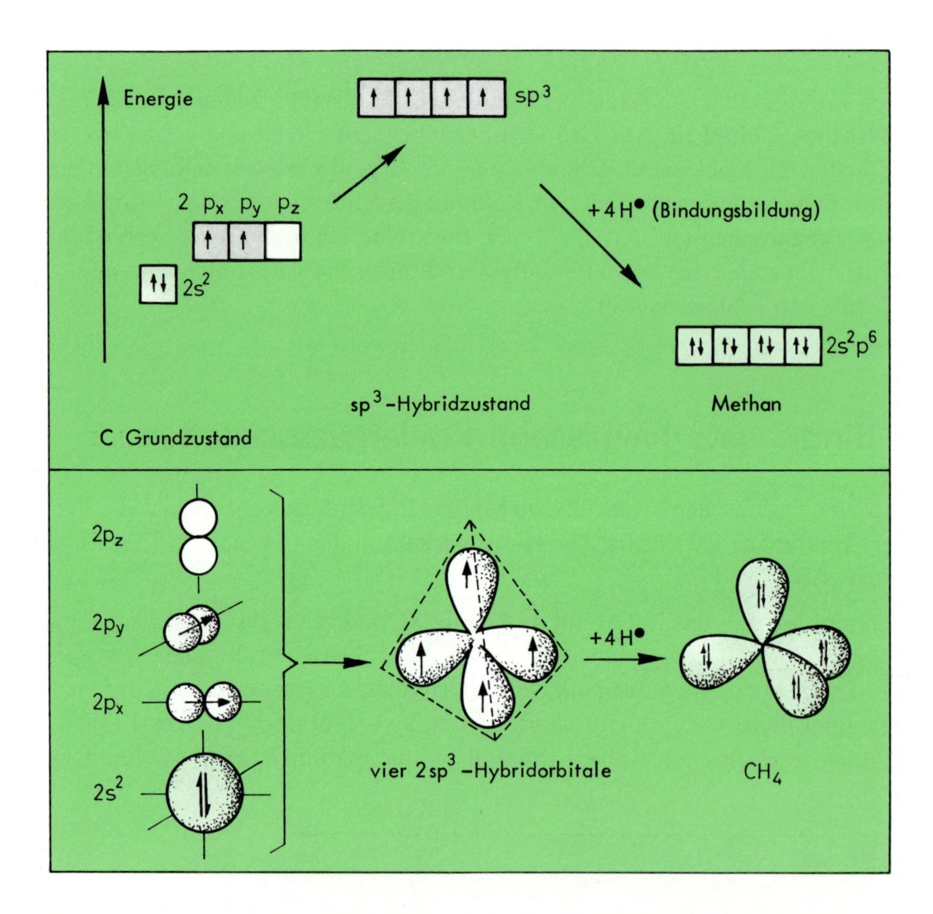

Abb. 11–2 Kombination eines 2s-Orbitals mit drei 2p-Orbitalen zu vier energiegleichen sp^3-Hybridorbitalen mit anschließender Bildung von vier kovalenten Bindungen. Im CH_4 haben alle H—C—H-Winkel den Wert 109° 28′ (vgl. dagegen den H—O—H-Winkel, Abb. 2–4).

* Homologe unterscheiden sich formelmäßig jeweils um eine CH_2-Einheit, z. B.: $H_3C—H$, $H_3C—CH_3$, $H_3C—CH_2—CH_3$, $H_3C—CH_2—CH_2—CH_3$ usw.

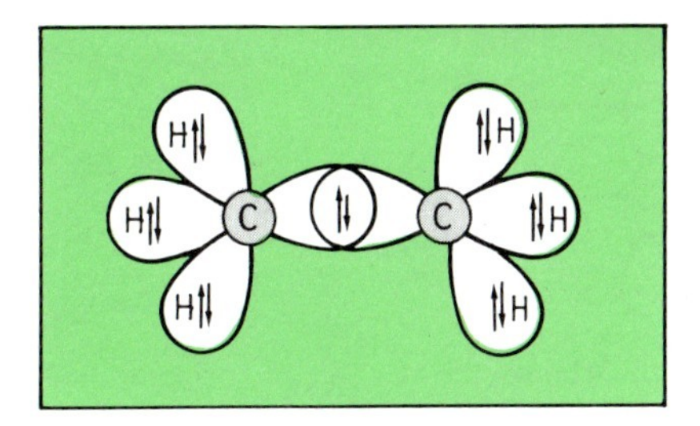

Abb. 11–3 Aufbau des Ethans ($CH_3—CH_3$).

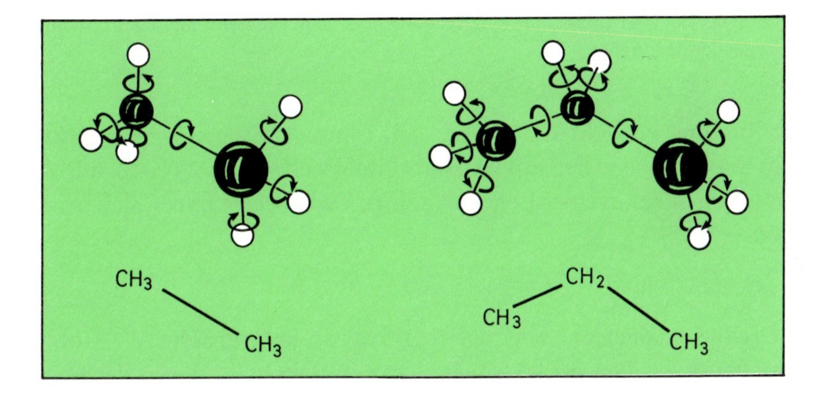

Abb. 11–4 Molekülteile können um σ-Bindungen als Achse rotieren (freie Drehbarkeit).

Ungesättigte Kohlenwasserstoffe (**Alkene** oder **Olefine**) liegen vor, wenn im Molekül C=C-Doppelbindungen vorhanden sind. Einfachster Vertreter ist das Ethen (Ethylen). In diesem Molekül sind zwei sp^2-hybridisierte C-Atome eine σ-Bindung und zusätzlich eine sogenannte **π-Bindung** eingegangen (**Mehrfachbindung**) (siehe Abb. 11–5 und 6).

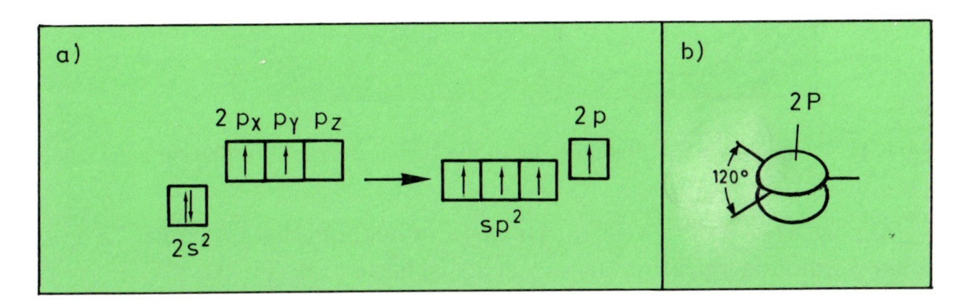

Abb. 11–5 a) Bei der sp^2-Hybridisierung eines C-Atoms gelangen das 2s-Orbital und zwei 2p-Orbitale auf ein gemeinsames Energieniveau, ein energetisch etwas höher gelegenes 2p-Orbital bleibt erhalten. Alle sind mit jeweils einem Elektron besetzt.
b) Zwischen den in einer Ebene liegenden sp^2-Orbitalen – hier nur als Striche gezeichnet – betragen die Winkel jeweils 120°. Das verbliebene 2p-Orbital steht senkrecht auf dieser Ebene.

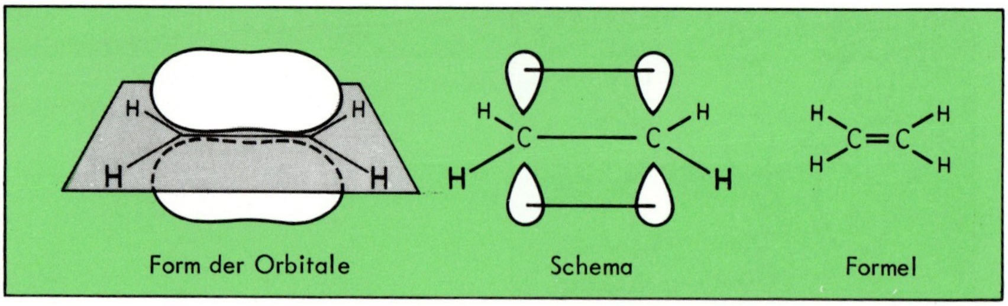

Form der Orbitale Schema Formel

Abb. 11–6 Aufbau des Ethylens. Nur wenn alle sechs Atome in einer Ebene liegen, kann die energetisch günstige maximale Wechselwirkung (Überlappung) der p-Orbitale beider C-Atome stattfinden. Eine Rotation der beiden Molekülhälften gegeneinander ist deshalb nur unter Zufuhr einer beträchtlichen Energiemenge möglich.

Die π-Bindung entsteht durch Wechselwirkung zwischen zwei p-Orbitalen, die senkrecht auf der Ebene der sp^2-Hybridorbitale stehen (Abb. 11–5), alle Atome des Ethylens liegen daher in einer Ebene. Analoge Verhältnisse finden sich bei den Gruppierungen

$$>C{=}O \quad \text{und} \quad >C{=}N-$$

Eine **Dreifachbindung** entsteht zwischen zwei sp-hybridisierten C-Atomen, wobei die Orbitale des zweiten p-Elektronenpaares senkrecht zu denen des ersten stehen (Abb. 11–7). Durch Ausbildung einer Mehrfachbindung ($\sigma + \pi =$ Doppelbindung oder $\sigma + 2\pi =$ Dreifachbindung) wird die Rotationsfähigkeit um die σ-Bindungs-Achse sehr stark eingeschränkt. Sie kann nur unter erheblicher Energiezufuhr erfolgen.

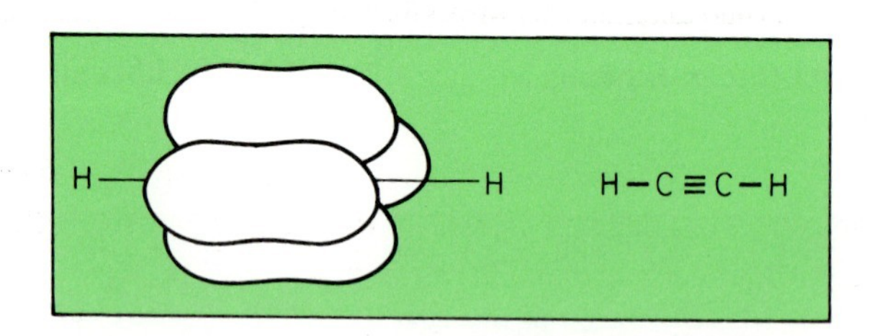

Abb. 11–7 In einer C≡C-Bindung stehen die beiden π-Orbitale senkrecht aufeinander.

Konjugierte – d.h. jeweils durch eine Einfachbindung getrennte – π-Systeme sind ca. 8 kJ/mol energieärmer (stabiler) als **isolierte** (Tab. 11–1).

Das Benzol, der einfachste Typ der **aromatischen Verbindungen** – kurz **Aromaten** – enthält sechs sp^2-hybridisierte C-Atome in cyclischer ebener Anordnung. Die zwei Grenzformen (Grenzstrukturen, Abb. 11–8) mit cyclisch konjugierten lokalisierten Doppelbindungen existieren als Individuen nicht. Vielmehr verteilen sich die Elektronen des π-Systems gleichmäßig über das ganze Molekül: die π-Elektronen sind delo-

Tab. 11–1 Konjugierte und isolierte π-Systeme

konjugiert	π-System energieärmer als	isoliert ($n > 0$)
$-C-C=C-C=C$		$C=C-(C)_n-C=C$
$-C-C=C-C=O$		$C=C-(C)_n-C=O$
$-C-C=C-C=N-$		$C=C-(C)_n-C=N-$

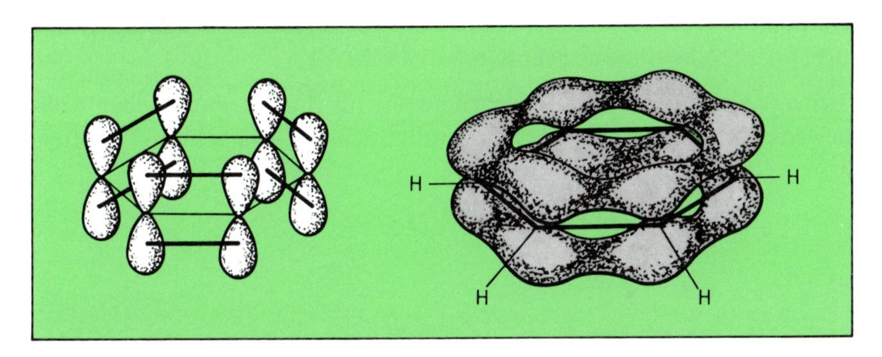

Abb. 11–8 Orbitalmodell des Benzols. Die linke Figur zeigt eine der beiden Grenzformen mit cyclisch konjugierten Doppelbindungen. Die sechs p-Orbitale verschmelzen miteinander zu je einem geschlossenen Ladungsring oberhalb und unterhalb der Molekülebene (Delokalisierung der Ladung, Mesomerie, Resonanz).

kalisiert. Dieses Phänomen heißt **Mesomerie** oder *Resonanz*. Das wirkliche Molekül kann also durch Kombination (↔: Mesomeriepfeil) mehrerer **Grenzformeln*** beschrieben werden. In der Formelsprache des Chemikers:

[Grenzformel I ↔ Grenzformel II] oder

Die symmetrische Ladungsverteilung stellt einen energetisch günstigen Zustand dar. Der *Stabilitätszuwachs durch Delokalisierung von π-Elektronen* – die **Mesomerieenergie** – ist im Falle des Benzols besonders hoch und beträgt 151 kJ · mol^{-1} (Abb. 11–9).

* In Strukturformeln von aromatischen Verbindungen begnügt man sich häufig mit der Angabe *einer* Grenzformel.

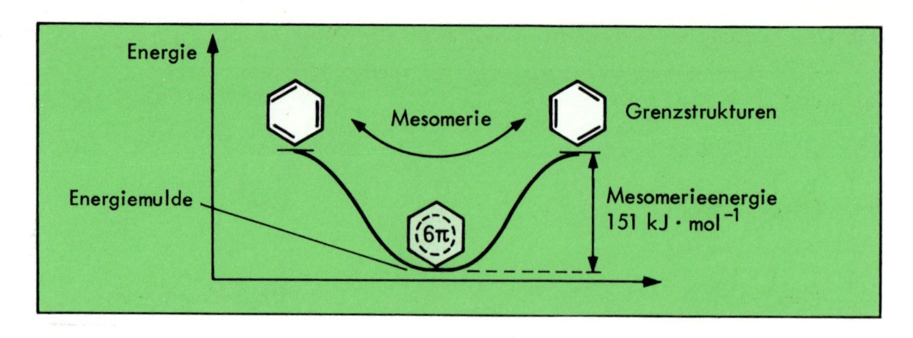

Abb. 11–9 Schema zur Illustration des Begriffs Mesomerieenergie am Beispiel des Benzols. Die Höhe des Betrages macht die Stabilität des aromatischen Systems verständlich.

Aus den meisten chemischen Reaktionen geht das aromatische System infolge seiner Stabilität unversehrt hervor. Der Ersatz von Wasserstoff gegen andere Atome oder Atomgruppen (Substitution) gelingt relativ leicht.

Die vorstehend erörterten Tatsachen gelten analog für Bindungen zwischen Kohlenstoff einerseits und z. B. Halogenen, Sauerstoff, Stickstoff und Schwefel andererseits.

Beispiele:

Die Strukturen

$-\overset{|}{\underset{|}{C}}-O-$ $\qquad$ $-\overset{|}{\underset{|}{C}}-N\langle$

besitzen um die Achse C—Heteroatom (σ-Bindung) freie Drehbarkeit. Sie fehlt, wenn Doppelbindungen vorliegen, z. B. in den folgenden Strukturen:

$\rangle C=O$ $\qquad$ $\rangle C=N-$

Während gesättigte Kohlenwasserstoffe nur unpolare C—C- und C—H-Bindungen enthalten, bringt der Einbau von Atomen höherer Elektronegativität polare Bindungen ins Molekül:

$-\overset{\delta+}{C}-\overset{\delta-}{O}-$ $\qquad$ $-\overset{\delta+}{C}-\overset{\delta-}{Cl}$

Desgleichen bilden die leicht verschieblichen π-Systeme unter dem Einfluß geeigneter Reagenzien Zentren ausgeprägter Polarität: Mehrfachbindungen sind leicht polarisierbar.

$R_2C=CR'_2 \longleftrightarrow R_2\overset{\oplus}{C}-\overset{\ominus}{C}R'_2$

Polare und polarisierbare Bindungen sind im Molekül Bereiche erhöhter Reaktionsfähigkeit. Hier spielen sich bevorzugt chemische Reaktionen ab.

11.2 Reaktionen und reaktive Teilchen

Die Einteilung organischer Reaktionen kann erfolgen: nach dem *Reaktionstyp*, nach der Art der *Bindungslösung* und *-neuknüpfung* und nach der Zahl der Teilchen, die am geschwindigkeitsbestimmenden Schritt beteiligt sind.

11.2.1 Reaktionstypen

Substitution. Substitution (Symbol S) nennt man den Ersatz eines Atoms oder einer Atomgruppe im Molekül durch ein anderes Atom bzw. eine andere Atomgruppe. Es entstehen dabei stets *zwei* Produkte.

Beispiel:

$$-\overset{|}{\underset{|}{C}}-H + Br-Br \longrightarrow -\overset{|}{\underset{|}{C}}-Br + HBr$$

Addition. Bei einer Addition (Symbol A) wird eine Substanz (oder ein Teilchen) an eine andere angelagert. Es entsteht nur *ein* Produkt.

Beispiel:

$$>C=C< + Br-Br \longrightarrow -\overset{|}{\underset{\underset{Br}{|}}{C}}-\overset{\overset{Br}{|}}{\underset{|}{C}}-$$

Eliminierung. Eine Eliminierung (Symbol E) läßt sich als Umkehrung einer Addition auffassen. Meist werden Atome oder Atomgruppen von benachbarten C-Atomen unter Bildung einer Mehrfachbindung entfernt. Aber auch die Decarboxylierung gehört zu den Eliminierungen.

Beispiele:

$$-\overset{\overset{H}{|}}{\underset{|}{C}}-\overset{|}{\underset{|}{C}}-OH \longrightarrow >C=C< + H-OH$$

$$R-COOH \longrightarrow RH + CO_2$$

Umlagerung. Bei einer Umlagerung wandern Atome oder Atomgruppen innerhalb des Moleküls unter Umordnung von Elektronen.

Beispiel:

$$-\overset{\overset{\displaystyle H}{|}}{\underset{|}{C}}-C\overset{\displaystyle O}{\lessgtr} \rightleftharpoons \; >C=C\overset{\displaystyle O-H}{\lessgtr}$$

Im folgenden seien einige organische Reaktionen unter Redox-Gesichtspunkten betrachtet.

Redoxreaktionen. Redoxreaktionen kann man bei organischen Stoffen unter Heranziehung der Oxidationszahl (Kap. 1.4.2) des betroffenen C-Atoms (s. Tab. 11–2) studieren. Man ermittelt die Oxidationszahl von C-Atomen in organischen Verbindungen nach dem im Kap. 1.4.2 beschriebenen Schema.

Tab. 11–2 Oxidationszahl von C-Atomen

Oxidationszahl des C-Atoms	Struktur (R = Alkyl- oder Arylrest)				
−4	CH_4				
−3	RCH_3	H_3C-CH_3			Oxidation ↓
−2	R_2CH_2	RH_2C-CH_2R	$H_2C=CH_2$	CH_3Cl	
−1	R_3CH	$R_2HC-CHR_2$	$RHC=CHR$	$HC\equiv CH$	
	RCH_2OH	H_3C-CH_2OH			
null	R_4C	R_3C-CR_3	$R_2C=CR_2$	$RC\equiv CR$	
	R_2CHOH	$H_2C=O$	CH_2Cl_2		
+1	R_3C-OH	$R-CH=O$			
+2	$R_2C=O$				
+3	$R-COOH$				Reduktion ↑
+4	CO_2				

Natürlich können zwei miteinander verbundene C-Atome auch unterschiedliche Oxidationszahlen haben.

Beispiele:

1. $\overset{2}{C}H_3-\overset{1}{C}H_2-OH$

Oxidationszahl von C1: $0 + 2\cdot(-1) + 1 = -1$
Oxidationszahl von C2: $0 + 3\cdot(-1) = -3$

2. $\overset{2}{C}H_3-\overset{1}{C}H=O$

Oxidationszahl von C1: $0 + 1\cdot(-1) + (+2) = +1$
Oxidationszahl von C2: $0 + 3\cdot(-1) = -3$

Im folgenden seien einige Möglichkeiten erläutert, wie sich die Oxidationszahlen von C-Atomen in organischen Verbindungen ändern können.

1. Dem Substrat wird Wasserstoff entzogen (**Dehydrierung**, Oxidation unter Wasserstoffentzug). Dafür gibt es 3 Varianten, die sich summarisch gesehen nicht unterscheiden:
   a) Substrat → Produkt + $2H^+ + 2e^-$ (s. auch Abb. 11–10)
   b) Substrat → Produkt + $2H\cdot$
   c) Substrat → Produkt + H_2

   Für 1 b) und 1 c) ist ein Oxidationsmittel nicht notwendig, der erhöhten Oxidationszahl im Produkt steht eine um den gleichen Betrag erniedrigte in den $2H\cdot$ bzw. im H_2 gegenüber.

2. Eine C—H-Bindung wird in eine C—OH-Bindung überführt (**Oxidation**), als Sauerstofflieferant kann Wasser fungieren:

$$\mathrm{R\underset{\underset{O}{\|}}{C}{-}H + H_2O \rightarrow R\underset{\underset{O}{\|}}{C}{-}O{-}H + 2H^+ + 2e^-}$$

11.2.2 Bindungslösung und -neuknüpfung

Radikalische Reaktionen. Hierbei sind am geschwindigkeitsbestimmenden Schritt Teilchen mit ungepaartem Elektron beteiligt. Sie können durch symmetrische Bindungsspaltung (**Homolyse**) entstehen

$$X - X \rightarrow X\cdot + \cdot X$$

oder durch den Angriff eines in einer Vorstufe gebildeten Radikals:

$$X\cdot + HR \rightarrow HX + \cdot R$$

Ionische Reaktionen. Hierbei sind am geschwindigkeitsbestimmenden Schritt Kationen, Anionen oder Zwitterionen beteiligt. Drei Möglichkeiten ihrer Entstehung seien genannt:

Substrat*	Reagens*	Beispiel	Klassifizierung der Reaktion
ungeladen	Anion	OH^-	nucleophil**
ungeladen	Kation	H^+	elektrophil
ungeladen	ungeladen	H_2O	nucleophil
	(hier entsteht ein Zwitterion, s. Kap. 19)		

* Als Reagens wird meist der weniger kompliziert gebaute Reaktionspartner bezeichnet. Der andere heißt Substrat.

** nucleophil = kernsuchend = elektronenlückensuchend
elektrophil = elektronensuchend
Beide Ausdrücke werden auch substantivisch gebraucht: das Nucleophil, die Nucleophile usw.

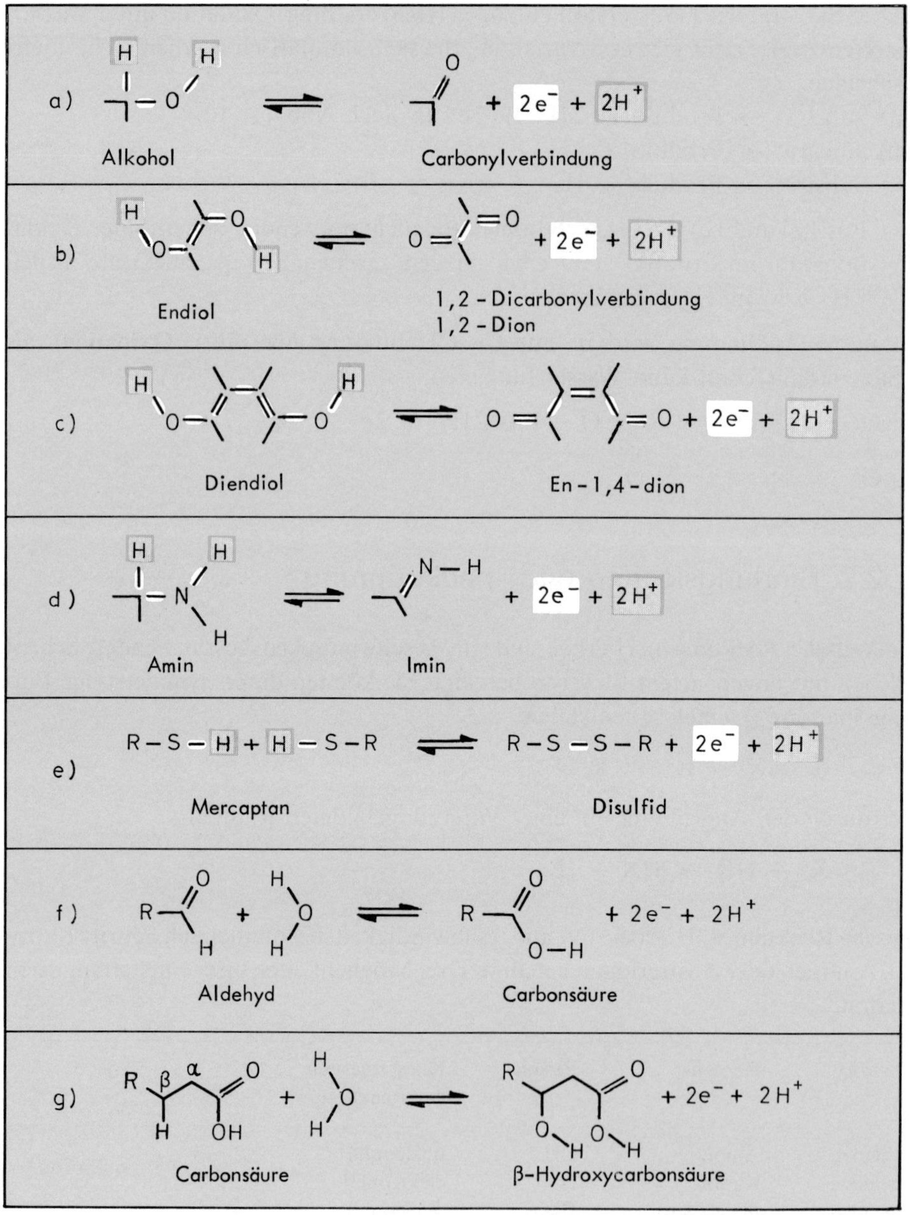

a) Alkohol ⇌ Carbonylverbindung + $2e^-$ + $2H^+$

b) Endiol ⇌ 1,2-Dicarbonylverbindung, 1,2-Dion + $2e^-$ + $2H^+$

c) Diendiol ⇌ En-1,4-dion + $2e^-$ + $2H^+$

d) Amin ⇌ Imin + $2e^-$ + $2H^+$

e) R–S–H + H–S–R ⇌ R–S–S–R + $2e^-$ + $2H^+$
Mercaptan ⇌ Disulfid

f) Aldehyd + H_2O ⇌ Carbonsäure + $2e^-$ + $2H^+$

g) Carbonsäure + H_2O ⇌ β-Hydroxycarbonsäure + $2e^-$ + $2H^+$

Abb. 11–10 Aus a) bis d) ist ersichtlich, daß der Abzug von $2e^-$ aus einem Substrat jeweils eine Doppelbindung entstehen läßt, wobei die abwandernden $2H^+$ nicht von benachbarten Atomen stammen müssen, wie in b) und c) gezeigt ist. Gleichung e) zeigt die oxidative Verknüpfung von zwei Mercaptanmolekülen zu einem Disulfid. In f) und g) ist Wasser an der Reaktion beteiligt, so daß sich Edukt und Produkt jeweils im Sauerstoffgehalt unterscheiden. Die Gleichungen a) bis g) sollen die formalen Gemeinsamkeiten einiger Redoxprozesse widerspiegeln. Aussagen über den Mechanismus solcher Vorgänge im biologischen Geschehen sind damit nicht verknüpft.

Einem nucleophilen Reagens steht logischerweise ein elektrophiles Substrat gegenüber und umgekehrt. Hier zeigt sich eine Analogie zu Redoxvorgängen.

11.2.3 Molekularität

Auch die Zahl der Teilchen, die am langsamsten Teilschritt einer Gesamtreaktion beteiligt sind, wird zur Charakterisierung herangezogen. Man nennt das die **Molekularität** einer Reaktion und unterscheidet:

- **monomolekulare** (ein Teilchen reagiert, Zerfallsprozesse, Umlagerungen) und
- **bimolekulare** Reaktionen (zwei Teilchen reagieren miteinander) (vgl. auch Kap. 10).

Alle genannten Klassifizierungsmöglichkeiten lassen sich miteinander verknüpfen. Eine bimolekular ablaufende nucleophile Substitution läßt sich beispielsweise wie folgt bezeichnen:

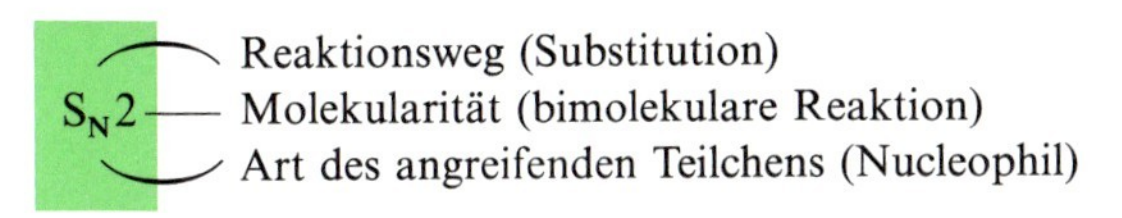

11.3 Biochemische Aspekte

An aliphatischen (kettenförmigen) Strukturen erfolgt im Organismus der Ersatz eines H-Atoms durch die OH-Gruppe in zwei Schritten: 1. Dehydrierung, 2. Wasseraddition. Die Substitution ist hier also das Ergebnis von Eliminierung und anschließender Addition.

$$R{-}CH_2{-}CH_2{-}R \xrightarrow{-H_2} R{-}CH{=}CH{-}R \xrightarrow{+H_2O} R{-}CH_2{-}\underset{\displaystyle |\atop \displaystyle OH}{CH}{-}R$$

In Abb. 11–10 sind einige biologisch wichtige Typen organischer Redoxpaare formuliert. Dabei wurde ohne Rücksicht auf mechanistische Einzelheiten, die im Zusammenspiel mit den entsprechenden Enzymen zu diskutieren sind, ein getrennter Transfer von jeweils $2e^-$ und $2H^+$ angenommen.

Molekülteile mit aromatischer Struktur überstehen infolge ihrer hohen Stabilität den Stoffwechsel meist unverändert. Die Metabolisierung unsubstituierter Aromaten ist für Organismen schwierig. Die große Giftigkeit des Benzols dürfte damit zusammenhängen.

12 Strukturformeln und Nomenklatur

12.1 Strukturformeln

Für das Verständnis von Strukturformeln organischer Moleküle sind die folgenden Gesichtspunkte wichtig.

- ▶ In eindeutigen Fällen verzichtet man meist auf die Darstellung aller Bindungen (Abb. 12–1).
- ▶ Häufig werden auch die C- und H-Atome nicht mehr geschrieben (Abb. 12–2).
- ▶ In entbehrlichen Fällen wird auf die korrekte Wiedergabe der Bindungswinkel verzichtet. Die C-Gerüste in der Abb. 12–3 entsprechen z. B. alle dem n-Butan.

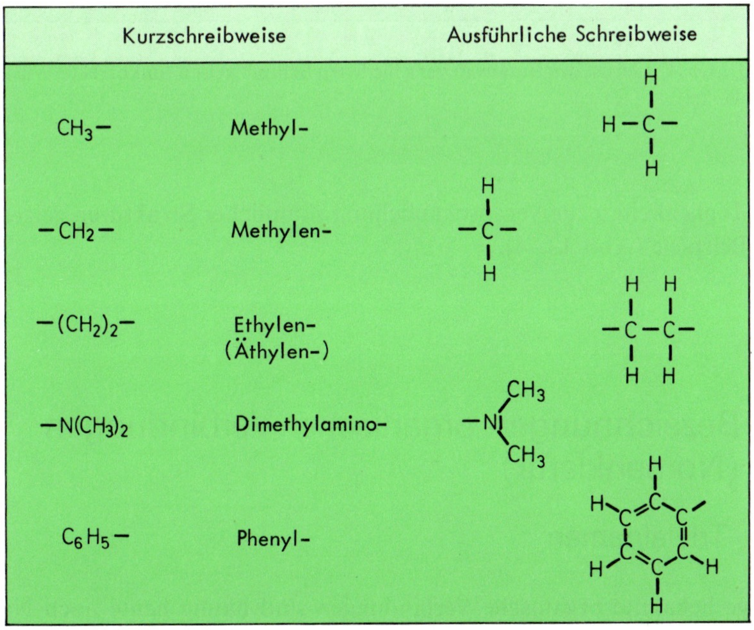

Kurzschreibweise		Ausführliche Schreibweise
CH_3–	Methyl-	
–CH_2–	Methylen-	
–$(CH_2)_2$–	Ethylen- (Äthylen-)	
–$N(CH_3)_2$	Dimethylamino-	
C_6H_5–	Phenyl-	

Abb. 12–1 Beispiele für eine verkürzte Schreibweise von Strukturformeln.

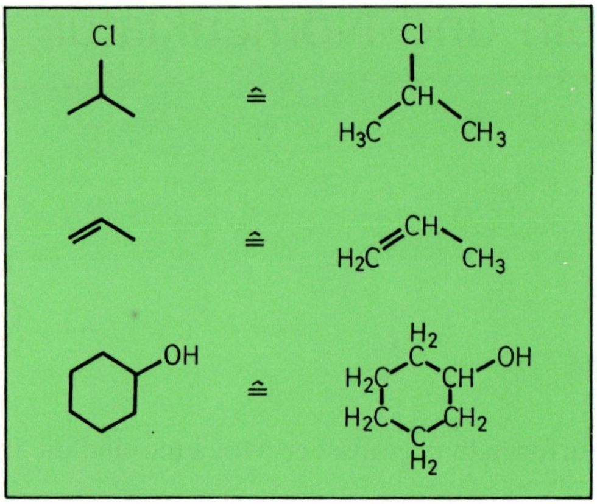

Abb. 12–2 Beispiele für eine verkürzte Formelschreibweise unter Verzicht auf C- und H-Symbole. Jede Ecke und die Enden symbolisieren jeweils ein C-Atom mit der entsprechenden Zahl von H-Atomen.

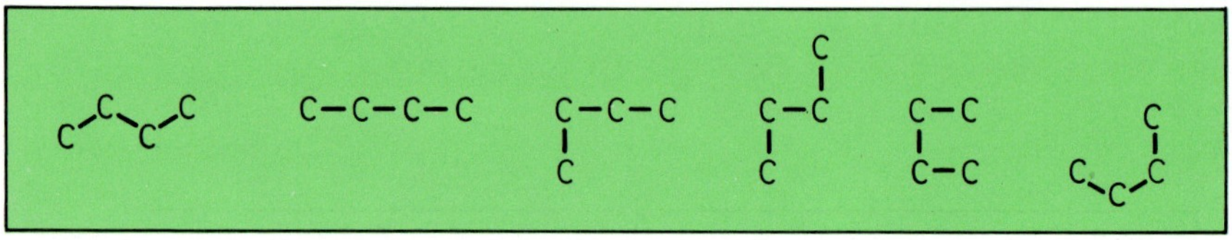

Abb. 12–3 Das C-Gerüst des Butans in verschiedenen Schreibweisen (unkorrekte Wiedergabe der Bindungswinkel).

Einige Möglichkeiten zur Veranschaulichung räumlicher Strukturen zeigen die folgenden Beispiele (Abb. 12–4).

12.2 Bezeichnungen organischer Verbindungen (Nomenklatur)

12.2.1 Trivialnamen

Für lange bekannte organische Verbindungen sind häufig heute noch Namen gebräuchlich, die auf die Herkunft oder die Eigenschaften dieser Stoffe zurückgehen. Beispiele dafür sind Bezeichnungen wie Ameisensäure, Weinsäure usw.

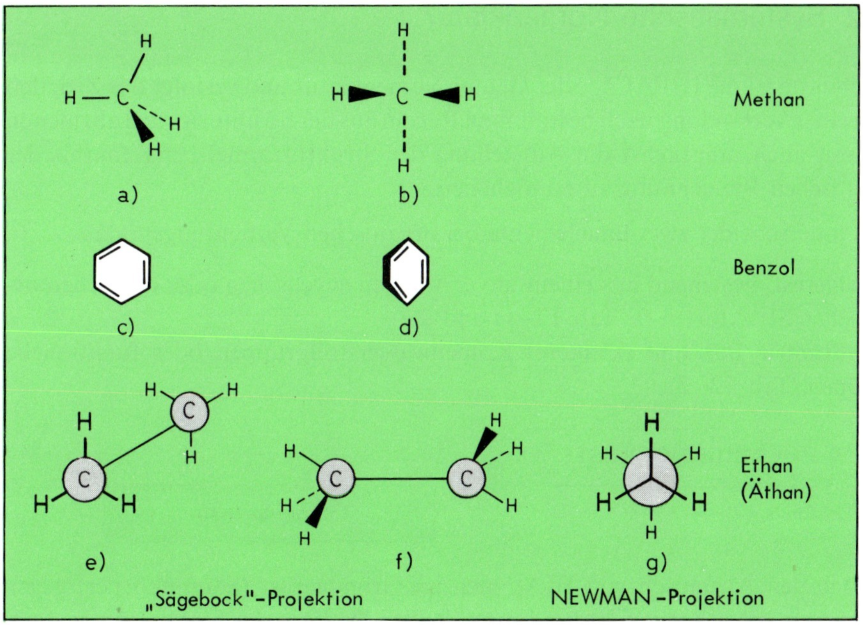

Abb. 12–4 Veranschaulichung räumlicher Strukturen in der Schreibebene.
a, b) Die ausgezogenen Bindungen und der Kohlenstoff liegen in einer Ebene, eine gestrichelte Linie stellt eine schräg hinter die (Papier)Ebene gerichtete Bindung dar, die keilförmig gezeichnete Bindung kommt auf den Betrachter zu, also aus der Ebene heraus.
c) Benzolmolekül, in der Papierebene liegend.
d) Benzolmolekül, aus der Papierebene herausgedreht, die dick gezeichnete Kante ist dem Betrachter näher als die gegenüberliegende.
e, f, g) Ethan. Die Newman-Formel (g) wird plausibel, wenn man die Moleküle e oder f in Richtung der C—C-Achse betrachtet. Das dem Betrachter zugewandte C-Atom erscheint als Kreis mit drei bis zum Mittelpunkt durchgezogenen Bindungen. Dieses vordere C-Atom verdeckt das hintere, von dem nur ein Teil der drei C—H-Bindungen erkennbar ist.

Auch heute werden noch Trivialnamen gebraucht und gebildet – z. B. Cortison –, wenn die systematische Nomenklatur sehr unhandlich ist.

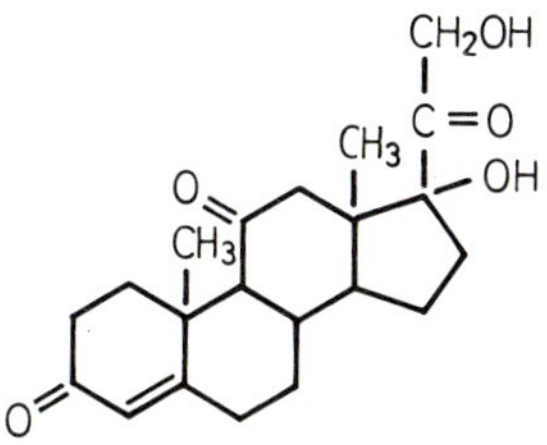

17α.21-Dihydroxy-4-pregnen-3.11.20-trion
Cortison

Eine Anzahl von Trivialnamen ist in die systematische Nomenklatur übernommen worden.

12.2.2 Systematische Nomenklatur

Die wichtigste ist die IUPAC*- oder Genfer Nomenklatur und verfolgt das Ziel, den Namen einer Verbindung nach bestimmten Regeln aus der Strukturformel abzuleiten und damit auch umgekehrt die Aufstellung der Strukturformel bei Kenntnis der systematischen Bezeichnung zu ermöglichen.

Man unterscheidet zwei Bauelemente bei organischen Verbindungen, das

- **Grundgerüst**, bestehend aus einem unverzweigten acyclischen oder cyclischen organischen Strukturteil (s. Tab. 12–1) und die
- **Substituenten**, das sind (kleinere) Kohlenwasserstoffgruppen oder funktionelle Gruppen (Tab. 12–2).

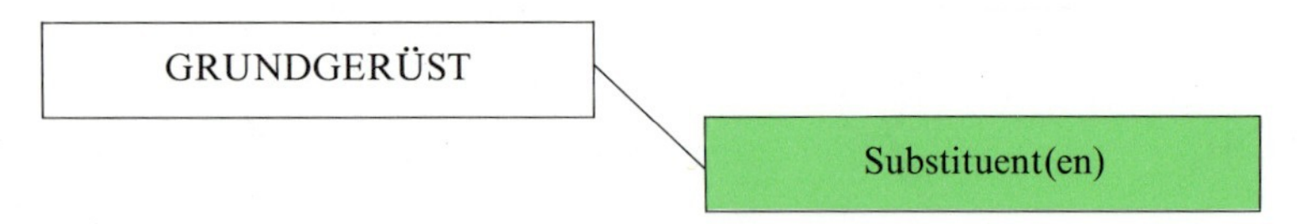

Die durch den Austausch von H-Atomen im Grundgerüst (Stammkörper) gegen Substituenten entstehenden Verbindungen heißen **Derivate** der Stammkörper. Substituenten lassen sich wie folgt klassifizieren (Beispiele s. Tab. 12–2):

▶ Alkylreste oder -gruppen (allgem. Symbol R).
Sie entstehen formal aus Aliphaten oder Cycloaliphaten, indem man ein H-Atom entfernt;

▶ Arylreste (allgem. Symbol R oder Ar).
Sie entstehen formal aus Aromaten, indem man ein H-Atom des aromatischen Rings entfernt (Phenyl-, Tolyl-, 1-Naphthyl-, 2-Naphthyl-);

▶ Acylreste (R—CO-).
Sie entstehen formal aus Carbonsäuren, indem man aus der Carboxylgruppe die OH-Gruppe entfernt;

▶ Funktionelle Gruppen.

Zur Namengebung werden die Bezeichnungen der Grundgerüste jeweils mit der Bezeichnung der Substituenten – als Vorsilben oder Nachsilben – kombiniert. Dies geschieht nach Regeln, von denen einige im folgenden erläutert werden.

▶ Die längste unverzweigte Kette bestimmt den Namen des Grundgerüstes. Zur Angabe der „Haftstelle“ des Substituenten wird die C-Kette so durchnumeriert, daß das betreffende C-Atom eine möglichst niedrige Nummer bekommt (Abb. 12–5, a). Bei monosubstituierten Benzolen ist eine Bezifferung natürlich überflüssig (Abb. 12–5, b).

* IUPAC: International Union of Pure and Applied Chemistry.

Tab. 12–1 Einige Grundgerüste organischer Verbindungen

Acyclische (kettenförmige) Kohlenwasserstoffe, Aliphaten	
CH_4	Methan
$CH_3{-}CH_3$	Ethan (Äthan)
$CH_3{-}CH_2{-}CH_3$	Propan
$CH_3{-}CH_2{-}CH_2{-}CH_3$	Butan
$CH_3{-}CH_2{-}CH_2{-}CH_2{-}CH_3$	Pentan
$CH_3{-}CH_2{-}CH_2{-}CH_2{-}CH_2{-}CH_3$	Hexan
$CH_2{=}CH_2$	Ethen (Ethylen, Äthen, Äthylen)
$CH_2{=}CH{-}CH_3$	Propen
$CH_2{=}CH{-}CH{=}CH_2$	Butadien
Cyclische (ringförmige) Kohlenwasserstoffe	
Cycloaliphaten	
	Cyclopropan
	Cyclobutan
	Cyclopentan
	Cyclohexan
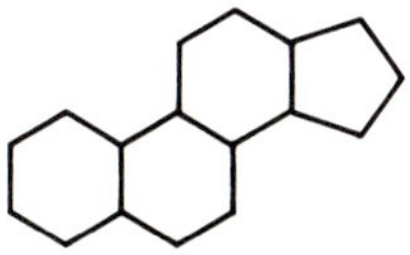	Steran (Gonan)
Aromaten	
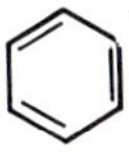	Benzol
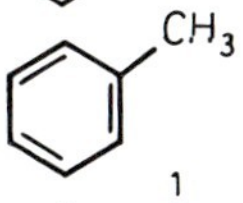 CH_3	Toluol (Methylbenzol)
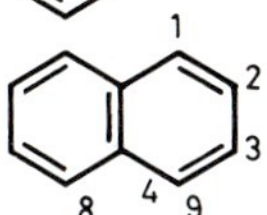	Naphthalin
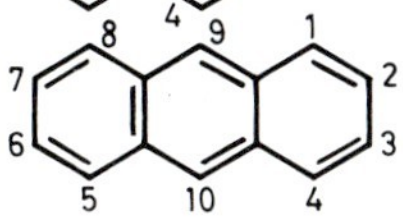	Anthracen
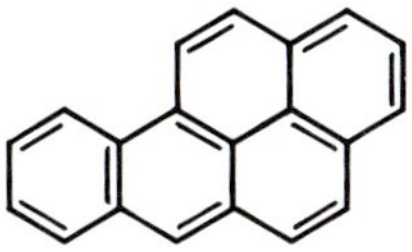	Benzo[a]pyren

Tab. 12–2 Wichtige Substituenten und ihre Bezeichnung

Substituent (Gruppe)	Bezeichnung Vorsilbe	 Nachsilbe	Verbindungsklasse
Alkyl- und Arylgruppen (R-)			
CH_3-	Methyl-	–	
$CH_3-CH_2-(\hat{=}C_2H_5-)$	Ethyl-(Äthyl-)	–	
$CH_3-CH_2-CH_2-$ $(\hat{=}C_3H_7-)$	Propyl-	–	
$CH_3-\underset{\vert}{CH}-CH_3$	Isopropyl-	–	
$CH_3-CH_2-CH_2-CH_2-$	n-Butyl-	–	
$(CH_3)_2CH-CH_2-$	Isobutyl-		
$CH_3-\underset{\vert}{CH}-CH_2-CH_3$	sekundär (*sec-*) Butyl-	–	
$(CH_3)_3C-$	tertiär (*tert-*) Butyl-	–	
C_6H_5-	Phenyl-	–	
$C_6H_5-CH_2-$	Benzyl-	–	
$CH_3-C_6H_4-$	Tolyl-		
Acylgruppen (R—CO—)			
$H-CO-$	Formyl-		
CH_3-CO-	Acetyl-		
$CH_3-CO-CH_2-CO-$	Acetoacetyl-		
CH_3-CH_2-CO-	Propionyl-		
$CH_3-CH_2-CH_2-CO-$	Butyryl-		
$HOOC-CH_2-CO-$	Malonyl-		
$HOOC-CH_2-CH_2-CO-$	Succinyl-		
C_6H_5-CO-	Benzoyl-		
Funktionelle Gruppen			
$-CH=CH_2$	Vinyl-		
$-F$	Fluor-	–	Fluorderivat
$-Cl$	Chlor-	–	Chlorderivat
$-Br$	Brom-	–	Bromderivat
$-I$	Iod-	–	Iodderivat
$-OH$	Hydroxy-	-ol	Alkohol, Phenol
$-SH$	Mercapto-	-thiol	Thiol
$-NH_2$	Amino-	-amin	Amin
$-CH=O$	(Formyl-) od. Oxo-	-al	Aldehyd
$>C=O$	Oxo- od. Keto-	-on	Keton
$-COOH$	Carboxy-	-carbonsäure	Carbonsäure
$-COOR$		-ester	Carbonsäureester
$-COCl$	Chlorcarbonyl-	-chlorid	Carbonsäurechlorid
$-CONH_2$	Carbamoyl-	-amid	Carbon(säure)amid
$-SO_3H$	Sulfo-	-sulfonsäure	Sulfonsäure
$-SO_2NH_2$	Sulfamoyl-	-sulfonamid	Sulfon(säure)amid

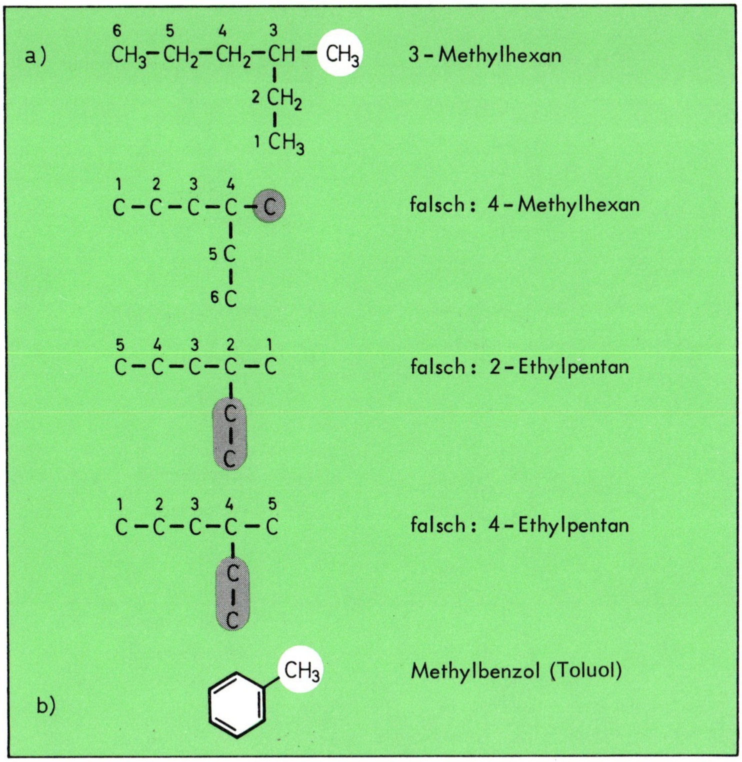

Abb. 12–5 Beispiele zur Erläuterung einiger Nomenklaturregeln.

► Auch die Lage von Doppelbindungen wird durch Ziffern angegeben (Abb. 12–6, a). Mehrfach auftretende Substituenten werden durch die Vorsilben Di-, Tri-, Tetra- usw. angegeben (Abb. 12–6, b). Bei disubstituierten Aromaten wird die Stellung der Substituenten durch Zahlen oder durch die Buchstaben o- (= ortho), m- (= meta), p- (= para) angegeben (Abb. 12–6, c, d, e). Befindet sich ein Substituent am Stickstoff, kann dies durch Vorsetzen von N gekennzeichnet werden (Abb. 12–6, g).

Der Gebrauch von Substituentenbezeichnungen in Form von Nachsilben gehorcht ebenfalls den vorstehenden Regeln (Abb. 12–7, a, b, c).

Zur Kennzeichnung von Positionen in aliphatischen Carbonsäuren, -estern und -amiden sind neben Ziffern auch griechische Buchstaben in Gebrauch (Abb. 12–7, d).

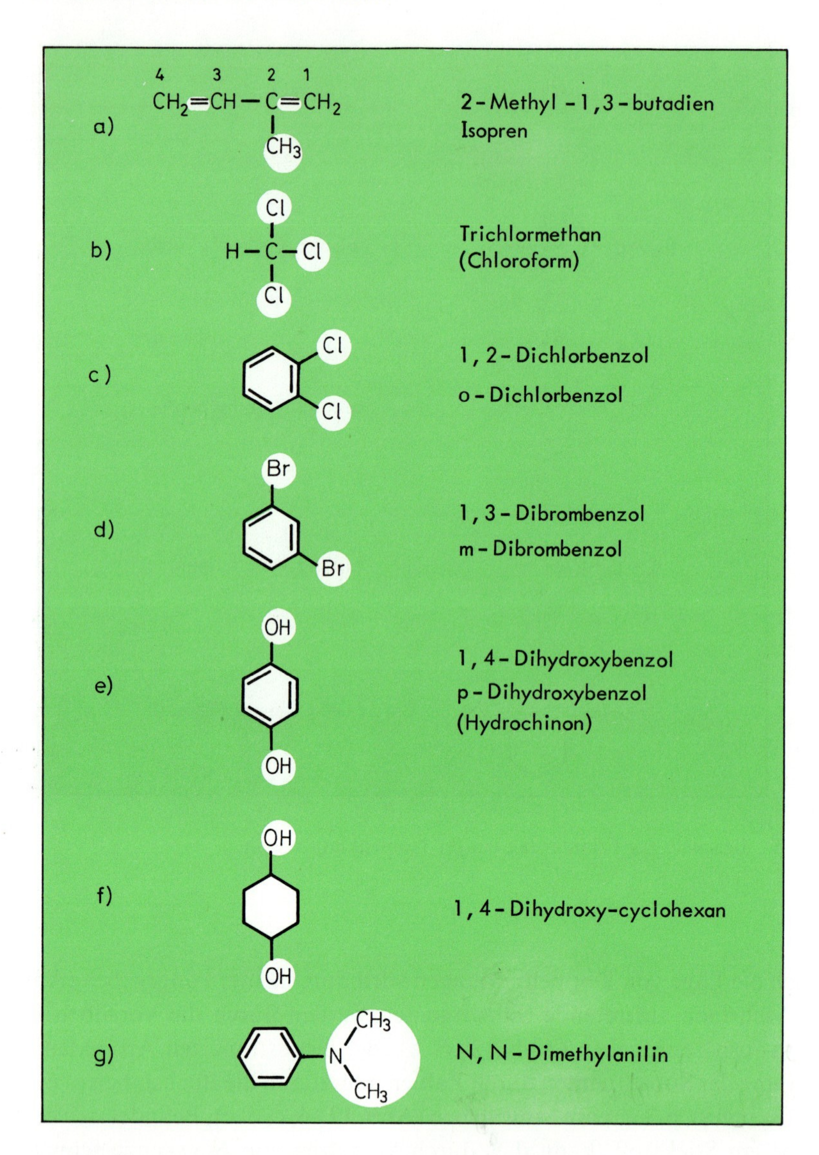

Abb. 12–6 Beispiele zur Erläuterung einiger Nomenklaturregeln. Man beachte (f), daß die Vorsilben ortho-, meta-, para- nur in der aromatischen Reihe verwendet werden, nicht aber bei Cycloaliphaten.

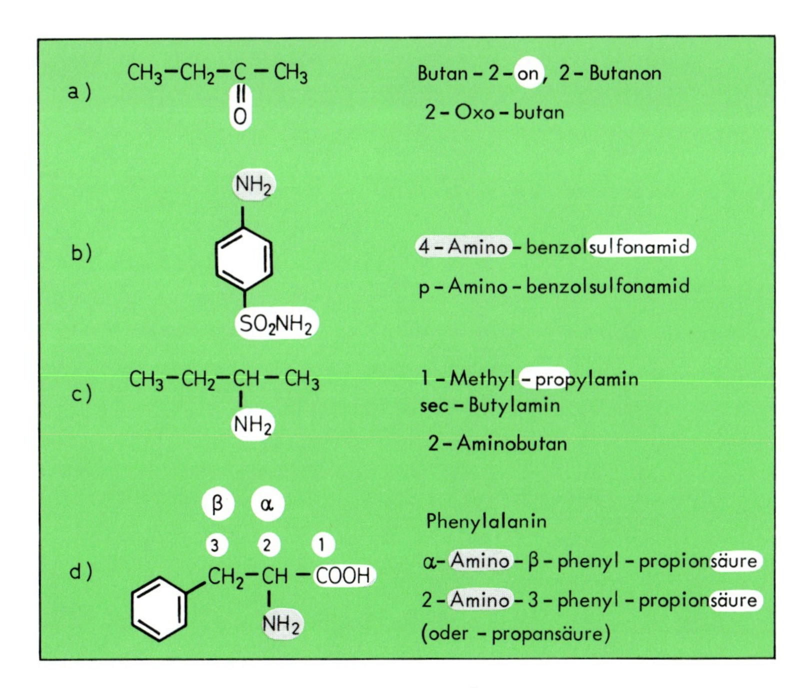

Abb. 12–7 Beispiele für den Gebrauch von Nachsilben als Substituentenbezeichnungen. Die Bezeichnung der Stellung des Substituenten erfolgt durch Ziffern oder – bei Carbonsäuren und ihren Derivaten – durch griechische Buchstaben (d). Man beachte, daß (c) ein primäres Amin ist, die Vorsilbe sec (sekundär) sich also auf den Kohlenwasserstoffrest bezieht.

13 Aliphaten und Carbocyclen (Kohlenwasserstoffe)

13.1 Struktur/Klassifizierung

Kohlenwasserstoffe lassen sich aufgrund von Strukturmerkmalen klassifzieren. Die in Abb. 13–1 gezeigte formale Einteilung läßt keine Rückschlüsse auf Gemeinsamkeiten oder Verschiedenheiten in den Eigenschaften zu.

Natürlich ist auch eine große Zahl von Verbindungen darstellbar und denkbar, die mehrere der angegebenen Strukturelemente enthalten und sich dieser Einteilung entziehen, z. B. Alkylaromaten wie Toluol.

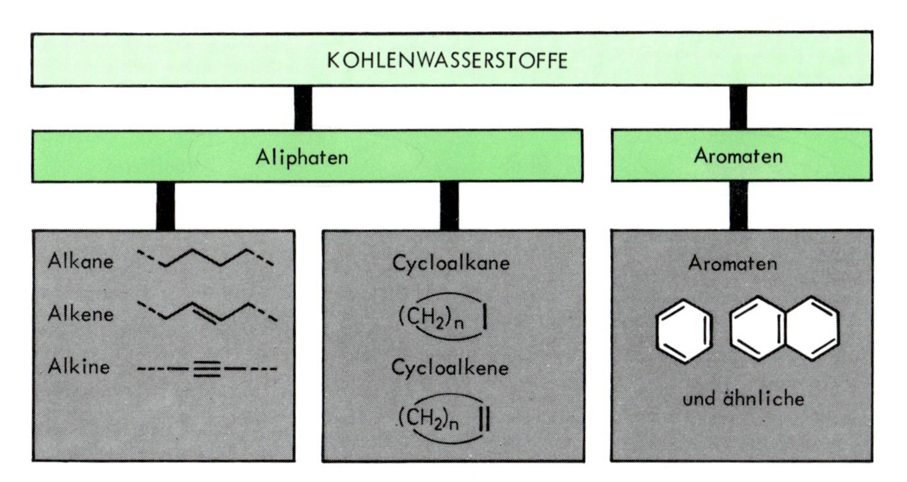

Abb. 13–1 Einteilung der Kohlenwasserstoffe. Die hier aufgeführten cyclischen Kohlenwasserstoffe werden häufig als isocyclische oder carbocyclische (nur C-Atome im Ring) Verbindungen von den Heterocyclen (Heteroatome wie z. B. Stickstoff im Ring) unterschieden.

13.2 Isomerie

Zwei (oder mehr) organische Verbindungen können trotz gleicher Zusammensetzung verschiedene Strukturen haben, sie können *isomer* sein. Man unterscheidet zwei große Gruppen von Isomeren, nämlich (Abb. 13–2).

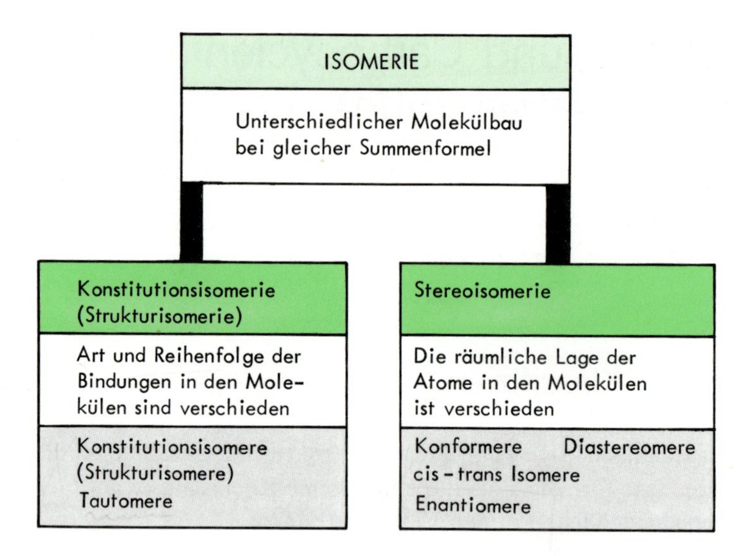

Abb. 13–2 Zum Begriff Isomerie.

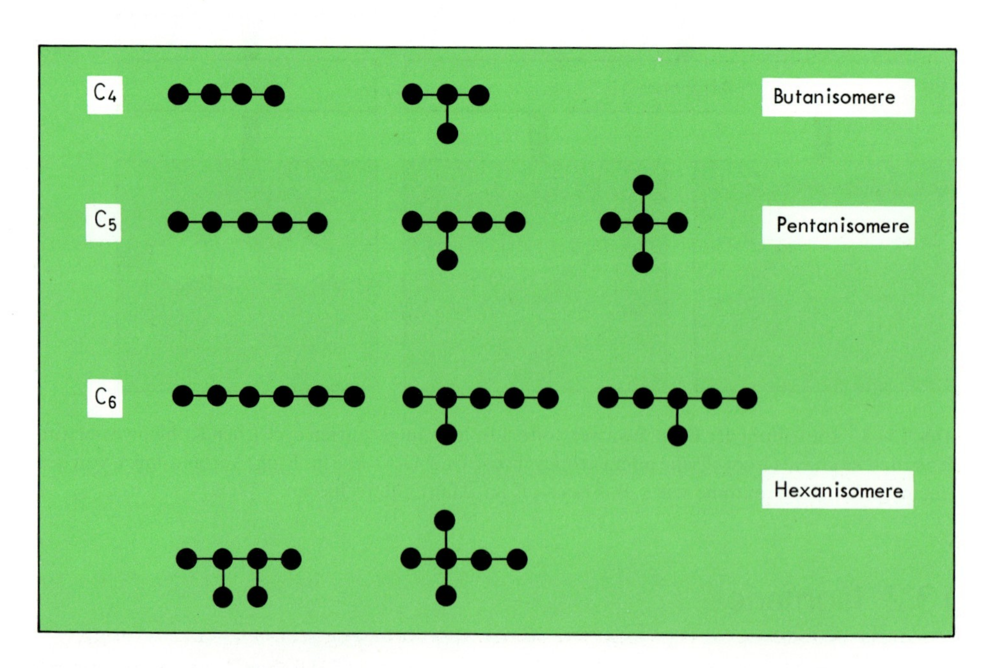

Abb. 13–3 Konstitutionsisomerie bei Alkanen. Aus dem normalen kettenförmigen Alkan (n-Alkan) entstehen durch (formale) Kürzung der Kette und Einbau von Kettenverzweigung iso-Alkane. Die Zahl der möglichen strukturisomeren Alkane steigt mit wachsender C-Zahl stark an.

- **Konstitutionsisomere (Strukturisomere)**, die die Atome in verschiedener Reihenfolge verknüpft enthalten (z. B. n-Butan/i-Butan, Abb. 13–3) und
- **Stereoisomere**, die trotz gleicher Reihenfolge von Atomen und Bindungen einen unterschiedlichen räumlichen Bau besitzen. Dazu gehören Konformere, cis-trans-Isomere, Enantiomere (Spiegelbildisomere) und Diastereomere.

Die genannten Isomeriefälle lassen sich – bis auf den Spezialfall der Tautomerie – an Kohlenwasserstoffen und ihren einfachen Derivaten erläutern.

13.2.1 Konstitutionsisomere

Vom C_4-Gerüst an aufwärts lassen sich Kohlenwasserstoffe aufbauen, die sich bei gleicher Summenformel in der Reihenfolge der C—C-Bindungen unterscheiden: Es können *Kettenverzweigungen* auftreten (Abb. 13–3), bei Alkenen auch Änderungen der Lage der Doppelbindungen (Abb. 13–4). Ferner sind Alkene mit Cycloalkanen isomer. Die Isomeren haben unterschiedliche physikalische und chemische Eigenschaften und sind daher einzeln isolierbar.

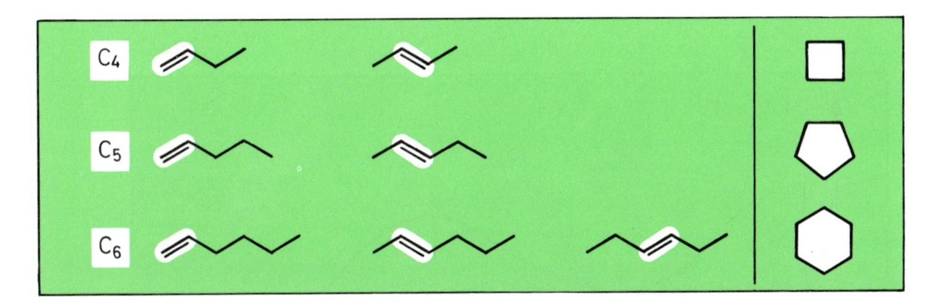

Abb. 13–4 Beispiele für Konstitutionsisomerie bei Alkenen. Die Verschiebung der Doppelbindung ändert an der Bruttoformel nichts. Zu einem C_n-Alken ist auch das C_n-Cycloalkan isomer (die Doppelbindung ist gewissermaßen durch den Ringschluß ersetzt).

13.2.2 Konformere

Unterschiedliche Atomanordnungen, die durch Drehung um eine C—C-Einfachbindung (σ-Bindung) als Achse entstanden sind, heißen **Konformere** oder **Konformationen**.

Beim Ethan gibt es zwei Grenzfälle mit verschiedenen Energieinhalt (Abb. 13–5):

- Die H-Atome der CH_3-Gruppen stehen einander gegenüber (Behinderung),

oder

- die H-Atome stehen „auf Lücke“.

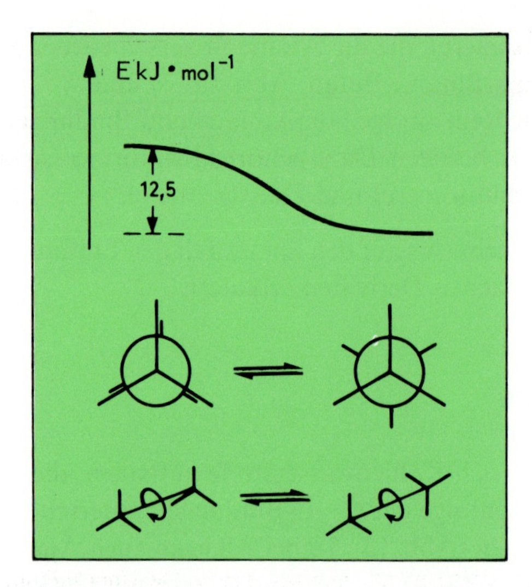

Abb. 13–5 Die Grenzfälle der Konformationen beim Ethan unterscheiden sich um ca. 12,5 kJ · mol^{-1} in ihrem Energieinhalt (H-Atome nicht gezeichnet).

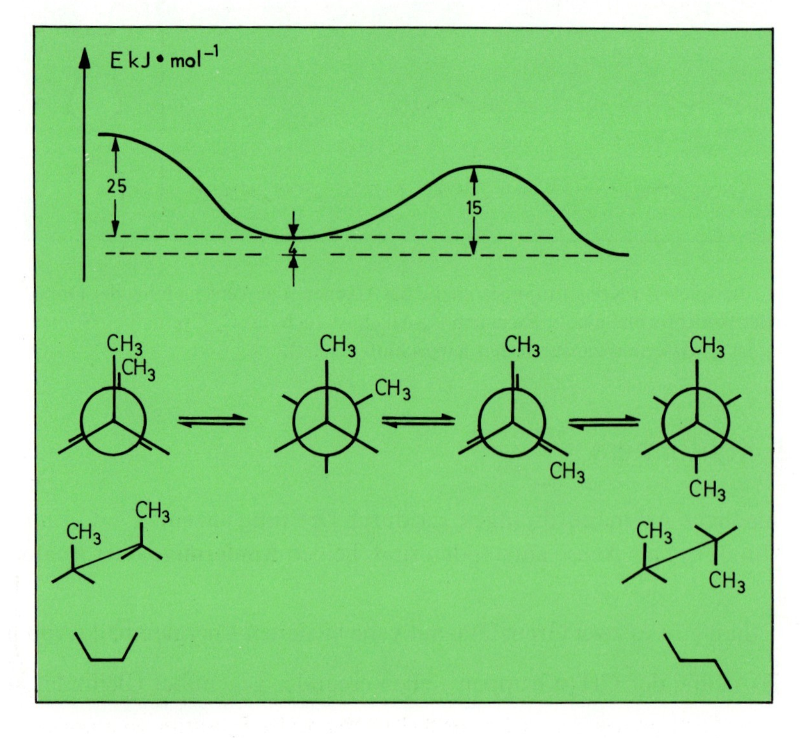

Abb. 13–6 Beim n-Butan hat das „Zickzack-Konformere" (ganz rechts im Bild) den niedrigsten Energieinhalt (einige H-Atome wurden nicht gezeichnet).

Das rechts stehende Konformere ist das stabilere. Die Differenz der Energieinhalte ist jedoch so klein, daß bei Raumtemperatur eine ständige Rotation der Molekülteile gegeneinander erfolgt. Die einzelne Spezies ist daher nicht isolierbar. Analoge Verhältnise finden wir beim n-Butan. Den niedrigsten Energieinhalt hat hier verständlicherweise die „Zickzackform" (Abb. 13–6). Das Gleiche gilt für höhere Alkane.

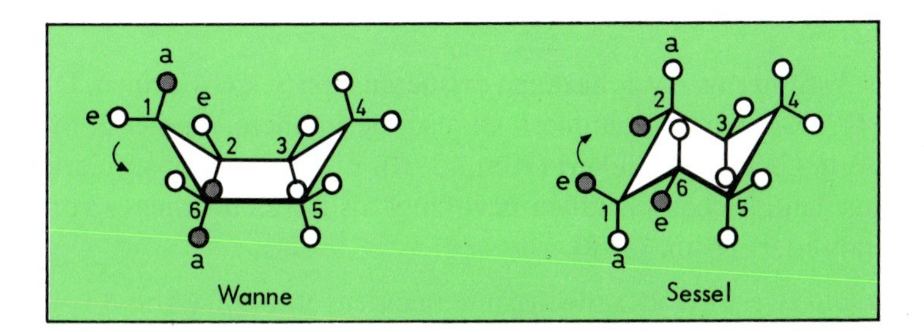

Abb. 13–7 Beim Cyclohexan ist die Sesselform das stabilere Konformere. Die Umwandlung erfolgt formal durch „Umklappen einer Ecke". Im Bild wird die Position des C1 geändert. Damit wechseln auch die Positionen der H-Atome an C1 und an den benachbarten C-Atomen (C2 und C6) aus der a-Stellung in die e-Stellung und aus der e-Stellung in die a-Stellung.

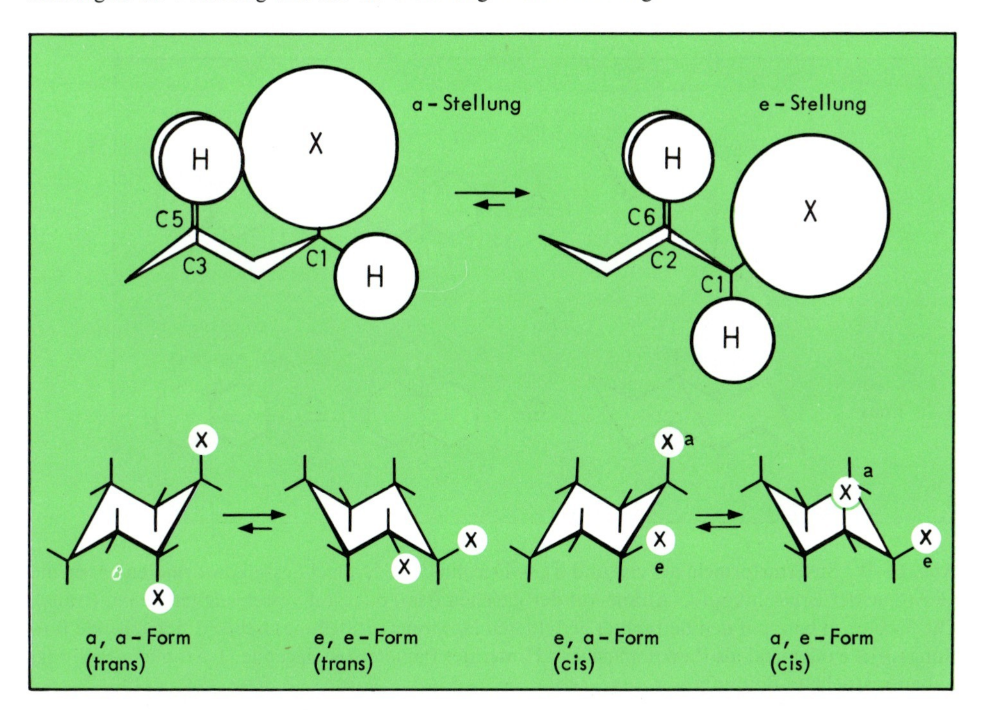

Abb. 13–8 Bei monosubstituierten Cyclohexanderivaten existieren 2 Sesselkonformere. Jenes mit e-Stellung des Substituenten ist stabiler (keine Kollision mit anderen Atomen im Molekül). 1,2-Disubstituierte Cyclohexanderivate mit trans-Stellung der beiden Substituenten liegen bevorzugt in der energetisch günstigeren diäquatorialen (e,e) Form vor. Die abgebildeten cis-Formen haben keinen unterschiedlichen Energieinhalt.

Beim Cyclohexan ist die *Sessel-Form* gegenüber der *Wannen-Form* die stabilere Konformation (Abb. 13–7). Man erkennt im Bild zwei verschiedene C—H-Bindungen: **axiale** – senkrecht auf der gedachten Ringebene stehende – (Abkürzung: a) und **äquatoriale** – in der gedachten Ringebene liegende – (Abkürzung: e). Bei der Umwandlung der Wannen-Form in die Sesselform durch „Umklappen der C_1-Ecke“ werden die ursprünglich axialen Bindungen an C1, C2 und C6 zu äquatorialen und umgekehrt.

Bei mono-substituierten Cyclohexanen existieren zwei Sessel-Formen. Die mit der äquatorialen C—X-Bindung dominiert, ist also die stabilere, da hier X mit den H-Atomen an C3 u. C5 nicht kollidiert (Abb. 13–8). Ein trans-disubstituiertes Cyclohexan liegt aus den gleichen Gründen bevorzugt als e,e-Konformeres vor, die a,a-Form ist destabilisiert (Abb. 13–8).

Im Decalin sind zwei Cyclohexanringe miteinander verknüpft (Abb. 13–9).* Beide liegen in der Sesselform vor. Ihre Verknüpfung kann auf zwei Weisen erfolgen: in cis-Stellung oder in trans-Stellung. Im cis-Isomeren liegen beide H-Atome der Brückenkopf-C-Atome auf den gleichen Seiten, im trans-Isomeren auf verschiedenen Seiten der Ringebene.

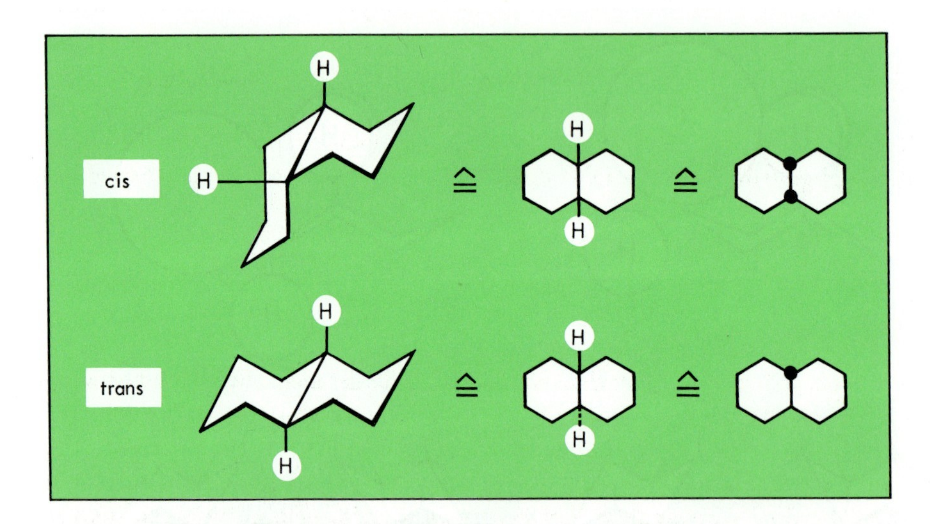

Abb. 13–9 Strukturformeln des cis- und trans-Decalins. Die Doppel-Sesselkonformeren haben die H-Atome der Brückenkopf-C-Atome auf der gleichen (cis-) oder auf verschiedenen Seiten (trans). Die nach oben bzw. auf den Betrachter gerichteten H-Atome (β-Stellung) haben durchgehende Bindungsstriche oder sind als Punkte markiert. Hinter der Papierebene liegende H-Atome (α-Stellung) haben gestrichelte Bindungen.

* Bei dieser Ausdrucksweise werden die an den Verknüpfungsstellen liegenden beiden C-Atome (Brückenkopf-C-Atome) bei beiden Ringen mitgezählt; das Molekül hat also zehn C-Atome und nicht zwölf (2×6).

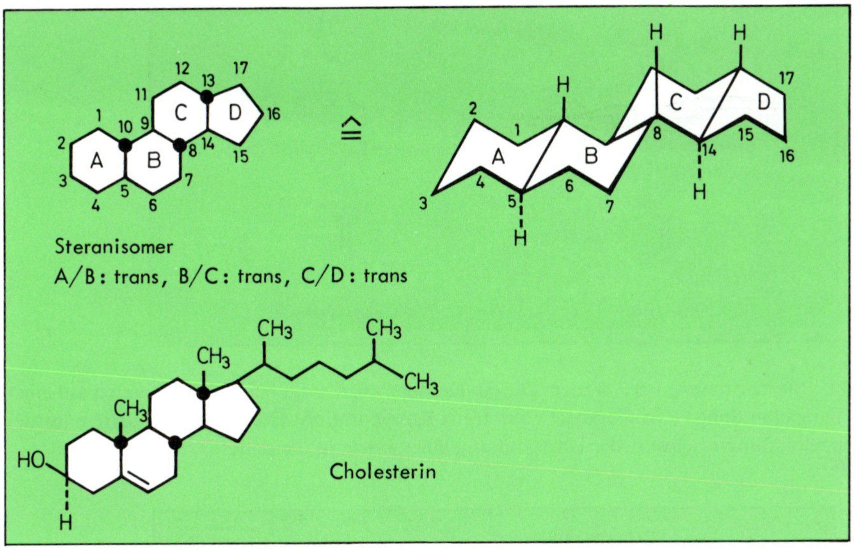

Abb. 13–10 Die Struktur des Sterans (Grundkörper der Steroide) und des Cholesterins mit all-trans-Verknüpfung der vier Ringe.

Im Steran (Gonan), dem Grundkörper der Steroide (Hormone der Nebennierenrinde, Sexualhormone), sind drei Cyclohexanringe (A, B, C) und ein Cyclopentanring (D) miteinander verknüpft (Abb. 13–10). In den meisten natürlich vorkommenden Steroiden sind die Ringe B und C sowie C und D transverknüpft, zwischen A und B findet sich auch cis-Verknüpfung.

13.2.3 Cis- und trans-Isomere bei Alkenen

Bei Alkenen begegnet uns eine andere Art von cis-trans-Isomerie. Substituenten können sich an den C-Atomen der Doppelbindung in zwei verschiedenen Lagen befinden – beide auf einer Seite (cis-Alken) oder auf verschiedenen Seiten (trans-Alken). Ein konkretes Beispiel ist das 2-Buten, das in zwei stereoisomeren Formen existiert (Abb. 13–11). Eine Umwandlung der beiden ineinander gelingt wegen der Rotationsbarriere an der Doppelbindung nicht ohne weiteres und sie sind aufgrund ihrer Eigenschaftsunterschiede trennbar.

13.2.4 Enantiomere (Spiegelbildisomere)

Trägt ein C-Atom vier verschiedene Substituenten (asymmetrisches C-Atom, Kennzeichnung durch C^x), so lassen sich bei gleicher Summenformel zwei verschiedene Moleküle aufbauen, die sich zueinander wie Bild und Spiegelbild verhalten. Sie wer-

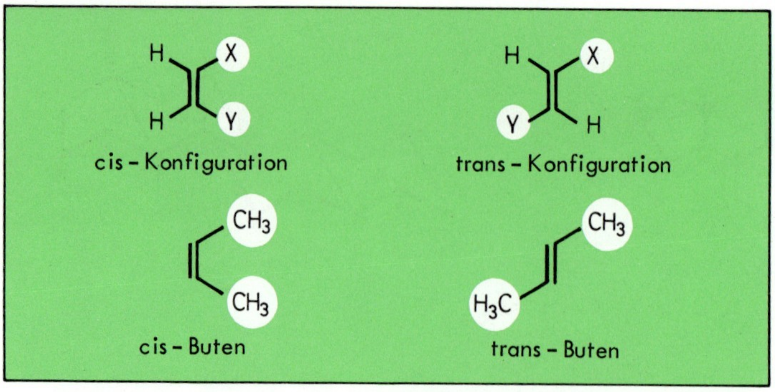

Abb. 13–11 Stereoisomerie bei Alkenen. Die cis-Konfiguration trägt beide Substituenten auf einer Seite der Doppelbindung – im Gegensatz zur trans-Konfiguration. Die Rotationsbarriere an der C=C-Doppelbindung erschwert die Umwandlung einer Form in die andere.

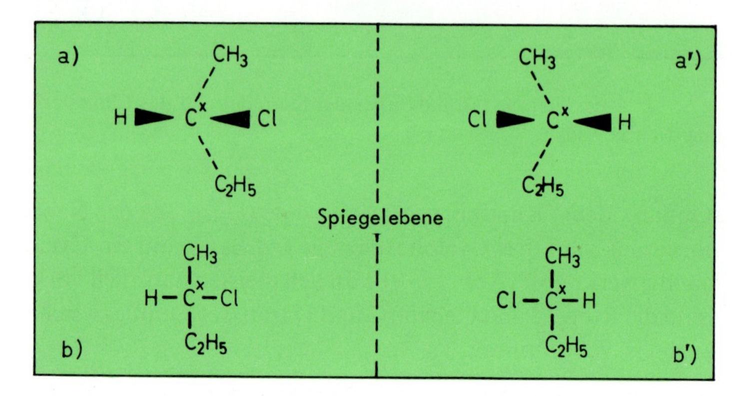

Abb. 13–12 Zur Wiedergabe der Konfiguration läßt sich die Schreibweise wie bei a und a' verwenden. Das Asymmetriezentrum (C^x) denkt man sich in der Schreibebene liegend. Die Kohlenstoffkette wird senkrecht geschrieben – oben mit C1 beginnend. Die mit C^x verbundenen Reste der Kette (hier CH_3 und C_2H_5) liegen jeweils hinter der Schreibebene (⁚), die anderen beiden (▶ ◀) davor. In den Projektionsformlen nach Fischer (b, b') entsprechen die vertikalen Striche den nach hinten gerichteten Bindungen, die horizontalen Striche den auf den Betrachter zukommenden Bindungen.

den als **Enantiomere***, **Spiegelbildisomere** oder **optische Antipoden** bezeichnet,** die beiden haben jeweils entgegengesetzte **Konfiguration**. Sie kann durch Projektionsformeln nach Fischer wiedergegeben werden (Abb. 13–12).

Es gibt jeweils zwei zueinander gehörende Enantiomere. Bei allen übrigen Fällen von Stereoisomeren (nicht spiegelbildlich gebauten), die man **Diastereomere** nennt,

* Enantio (griech.) = entgegen

** Man nennt sie auch chirale Moleküle und C^x ein Chiralitätszentrum. Der Ausdruck Chiralität (Händigkeit) zielt auf die Tatsache, daß eine linke Hand mit einer rechten – dem spiegelbildlich geformten Antipoden – nicht zur Deckung zu bringen ist.

können mehr als zwei Isomere auftreten (vgl. Kap. 22). Diastereomere können nur bei Verbindungen mit mindestens zwei Asymmetriezentren auftreten.

Die Energiebarriere zur Überführung von Enantiomeren ineinander ist hoch – es müssen ja Bindungen gelöst und neu gebildet werden. Daher lassen sich die beiden Enantiomeren in reiner Form isolieren und aufbewahren. Die reinen Enantiomeren haben gleiche physikalische und chemische Eigenschaften bis auf zwei Ausnahmen: Sie verhalten sich unterschiedlich

- gegenüber polarisierten Licht (Abb. 13–13) und
- gegenüber chiralen Reagentien.

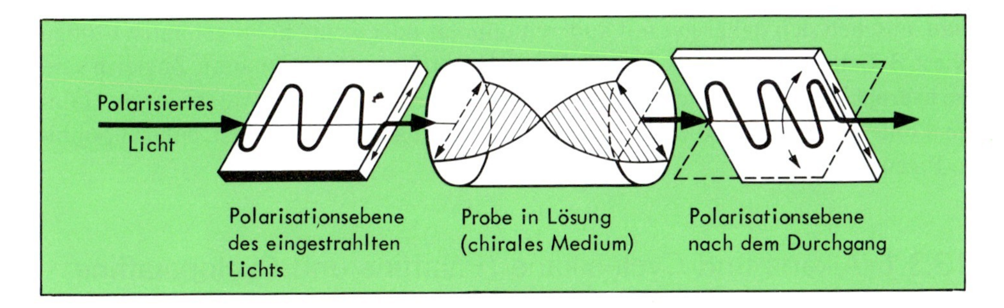

Abb. 13–13 Beim Durchstrahlen einer chiralen Probe mit polarisiertem Licht wird dessen Schwingungsebene um einen gewissen Betrag gedreht – von dem einen Enantiomer nach links, von dem anderen Enantiomer um den gleichen Betrag nach rechts. Eine Mischung beider im Verhältnis 1 : 1 – ein racemisches Gemisch – ist daher optisch inaktiv.

Die Schwingungsebene eines polarisierten Lichtstrahls wird beim Durchgang durch ein chirales Medium gedreht. Der Wert der Drehung (α) wird in Grad gemessen und ist abhängig von der Konzentration (c), der Schichtdicke (d), der Temperatur (T) und der Wellenlänge (λ) des verwendeten Lichts sowie vom Lösungsmittel.

$$[\alpha]_\lambda^T = \frac{(\alpha)\,T_\lambda}{d \cdot \beta}$$

$[\alpha]_\lambda^T$ = spezifische Drehung } beide angegeben für eine bestimmte Temperatur T
$(\alpha)_\lambda^T$ = gemessene Drehung } und eine bestimmte Wellenlänge λ
d = Schichtdicke (in dm)
β = Massenkonzentration (in g/l)
(+) = Rechtsdrehung
(−) = Linksdrehung

Die drei Begriffe Konstitution, Konfiguration und Konformation unterscheiden sich also wie folgt:

- Die **Konstitution** gibt die Art und die Reihenfolge von Bindungen im Molekül an.

- Die **Konfiguration** meint die räumliche Anordnung der Atome ohne Berücksichtigung von Rotationen um Einfachbindungen.
- Die **Konformation** berücksichtigt solche Rotationen und betrifft die genaue räumliche Lage der Atome.

13.3 Eigenschaften und chemische Reaktionen

Kohlenwasserstoffe sind bei Raumtemperatur Gase (niedrige C-Zahl), Flüssigkeiten (ab Pentan) oder Festkörper (höhere C-Zahl). Sie besitzen einen praktisch unpolaren Bau, mischen sich daher gut mit anderen unpolar oder wenig polar gebauten Stoffen wie z. B. Fetten und werden deshalb **lipophil*** (fettfreundlich) genannt. Zugleich sind sie **hydrophob** (wasserabweisend) und lösen sich deshalb nicht in Wasser. Auch Halogenkohlenwasserstoffe, die in diesem Kapitel mit abgehandelt werden, haben lipophile Eigenschaften.

13.3.1 Alkane und Cycloalkane (Paraffine und Cycloparaffine)

Kohlenwasserstoffe, die nur σ-Bindungen enthalten, sind reaktionsträge und werden deshalb auch Paraffine** bzw. Cycloparaffine genannt. Trotzdem gelingen z. B. Verbrennung und Halogenierung.

Verbrennung

$$CH_4 + 1{,}5\,O_2 \rightarrow CO + 2\,H_2O \quad \text{(bei Sauerstoffmangel)}$$
$$CH_4 + 2\,O_2 \rightarrow CO_2 + 2\,H_2O \quad \text{(bei } O_2\text{-Überschuß)}$$

Halogenierung

$$CH_4 + Cl_2 \rightarrow CH_3Cl + HCl$$
$$CH_3Cl + Cl_2 \rightarrow CH_2Cl_2 + HCl \quad \text{usw.}$$

Diese Substitutionsreaktion verläuft über radikalische Zwischenstufen. Da deren Umsetzung mit Molekülen erneut reaktionsfreudige Radikale entstehen läßt, läuft eine sogenannte **Radikalkette** ab.

$$Cl{-}Cl \xrightarrow{h\nu} Cl\cdot + \cdot Cl \quad \text{Kettenstart}$$
$$\left.\begin{aligned} Cl\cdot + CH_4 &\longrightarrow CH_3\cdot + HCl \\ CH_3\cdot + Cl{-}Cl &\longrightarrow CH_3{-}Cl + \cdot Cl \text{ usw.} \end{aligned}\right\} \text{Kette}$$
$$CH_3\cdot + \cdot Cl \longrightarrow CH_3{-}Cl \quad \text{Kettenabbruch}$$

---

* lipophil = hydrophob, beide Ausdrücke werden synonym gebraucht.

** parum affinis: wenig reaktionsfähig.

13.3.2 Alkene und Cycloalkene

Reaktiver als Alkane sind die Alkene. Sie addieren leicht geeignte Partner unter Verlust der Doppelbindung(en). Die Umkehrung solcher Reaktionen, die unter bestimmten Bedingungen gelingt, führt zum Alken zurück (**Eliminierung**).

$$\rangle C{=}C\langle + XY \longrightarrow -\overset{X}{\underset{|}{\overset{|}{C}}}-\underset{Y}{\underset{|}{\overset{|}{C}}}-$$

(summarisch)

Bromaddition. Durch Anlagerung von elementarem Brom an ein Alken entsteht das entsprechende 1,2-Dibromalkan.

$$\text{Alken} + Br_2 \rightarrow \text{Dibromalkan}$$

$$CH_2{=}CH{-}CH_3 + Br_2 \rightarrow \underset{Br}{\underset{|}{CH_2}}{-}\overset{Br}{\overset{|}{CH}}{-}CH_3$$

Hydratisierung/Dehydratisierung. Die Addition von Wasser (Hydratisierung*) an ein Alken ergibt einen Alkohol, umgekehrt entstehen aus Alkoholen durch Dehydratisierung Alkene (**Eliminierung**).

$$\text{Alken} + H_2O \rightarrow \text{Alkanol}$$

$$CH_2{=}CH_2 + H_2O \xrightarrow{(H^+)} CH_3{-}CH_2{-}OH$$

Solche Reaktionen werden H^+-katalysiert durchgeführt.

Hydrierung/Dehydrierung.** Auch die Addition von Wasserstoff an eine Doppelbindung (**Hydrierung**) erfordert einen Katalysator, da die H—H-Bindung eine hohe Bindungsenergie besitzt (435 kJ · mol^{-1}). Man erhält das entsprechende Alkan.

$$\text{Alken} + H_2 \xrightarrow{\text{Katalysator}} \text{Alkan}$$

$$CH_2{=}CH_2 + H_2 \longrightarrow CH_3{-}CH_3$$

Die Hydrierung entspricht in der Bilanz einer Reduktion (s. Kap. 11.2). Eliminierung von Wasserstoff aus einem Alkan – **Dehydrierung** – liefert ein Alken.

---

* Hydratisierung bei Alkenen beinhaltet Bindungslösung und -knüpfung, im Gegensatz zum Begriff Hydratisierung bei Lösungsvorgängen, wo die Anlagerung des Dipols Wasser gemeint ist.

** Auch als Hydrogenierung bzw. Dehydrogenierung bezeichnet.

Polymerisation. Alkene können auch miteinander reagieren. Diese Selbstaddition heißt **Polymerisation**. Sie dient zur Herstellung hochmolekularer Produkte (Kunststoffe).

$$n \cdot \text{Alken} + n \cdot \text{Alken} \rightarrow \text{Polyalken } (= \text{Alkan})$$

$$\underset{\text{Ethylen}}{n \cdot CH_2{=}CH_2} + n \cdot CH_2{=}CH_2 \rightarrow \underset{\text{Polyethylen } (= \text{langkettiges Alkan})}{-(CH_2{-}CH_2{-}CH_2{-}CH_2)_n-}$$

13.3.3 Aromatische Kohlenwasserstoffe

Während Alkene bevorzugt zu Additionsreaktionen neigen, finden wir bei Aromaten überwiegend Substitution. Dabei wird ein H-Atom durch ein anderes Atom oder eine Atomgruppe ersetzt. Es entstehen also stets zwei Produkte.

Beispiel:

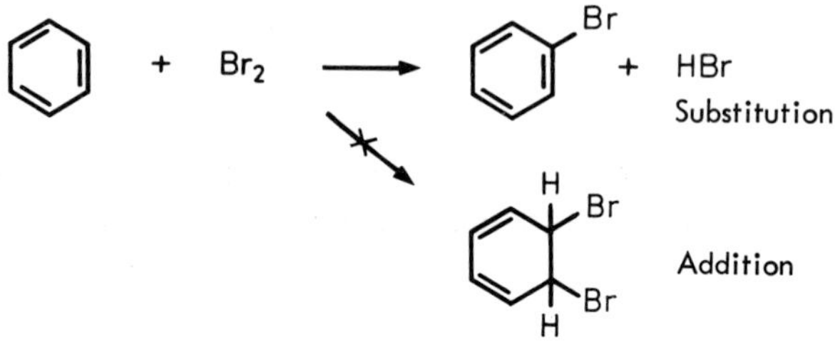

+ Br_2 → Br + HBr
Substitution

H Br Br H
Addition

Hier zeigt sich ein drastischer Unterschied zu Alkenen. Die Addition wäre mit dem Verlust des energetisch günstigen aromatischen Systems verbunden, deshalb findet sie nicht statt.

Mehrfachsubstitution führt zu Produkten, deren Namen je nach Stellung der beiden Substituenten mit den Symbolen o-, m-, p- versehen werden.

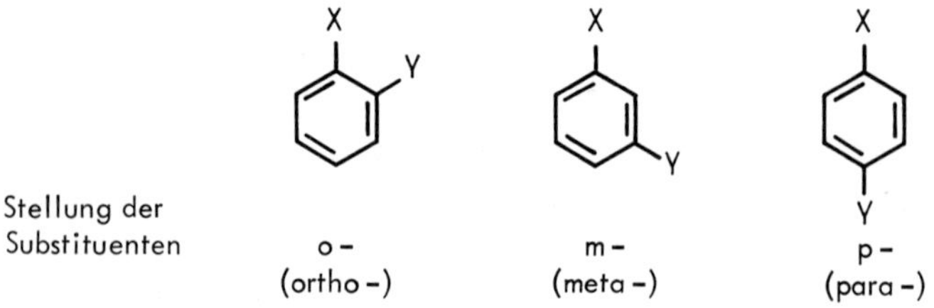

X Y X Y X Y

Stellung der Substituenten o- (ortho-) m- (meta-) p- (para-)

13.4 Kohlenwasserstoffe und Halogenkohlenwasserstoffe in der Biosphäre

In der Biosphäre finden sich Kohlenwasserstoffe als Zersetzungsprodukte von Pflanzen und Tieren in Form von Erdgas und Erdöl. Einige Kohlenwasserstoffe sind cancerogen, z. B. Benzol sowie 3,4-Benzpyren (s. Tab. 12–1), das in Autoabgasen und im Zigarettenrauch enthalten ist. Auch Vinylchlorid ($CH_2{=}CHCl$) hat sich als krebserzeugend erwiesen.

Neuartige Verbundwerkstoffe aus $Ca_5(PO_4)_3(OH)$ (Hydroxylapatit), dispergiert in einer Polyethylenmatrix, eignen sich als Knochenersatzmaterialien.

Einige Halogenkohlenwasserstoffe (Abb. 13–14) wie z. B. Chloroform, Halothan und Enfluran haben narkotische Wirkung (s. auch Kap. 8.6). $CH_3{-}CH_2Cl$ (Chlorethan, Ethylchlorid) findet in der Zahnmedizin als Lokalanästhetikum Verwendung (Vereisung des Gewebes durch Verdunstungskälte). Große Bedeutung haben einige Chlorkohlenwasserstoffe als Pestizide. Genannt seien das DDT und das Gammexan (ein bestimmtes Isomer des 1,2,3,4,5,6-Hexachlorcyclohexans). Beide haben den Nachteil, daß sie in der Biosphäre nur sehr langsam abgebaut werden („harte Insektizide").

Ein mehrfach ungesättigter Kohlenwasserstoff ist das β-Carotin, der rote Farbstoff der Karotte und des roten Paprikas (Abb. 13–15), aus dem im menschlichen Körper Vitamin A_1 entsteht.

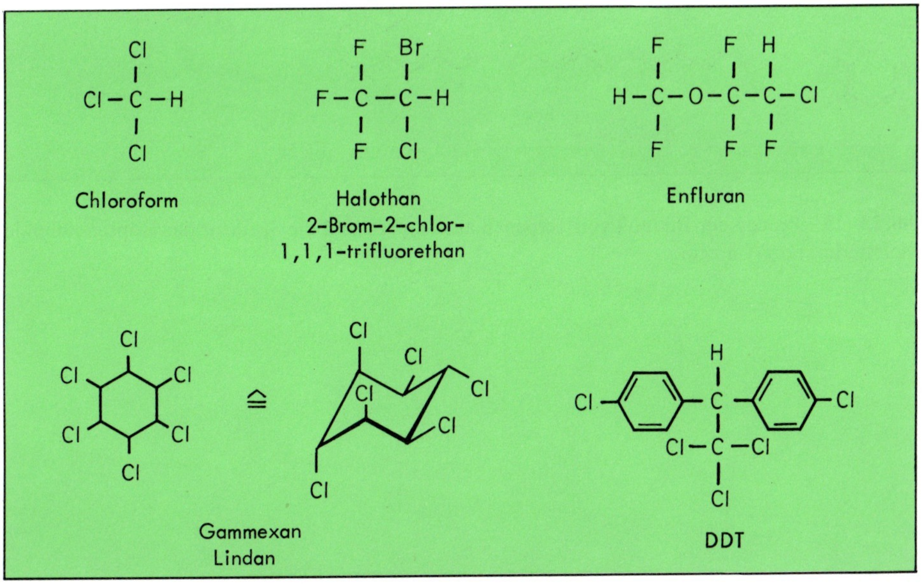

Abb. 13–14 Struktur einiger Halogenkohlenwasserstoffe.

In vielen Pflanzen und Tieren findet man Produkte, die man als Polymerisate des Isoprens (2-Methyl-1,3-butadien) sehen kann (**Isoprenhypothese**). Sie enthalten also eine durch fünf teilbare Zahl an C-Atomen. Man nennt sie **Terpene**. Einige davon sind Vorstufen der **Steroide** und **Carotinoide** (Abb. 13–15).

Infolge der bei σ-Bindungen gegebenen Drehbarkeit von Molekülteilen gegeneinander steigt die Zahl möglicher Konformerer mit steigender Atomzahl im Molekül enorm. Biologische Wirkungen gehen häufig nur von bestimmten Konformeren aus.

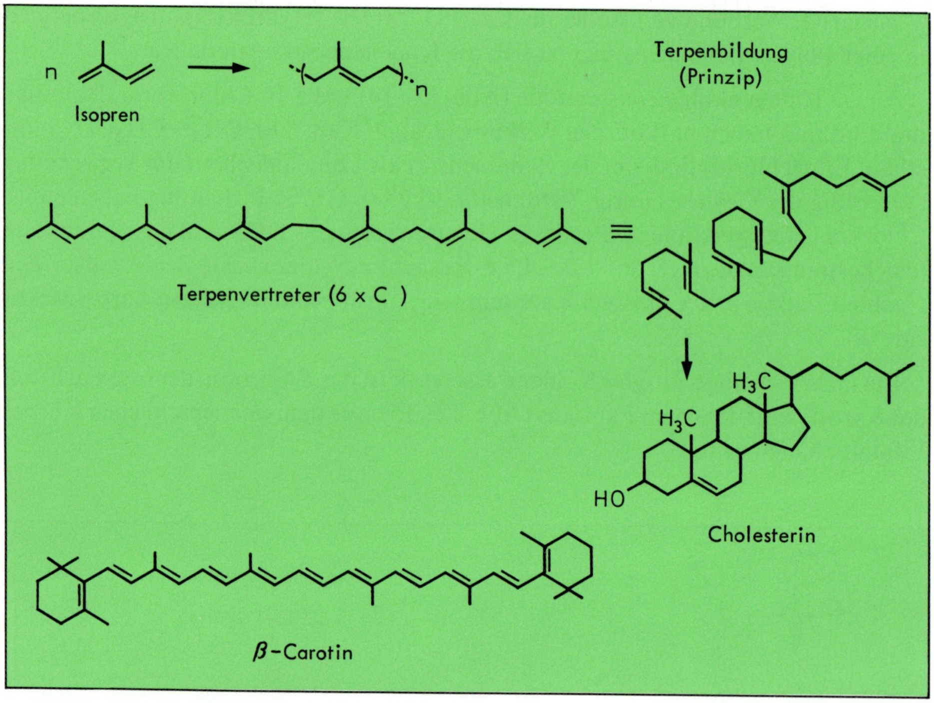

Abb. 13–15 Prinzip der Bildung von Terpenen aus Isopren und die Struktur der Isoprenoidlipide Cholesterin und β-Carotin.

14 Heterocyclen

14.1 Struktur/Klassifizierung/Nomenklatur

Heterocyclische Verbindungen enthalten außer C-Atomen noch ein oder mehrere Heteroatome als Ringglieder. Man unterscheidet u.a.

N-Heterocyclen	(stickstoffhaltig)
O-Heterocyclen	(sauerstoffhaltig)
S-Heterocyclen	(schwefelhaltig)

Auch die Ringgliederzahl kann als Klassifizierungsmerkmal dienen (Abb. 14–1)

5-Ringheterocyclen
6-Ringheterocyclen

Abb. 14–1 enthält einige biochemisch wichtige heterocyclische Grundkörper.

14.2 Eigenschaften

Der Einbau von Heteroatomen in den Ring bringt polare Bindungen ins Molekül. Gegenüber den Carbocyclen ergeben sich große Unterschiede in den physikalischen und chemischen Eigenschaften. Auffällig ist vor allem die meist gute *Wasserlöslichkeit* dieser Stoffe.

14.2.1 Heteroaromaten

Die in Abb. 14–1 aufgeführten 5-Ring- und 6-Ringheterocyclen zeigen aromatischen Charakter. Beim Pyrrol und Imidazol z.B. erfolgt die Ausbildung des cyclischen mesomeren 6π-Systems unter Einbeziehung des nichtbindenden Elektronenpaares an N1. Dieses Elektronenpaar steht deshalb für die Addition eines Protons nicht zur Verfügung. Pyrrol reagiert also nicht basisch. Die Basizität des Imidazols ist durch das einsame Elektronenpaar an N3 bedingt (Abb. 14–2). Beim Pyridin und Pyrimidin werden die einsamen Elektronenpaare an den N-Atomen für die Ausbildung eines aromatischen Systems nicht gebraucht. Beide Verbindungen reagieren daher basisch.

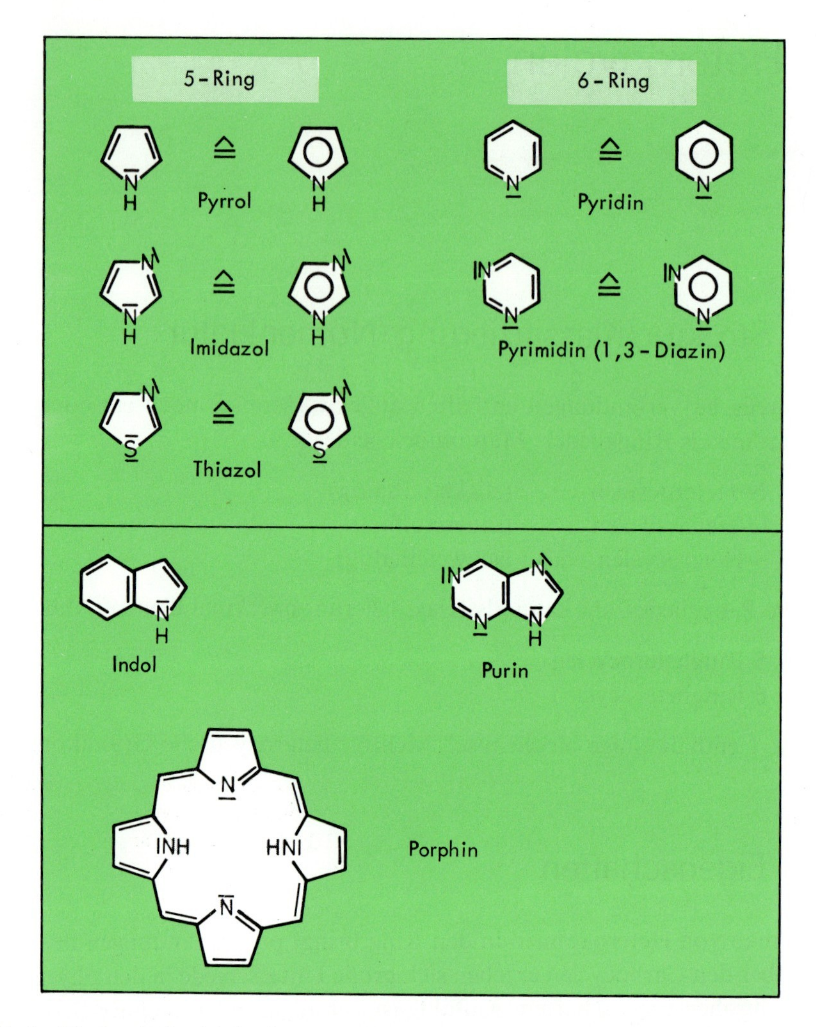

Abb. 14–1 Biochemisch wichtige heterocyclische Grundkörper.

14.2.2 Heterocycloaliphaten

Diese Verbindungen können formal von den Cycloaliphaten abgeleitet werden, indem CH_2-Gruppen beispielsweise durch O-Atome oder NH-Gruppen ersetzt werden (Abb. 14–3). Die Eigenschaften dieser Heterocyclen ähneln denen der offenkettigen heteroatomhaltigen Vertreter. Tetrahydrofuran und -pyran verhalten sich wie Ether. Piperidin hat die Eigenschaften eines sekundären Amins.

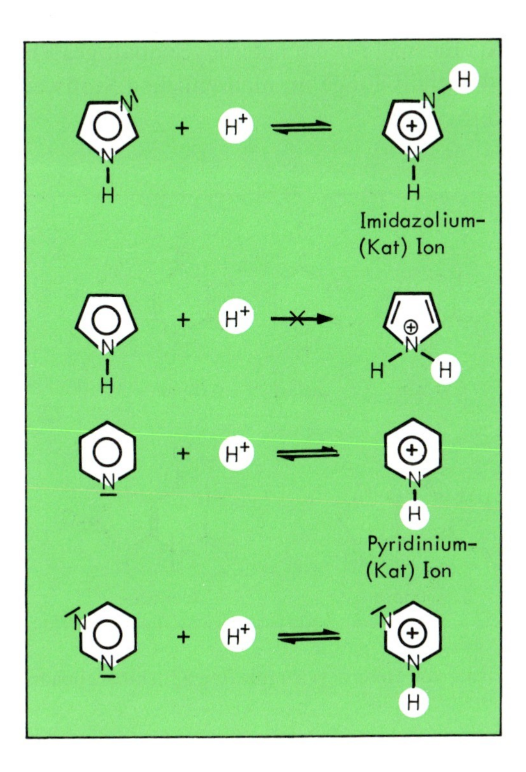

Abb. 14–2 Basizität von N-Heterocyclen. Die Ringatome N1 im Imidazol und Pyrrol stellen ihre einsamen Elektronenpaare jeweils zur Ausbildung eines aromatischen 6π-Elektronensystems zur Verfügung. Daher sind dies keine Basizitätszentren. An N3 des Imidazols und an N1 des Pyridins und Pyrimidins kann Protonaddition erfolgen.

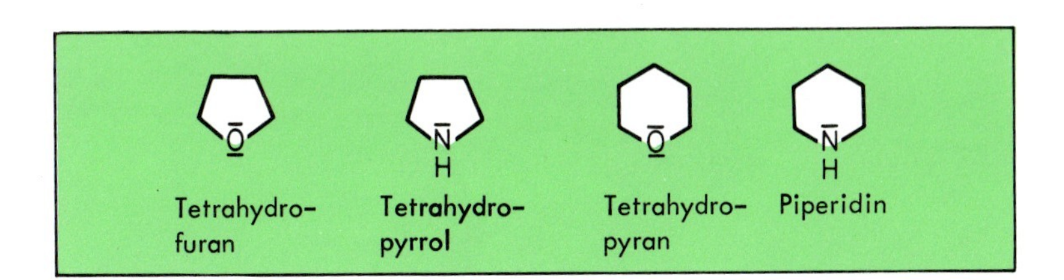

Abb. 14–3 Beispiele für Heterocycloaliphaten. Diese Verbindungen zeigen ähnliche Eigenschaften wie die entsprechenden offenkettigen Vertreter, also wie Ether und Amine.

14.3 Heterocyclen in der Biosphäre

Heterocyclen – vor allem stickstoffhaltige (Abb. 14–1) – sind als Baustein in vielen Naturstoffen und Pharmaka enthalten, z. B. in Aminosäuren und Peptiden, in Vitaminen, Enzymen, Nucleinsäuren, im Hämoglobin und Chlorophyll sowie in Bakterien-, Pflanzen- und Pilzgiften. Als Beispiel für ein heterocyclenhaltiges Pharmakon sei Penicillin genannt. Abb. 14–4 enthält einige im menschlichen Stoffwechsel vorkommende Derivate von N-Heterocyclen.

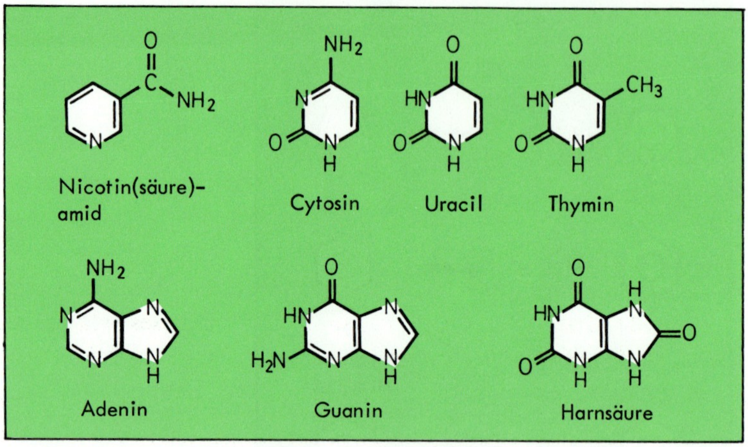

Abb. 14–4 Biochemisch wichtige Derivate von Heterocyclen (die freien Elektronenpaare sind nicht eingezeichnet).

15 Amine

15.1 Struktur/Klassifizierung/Nomenklatur

Amine sind Derivate des Ammoniaks. Man unterscheidet je nach Zahl der mit dem N-Atom verbundenen organischen Reste R (R = Alkyl, Aryl) **primäre** (1 × R), **sekundäre** (2 × R) und **tertiäre** (3 × R) Amine sowie **quartäre** Ammoniumverbindungen (4 × R) (Abb. 15–1). Über die Einordnung eines Amins in dieses Schema entscheidet also die Situation am Stickstoff. Tert.-Butylamin ist also ein primäres Amin.

Zur Benennung der Amine wird jeweils die Endung **„-amin"** an die Bezeichnungen der organischen Reste angehängt, einige Amine tragen auch Trivialnamen (siehe Abb. 15–2).

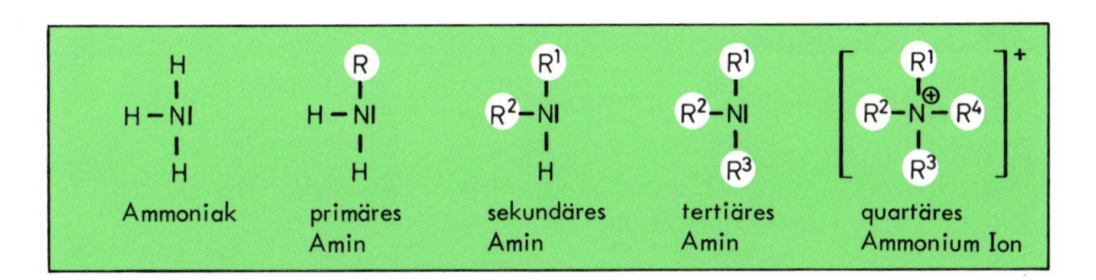

Abb. 15–1 Amine als Derivate des Ammoniaks. Die quartären Ammoniumionen lassen sich als Substitutionsprodukte des NH_4^+-Ions auffassen.

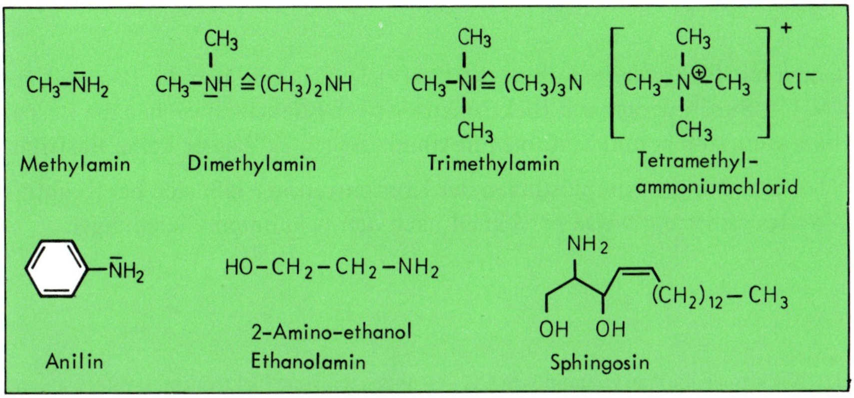

$CH_3-\overline{N}H_2$ Methylamin

$CH_3-\underline{N}H-CH_3 \hat{=} (CH_3)_2NH$ Dimethylamin

$CH_3-N(CH_3)-CH_3 \hat{=} (CH_3)_3N$ Trimethylamin

$[N(CH_3)_4]^+ Cl^-$ Tetramethylammoniumchlorid

$C_6H_5-\overline{N}H_2$ Anilin

$HO-CH_2-CH_2-NH_2$ 2-Amino-ethanol, Ethanolamin

NH_2, OH, OH, $(CH_2)_{12}-CH_3$ Sphingosin

Abb. 15–2 Beispiele für Amine und Ammoniumverbindungen.

15.2 Eigenschaften

Bedingt durch ihren polaren Bau sind die Amine niedriger C-Zahl gut *wasserlöslich.* Am einsamen Elektronenpaar des N können sie wie das Ammoniak ein Proton aufnehmen. Bei Zugabe von starker Base – z. B. Natronlauge – bildet sich das freie Amin zurück.

Die **Basizität** eines Amins läßt sich mittels seines K_B-Wertes oder durch den K_S-Wert der korrespondierenden Säure (des protonierten Amins) ausdrücken (Tab. 15–1).

$$R_3N| + H^+ \rightleftharpoons [R_3N^{\oplus}{-}H]^+$$

Trialkyl (oder aryl)-amin — Trialkyl (oder aryl)-ammonium-Ion

Tab. 15–1 p*K*-Werte von N-Verbindungen

	Formel	pK_B		pK_S		
Amine	$(CH_3)_2NH$	3,29	Basizität fällt ↓	10,71	Acidität steigt ↓	$(CH_3)_2NH_2^+$
	CH_3NH_2	3,36		10,64		$CH_3NH_3^+$
	NH_3	4,75		9,25		NH_4^+
	$C_6H_5NH_2$	9,42		4,58		$C_6H_5NH_3^+$
Amide	CH_3CONH_2	a)				
	$C_6H_5SO_2NH_2$	a)				

a) Acylsubstituenten und Sulfonylsubstituenten bringen die Basizität (in Wasser) infolge ihres Elektronensogs praktisch völlig zum Verschwinden

Substituenten mit Elektronenschub (+ **I-Effekt**) wie CH_3 erhöhen die Basizität gegenüber NH_3*. Substituenten mit Elektronensog (− **I-Effekt**) schwächen die Basizität. Carbon(säure)amide und Sulfon(säure)amide zeigen in Wasser keine Basizität.

Der pH-Wert wäßriger Aminlösungen der Konzentration *c* läßt sich bei Kenntnis des pK_B-Wertes näherungsweise berechnen nach den bekannten Gleichungen

* Im $(CH_3)_3N$ schirmen die drei voluminösen CH_3-Gruppen das freie Elektronenpaar stark ab und erschweren dadurch die Addition eines Protons. Deshalb ist Trimethylamin eine schwächere Base als Dimethylamin.

$$pOH = \frac{pK_B - \lg c}{2}$$

$$pH = 14 - \frac{pK_B - \lg c}{2}$$

Beispiel:

Gesucht wird der pH-Wert einer 0,01 mol/l Lösung von Methylamin.
Lösung:

$$pH = 14 - \frac{3{,}36 - (-2)}{2}$$

$$pH = 14 - \frac{5{,}46}{2}$$

$$pH = \mathbf{11{,}32}$$

Mischungen eines Amins und seines Ammoniumsalzes (in Lösung) haben Puffereigenschaften. Deshalb ist die Puffergleichung anwendbar.

Beispiel:

Welchen pH-Wert hat eine Lösung, die Methylamin und Methylammoniumchlorid in gleicher Konzentration enthält?
Lösung:

$$pH = pK_s + \lg \frac{c(\text{Amin})}{c(\text{protoniertes Amin})}$$

$$pH = pK_s \quad \text{weil } c(\text{Amin}) = c(\text{protoniertes Amin})$$

$$pH = \mathbf{10{,}64}$$

Primäre Amine können mit Aldehyden unter Wasserabspaltung zu **Azomethinen** (**Schiff-Basen**) reagieren. Die Reaktion

$$RNH_2 + O{=}CH{-}R' \rightleftharpoons R{-}N{=}CH{-}R' + H_2O$$

ist umkehrbar. Die Hydrolyse eines Azomethins liefert also Amin und Aldehyd.

15.3 Amine in der Biosphäre

Amine, die durch Decarboxylierung (CO_2-Abspaltung) aus natürlich vorkommenden Aminosäuren entstehen, nennt man **biogene** oder **proteinogene Amine**.

$$H_2N{-}\underset{\displaystyle R}{\underset{|}{CH}}{-}COOH \rightarrow H_2N{-}\underset{\displaystyle R}{\underset{|}{CH_2}} + CO_2$$

Histamin z. B. entsteht im tierischen Körper aus Histidin und wird in speziellen Zellen gespeichert. Bei Verletzungen oder allergischen Reaktionen wird es freigesetzt und bewirkt eine Erweiterung und Permeabilitätserhöhung der Gefäße. Serotonin, das durch CO_2-Abspaltung aus Tryptophan entsteht, hat Funktionen im Zentralnervensystem. Cholin ist eine quartäre Ammoniumverbindung (solche rechnet man auch zu den Aminen), die durch dreifache N-Methylierung von Ethanolamin gebildet wird. Sie ist ein Baustein einiger Phospholipide und Edukt für die Bildung von Acetylcholin (Abb. 15–3).

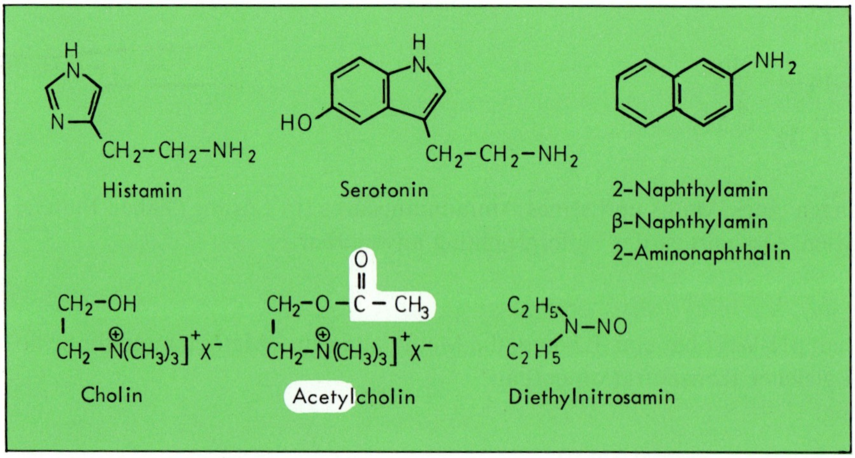

Abb. 15–3 Einige biochemisch wichtige Amine.

Beim Umgang mit Aminen ist Vorsicht geboten, denn einige aromatische Vertreter wie z. B. 2-Naphthylamin sind als cancerogen und mutagen erkannt worden. Hier seien auch die stark krebserzeugend wirkenden **Nitrosamine** des Typs $R_2N—NO$ genannt, die aus sekundären Aminen und salpetriger Säure (HNO_2) entstehen können.

Die physiologische Wirkung von Aminoverbindungen ist pH-abhängig. Protonierte Amine (Kationen) können nämlich Lipidmembranen nur schwer durchwandern, denn Ionen lösen sich in Lipiden bekanntlich kaum. Diese Gesichtspunkte gelten auch für die Membranpassage von aminogruppenhaltigen Pharmaka und erklären so die pH-Abhängigkeit der Wirkung einiger Medikamente.

16 Mercaptane (Thiole)/Thioether/ Disulfide/Sulfonsäuren

16.1 Struktur/Nomenklatur

Mercaptane – auch **Thiole** oder **Thioalkohole** genannt – sind als Monosubstitutionsprodukte des H_2S aufzufassen, sie enthalten also die **SH-Gruppe (Mercaptogruppe, Sulfhydrylgruppe)**. Zur Bezeichnung verknüpft man den Namen des Kohlenwasserstoffrestes mit der Endung **„-mercaptan"** oder den Namen des (unsubstituierten) Kohlenwasserstoffs mit der Endung **„-thiol"** (Abb. 16–1). Auch Trivialnamen sind zahlreich in Gebrauch.

Thioether (Sulfide) haben die allgemeine Formel R—S—R (Abb. 16–1).

Disulfide enthalten zwei organische Reste über eine S—S-Brücke (**Disulfidbrücke**, —S—S—) miteinander verbunden (Abb. 16–1).

Sulfonsäuren enthalten die $SO_2(OH)$-Gruppe oder kurz SO_3H-Gruppe gebunden an einen Alkyl- oder Arylrest (Abb. 16–1).

16.2 Eigenschaften

Mercaptane sind widerlich riechende Substanzen. Gemäß den Gesetzmäßigkeiten im Periodensystem sind sie stärker acid als Alkohole (s. Kap. 6.4.2). Deshalb sind auch die Vertreter mit großem hydrophoben Rest R in wäßrigen Laugen löslich. Mit Schwermetallionen, z. B. Hg^{2+} oder Ag^{+}), bilden sich schwerlösliche Mercaptide. Milde Oxidation liefert ein Disulfid, woraus sich durch Reduktion das Mercaptan zurückbildet. Bei energischer Oxidation bilden sich Sulfonsäuren (Abb. 16–2). Dies sind starke Säuren. Die wäßrigen Lösungen ihrer Salze reagieren daher neutral.

Aromatische Sulfonsäuren lassen sich auch bequem durch Sulfonierung eines Aromaten (Substitution) erhalten und weiter zu Sulfon(säure)amiden umsetzen.

SH
Ox.
SO_3H
SO_2NH_2
$+SO_3$

R–SH	**Mercaptan** CH_3-CH_2-SH Ethylmercaptan Ethanthiol	R–S–R Thioether $CH_3-S-CH_2-CH_3$ Ethyl-methyl-thioether Ethyl-methyl-sulfid
R–S–S–R	**Disulfid** $CH_3-CH_2-S-S-CH_2-CH_3$ Diethyldisulfid	
R–SO_3H	**Sulfonsäure** $C_6H_5-SO_3H$ Benzolsulfonsäure	$C_6H_5-SO_2NH_2$ Benzolsulfonamid

Abb. 16–1 Struktur und Bezeichnung von Mercaptanen, Thioethern, Disulfiden, Sulfonsäuren und Sulfon(säure)amiden.

$$R-SH + OH^- \rightleftharpoons R-S^- + H_2O$$
Mercaptid-Ion

$$R-S^- + Ag^+ \longrightarrow RSAg\downarrow$$

$$2R-SH \rightleftharpoons R-S-S-R + 2H^+ + 2e^-$$
reversibles Redoxpaar

$$R-SH + 3H_2O \longrightarrow R-SO_3H + 6H^+ + 6e^-$$
Sulfonsäure

$$R-SO_3H \rightleftharpoons R-SO_3^- + H^+$$
Sulfonat-Anion

Abb. 16–2 Reaktionen von Mercaptanen (Thiolen) mit starken Basen, mit Schwermetallen und mit Oxidationsmitteln. Im letzten Fall entsteht in reversibler Reaktion ein Disulfid, bei energischer Oxidation eine Sulfonsäure. Die Salze der Sulfonsäuren heißen Sulfonate.

16.3 Biochemische Bedeutung organischer S-Verbindungen

Als biochemisch wichtige Verbindungen mit organisch gebundenem Schwefel seien genannt (Abb. 16–3): Die Aminosäuren Cystein, Cystin, Penicillamin, Methionin (s. auch Kap. 24), das biogene Amin Cysteamin (entstanden durch Decarboxylierung von Cystein), das Coenzym A und die Gruppe der Thiocarbonsäurederivate (s. Kap. 21).

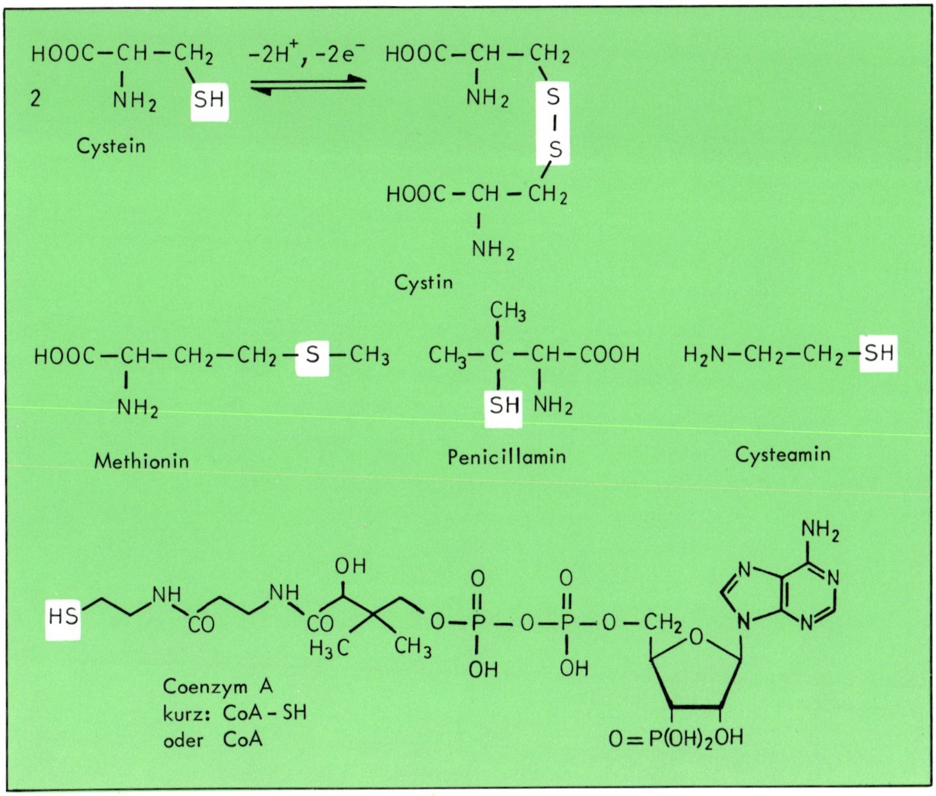

Abb. 16–3 Einige biochemisch wichtige Verbindungen mit organisch gebundenem Schwefel.

Die SH-Gruppe ist ein essentieller Baustein zahlreicher Enzyme. Schwermetallionen können solche Enzyme infolge Mercaptidbildung „vergiften". Bildung oder Verlust von S—S-Brücken können ebenfalls Ursachen für Enzymblockaden sein. Insulin z. B. ist nur wirksam, wenn seine Disulfidbrücken intakt sind.

Der biochemische Abbau des Cysteins führt zum Teil zum Sulfonat, zum Teil zum anorganischen Sulfat – soweit der Schwefel nicht in andere Metaboliten eingebaut wird.

Substanzen vom Sulfonamidtyp sind als Pharmaka in Gebrauch.

17 Alkohole und Ether

17.1 Struktur/Klassifizierung/Nomenklatur

Alkohole enthalten eine (Alkanole) oder mehrere **OH-Gruppen (Hydroxylgruppen)** an einem *aliphatischen* Grundgerüst, wobei das entsprechende C-Atom sp^3-hybridisiert ist. Dieses trägt neben der OH-Gruppe H-Atome oder C-Substituenten. Normalerweise findet sich höchstens eine OH-Gruppe pro C-Atom. Je nach Substitutionsgrad des C-Atoms, das die OH-Gruppe trägt, unterscheidet man **primäre, sekundäre** und **tertiäre** Alkohole. Nach der Zahl der OH-Gruppen pro Molekül spricht man von **ein-** und **mehrwertigen** Alkoholen (Abb. 17–1). Zur Benennung wird an den Namen des Stammkohlenwasserstoffs die Endung **„-ol"** angehängt. Ältere Bezeichnungen sind aus dem Namen des Alkylrestes und der Endung **„-alkohol"** gebildet (Abb. 17–2). Die mehrwertigen Alkohole haben meist Trivialnamen (Abb. 17–3).

Ether sind durch die Struktur R—O—R′ (R,R′ = Alkyl, Aryl) gekennzeichnet (Abb. 17–4).

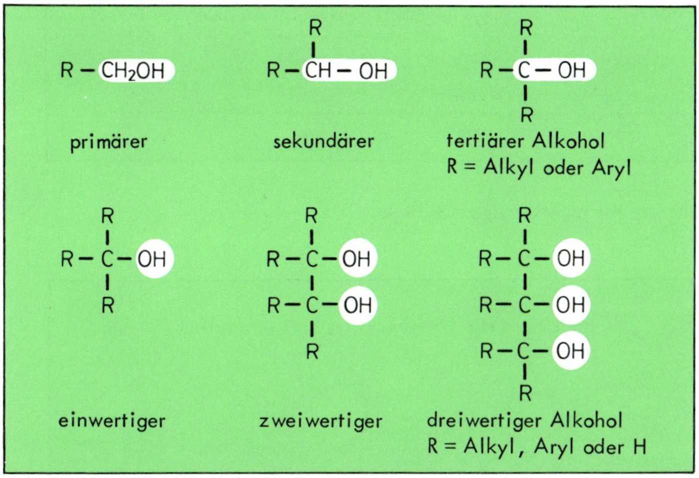

$R-CH_2OH$ primärer; $R-CH(R)-OH$ sekundärer; $R-C(R)(R)-OH$ tertiärer Alkohol, R = Alkyl oder Aryl

einwertiger; zweiwertiger; dreiwertiger Alkohol, R = Alkyl, Aryl oder H

Abb. 17–1 Klassifizierung von Alkanolen. Man unterscheidet primäre, sekundäre und tertiäre Alkohole und nach der Anzahl der OH-Gruppen im Molekül ein- und mehrwertige Alkohole.

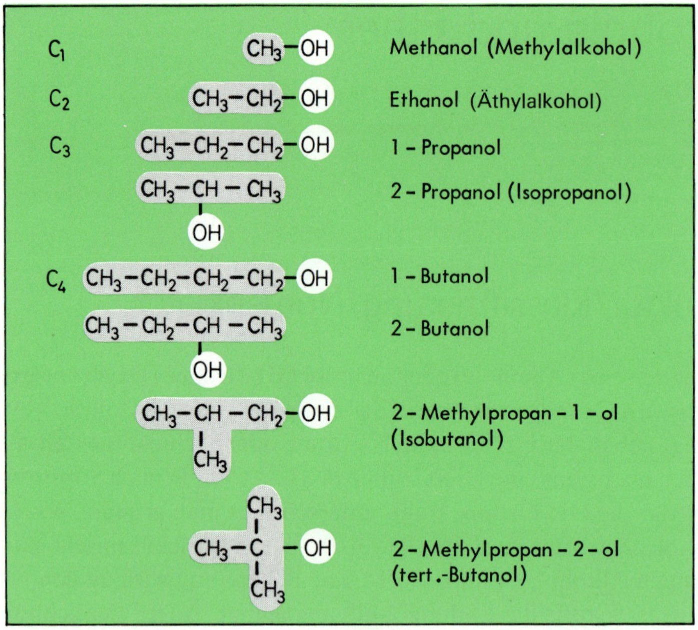

C_1	CH_3-OH	Methanol (Methylalkohol)
C_2	CH_3-CH_2-OH	Ethanol (Äthylalkohol)
C_3	$CH_3-CH_2-CH_2-OH$	1 - Propanol
	$CH_3-CH(OH)-CH_3$	2 - Propanol (Isopropanol)
C_4	$CH_3-CH_2-CH_2-CH_2-OH$	1 - Butanol
	$CH_3-CH_2-CH(OH)-CH_3$	2 - Butanol
	$CH_3-CH(CH_3)-CH_2-OH$	2 - Methylpropan - 1 - ol (Isobutanol)
	$CH_3-C(CH_3)_2-OH$	2 - Methylpropan - 2 - ol (tert.-Butanol)

Abb. 17–2 Einwertige Alkohole der Aliphaten C_1 bis C_4. Man erkennt, daß es zwei isomere Propanole und vier isomere Butanole gibt.

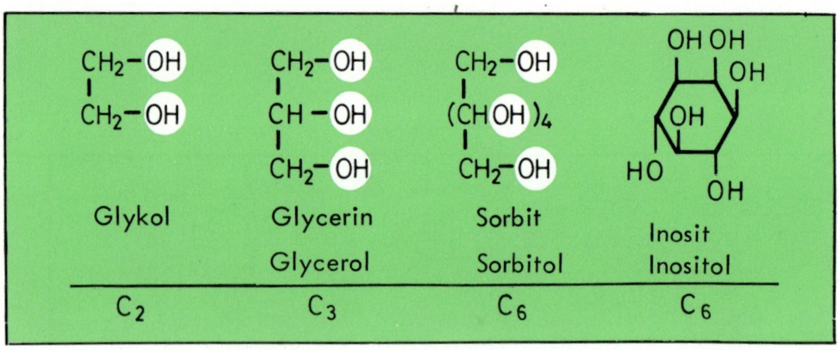

CH_2OH-CH_2OH	$CH_2OH-CHOH-CH_2OH$	$CH_2OH-(CHOH)_4-CH_2OH$	Cyclohexan-hexol (6 OH)
Glykol	Glycerin Glycerol	Sorbit Sorbitol	Inosit Inositol
C_2	C_3	C_6	C_6

Abb. 17–3 Beispiele für mehrwertige Alkohole.

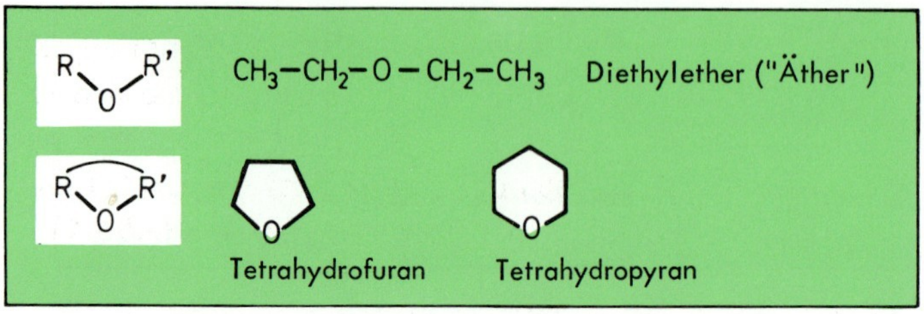

R–O–R' $CH_3-CH_2-O-CH_2-CH_3$ Diethylether ("Äther")

R–O–R' (cyclisch) Tetrahydrofuran Tetrahydropyran

Abb. 17–4 Ether. Struktur und Beispiele.

17.2 Physikalische Eigenschaften

Schmelz- und Siedepunkte der Alkanole steigen mit wachsender Zahl der C-Atome. Die Werte liegen allerdings erheblich höher als bei den entsprechenden Alkanen. Die Ursache hierfür ist die Assoziation der Alkoholmoleküle durch Ausbildung von H-Brücken, die eine größere molare Verdampfungswärme bewirken als wir sie bei den (nicht assoziierten) Alkanen finden (Abb. 17–5). Auch Ether zeigen wegen fehlender Assoziation niedrigere Werte.

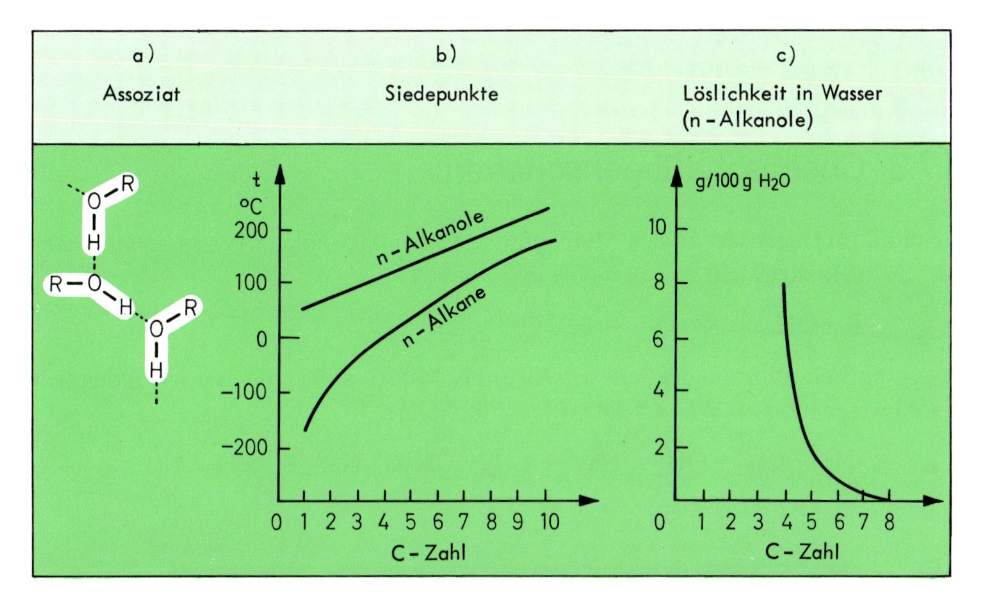

Abb. 17–5 a) Assoziation von Alkanolen über Wasserstoffbrücken. Das Proton der OH-Gruppe tritt jeweils in Wechselwirkung mit dem O-Atom der benachbarten OH-Gruppe. b) Wie bei den Alkanen steigen die Siedepunkte von Alkanolen (linearer Bau, endständige OH-Gruppe) mit wachsender Kettenlänge. Sie liegen infolge Assoziation erheblich höher als bei den n-Alkanen gleicher Kettenlänge. c) Die Wasserlöslichkeit der Alkohole sinkt mit steigender Zahl der C-Atome rapid.

Die *Löslichkeit* von Alkanolen in Wasser wird ebenfalls durch die OH-Gruppen bewirkt. Sie bringen soviel Hydrophilie ins Molekül, daß sich die niederen Alkanole in jedem Verhältnis mit Wasser mischen. Mit wachsender Kettenlänge macht sich die hydrophobe Wechselwirkung zwischen den (lipophilen) Alkylresten immer stärker bemerkbar. Die Wasserlöslichkeit ist schließlich sehr gering (Abb. 17–5, c), man konstatiert letztlich nur noch Löslichkeit in organischen (lipophilen) Lösungsmitteln (Abb. 17–6). Methanol, Ethanol und Propanol lösen sich sowohl im Wasser als auch in unpolaren Lösungsmitteln sehr gut.

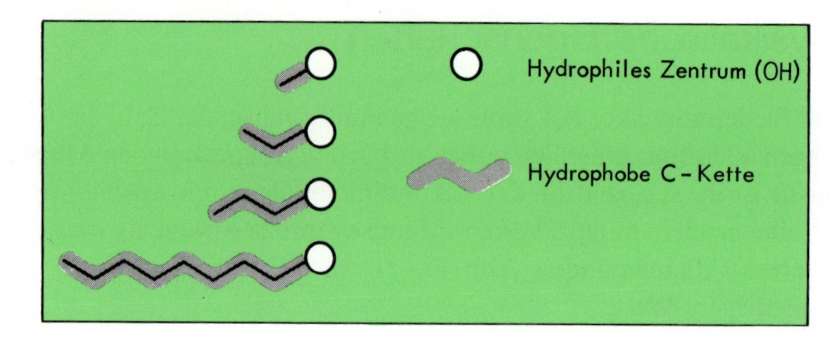

Abb. 17–6 Illustration des hydrophilen und hydrophoben Molekülteils in Alkan-1-olen. Mit steigender Zahl der C-Atome wächst die Ausdehnung des hydrophoben (lipophilen) Molekülteils. Dieser bestimmt schließlich das Lösungsverhalten.

17.3 Chemische Eigenschaften

Acidität. Im Gegensatz zu den Mercaptanen zeigen Alkohole in Wasser *keine Acidität.* Das Gleichgewicht

$$R—OH \rightleftarrows R—O^- + H^+$$

liegt praktisch völlig auf der Seite des Alkanols. Mit Alkalimetallen jedoch bilden sich (in Abwesenheit von Wasser) salzartige Alkoholate

$$CH_3—CH_2—OH + Na \rightarrow CH_3—CH_2O^-Na^+ + \tfrac{1}{2}H_2$$

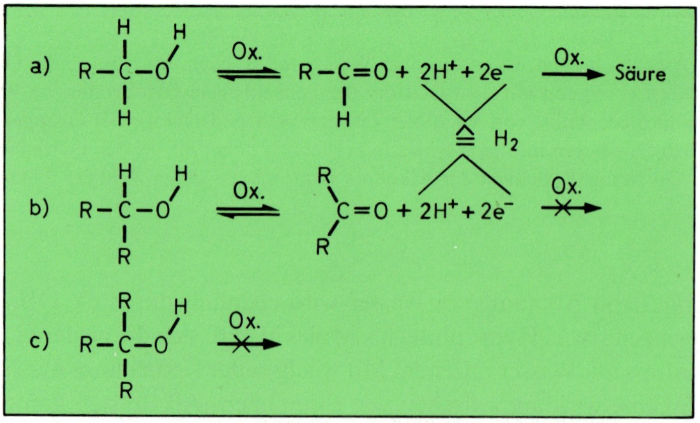

a) $$R-CH_2-O-H \underset{}{\overset{Ox.}{\rightleftharpoons}} R-CH{=}O + 2H^+ + 2e^- \xrightarrow{Ox.} \text{Säure}$$

$$2H^+ + 2e^- \triangleq H_2$$

b) $$R_2CH-O-H \overset{Ox.}{\rightleftharpoons} R_2C{=}O + 2H^+ + 2e^- \overset{Ox.}{\not\rightarrow}$$

c) $$R_3C-O-H \overset{Ox.}{\not\rightarrow}$$

Abb. 17–7 Oxidation von Alkanolen. a) Primäre Alkanole werden zu Aldehyden oxidiert (und diese meist gleich zu Carbonsäuren), b) sekundäre Alkanole werden bei der Oxidation in Ketone umgewandelt. Beide Oxidationsprodukte lassen sich wieder zu Alkanolen reduzieren bzw. hydrieren. c) Tertiäre Alkanole lassen sich ohne Sprengung von C—C-Bindungen nicht oxidieren.

Oxidation/Dehydrierung. Bei der Oxidation oder Dehydrierung von Alkanolen lassen sich drei Fälle unterscheiden – je nach Stellung der Hydroxylgruppe (Abb. 17–7).

Wasserabspaltung. Durch intramolekulare Wasserabspaltung (Eliminierung) aus Alkanolen erhält man Alkene. Ether entstehen durch intermolekulare H_2O-Abspaltung (Abb. 17–8).

Ether sind im Gegensatz zu Alkanolen reaktionsträge und finden deshalb als inerte Lösungsmittel Verwendung. Diethylether – meist kurz „Äther" genannt – ist zudem mit Wasser kaum mischbar und kann deshalb zur Extraktion etherlöslicher Stoffe aus wäßrigen Lösungen dienen. Dimethylether und Ethanol sind konstitutionsisomer.

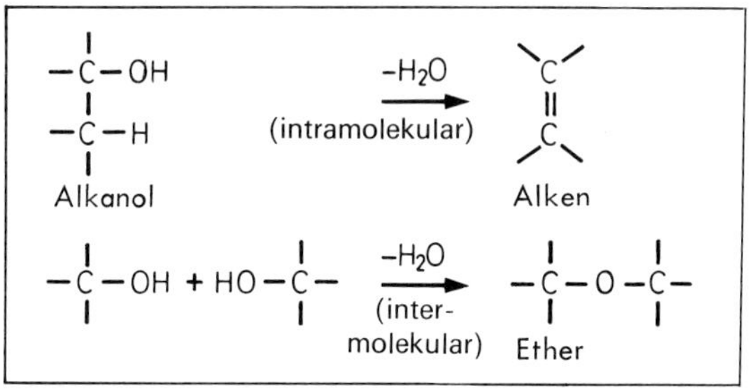

$$\underset{\text{Alkanol}}{-\overset{|}{\underset{|}{C}}-OH \atop -\overset{|}{\underset{|}{C}}-H} \xrightarrow[\text{(intramolekular)}]{-H_2O} \underset{\text{Alken}}{>C=C<}$$

$$-\overset{|}{\underset{|}{C}}-OH + HO-\overset{|}{\underset{|}{C}}- \xrightarrow[\text{(intermolekular)}]{-H_2O} \underset{\text{Ether}}{-\overset{|}{\underset{|}{C}}-O-\overset{|}{\underset{|}{C}}-}$$

Abb. 17–8 Alkanole geben bei intramolekularer Wasserabspaltung Alkene. Intermolekulare Wasserabspaltung liefert Ether.

17.4 Biochemische Aspekte

Hydroxylgruppen findet man in vielen biochemisch und pharmazeutisch wichtigen Substanzen. Ihre Stoffwechselschicksale lassen sich wie folgt klassifizieren:

- Sie werden oxidativ abgebaut, können aber auch durch Reduktion aus Carbonylverbindungen gebildet werden (s. Abb. 11–9).
- Sie liefern bei der Dehydratisierung Alkene, können aber auch durch Wasseranlagerung an Alkene gebildet werden.
- Sie durchlaufen das Stoffwechselgeschehen unverändert.

Der Genuß von Methanol erzeugt Blindheit. Ethanol ist ein Genußmittel, das wegen seiner stimulierenden Wirkung geschätzt wird. In größeren Mengen wirkt es narkotisierend. Soweit es nicht über die Lunge den Körper wieder verläßt, wird es oxidativ abgebaut (→ Acetaldehyd → Acetat). Ethanol entsteht aus Kohlenhydraten durch Vergärung nach folgender Bruttogleichung:

$$C_6H_{12}O_6 \rightarrow 2\,CH_3CH_2OH + 2\,CO_2$$

Cholesterin – gelegentlich auch Cholesterol genannt – wird sowohl mit der Nahrung aufgenommen, als auch im Körper synthetisiert. Es ist Ausgangsstoff für die Biosynthese von Steroidhormonen und Gallensäuren und auch Bestandteil von Membranen tierischer Zellen.

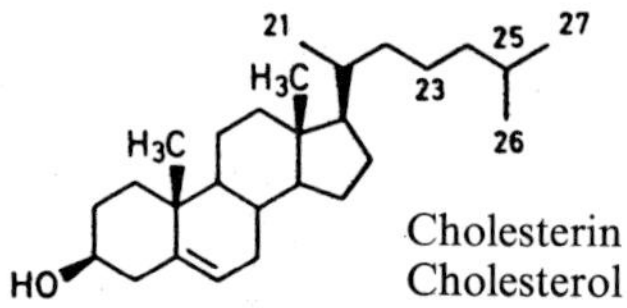

Cholesterin
Cholesterol

Mehrwertige Alkohole schmecken süß. Von den in Abb. 17–3 genannten Beispielen ist das Glykol relativ giftig, die beiden anderen nicht. Sorbit ist als Kohlenhydratersatz bei Diabetikern geeignet, da sein Umsatz insulinunabhängig erfolgt. Glycerin ist Baustein der Fette (s. Kap. 21). Auch Kohlenhydratmoleküle enthalten mehrere OH-Gruppen. Diese Verbindungsklasse wird gesondert besprochen (Kap. 25), ebenso die der Hydroxysäuren (Kap. 23).

Diethylether wurde lange als Inhalationsnarkotikum benutzt. Die Etherstruktur findet sich in der Aminosäure Tyrosin und in einigen Pflanzenfarbstoffen.

18 Phenole und Chinone

18.1 Struktur/Klassifizierung/Nomenklatur

Phenole – aromatische Hydroxyverbindungen – enthalten die OH-Gruppe(n) direkt an den Benzolkern gebunden. In Analogie zu den Alkanolen unterscheidet man zwischen ein- und mehrwertigen Phenolen, je nach Zahl der OH-Gruppen im Molekül. Phenol ist eine Klassenbezeichnung, gleichzeitig aber auch der Name für den einfachsten Vertreter (Abb. 18–1).

Chinone enthalten zwei doppelt gebundene Sauerstoffatome in Konjugation zu zwei Doppelbindungen im (desaromatisierten) 6-Ring. Allgemein nennt man eine solche Anordnung von Bindungen ein *chinoides System* (Abb. 18–2).

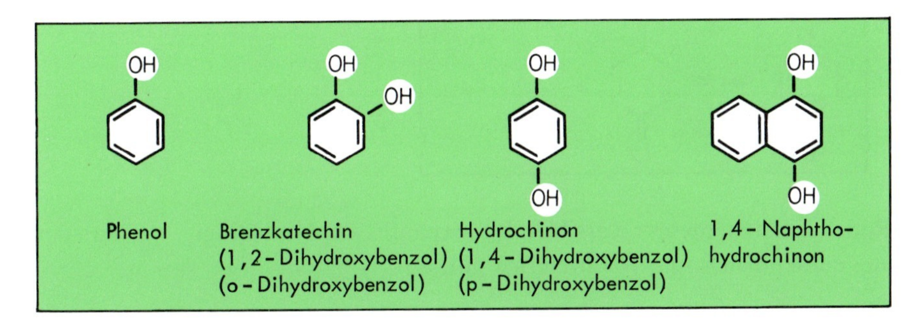

Abb. 18–1 Beispiele für aromatische Hydroxyverbindungen (Phenole). Das einfachste Phenol (Klassenbezeichnung) heißt ebenfalls Phenol.

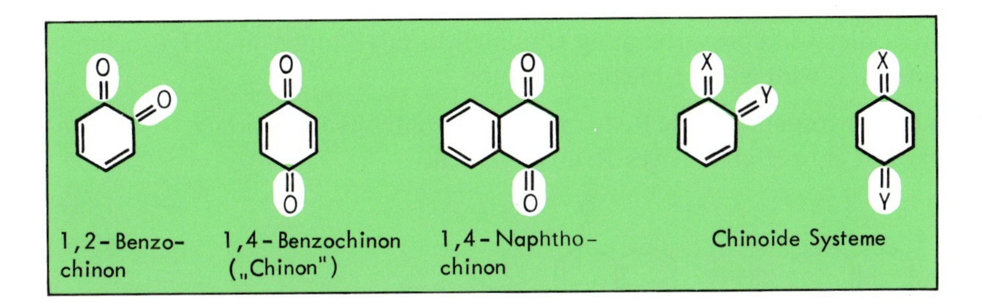

Abb. 18–2 Beispiele für Chinone und allgemeine Struktur chinoider Systeme.

18.2 Eigenschaften

Phenole reagieren im Gegensatz zu Alkoholen sauer, da das entstehende Phenolat-Anion mesomeriestabilisiert ist. Dadurch ist seine Bildung bekanntlich begünstigt (vgl. auch Kap. 11.1 und 20.2).

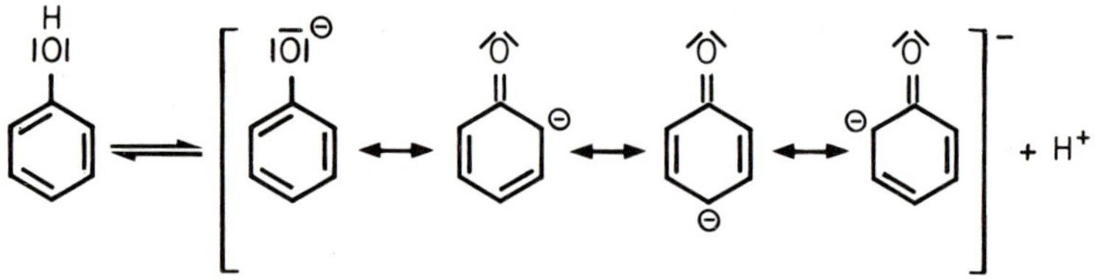

+ H^+

Die negative Ladung des Ions hält sich zu einem gewissen Teil im Carbocyclus auf. Dieser ist damit einer elektrophilen Substitution leichter zugänglich als das Benzol – besonders in den Stellungen 2, 4 und 6. Chlorierung, Sulfonierung und Nitrierung z. B. gelingen leichter.

Die Oxidation von Hydrochinon (1,4-Dihydroxybenzol) führt zum Chinon (1,4-Benzochinon).

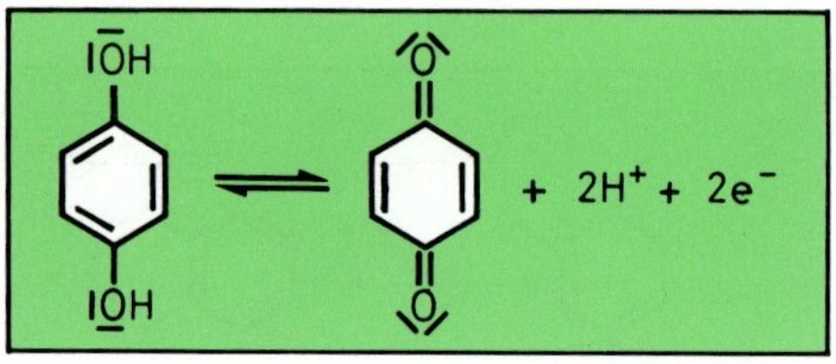

+ $2H^+$ + $2e^-$

Das Redoxpotential dieses reversiblen Redoxpaares ist pH-abhängig, wie man der Gleichung entnehmen kann. Nach Nernst gilt:

$$E = E^\circ + \frac{0{,}059}{2} \cdot \lg \frac{c(\text{Chinon}) \cdot c^2(\text{H}^+)}{c(\text{Hydrochinon})}$$

Sind die Konzentrationen an Chinon und Hydrochinon gleich, so ist E nur noch von der H^+-Ionenkonzentration abhängig. Eine solche *Chinhydronelektrode* – so genannt, weil die Additionsverbindung Chinhydron aus Chinon und Hydrochinon (1 : 1) entsteht – wird zur pH-Messung benutzt.

Auch das korrespondierende Redoxpaar 1,4-Naphthohydrochinon/1,4-Naphthochinon besitzt ein pH-abhängiges Redoxpotential.

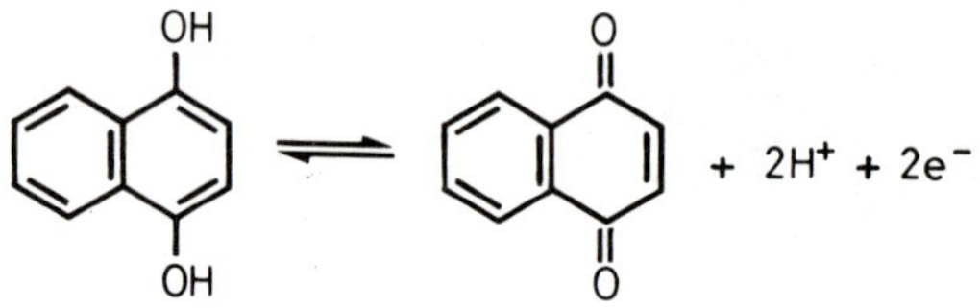

+ $2H^+$ + $2e^-$

18.3 Biochemische Aspekte

Phenolderivate kommen als Abbauprodukte der Aminosäure Tyrosin im menschlichen Organismus vor. Zu ihnen gehören Adrenalin und Dopamin. Das Skelett des 1,4-Naphthochinons ist in den Substanzen der Vitamin-K-Gruppe enthalten (Abb. 18–3).

Gleichgewichte vom Hydrochinon/Chinon-Typ spielen in der Atmungskette eine wichtige Rolle. Chinone sind* in der lebenden Zelle die Hauptakzeptoren für Wasserstoff, der bei Dehydrierungen von Alkoholen, SH-Gruppen usw. übernommen werden muß.

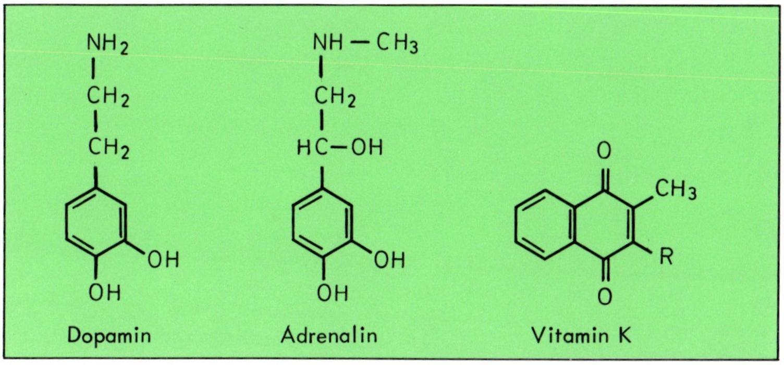

Abb. 18–3 Adrenalin, Dopamin und das Grundskelett des Vitamins K.

* neben dem Nicotinamid-System

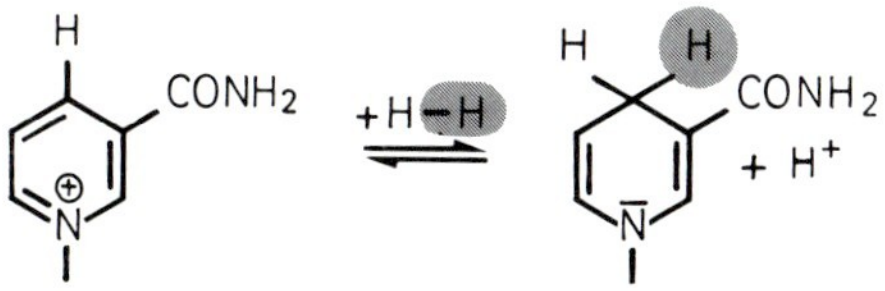

19 Aldehyde und Ketone

19.1 Struktur/Nomenklatur

Beide Verbindungsklassen enthalten die **Carbonylgruppe** (>C=O). In einem **Aldehyd** steht sie am Anfang einer C-Kette, trägt also noch ein H-Atom (—CH=O, **Formylgruppe**). In einem **Keton** ist die Carbonylgruppe mit zwei C-Atomen verknüpft.

Für die Anfangsglieder der homologen Reihen von Aldehyden und Ketonen sind Trivialnamen in Gebrauch. Die systematische Nomenklatur verwendet die Endung **„al“** für Aldehyde bzw. **„-on“** für Ketone (Abb. 19–1).

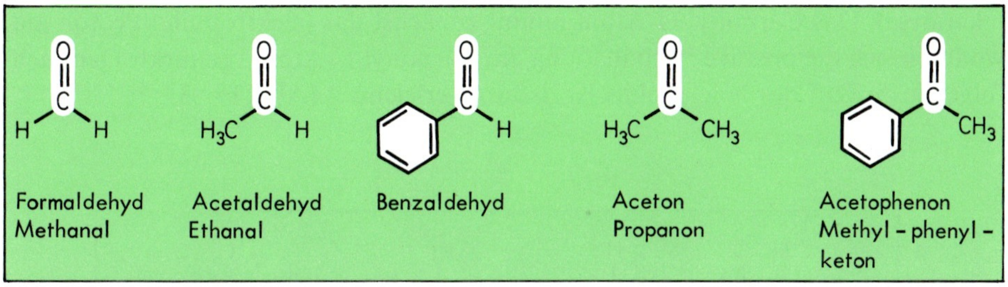

Formaldehyd	Acetaldehyd	Benzaldehyd	Aceton	Acetophenon
Methanal	Ethanal		Propanon	Methyl-phenyl-keton

Abb. 19–1 Beispiele für Aldehyde und Ketone. In der unteren Zeile stehen die systematischen Bezeichnungen, darüber die Trivalnamen.

19.2 Eigenschaften

19.2.1 Nucleophile Addition (Allgemeines)

Aldehyde und Ketone sind neutral reagierende Verbindungen, deren chemische Eigenschaften durch die polar gebaute C=O-Doppelbindung bestimmt werden. Bedingt durch die Elektronegativitätsunterschiede ist das C-Atom positiv ($\delta +$), das O-Atom negativ ($\delta -$) polarisiert. Das positive (elektrophile) Zentrum ist Angriffspunkt für nucleophile Reagentien (Abb. 19–2).

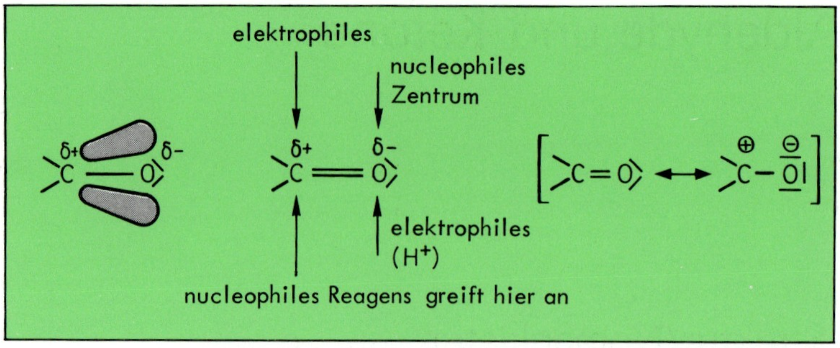

Abb. 19–2 Der Bau der Carbonylgruppe. Die planare (C ist sp^2-hybridisiert) Carbonylgruppe ist polar. Am O-Atom findet sich infolge seiner höheren Elektronegativität eine negative Partialladung, am Carbonyl-C-Atom eine positive Partialladung. Diese Atome sind daher nucleophile (O) bzw. elektrophile (C) Zentren im Molekül. Nucleophile Reagentien (mit freiem Elektronenpaar) greifen am elektrophilen Carbonyl-C-Atom (mit Elektronenlücke bzw. -defizit) an.

Mit solchen Nucleophilen reagieren Aldehyde und Ketone in einer **Addition** nach einem einheitlichen Schema (Abb. 19–3). Säuren beschleunigen diese Reaktion **(Säurekatalyse)**: Das Carbonyl-O-Atom nimmt zunächst das (elektrophile) Proton auf, wodurch sich die positive Partialladung am Carbonyl-C-Atom verstärkt. Der nachfolgende Angriff des Nucleophils ist dadurch erleichtert (Abb. 19–3).

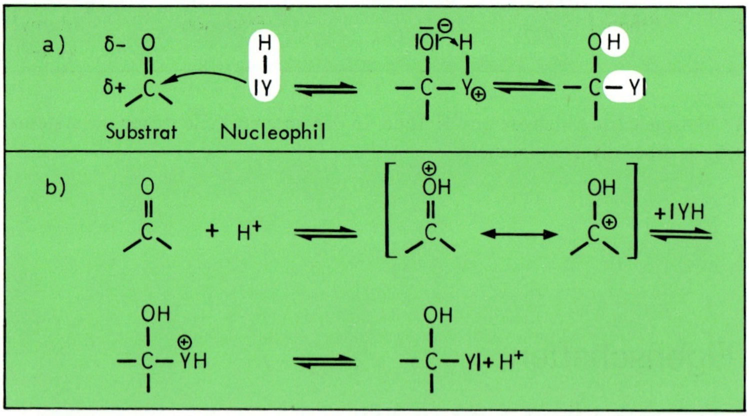

Abb. 19–3 a) Schema der nucleophilen Addition bei Aldehyden und Ketonen. Das Nucleophil (Reagens) geht zum elektrophilen Zentrum des Substrats. b) Säurekatalysierte nucleophile Addition. Durch Anlagerung des Säureprotons (elektrophiles Teilchen – geht zum nucleophilen O-Atom) erfolgt zunächst eine verstärkte Polarisierung der Carbonylgruppe. Die nachfolgende Addition des Nucleophils (geht mit seinem einsamen Elektronenpaar zum elektrophilen Zentrum – zum C-Atom) ist dadurch erleichtert. Zum Schluß erfolgt noch die Abspaltung eines Protons. Die katalysierende Säure wird also nicht verbraucht.

19.2.2 Reaktionen mit Wasser und Alkoholen

Bei Addition von Wasser an einige Aldehyde und Ketone entstehen **Hydrate**, die mit den Edukten im Gleichgewicht stehen. Analog entstehen mit Alkoholen **Halbacetale**, aus denen in einem zweiten Schritt (durch Kondensation) mit einem weiteren Äquivalent Alkohol **(Voll)Acetale** bzw. **(Voll)Ketale** werden können.

Bei intramolekularer Reaktion von Hydroxyaldehyden bzw. -ketonen entstehen cyclische Halbacetale bzw. -ketale (Abb. 19–4). Unter geeigneten Bedingungen verlaufen alle diese Reaktionen in umgekehrter Richtung.

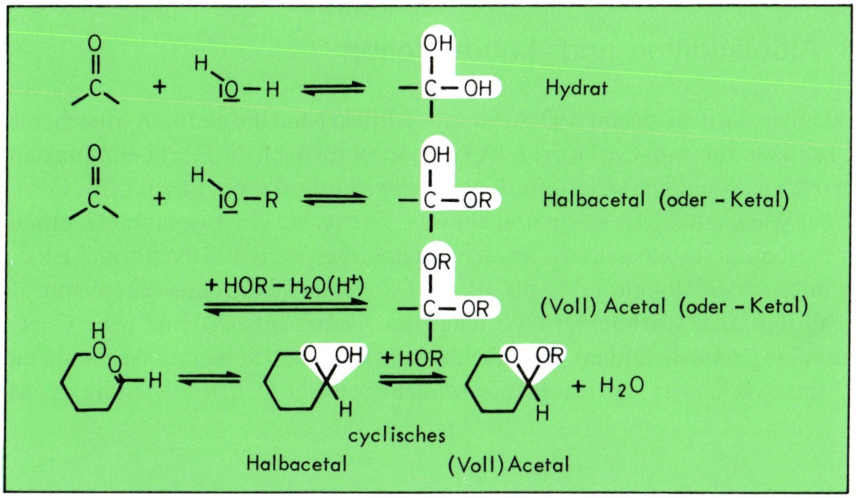

Abb. 19–4 Reaktionen von Aldehyden und Ketonen mit Wasser bzw. Alkoholen unter Bildung von Hydraten, Halbacetalen (bzw. -ketalen) und (Voll)Acetalen (bzw. Ketalen).

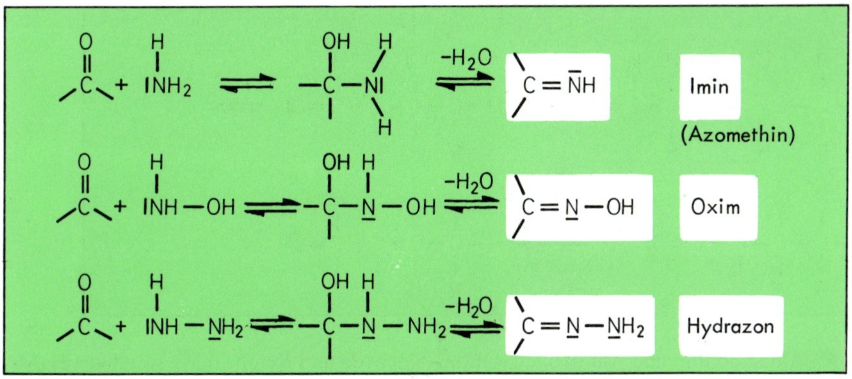

Abb. 19–5 Reaktionen von Aldehyden und Ketonen mit Ammoniak und einigen ähnlichen N-Basen. Das Additionsprodukt ist instabil und spaltet Wasser ab (Dehydratisierung). Mit Ammoniak und primären Aminen entstehen Imine (Azomethine), mit Hydroxylamin Oxime und mit Hydrazin(derivaten) Hydrazone.

19.2.3 Reaktionen mit Ammoniak und seinen Derivaten

Bei Addition von Ammoniak und einigen seiner Derivate entstehen zunächst instabile Zwischenprodukte, die unter *Dehydratisierung* (Wasserabspaltung) weiterreagieren. Es entsteht so jeweils eine C=N-Doppelbindung (Abb. 19–5). Mit Ammoniak erhält man **Imine**, mit primären Aminen N-substituierte Imine, die auch **Azomethine** oder **Schiffsche Basen** genannt werden. Hydroxylamin liefert **Oxime**, mit Hydrazin entstehen **Hydrazone**. Aus allen Verbindungen dieser Art lassen sich durch Hydrolyse die Edukte zurückgewinnen.

19.2.4 Aldoladdition und -kondensation

Der Elektronensog des Carbonyl-O-Atoms (–I-Effekt) und die dadurch entstehende positive Partialladung am Carbonyl-C-Atom beeinflußt auch die C—H-Bindung am benachbarten (α-ständigen) C-Atom. Unter Einwirkung starker Basen (z. B. OH^-) läßt sich der Wasserstoff jetzt als Proton ablösen. Es entsteht ein sogenanntes **Carbanion**, das mesomeriestabilisiert ist – in der zweiten mesomeren Grenzformel ist die Ladung am Sauerstoff lokalisiert (Abb. 19–6). Das gebildete Carbanion kann nun als Nucleophil mit einer Carbonylgruppe reagieren. Dabei entsteht eine neue C—C-Einfachbindung (**Aldoladdition**). Die Kohlenstoffkette des Substrats ist damit um zwei C-Atome verlängert worden. Häufig schließt sich eine Dehydratisierung an (**Al-**

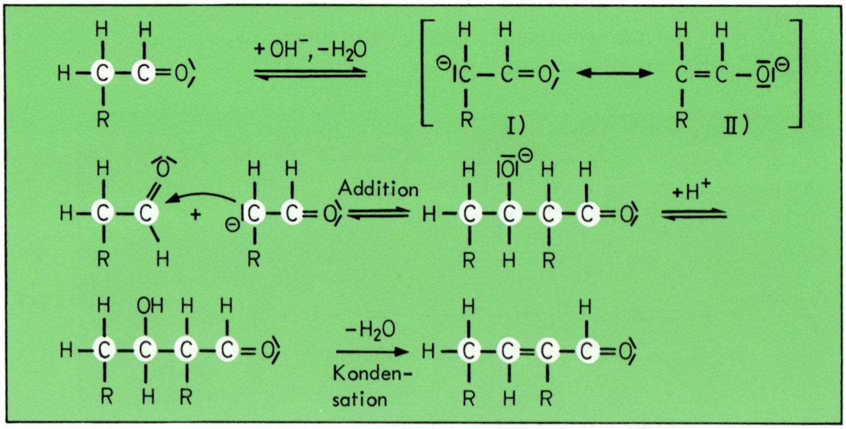

Abb. 19–6 Aldoladdition und Aldolkondensation. Aldehyde und Ketone mit α-ständigen H-Atomen bilden unter dem Einfluß starker Basen mesomeriestabilisierte Carbanionen (I, II), die als Nucleophile mit Carbonylgruppen reagieren können. Unter Knüpfung einer C—C-Einfachbindung wird die Kohlenstoffkette des Substrats um eine C_2-Einheit verlängert (Aldoladdition). Das nach Aufnahme eines H^+-Ions entstandene Aldol (β-Hydroxyaldehyd) dehydratisiert leicht unter Bildung einer C=C-Doppelbindung zwischen C2 und C3 (Aldolkondensation).

dolkondensation). Aus dem Aldol wird dadurch die entsprechende α, β-ungesättigte Carbonylverbindung (Abb. 19–6).

Alle Schritte der in Abb. 19–6 formulierten Aldolreaktion sind reversibel. Der umgekehrte Verlauf – die Spaltung der entsprechenden C—C-Bindung – führt also zur Verkürzung des Moleküls um eine C_2-Einheit.

Carbonylverbindungen, die kein α-ständiges H-Atom aufweisen, sind zur Bildung des entsprechenden Carbanions natürlich nicht in der Lage. Bei ihnen ist eine Aldoladdition nur in der Rolle des Substrats – also an der Carbonylgruppe – möglich.

19.2.5 Tautomerie

Ist eine C—H-Bindung von zwei Substituenten mit starkem Elektronensog flankiert, so kann sich das Proton schon in Abwesenheit einer starken Base ablösen (erhöhte Acidität). Die Keto-Form z. B. setzt sich (zu einem gewissen Prozentsatz) mit der

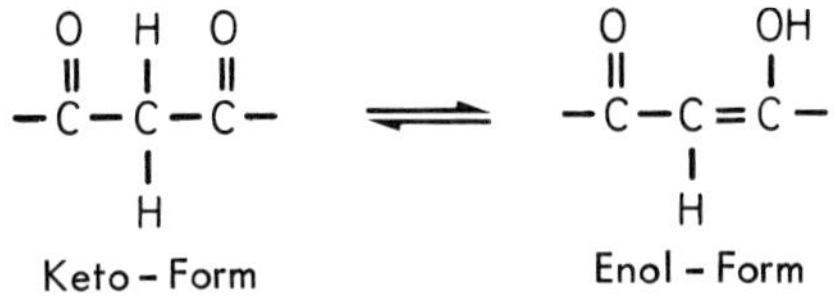

$$-\overset{O}{\overset{\|}{C}}-\underset{H}{\underset{|}{\overset{H}{\overset{|}{C}}}}-\overset{O}{\overset{\|}{C}}- \rightleftharpoons -\overset{O}{\overset{\|}{C}}-\underset{H}{\underset{|}{C}}=\overset{OH}{\overset{|}{C}}-$$

Keto - Form   Enol - Form

Enol-Form ins Gleichgewicht – unter H^+-Wanderung und Verlagerung der Doppelbindung. Ein solcher spezieller Fall von Konstitutionsisomerie heißt **Tautomerie**, der Vorgang heißt **Tautomerisierung**. Die beiden **Tautomeren** stehen in einem reversiblen Gleichgewicht. Einfache Carbonylverbindungen liegen praktisch vollständig in der Keto-Form vor. Im Aceton z. B. finden sich nur 10^{-4}% Enol.

$$CH_3-\overset{O}{\overset{\|}{C}}-CH_3 \rightleftharpoons CH_3-\overset{OH}{\overset{|}{C}}=CH_2$$

Bei Iminen ist eine Tautomerisierung nach folgendem Schema möglich:

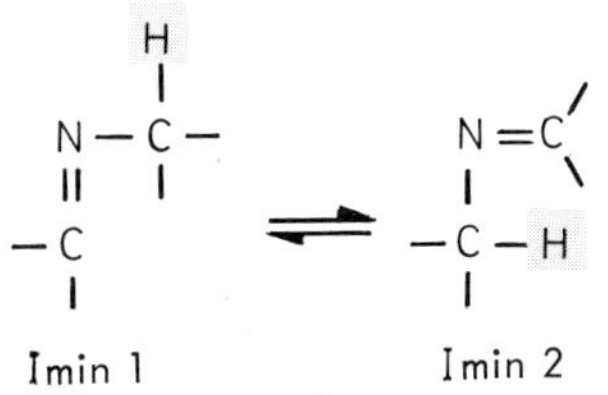

$$\begin{matrix} & & H \\ & & | \\ N & - & C - \\ \| & & | \\ -C & & \\ | & & \end{matrix} \quad \rightleftharpoons \quad \begin{matrix} N & = & C\diagup \\ | & & \diagdown \\ -C & - & H \\ | & & \end{matrix}$$

Imin 1   Imin 2

19.2.6 Redoxreaktionen

Die bisher beschriebenen Reaktionen sind mit Aldehyden und Ketonen möglich. Unterschiedlich verhalten sich beide gegenüber Oxidationsmitteln. Während Ketone ohne Sprengung von C—C-Bindungen nicht oxidabel sind, lassen sich Aldehyde in Carbonsäuren überführen: Aldehyde zeigen Reduktionswirkung, Ketone nicht.

Die reduzierende Wirkung der Aldehyde läßt sich nachweisen mit der

- Fehling-Reaktion, bei der komplex gebundenes Cu^{2+} in alkalischer Lösung zu Cu^{+} reduziert wird, was sich in der Ausfällung von rotbraunem Cu_2O zeigt; oder mit der
- Silberspiegelreaktion, bei der Ag^{+} in ammoniakalischer Lösung zu Ag reduziert wird (Bildung eines Silberbelags).

Alkohole und Ketone zeigen beide Reaktionen nicht.

Durch Oxidation von primären bzw. sekundären Alkoholen kann man zu Aldehyden bzw. Ketonen gelangen (vgl. Abb. 11–9).

Analog liefert die Oxidation von primären und sekundären Aminen Imine (vgl. Abb. 11–9), deren Hydrolyse die betreffende Carbonylverbindung ergibt. Dies ist also ein Weg, um eine Aminogruppe in eine Carbonylgruppe zu verwandeln.

Durch Oxidation von primären bzw. sekundären Alkoholen kann man zu Aldehyden bzw. Ketonen gelangen (vgl. Abb. 11–9).

Analog liefert die Oxidation von primären und sekundären Aminen Imine (vgl. Abb. 11–9), deren Hydrolyse die betreffende Carbonylverbindung ergibt. Dies ist also ein Weg, um ein Amin in eine Carbonylverbindung umzuwandeln.

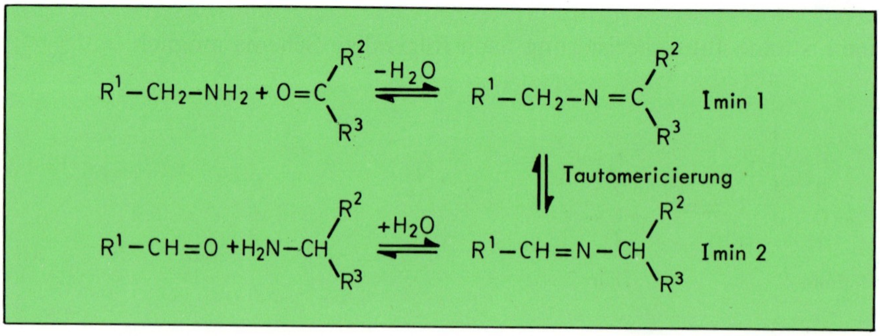

$$R^1-CH_2-NH_2 + O=C(R^2)(R^3) \underset{}{\overset{-H_2O}{\rightleftharpoons}} R^1-CH_2-N=C(R^2)(R^3) \quad \text{Imin 1}$$

$$\Updownarrow \ \text{Tautomericierung}$$

$$R^1-CH=O + H_2N-CH(R^2)(R^3) \overset{+H_2O}{\rightleftharpoons} R^1-CH=N-CH(R^2)(R^3) \quad \text{Imin 2}$$

Abb. 19–7 Schema der Transaminierung. Amino- und Carbonylgruppe tauschen ihre Plätze. Aminosäuren und Kohlenhydrate werden – über Ketosäuren – nach diesem Prinzip ineinander umgewandelt.

19.3 Biochemische Aspekte

Die im vorstehenden Kapitel besprochenen Reaktionstypen sind ein Schlüssel zum Verständnis vieler Strukturen und Vorgänge in der Biosphäre. Einige seien kurz erläutert.

Kohlenhydrate liegen in der Natur überwiegend als Halb- oder Vollacetale vor (s. Kap. 25). Die Aldoladdition und ihre Umkehrung ist ein wichtiges Prinzip bei der Knüpfung und Lösung von C—C-Bindungen im Stoffwechsel (s. Kap. 25). Imine sind Zwischenstufen bei **Transaminierungen** (Abb. 19–7), mit deren Hilfe Amino- und Ketosäuren ineinander umgewandelt werden können.

Formaldehyd – als 35%ige wäßrige Lösung (Formalin) im Handel – reagiert rasch mit NH-Gruppen von Aminen und Amiden. Daher ist es als Fixierungsmittel für biologische Präparate in der Anatomie und Histologie in Gebrauch (Eiweißdenaturierung infolge irreversibler Vernetzung der Proteinketten). Auch erklärt sich wohl daraus seine Toxizität.

20 Carbonsäuren

20.1 Struktur/Klassifizierung/Nomenklatur

Carbonsäuren enthalten die **Carboxylgruppe** (—COOH). Nach deren Anzahl unterscheidet man Mono-, Di-, Tri- und Polycarbonsäuren. Die aliphatischen unverzweigten Monocarbonsäuren werden unter dem Begriff **Fettsäuren** zusammengefaßt, da sich einige von ihnen aus Fetten gewinnen lassen. Für die biochemisch wichtigen Carbonsäuren sind Trivialnamen in Gebrauch (Abb. 20–1 bis 20–3). Die systematischen Bezeichnungen werden gebildet durch Anhängen von **„-säure“** an den Kohlenwasserstoffnamen oder von **„-carbonsäure“** an den Namen des um ein C-Atom verminderten Kohlenwasserstoffs (Abb. 20–1).

20.2 Eigenschaften

20.2.1 Acidität und Löslichkeit

Die **Acidität** der Carbonsäuren hat zwei Ursachen: Die OH-Gruppe steht in Nachbarschaft zur Elektronen ziehenden Carbonylgruppe (>C=O); vor allem aber enthält das durch Protonenverlust entstehende Carboxylatanion zwei gleichartig gebundene Sauerstoffatome, weshalb es zu einer gleichmäßigen Verteilung der Ladung zwischen beiden kommt (Elektronendelokalisierung). Das Anion ist also infolge der Mesomerie stabilisiert. In den Alkoholen fehlen beide Merkmale, deshalb sind sie viel weniger acid als Carbonsäuren.

$$R-C\begin{matrix}\nearrow \overline{O}| \\ \searrow \overline{\underline{O}}-H\end{matrix} \underset{+H^+}{\overset{-H^+}{\rightleftharpoons}} \left[R-C\begin{matrix}\nearrow \overline{O}| \\ \searrow \overline{\underline{O}}|^{\ominus}\end{matrix} \longleftrightarrow R-C\begin{matrix}\nearrow \overline{\underline{O}}|^{\ominus} \\ \searrow \underline{O}|\end{matrix} \right]^- \hat{=} \left[R-C\begin{matrix}\nearrow \overline{O}| \\ \searrow \underline{O}|\end{matrix} \right]^-$$

Enthält der Rest R Atome mit Elektronensog (-I-Effekt), so ist die Ablösung des Protons erleichtert, der pK_s-Wert liegt niedriger. In dieser Richtung wirken die Substituenten —OH und —Cl, besonders aber $—NH_3^+$. Substituenten mit Elektronenschub (Alkylreste) haben eine aciditätsschwächende Wirkung (Tab. 20–1).

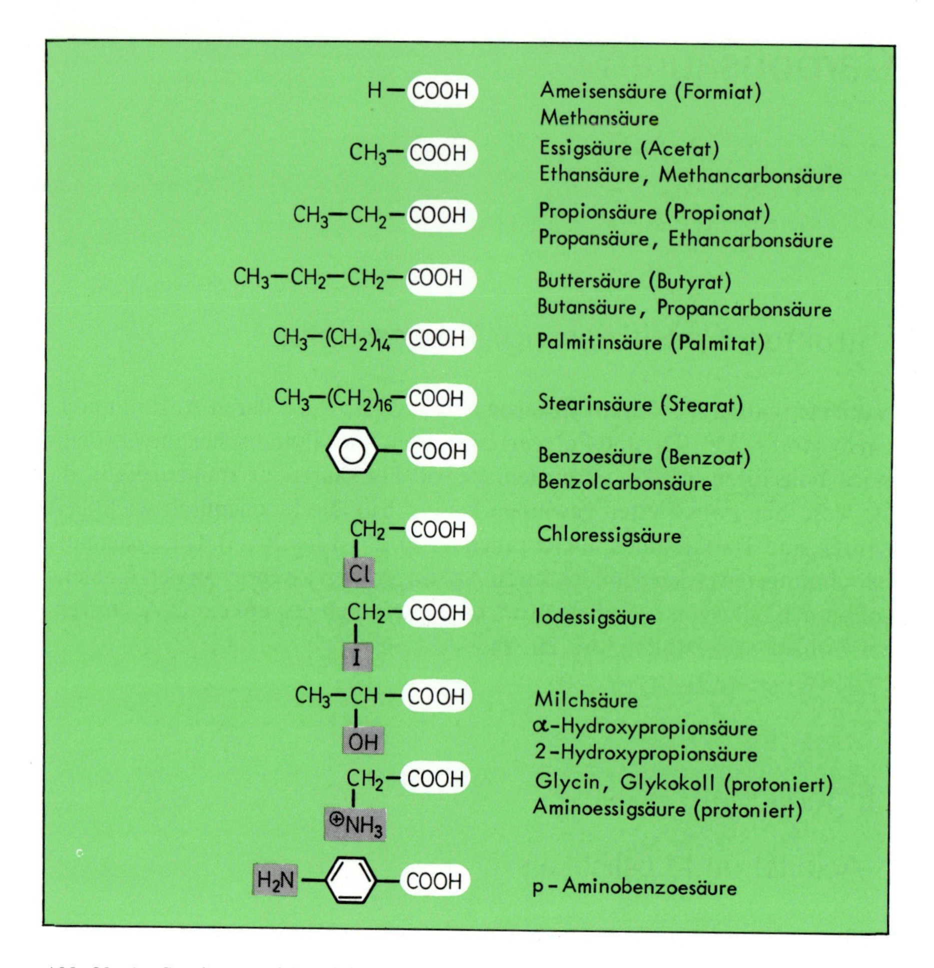

Abb. 20–1 Struktur und Bezeichnung einiger gesättigter Monocarbonsäuren, in der Klammer ist jeweils der Name des Anions angegeben. Gebräuchlich sind fast ausschließlich die Trivialnamen. Die systematischen Bezeichnungen entstehen durch Anhängen von „-säure" an den Kohlenwasserstoffnamen oder von „-carbonsäure" an den Namen des um ein C-Atom verminderten Kohlenwasserstoffs. Der untere Teil der Abbildung enthält Derivate von Carbonsäuren, die durch Substitution von H in der Seitenkette entstanden sind.

Mit wachsender Entfernung des Substituenten von der Carboxylgruppe wird der Effekt rasch schwächer (Tabelle 20–1, vgl. α- und β-Chlorpropionsäure). Kurzkettige Carbonsäuren sind gut wasserlöslich (bis Buttersäure), ebenso die meisten Dicarbonsäuren. Dies geht auf die Wirkung der polaren, hydrophilen Carboxylgruppe(n) zurück. Carboxylatgruppen ($—COO^-$) sind stärker polar als Carboxylgruppen, deshalb sind die Natrium- und Kaliumsalze langkettiger Carbonsäuren (**Seifen**) ebenfalls noch wasserlöslich. Ihre Lösungen reagieren alkalisch (s. Kap. 6.4.3). Beim Ansäuern der Lösungen von Alkalipalmitat oder -stearat fallen die in Wasser praktisch unlöslichen Säuren aus.

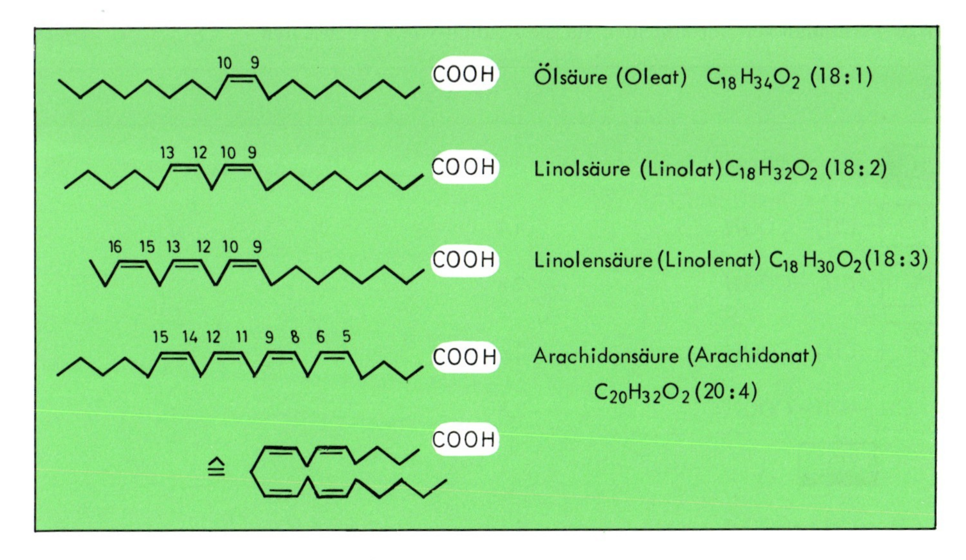

Abb. 20–2 Biochemisch wichtige ungesättigte Fettsäuren. Die erste Klammer enthält jeweils die Bezeichnung des Carboxylatanions. Die Angabe in der zweiten Klammer ist gebräuchlich als Kurzbezeichnung für die Zahl der C-Atome und der Doppelbindungen. Alle Doppelbindungen sind cis-konfiguriert. Das trans-Isomere der Ölsäure heißt Elaidinsäure.

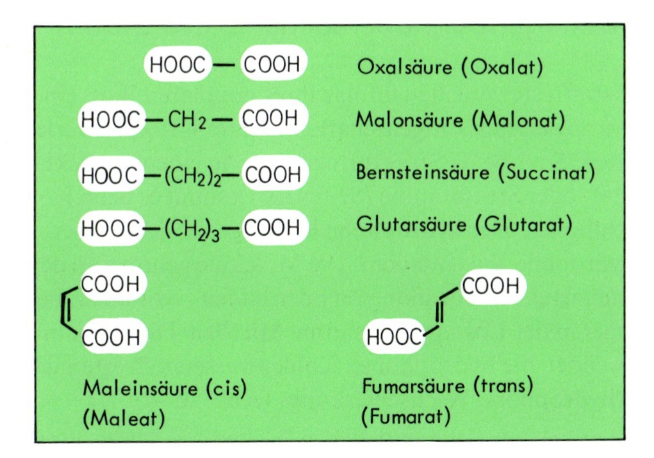

Abb. 20–3 Wichtige Dicarbonsäuren. Maleinsäure ist cis-, Fumarsäure trans-konfiguriert. In der Klammer steht jeweils der Name des entsprechenden Dianions.

$$CH_3{-}(CH_2)_{14\,\text{oder}\,16}{-}COO^- + H^+ \rightleftharpoons CH_3{-}(CH_2)_{14\,\text{oder}\,16}{-}COOH\downarrow$$

Die Erdalkalimetallsalze höherer* Fettsäuren und der Dicarbonsäuren sind in Wasser nur sehr wenig löslich. Deshalb können größere Mengen solcher Säuren den Calcium-Stoffwechsel stören (z. B. durch Bildung von Oxalatsteinen in Blase und Niere).

* Mehr als 12 C-Atome

Tab. 20–1 Einfluß von Substituenten auf die Acidität von Carbonsäuren

Säure	pK_S-Wert
CH_3—CH_2—COOH	4,9
H—CH_2—COOH	4,8
Cl—CH_2—COOH	2,8
$H_3\overset{\oplus}{N}$—CH_2—COOH	2,4
CH_3—CH(Cl)—COOH	2,8
CH_2(Cl)—CH_2—COOH	4,1

20.2.2 Tenside (Detergenzien, oberflächenaktive Stoffe)

Längere Kohlenwasserstoffreste verleihen infolge ihres unpolaren Baus einem Molekül hydrophobe (wasserabweisende) Eigenschaften, polare Gruppen verleihen ihm hydrophile Eigenschaften. Sind beide Strukturmerkmale in einem Molekül vorhanden, wie z. B. im Palmitat- oder Stearatanion (Seifen), so kommt es beim Kontakt mit Wasser zu besonderen Effekten. Der hydrophobe Rest ragt aus der Wasseroberfläche heraus, während der hydrophile Teil eintaucht. Die Moleküle nehmen an der Phasengrenzfläche eine „bürstenartige" Anordnung an oder bilden – vor allem bei höherer Konzentration – im Inneren der Lösung sogenannte **Micellen**: Die hydrophilen Teile sind dem Wasser zugewendet, die hydrophoben Kohlenwasserstoffreste suchen Kontakt zu ihresgleichen (hydrophobe Wechselwirkung) (Abb. 20–4).

Fettige oder ölige Partikel (als Schmutzteilchen in Textilien) sind durch Wasser kaum benetzbar, die Wasserphase wird abgewiesen. Bei Zusatz von Seife bekommen die hydrophoben Partikel eine gewisse Hydrophilie, indem sie den inneren Teil einer Micelle bilden (Abb. 20–4b), die hydrophoben Partikel werden so emulgiert und in der wäßrigen Phase transportierbar (Waschprozeß). Heute rechnet man zu den Seifen neben den Salzen langkettiger Fettsäuren auch synthetische Waschmittel, z. B. Sulfonate, deren Lösungen nicht alkalisch reagieren (s. Kap. 16.2).

Je nach Ladung der polaren Gruppe unterscheidet man zwischen

- **Anionseifen** (z. B. R—COO^-, R—SO_3^-) und
- **Kationseifen** oder **Invertseifen** (R—NR_3^+).

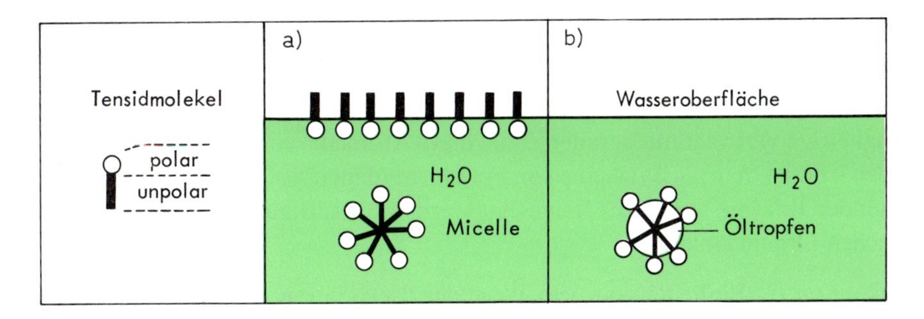

Abb. 20–4 a) Bürstenartige Anordnung von Tensiden an der Wasseroberfläche und Micellenbildung im Inneren der wäßrigen Phase. Die hydrophile Molekülregion (polarer Teil) ist dem Wasser zugewendet, die hydrophobe (lipophile) sucht Kontakt zu ihresgleichen (hydrophobe Wechselwirkung). b) Die hydrophobe Wechselwirkung zwischen dem Kohlenwasserstoffrest und z. B. einem Öltröpfchen läßt ein Teilchen entstehen, das keine Neigung mehr zeigt, mit seinem Nachbarn zu verschmelzen (Emulgiervermögen der Tenside).

Jeder Stoff mit Tensidwirkung ist im Prinzip als Emulgator verwendbar. Weitere Beispiele werden an späterer Stelle besprochen.

Wasser hat die Tendenz, seine Oberfläche möglichst klein zu halten (*Oberflächenspannung*). Deshalb nehmen Wassertropfen nach Möglichkeit Kugelform an. Die Oberflächenspannung wirkt wie eine dünne, elastische Haut. Tenside hingegen benötigen eine große Wasseroberfläche, um ihre hydrophoben Molekülteile wenig mit Wasser in Berührung zu bringen. Dies äußert sich in einer Senkung der Oberflächenspannung des Wassers (**Oberflächenaktivität**).

20.2.3 Bildung und chemische Eigenschaften

Carbonsäuren bilden sich z. B. bei der Oxidation von Aldehyden (oder primären Alkoholen über die Aldehyde).

$$\mathrm{R{-}\overset{\displaystyle H}{\overset{|}{C}}{=}O + H_2O \rightarrow R{-}COOH + 2H^+ + 2e^-}$$

Chemische Reaktionen können am Rest R erfolgen, unter Substitution von Wasserstoff entstehen dann **Carbonsäurederivate** (s. Tab. 20–1, unterer Teil). Bei Ersatz der OH-Gruppe der funktionellen Gruppe —COOH durch geeignete Atome oder Atomgruppen entstehen **funktionelle Carbonsäurederivate** (Kap. 21).

20.3 Biochemische Aspekte

Carbonsäuren gehören zu den zentralen Stoffwechselprodukten in Pflanzen und Tieren. Langkettige Vertreter mit gerader Zahl von C-Atomen – vor allem mit 16 und 18 C-Atomen – findet man als Bausteine von Fetten, aus denen sie unter der Einwirkung fettspaltender Enzyme (Lipasen) freigesetzt werden. Gesättigte Fettsäuren werden im tierischen Organismus

- abgebaut zu C_2-Einheiten auf dem Wege der β-Oxidation (vgl. Kap. 21.4), wodurch der Organismus den größten Teil seines Energiebedarfs deckt (die β-Oxidation ist stark exergon), oder sie werden
- zum Aufbau körpereigener Fette verwendet (Depotfette). In vielen Zellen werden gesättigte Carbonsäuren auch synthetisiert, jedoch nicht durch einfache Umkehrung der β-Oxidation.

Linol- und Linolensäure sind für den tierischen Organismus essentiell, aus Linolsäure kann Arachidonsäure gebildet werden. Diese ist Edukt für die Biosynthese einer ganzen Gruppe besonderer Carbonsäuren, die man **Prostaglandine** nennt.

COOH, CH_3 —(in der Zelle)→ O, COOH, CH_3, HO, OH

Arachidonsäure Prostaglandin E

In der Biochemie werden die Reaktionen der Carbonsäuren oft auch an den Carboxylationen formuliert, die ja bei physiologischen pH-Werten überwiegend vorliegen. Z. B. hieße es dann im letzten Abschnitt: Aus Linolat kann Arachidonat gebildet werden.

Seifen wirken nicht nur emulgierend, sondern auch biozid, da sie die Membranen von Bakterien zerstören. Die klassischen Seifen, die Na^+- und K^+-Salze der Palmitin- und Stearinsäure, reagieren in wäßriger Lösung infolge ihrer Reaktion mit Wasser alkalisch und greifen daher den Säureschutzmantel der Haut stark an. Seifen auf Sulfonsäurebasis reagieren neutral und bilden bei Verwendung harten Wassers auch keine schwerlöslichen Erdalkalimetallsalze. In der medizinischen Praxis werden aus den gleichen Gründen zu Desinfektionszwecken oft Lösungen von Invertseifen angewendet, häufig im Gemisch mit ebenfalls biozid wirkendem Ethanol.

21 Funktionelle Carbonsäurederivate

21.1 Struktur/Klassifizierung/Nomenklatur

Funktionelle Carbonsäurederivate entstehen formal durch Austausch der OH-Gruppe in der Carboxylgruppe gegen eine andere Gruppe (oder ein Atom) (Abb. 21–1).

$$R-C(=O)-OH \longrightarrow R-C(=O)-X$$

Die Gruppe R—C(—)=O nennt man **Acylrest** (vgl. auch Tab. 12–2).

21.2 Chemische Reaktionen

21.2.1 Reaktionsschema und Übersicht

Die meisten funktionellen Carbonsäurederivate sind in andere überführbar. Dies erfolgt nach einem einheitlichen Schema (Abb. 21–2). Durch Reaktion mit Wasser (Hydrolyse), Alkoholen (Alkoholyse) oder Ammoniak(derivaten) erhält man so die entsprechenden Carbonsäuren, Ester oder Säureamide (Abb. 21–2 und 21–3).

21.2.2 Reaktivität/Gleichgewichtslage

Funktionelle Derivate von Carbonsäuren reagieren mit vielen nucleophilen Reagentien. Ihre **Reaktivität** (Reaktionsgeschwindigkeit) fällt in der Reihenfolge

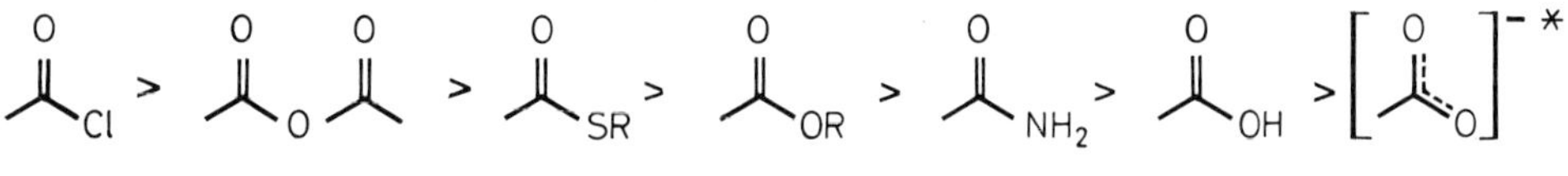

$$-C(=O)Cl > -C(=O)-O-C(=O)- > -C(=O)SR > -C(=O)OR > -C(=O)NH_2 > -C(=O)OH > \left[-C(=O)O\right]^{-}\,*$$

Chloride und Anhydride reagieren relativ schnell, einige sogar heftig. Die Umsetzungen von Estern, Amiden und besonders von Carbonsäuren verlangen die Anwendung

* Das Carboxylat-Ion zeigt überhaupt keine Reaktivität mehr gegenüber Nucleophilen.

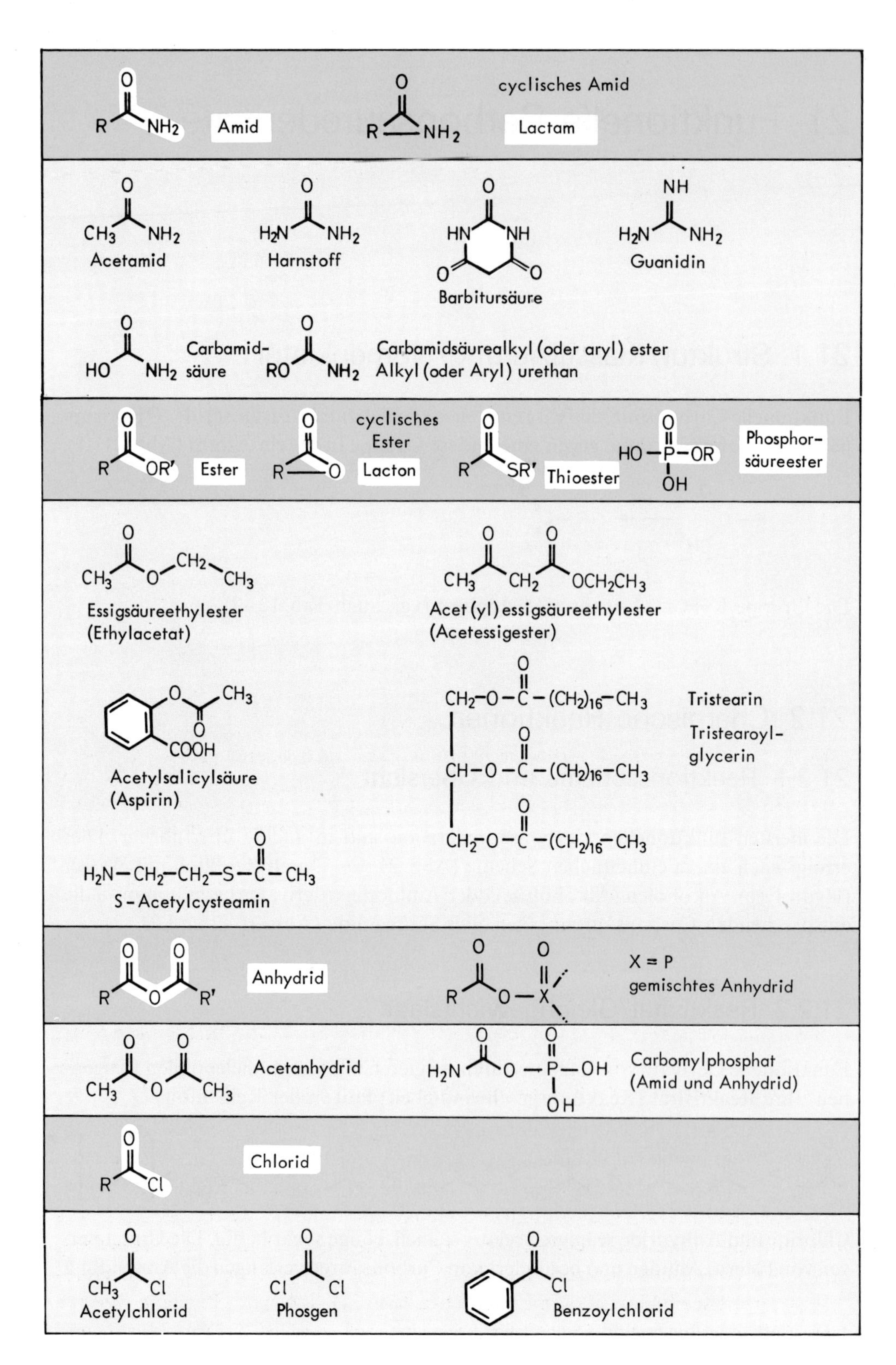

Abb. 21–1 Klassen funktioneller Carbonsäurederivate und Struktur spezieller Verbindungen.

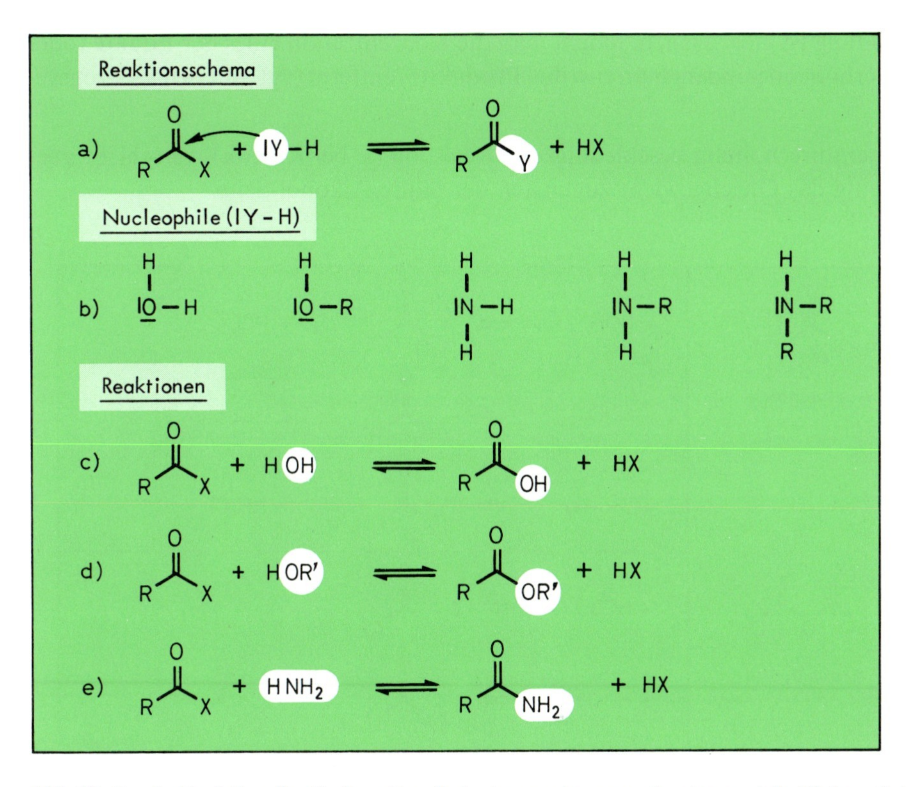

Abb. 21–2 a) Funktionelle Carbonsäurederivate reagieren nach einem einheitlichen Schema. b) Das Nucleophil |YH greift das Carboxyl-C-Atom unter Verdrängung von X an: X wird durch Y substituiert. c) Durch Reaktion mit Wasser (Hydrolyse) entstehen so die Carbonsäuren, d) mit Alkoholen die Ester und e) mit Ammoniak bzw. primären oder sekundären Aminen die entsprechenden Säureamide.

von Katalysatoren. Thioester nehmen eine Mittelstellung ein zwischen Estern und Anhydriden. Der Verlauf einer katalysierten Reaktion sei am Beispiel der Esterbildung und -hydrolyse näher erläutert (Abb. 21–4).

Carbonsäureester entstehen in reversibler Reaktion direkt aus Carbonsäuren und Alkoholen in Gegenwart von H^+-Ionen (Zusatz von etwas Mineralsäure wie z. B. HCl oder H_2SO_4). Auch die Esterhydrolyse gelingt unter H^+-Katalyse.

Eine Basenkatalyse ist nur bei der Esterhydrolyse anwendbar, nicht aber bei der Esterbildung. Dies wird verständlich, wenn man die Hydrolyseprodukte betrachtet (Abb. 21–4c). Anstelle der Carbonsäure entsteht nämlich deren Salz, die Base wird also verbraucht. Da das entstandene Carboxylation ($R—COO^-$) gegenüber dem Alkohol keine Reaktivität zeigt, erfolgt auch bei Basenüberschuß keine Rückbildung von Ester. Die basenkatalysierte Esterhydrolyse verläuft also quantitativ. Die säurekatalysierte Esterbildung kommt nach etwa 65% Umsatz zum Stillstand (ebenso natürlich die säurekatalysierte Esterhydrolyse nach etwa 35% Umsatz). Weitere

Esterbildung ist zu erreichen, indem man die Konzentration eines der Edukte (oder beider) erhöht oder indem man ein (die) Produkt(e) entfernt (vgl. Massenwirkungsgesetz).

Temperaturerhöhung beschleunigt die Reaktion (s. bei Kinetik), verschiebt aber gleichzeitig das Gleichgewicht zugunsten der Säure/Alkohol-Seite.

Derivat	Reagens		Produkt		Nebenprodukt
CH_3COCl Acetylchlorid	+ HOH	$\rightleftharpoons$	CH_3COOH	+	HCl
	+ $HOCH_3$	$\rightleftharpoons$	CH_3COOCH_3	+	HCl
	+ $2HNH_2$	$\rightleftharpoons$	CH_3CONH_2	+	NH_4Cl
$CH_3CO-O-COCH_3$ Acetanhydrid	+ HOH	$\rightleftharpoons$	2 CH_3COOH		
	+ $HOCH_3$	$\rightleftharpoons$	CH_3COOCH_3	+	CH_3COOH
	+ $2NH_3$	$\rightleftharpoons$	CH_3CONH_2	+	$CH_3COO^{\ominus}NH_4^{\oplus}$
CH_3COOCH_3 Essigsäuremethylester	+ HOH	$\rightleftharpoons$	CH_3COOH	+	$HOCH_3$
	+ $HOCH_2CH_3$	$\rightleftharpoons$	$CH_3COOCH_2CH_3$	+	$HOCH_3$
	+ HNH_2	$\rightleftharpoons$	CH_3CONH_2	+	$HOCH_3$
CH_3CONH_2 Acetamid	+ HOH	$\rightleftharpoons$	$CH_3COO^{\ominus}NH_4^{\oplus}$		
	+ $HOCH_3$	$\rightleftharpoons$	CH_3COOCH_3	+	NH_3
	+ HNR_2'	$\rightleftharpoons$	CH_3CONR_2	+	NH_3

Abb. 21–3 Beispiele für Reaktionen funktioneller Carbonsäurederivate.

a) $R-COOH + H\text{OR}' \overset{(H^+)}{\rightleftharpoons} R-COOR' + H_2O$

c) $R-COOR' + OH^- (+H_2O) \longrightarrow [R-COO]^- + R'OH (+H_2O)$

Abb. 21–4 a) Esterbildung und Esterhydrolyse unter Säurekatalyse (summarische Gleichung). b) Die angegebene Folge von Gleichgewichten zeigt den Reaktionsablauf etwas genauer. Das katalysierende Proton addiert sich an das Carbonyl-O-Atom (der Carboxylgruppe). Die Elektronendichte am Carbonyl-C-Atom wird dadurch erniedrigt, der Angriff des Nucleophils ROH erleichtert. c) Führt man die Esterhydrolyse in Gegenwart von Basen (z. B. OH^--Ionen) durch, so entsteht das Salz der Carbonsäure, die Base wird also verbraucht. Das Gleichgewicht liegt praktisch vollständig auf der Seite der Hydrolyseprodukte, wenn mindestens 1 Äquivalent Base zugegeben wurde.

21.3 Glycerin- und Kohlensäurederivate

21.3.1 Fette und Öle (Glycerinester)

Fette (Glyceride, Acyl-glycerine) sind Glycerinester höherer Fettsäuren. In tierischen Fetten sind hauptsächlich Ester der Palmitin-, Stearin- und Ölsäure enthalten.

Fette mit einem hohen Gehalt an C=C-Doppelbindungen – z. B. aus der Ölsäure stammend – sind bei Zimmertemperatur flüssig **(Öle)**. Der Gehalt an C=C-Bindungen kann durch Addition von I_2 bestimmt werden. Die erhaltene *Iodzahl* gibt an, wieviel g Iod von 100 g des betreffenden Fetts bzw. Öls gebunden werden. Die alkalische Hydrolyse von Fetten liefert neben Glycerin die Salze höherer Fettsäuren. Diese werden als **Seifen** bezeichnet, wodurch sich der Ausdruck **Verseifung** erklärt. Der Gebrauch des Begriffs Verseifung hat sich für viele Hydrolysereaktionen eingebürgert, auch wenn dabei keine Seifen entstehen (z. B. Verseifung von Essigsäureethylester zu Essigsäure und Ethanol).

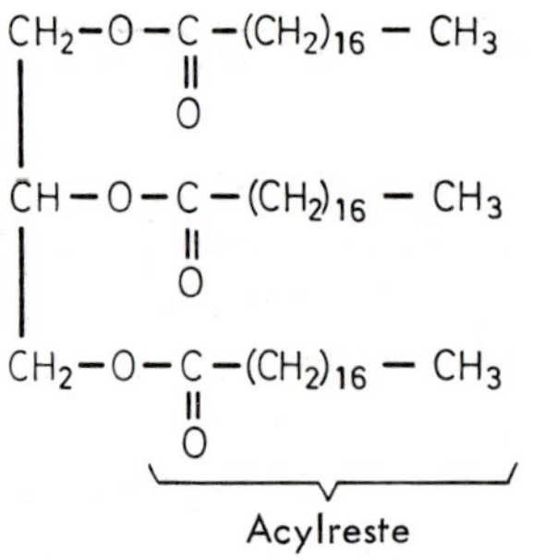

$$CH_2-O-CO-(CH_2)_{16}-CH_3$$
$$CH-O-CO-(CH_2)_{16}-CH_3$$
$$CH_2-O-CO-(CH_2)_{16}-CH_3$$

Acylreste

Triglycerid der Stearinsäure

21.3.2 Kohlensäurederivate

Von der Kohlensäure leiten sich mehrere biochemisch wichtige funktionelle Derivate ab (Abb. 21–1). Harnstoff – das wichtigste Endprodukt des Eiweißstoffwechsels bei Menschen und Säugetieren – ist das Diamid der Kohlensäure.

Das Monoamid – die Carbamidsäure – ist nur in Form ihrer Salze (Carbamate) beständig. Die freie Säure steht mit Kohlendioxid und Ammoniak im Gleichgewicht (Abb. 21–5, a). Ester der Carbamidsäure – die Urethane – sind stabil. Guanidin ist eine starke Base, da bei der Addition eines Protons ein stark mesomeriestabilisiertes Kation, das Guandinium-Ion, entsteht (Abb. 21–5, b).

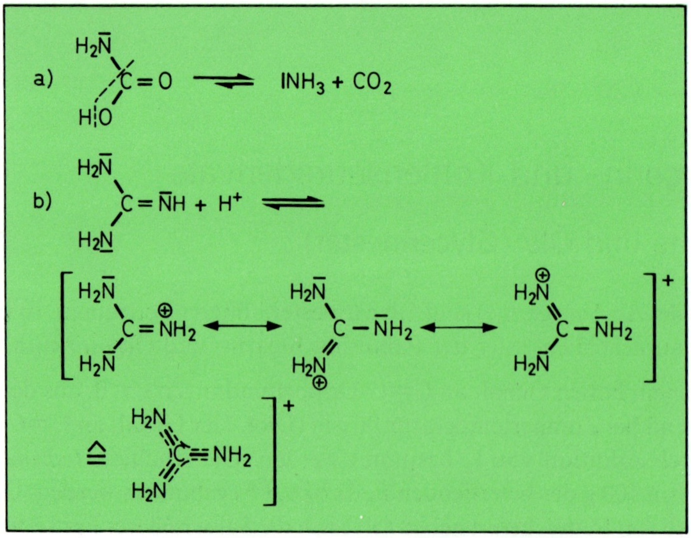

a) $H_2N-C(=O)-OH \rightleftharpoons NH_3 + CO_2$

b) $(H_2N)_2C=NH + H^+ \rightleftharpoons$

$$\left[(H_2N)_2C=\overset{\oplus}{N}H_2 \longleftrightarrow H_2N-C(=\overset{\oplus}{N}H_2)-NH_2 \longleftrightarrow H_2N-C(=\overset{\oplus}{N}H_2)-NH_2\right]^+ \mathrel{\widehat{=}} \left[(H_2N)_2C{=}NH_2\right]^+$$

Abb. 21–5 a) Gleichgewicht zwischen der unbeständigen Carbamidsäure (Kohlensäuremonoamid – häufig auch unkorrekt Carbaminsäure genannt –) und ihren Zerfallsprodukten. b) Bei der Addition eines Protons an das Guanidinmolekül entsteht das stark mesomeriestabilisierte (energiearme) Guanidinium-Ion. Daraus erklärt sich die große Basizität des Guanidins.

21.4 Funktionelle Carbonsäurederivate in der Biosphäre

Zu den biochemisch wichtigsten Vertretern zählen die Fette (Triacylglycerine). Sie werden mit der Nahrung aufgenommen und hydrolytisch über Di- und Monoacylglycerine zu Carbonsäuren und Glycerin abgebaut. Glycerin geht in den Kohlenhydratstoffwechsel, die gesättigten Carbonsäuren werden via β-Oxidation weiter abgebaut, soweit diese Fettspaltprodukte nicht zu körpereigenem Depotfett umgewandelt werden. Alle Schritte der β-Oxidation laufen nicht an Carboxylaten ab, sondern jeweils an den Thioestern aus Carbonsäure und Coenzym A (Abb. 21–6). Die Formel des Coenzyms A ist in Abb. 16–3 enthalten und wird hier durch das Kürzel H—S—CoA wiedergegeben.

Neuerdings haben synthetische Fette aus Fettsäuren mit 8 bis 11 C-Atomen als Astronautenkost Interesse gefunden. Diese „mittelkettigen“ Fettsäuren werden im Darmtrakt schneller resorbiert als die langkettigen. Auch werden sie nicht zur Synthese von Depotfett benutzt.

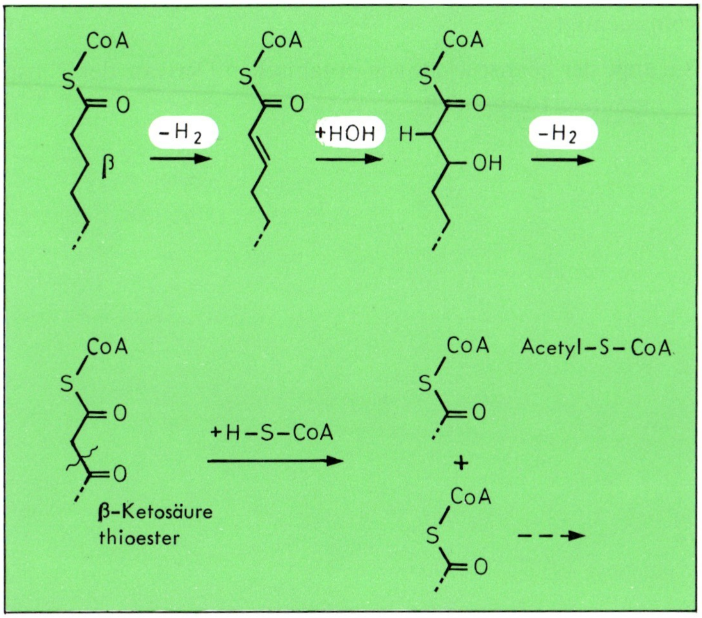

Abb. 21–6 Prinzip der β-Oxidation.
Zunächst entsteht eine aktivierte Carbonsäure R—CO—S—CoA (S—CoA: aktivierende Gruppe). Dann folgen Dehydrierung unter Bildung einer Doppelbindung zwischen C2 und C3, Wasseranlagerung an die entstandene Doppelbindung, erneute Dehydrierung – aus der sekundären OH-Gruppe am β-C-Atom wird eine Oxogruppe – und schließlich Spaltung zwischen C2 und C3 (zwischen α-C- und β-C-Atom). Das um eine C_2-Einheit verkürzte – jetzt schon aktivierte – Molekül beginnt die Reaktionsfolge von vorn. Das ganze Fettsäuremolekül (mit gerader Anzahl von C-Atomen) wird so in Acetyl-S-CoA (oft auch Acetyl-CoA genannt) übergeführt. Alle Schritte erfolgen unter Einwirkung von Enzymen.

Ein wichtiger Vertreter der Carbonsäureamide ist der Harnstoff (NH_2—CO—NH_2). Er entsteht aus Aminosäuren in einem mehrstufigen Prozeß (Harnstoffcyclus). Darin tritt als wichtige Zwischenstufe Carbamoylphosphat, der Phosphorsäureester der Carbamidsäure (NH_2—CO—OH, oft auch Carbaminsäure genannt) auf (Näheres s. Lehrbücher der Biochemie). Synthetischer Harnstoff wird in größten Mengen als Stickstoffdünger verwendet.

Barbitursäure gehört ebenfalls in die Klasse der Säureamide (Formel in Abb. 21–1). Substituiert man die H-Atome ihrer Methylengruppe durch Alkylreste, dann entstehen Schlafmittel. Veronal z. B. ist 5,5-Diethylbarbitursäure.

Zwei wichtige Klassen von Antibiotika, die Penicilline und die Cephalosporine, enthalten beide die Teilstruktur eines cyclischen Säureamids, das sich von einer β-Aminosäure ableitet (β-Lactam). Beide Klassen werden daher auch unter der Bezeichnung β-Lactam-Antibiotika zusammengefaßt. Der β-Lactamring ist für die antibiotische Wirkung verantwortlich. Die Spannung im 4-Ring sorgt für erhöhte Reaktivität, β-Lactame wirken – unter Ringöffnung – acylierend. Dadurch wird das Bakterienwachstum gehemmt. Die Entwicklung pflanzlicher und tierischer Zellen wird nicht beeinträchtigt.

Die große Gruppe der höchst wichtigen organischen Derivate der Phosphorsäure wird in Kap. 26 gesondert behandelt.

22 Stereoisomerie polyfunktioneller Moleküle

Die flächenhafte Abbildung räumlicher Strukturen hat ihre Mängel. Für das Studium stereochemischer Fragen wird der Gebrauch eines Molekülbaukastens dringend angeraten. Ferner sei daran erinnert, daß in Kap. 13.2 einige Fragen der Stereochemie schon erörtert wurden.

22.1 Begriffe

Stereoisomere haben die gleiche **Summenformel** und die gleiche **Atomsequenz**. In ihrer Atomanordnung im dreidimensionalen Raum unterscheiden sie sich aber, man sagt, sie haben unterschiedliche **Konfiguration** (vgl. Beispiel in Abb. 13–12). Ist ein Molekül im Vergleich zu einem anderen spiegelbildlich gebaut, dann nennt man diese beiden Stereoisomeren **Enantiomere**. Stehen Stereoisomere nicht im Verhältnis von Bild und Spiegelbild zueinander, dann liegen **Diastereomere** vor, z. B. cis- und trans-Form bei 1,2-disubstituierten Alkenen. Stereoisomere können also niemals gleichzeitig enantiomer und diastereomer zueinander sein. Ein Enantiomer a kann nur *ein* Enantiomer a′ haben, wohl aber mehrere Diastereomere (s. Kap. 22–3).

Ein Molekül, das mit seinem Spiegelbild nicht deckungsgleich ist, nennt man **chiral. Chiralität** (Händigkeit) ist in der Natur weit verbreitet. Makroskopische Beispiele sind Hand, Fuß, Schraube (z. B. Schneckenhaus) usw. Ebenso sind Produkte wie Handschuhe und Schuhe chirale Gebilde. Achiral sind z. B. Würfel, Quader, Kugel. In diesem Kapitel wird nochmals auf asymmetrische C-Atome als Chiralitätszentren eingegangen.

In polyfunktionellen, also mehrere verschiedene funktionelle Gruppen enthaltenden Molekülen finden sich häufig C-Atome, die vier verschiedene Substituenten tragen. Man nennt sie asymmetrische C-Atome (C^x), sie sind **Asymmetriezentren** (s. Kap. 13). Um die räumliche Lage der Substituenten an einem asymmetrischen C-Atom – die **Konfiguration** – zu kennzeichnen, sind zwei Nomenklaturprinzipien in Gebrauch: Die R/S- und die D/L-Nomenklatur. Die Regeln, nach denen ein Asymmetriezentrum C^x und damit die betreffende Verbindung als R- oder S-Form bzw. als D- oder L-Form zu bezeichnen ist, werden im folgenden erläutert.

22.2 R/S- und D/L-Nomenklatur

Bei der R/S-Nomenklatur geht man in zwei Schritten vor.

1. Zunächst ordnet man die vier Substituenten des C-Atoms in einer Reihe fallender Priorität. Sie fällt mit sinkender Ordnungszahl des mit C^x verbundenen Atoms, also: Cl > S > O > N > C > H. Nötigenfalls entscheiden die Atome in der 2., 3.... Sphäre, also C—O > C—H usw. (s. auch Abb. 22–1).
2. Das Asymmetriezentrum wird so angeschaut, daß der Substituent niedrigster Priorität – meist ist das H – vom Betrachter weggerichtet ist.

Die restlichen drei Substituenten strecken sich jetzt dem Betrachter entgegen. Entspricht – nach fallender Priorität betrachtet – die Reihenfolge dieser drei Substituenten einer Drehung im Uhrzeigersinn (Rechtsdrehung), dann handelt es sich um die R-Form, bei entgegengesetztem Drehsinn um die S-Form* (Abb. 22–1).

Zur Einordung eines Moleküls in die D- oder L-Reihe wird die C-Kette senkrecht geschrieben – mit der höchsten Oxidationsstufe oben. Die beiden Kettennachbarn von C^x liegen hinter der Schreibebene. Zeigt von den beiden restlichen Substituenten der heteroatomhaltige nach rechts (links), dann liegt die D-Form (L-Form) vor (Abb. 22–1).

Die beiden Molekülsorten eines Enantiomerenpaares zeigen

- ► keine Unterschiede in Siede- und Schmelzpunkt, Löslichkeit, spektroskopischen Daten und ihrer Reaktivität gegenüber achiralen Reaktionspartnern; aber sie zeigen
- ► Unterschiede in ihrer Wirkung auf polarisiertes Licht (s. auch Kap. 13) und in ihrer Reaktivität gegenüber Partnern, die selbst chiral sind. Ein chirales Reagens wird nämlich zum einen Enantiomeren besser „passen" als zum anderen (Analogie: Die rechte Hand paßt nur in das rechte Exemplar eines Handschuhpaares).

22.3 Moleküle mit mehreren Chiralitätszentren

Besitzt ein Molekül zwei (verschiedene) Asymmetriezentren, so sind vier Stereoisomere denkbar. Man kann dann zwei Paare von Spiegelbildisomeren (Tab. 22–1) aufbauen.

---

* rectus (lat.) = rechts, sinister (lat.) = links.
dexter (lat.) = rechts, laevus (lat.) = links.
Das formale Einteilungsprinzip sagt nichts über die Drehung der Ebene des polarisierten Lichts aus. Es gibt sowohl rechtsdrehende als auch linksdrehende Verbindungen der R- und S-Reihe.

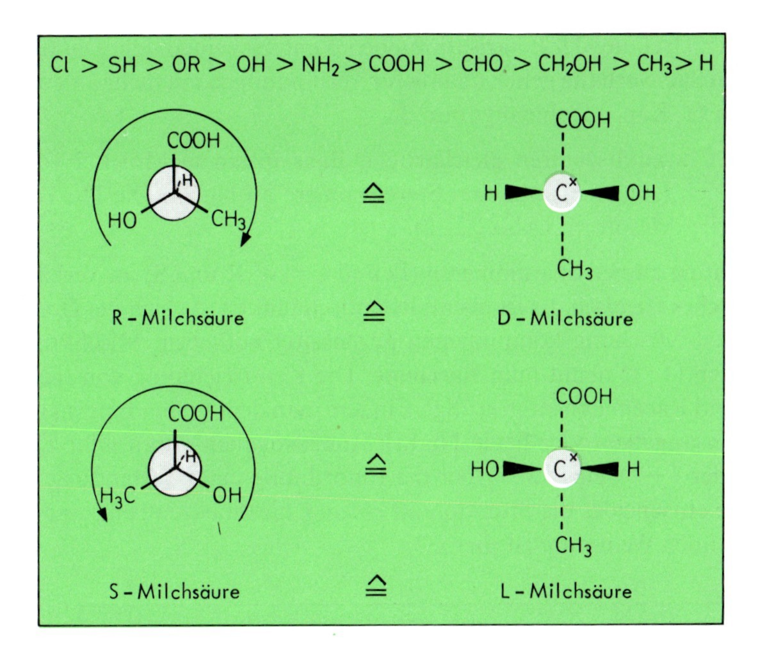

Abb. 22–1 Zur Bezeichnung von Chiralitätszentren. Die Prioritätenreihenfolge (fallend) der Substituenten dient zur Benutzung der R/S-Nomenklatur (s. linke Bildhälfte). Das Molekül wird so gelegt, daß der Substituent niedrigster Priorität – hier H – am Asymmetriezentrum vom Betrachter weggerichtet ist. Bilden die restlichen drei Substituenten, nach fallender Priorität betrachtet, einen Rechtskreis, handelt es sich um die R-Form, im umgekehrten Falle um die S-Form. Um zwischen D- und L-Form zu unterscheiden, wird die C-Kette senkrecht geschrieben (rechte Bildhälfte), das C-Atom mit der höchsten Oxidationszahl am Kopf (hier COOH). Die dem asymmetrischen C-Atom benachbarten C-Atome der Kette liegen hinter der Schreibebene, die beiden restlichen Substituenten strecken sich dem Betrachter entgegen. Steht nun die heteroelementhaltige Gruppe (hier OH) rechts, handelt es sich um die D-Form, andernfalls um die L-Form.

Tab. 22–1 Verbindungen mit zwei verschiedenen Asymmetriezentren

Nr.	Konfiguration an $C^{\times(1)}$	$C^{\times(2)}$	
1	R	R	Spiegelbildisomere (Enantiomerenpaar)
2	S	S	
3	R	S	Spiegelbildisomere (Enantiomerenpaar)
4	S	R	

Die Verbindungen 1 und 2 sowie 3 und 4 sind zueinander spiegelbildisomer, die übrigen sind zueinander diastereomer. Zu einer gegebenen Formel erhält man also die des Spiegelbildisomeren dadurch, daß man die Konfiguration an *allen* Asymmetriezentren wechselt, andernfalls resultieren **Diastereomere**. Die physikalischen und chemischen Eigenschaften verschiedener Diastereomerer (z. B. Siedepunkt,

Schmelzpunkt, Drehung der Polarisationsebene) unterscheiden sich. Die vorstehend beschriebenen Sachverhalte gelten analog für Verbindungen mit mehr als zwei Asymmetriezentren (s. Kap. „Kohlenhydrate").

Sind zwei Chiralitätszentren gleichartigen Baus in einem Molekül vorhanden, dann lassen sich (statt vier) nur drei Stereoisomere aufbauen: Die D-, L- und die optisch inaktive Mesoform (Abb. 22–2).

Eine Mischung zweier Enantiomeren (D und L bzw. R und S) im Verhältnis 1 : 1 heißt **racemisches Gemisch**. Es ist ebenfalls optisch inaktiv, da sich die Drehwirkungen der beiden Mischungskomponenten gegenseitig aufheben. Mischkristalle aus beiden Formen (1 : 1) nennt man **Racemate**. Die Kennzeichnung von racemischen Gemischen und Racematen kann erfolgen, indem man dem Verbindungsnamen beide Konfigurationsangaben oder beide Drehrichtungsangaben voranstellt: z. B. D, L-Weinsäure oder (±)-Weinsäure. Über die Einordnung einer Verbindung in die D- oder L-Reihe entscheidet die Situation an *einem* Chiralitätszentrum, und zwar am untersten. Bei der Weinsäure ist dies C3.

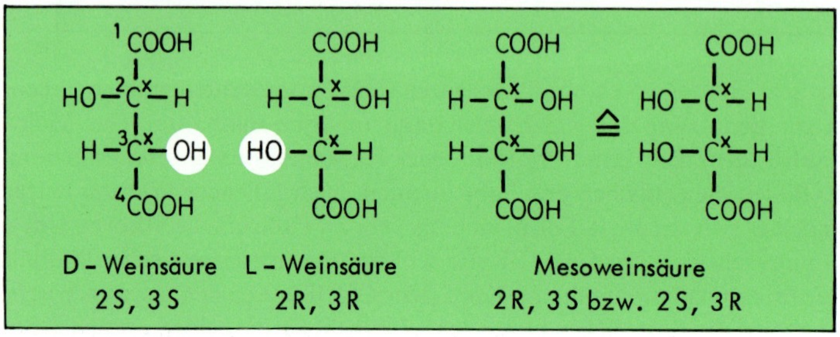

D-Weinsäure 2S, 3S — L-Weinsäure 2R, 3R — Mesoweinsäure 2R, 3S bzw. 2S, 3R

Abb. 22–2 Von Molekülen mit zwei gleichartig gebauten Chiralitätszentren – z. B. Weinsäure – lassen sich drei Stereoisomere aufbauen. D- und L-Weinsäure sind zueinander enantiomer und optisch aktiv. Mesoweinsäure ist optisch inaktiv (keine Drehung der Polarisationsebene), obwohl in ihr zwei asymmetrische C-Atome enthalten sind: Die Wirkung der einen Molekülhälfte wird durch die Wirkung der (spiegelbildlich gebauten) anderen kompensiert. Über die Zuordnung zur D- und L-Reihe entscheidet die Stellung der unteren (markierten) OH-Gruppe.

22.4 Chiralität in der Biosphäre

Viele Verbindungen kommen in der Natur nur in Form des einen Enantiomeren vor. Das heißt auch, daß häufig nur eine Form in den Stoffwechsel eingeht – bei Aminosäuren z. B. nur die L-Form. Die entsprechenden Enzyme, die selbst alle Chiralitätszentren enthalten, „passen" nur zum einen Enantiomeren (**Stereospezifität**). Auch erklärt sich oft so, daß Enzyme meist nur bestimmte Regionen des Substrats aktivieren (**Regiospezifität**). Es gelingt z. B., unter Mitwirkung eines bestimmten Enzyms im Sorbit selektiv die OH-Gruppe am C5 zu oxidieren. Dies eröffnet einen Weg zur industriellen Synthese von Vitamin C.

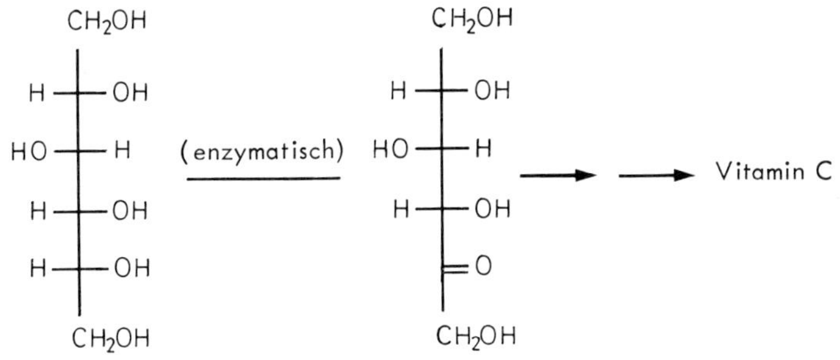

(enzymatisch) → → Vitamin C

Sorbit L - Sorbose

Da zwei Enantiomere mit einem chiralen Reagens unterschiedlich in Wechselwirkung treten, wird auch ihre unterschiedliche biologische Aktivität verständlich. Beispielsweise schmecken die beiden folgenden Enantiomeren nicht gleich.

bitter süß

In manchen Fällen ist nur eines der beiden Enantiomeren als Pharmakon brauchbar, das andere unwirksam oder gar stark toxisch. Dies ist Anlaß, von den Pharmaproduzenten die Herstellung von stereochemisch einheitlichen Produkten zu fordern.

Wie die vorstehenden Zeilen erläutern, ist die Art der räumlichen Anordnung der Substituenten an einem asymmetrischen C-Atom eine Form der Informationsvermittlung. Daher sind chirale Moleküle von Bedeutung für die Ernährung, als Geruchs- und Geschmacksstoffe, als Pharmaka, Insektizide, Herbizide und Fungizide. Nach dem erläuterten Prinzip erkennen u. a. auch Rezeptoren an Zelloberflächen ihre Reaktionspartner.

23 Hydroxy- und Ketocarbonsäuren

23.1 Struktur/Klassifizierung/Nomenklatur

Hydroxy- bzw. Keto(carbon)säuren enthalten neben Carboxylgruppen zusätzlich Hydroxy- bzw. Carbonylgruppen im Molekül. Bei den aliphatischen Vertretern wird die Stellung der OH-Gruppe(n) durch die Buchstaben α, β... oder die Zahlen 2, 3... bezeichnet. Analoges gilt für die Ketosäuren (Abb. 23–1). Für viele Vertreter sind Trivialnamen gebräuchlich.

23.2 Eigenschaften

Hydroxy- und Ketosäuren zeigen die Eigenschaften ihrer funktionellen Gruppen, sind gut wasserlöslich und lassen sich ineinander überführen (Redoxreaktion). γ- und δ-Hydroxysäuren bilden leicht intramolekulare Ester (Lactone) (Abb. 23–2). β-Ketosäuren neigen schon bei Raumtemperatur zur *Decarboxylierung* (CO_2-Abspaltung). Etwas stabiler sind ihre Salze.

23.3 Keto-Enol-Tautomerie

In den β-Ketosäuren und -estern ist ein C-Atom von zwei Resten mit starkem Elektronensog flankiert (Abb. 23–3). Daraus resultiert eine gewisse Acidität eines α-ständigen H-Atoms: Die Keto-Form setzt sich ins Gleichgewicht mit einer konstitutionsisomeren Form, mit dem **Enol**. Das Proton hat seinen neuen Platz am (ehemaligen) Keto-Sauerstoff gefunden. Die Doppelbindung hat sich verlagert. Diese rasche reversible Umwandlung nennt man Tautomerisierung, das Phänomen **Tautomerie**. Im Aceton sind nur Spuren der Enolform nachweisbar. Hier liegt das Gleichgewicht weit auf der Seite der Ketoform (Abb. 23–3).

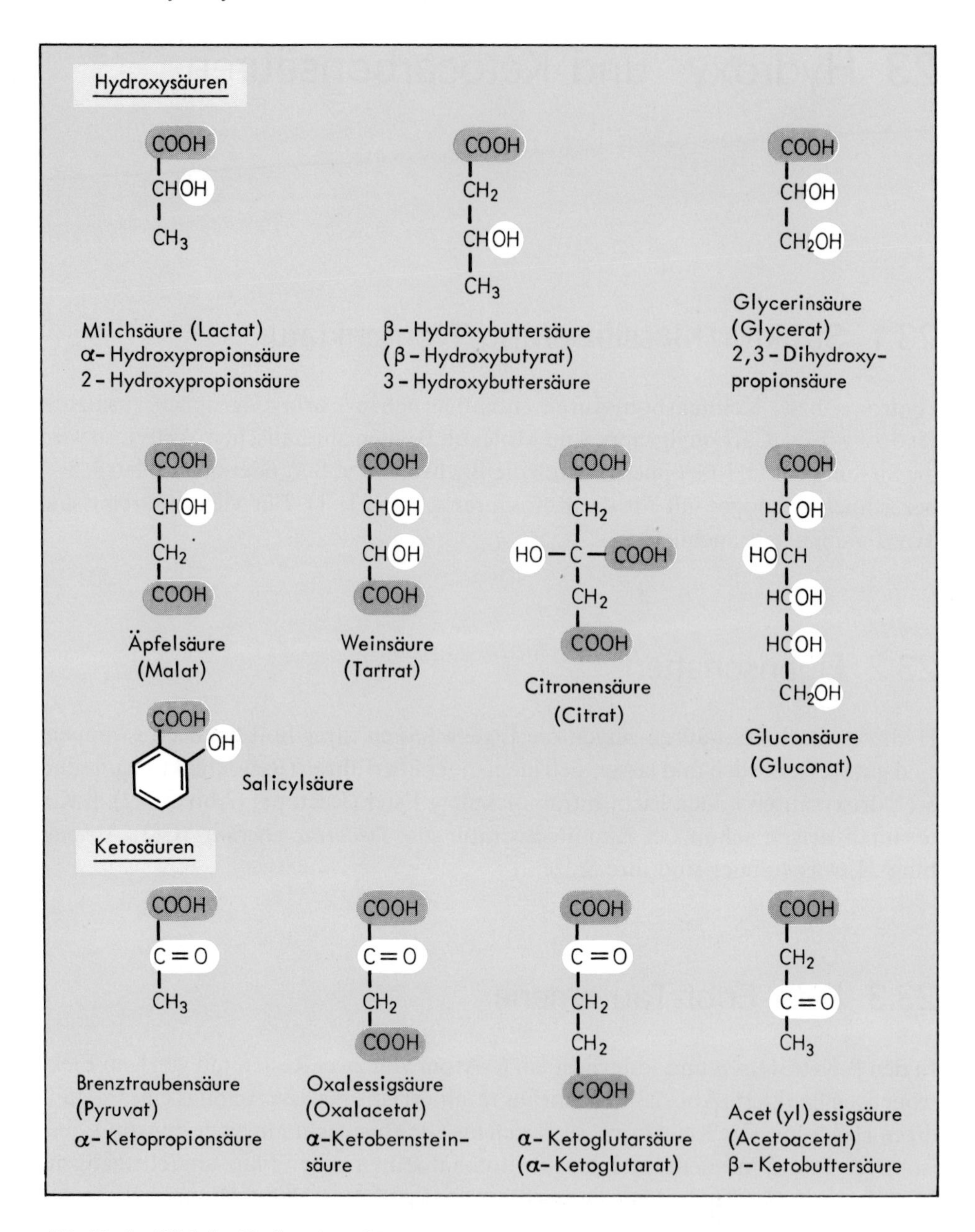

Abb. 23–1 Wichtige Hydroxy- und Ketosäuren und die Namen ihrer Anionen. Die hier nicht wiedergegebene Isocitronensäure trägt die OH-Gruppe an C2 statt an C3.

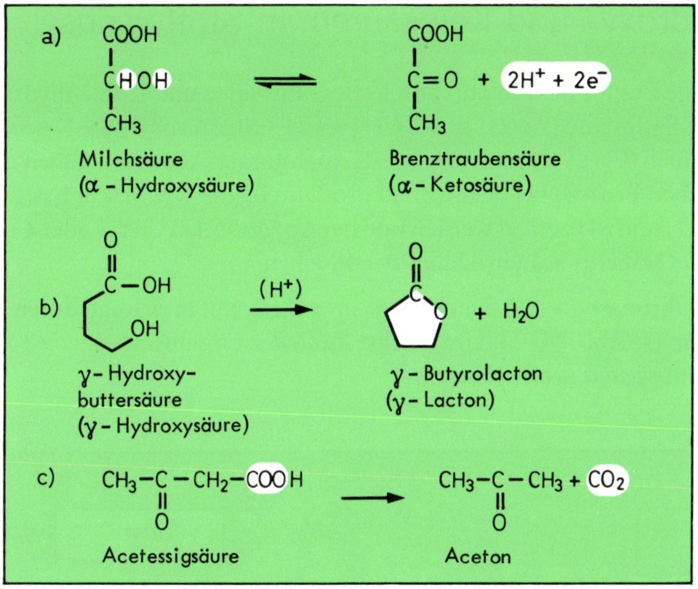

a) $COOH-CHOH-CH_3 \rightleftharpoons COOH-C{=}O-CH_3 + 2H^+ + 2e^-$

Milchsäure (α - Hydroxysäure) — Brenztraubensäure (α - Ketosäure)

b) γ - Hydroxy-buttersäure (γ - Hydroxysäure) $\xrightarrow{(H^+)}$ γ - Butyrolacton (γ - Lacton) + H_2O

c) $CH_3-CO-CH_2-COOH \longrightarrow CH_3-CO-CH_3 + CO_2$

Acetessigsäure — Aceton

Abb. 23–2 a) Hydroxysäuren gehen bei der Oxidation in Ketosäuren über, deren Reduktion führt zu Hydroxysäuren zurück (reversibles Redoxsystem). b) γ- und δ-Hydroxysäuren bilden leicht innere Ester (Lactone). c) β-Ketosäuren gehen schon bei Raumtemperatur unter CO_2-Abspaltung (Decarboxylierung) in die entsprechenden Ketone über. Aus Acetessigsäure entsteht so Aceton.

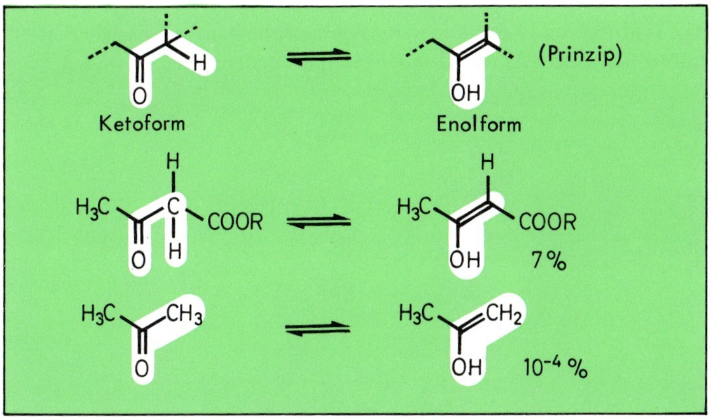

Ketoform ⇌ Enolform (Prinzip)

$H_3C-CO-CH_2-COOR \rightleftharpoons H_3C-C(OH){=}CH-COOR$ 7%

$H_3C-CO-CH_3 \rightleftharpoons H_3C-C(OH){=}CH_2$ 10^{-4} %

Abb. 23–3 Keto-Enol-Tautomerie. Dieser spezielle Fall von Konstitutionsisomerie tritt u. a. bei β-Ketosäuren (und deren funktionellen Derivaten) auf. Ein α-ständiges Proton wird durch den Elektronensog der flankierenden funktionellen Gruppen (>C=O und —COOR) so acid, daß es zum Ketosauerstoff wandern kann. Gleichzeitig ändert sich die Lage der Doppelbindung. Im Aceton ist die Enolform nur in Spuren nachweisbar.

23.4 Hydroxy- und Ketosäuren im Stoffwechsel

Die erste große Etappe des Abbaus von Fetten, Eiweißen und Kohlenhydraten führt zu aktivierter Essigsäure (Acetyl-CoA, CH_3—CO—SCoA) und zu α-Ketosäuren mit 3 bis 5 C-Atomen (Pyruvat, Oxalacetat, α-Ketoglutarat). Alle vier nehmen u. a. teil an einem cyclischen Prozeß, bei dem formal pro Durchgang 1 Molekül Essigsäure und 2 H_2O in 2 CO_2 und 8 H zerlegt werden und der *Citronensäurecyclus* oder *Citratcyclus* genannt wird (Näheres s. Lehrbücher der Biochemie).

Die Überführung von α-Aminosäuren in α-Ketosäuren erfolgt durch **oxidative Desaminierung** (s. Abb. 24–5). Umgekehrt kann der Organismus aus α-Ketosäuren einige α-Aminosäuren synthetisieren.

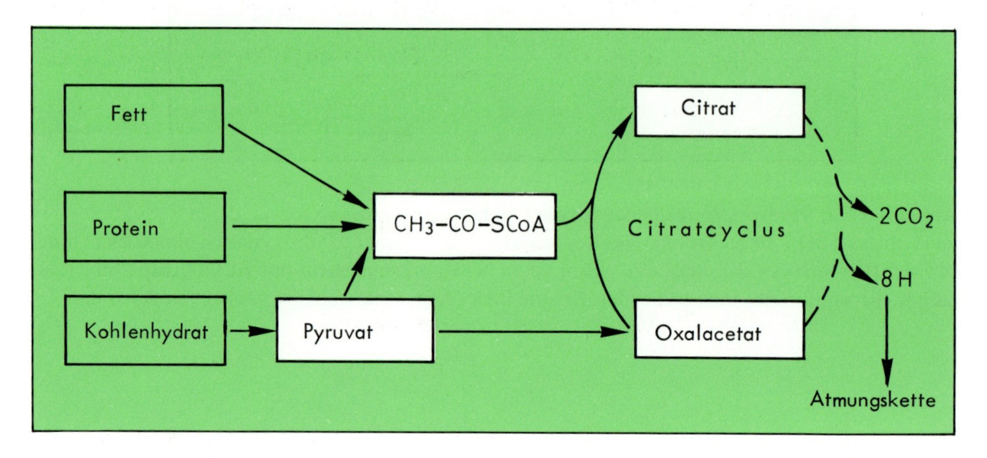

Abb. 23–4 Einige Hydroxy- und Ketosäuren sind Schlüsselsubstanzen zwischen Fett-, Protein- und Kohlenhydratstoffwechsel einerseits und dem Citratcyclus andererseits.

24 Aminosäuren/Peptide/Proteine

24.1 Aminosäuren

24.1.1 Struktur/Klassifizierung/Nomenklatur

Aminocarbonsäuren sind durch mindestens eine Carboxylgruppe und mindestens eine Aminogruppe gekennzeichnet. In der Natur kommen fast nur α-Aminosäuren vor. Allen Lebewesen – vom Einzeller bis zum Menschen – dient eine Palette von nur 20 α-Aminosäuren zum Aufbau der **Proteine** (Eiweiße). Sie heißen **proteinogene** Aminosäuren (Abb. 24–1). Solche, die nur im Stoffwechsel vorkommen, nennt man **nicht-proteinogene** Aminosäuren (Abb. 24–2).

Mit Ausnahme des Glycins (α-Aminoessigsäure) enthalten alle α-Aminosäuren ein asymmetrisches α-C-Atom (Abb. 24–1). Von den jeweils zwei möglichen Enantiomeren findet man in der Natur fast ausschließlich die L-Form. **Stereoformel** und **Fischer-Projektion** sind in Abb. 24–1 wiedergegeben.

Es sei an dieser Stelle darauf hingewiesen, daß Ionenladungszeichen häufig mit kreisförmigen Umrandungen versehen werden (s. z. B. Abb. 24–1). Vor allem bei größeren Molekülen ist diese Schreibweise vorteilhaft, da die Zeichen so stärker ins Auge fallen.

Der Rest R, die **Seitenkette** oder **Seitengruppe**, kann weitere funktionelle Gruppen enthalten, z. B. eine zweite Säuregruppe (—COOH) oder ein zweites basisches Zentrum (NH_2 oder basischer Heterocyclus). In sogenannten basischen Aminosäuren überwiegt die Zahl der Basizitätszentren, in sauren Aminosäuren ist es umgekehrt (Tab. 24–1).*

Tab. 24–1 Einteilung von Aminosäuren

Aminosäure $H_2N—CH(R)—COOH$	Zahl der Strukturelemente NH_2	COOH
Monoamino-monocarbonsäure (neutrale Aminosäure)	1	1
Diaminomonocarbonsäure (basische Aminosäuren)	2	1
Monoamino-dicarbonsäure (saure Aminosäure)	1	2

* Auch in Lösungen „neutraler" Aminosäuren verzeichnet man eine schwach saure Reaktion, d. h., diese Einteilung beruht auf einem formalen Prinzip.

$$H_3\overset{\oplus}{N} \blacktriangleright C(COO^{\ominus})(R) \blacktriangleleft H \;\widehat{=}\; H_3\overset{\oplus}{N}-C(COO^{\ominus})(R)-H$$

Stereoformel — FISCHER-Projektion

Unpolare Seitenketten R mit hydrophobem Charakter

R	Name	R	Name
$-H$	Glycin (Gly)	$-CH(CH_3)-CH_2-CH_3$	Isoleucin (Ilu)
$-CH_3$	Alanin (Ala)	$-CH_2-CH_2-S-CH_3$	Methionin (Met)
$-CH(CH_3)-CH_3$	Valin (Val)	$-CH_2-C_6H_5$	Phenylalanin (Phe)
$-CH_2-CH(CH_3)-CH_3$	Leucin (Leu)	$^{\ominus}OOC-CH-CH_2-CH_2-CH_2-\overset{\oplus}{N}H_2$ (Ring)	Prolin (Pro)

Polare, ungeladene Seitenketten R mit hydrophilem Charakter

R	Name	R	Name
$-CH_2-OH$	Serin (Ser)	$-CH_2-CH_2-C(=O)-NH_2$	Glutamin (Gln)
$-CH(CH_3)-OH$	Threonin (Thr)	$-CH_2-C_6H_4-OH$	Tyrosin (Tyr)
$-CH_2-SH$	Cystein (Cys)		
$-CH_2-C(=O)-NH_2$	Asparagin (Asn)	$-CH_2-C{=}CH-NH$ (Indolring)	Tryptophan (Trp)

Polare, bei pH 6-7 positiv geladene Seitenketten R mit stark hydrophilem Charakter

R	Name	R	Name
$-CH_2-CH_2-CH_2-CH_2-\overset{\oplus}{N}H_3$	Lysin (Lys)	$-CH_2-$ (Imidazolring, $\overset{\oplus}{N}H$, NH)	Histidin (His)
$-CH_2-CH_2-CH_2-NH-C(NH_2)=\overset{\oplus}{N}H_2$	Arginin (Arg)		

Polare, bei pH 6-7 negativ geladene Seitenketten R mit stark hydrophilem Charakter

R	Name
$-CH_2-COO^{\ominus}$	Aspartat (Asp)
$-CH_2-CH_2-COO^{\ominus}$	Glutamat (Glu)

Abb. 24-1 Struktur, Namen und Abkürzungen der 20 proteinogenen Aminosäuren. Die beiden Formeln am Kopf der Abbildung kennzeichnen die L-Form (die R/S-Nomenklatur hat sich bisher nicht durchgesetzt). Man mache sich bewußt, daß in allen diesen Aminosäuren die Atomsequenz —NH—CH—CO— enthalten ist und die Unterschiede nur durch die Seitenketten R zustande kommen. Zwei Moleküle Cystein lassen sich oxidativ über eine S—S-Brücke zu Cystin verknüpfen, dieses wird aber nicht mehr zu den proteinogenen Aminosäuren gerechnet.

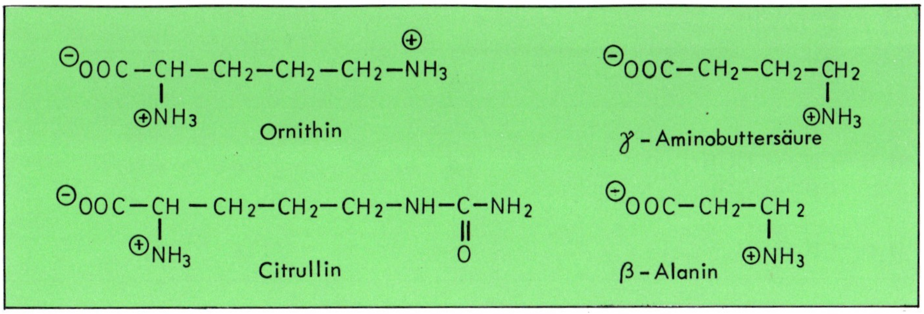

$^{\ominus}OOC-CH(^{\oplus}NH_3)-CH_2-CH_2-CH_2-\overset{\oplus}{N}H_3$ Ornithin

$^{\ominus}OOC-CH_2-CH_2-CH_2-^{\oplus}NH_3$ γ-Aminobuttersäure

$^{\ominus}OOC-CH(^{\oplus}NH_3)-CH_2-CH_2-CH_2-NH-C(=O)-NH_2$ Citrullin

$^{\ominus}OOC-CH_2-CH_2-^{\oplus}NH_3$ β-Alanin

Abb. 24–2 Einige nichtproteinogene Aminosäuren in Zwitterionenschreibweise.

24.1.2 Protolysegleichgewichte/Puffereigenschaften

In der Lösung einer Monoamino-monocarbonsäure liegen zwei Säure-Base-Systeme vor (s. auch Abb. 24–3).

$$R{-}COOH + H_2O \rightleftharpoons R{-}COO^{\ominus} + H_3O^+ \qquad \text{mit } pK_S(I)$$
$$R{-}NH_3 + H_2O \rightleftharpoons R{-}{}^{\oplus}NH_2 + H_3O^+ \qquad \text{mit } pK_S(II)$$

Die beiden pK_S-Werte von protonierten α-Amino-monocarbonsäuren liegen generell niedriger (höhere Acidität) als die vergleichbaren pK_S-Werte der Essigsäure bzw. des Ethylammonium-Ions (vgl. Tab. 24–2).

Die beiden Substituenten üben also einen gegenseitigen aciditätserhöhenden Einfluß aus. Dieser wird mit wachsender Entfernung der Gruppen voneinander schwächer. Im Lysin ist daher die endständige Ammoniumgruppierung schwächer sauer (die Aminogruppe stärker basisch) als die α-ständige. Wie die beiden folgenden Bei-

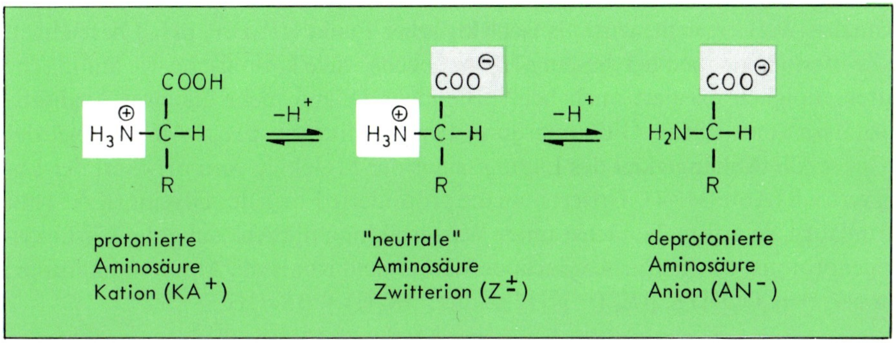

$^{\oplus}H_3N-CH(R)-COOH \underset{}{\overset{-H^+}{\rightleftharpoons}} {}^{\oplus}H_3N-CH(R)-COO^{\ominus} \overset{-H^+}{\rightleftharpoons} H_2N-CH(R)-COO^{\ominus}$

protonierte Aminosäure Kation (KA^+) — "neutrale" Aminosäure Zwitterion ($Z^{\pm}$) — deprotonierte Aminosäure Anion (AN^-)

Abb. 24–3 Protolysegleichgewichte einer neutralen Aminosäure.

Tab. 24–2 pK_S-Werte

	pK_S(I)	pK_S(II)
(II) $\overset{\oplus}{H_3N}-CH_2-COOH$ (I)	2,4	9,8
CH_3-COOH	4,8	–
$\overset{\oplus}{H_3N}-CH_2-CH_3$	–	10,8

spiele zeigen, erhalten bei basischen und sauren Aminosäuren die Protolysegleichgewichte die Ziffern I, II und III nach steigenden pK_S-Werten.

$$\overset{\oplus}{H_3N}-\underset{\underset{\underset{CH_2-\overset{\oplus}{N}H_3}{|}}{(CH_2)_3}}{\overset{COOH}{C}}-H \qquad pK_S(I) = 2{,}2 \quad pK_S(II) = 8{,}9 \quad pK_S(III) = 10{,}5$$

L-Lysin (basische Aminosäure)

$$\overset{\oplus}{H_3N}-\underset{\underset{\underset{COOH}{|}}{(CH_2)_2}}{\overset{COOH}{C}}-H \qquad pK_S(I) = 2{,}1 \quad pK_S(III) = 9{,}5 \quad pK_S(II) = 4{,}1$$

L-Glutaminsäure (saure Aminosäure)

Die Lage der Protolysegleichgewichte wird durch Änderung der H^+-Konzentration beeinflußt. Im stark sauren Milieu liegen die Aminosäuren als Kationen vor, wandern bei Anlegen eines äußeren elektrischen Feldes also zur Kathode. Im stark basischen Milieu, in dem Aminosäureanionen vorliegen, tritt im elektrischen Feld Wanderung zur Anode ein. Der pH-Wert, bei dem die Konzentration an Zwitterionen einen maximalen Wert erreicht, wird als **isoelektrischer Punkt** (IP, IEP, pH_{IP}) bezeichnet. Die Zwitterionen haben bei diesem pH-Wert ebensoviele kationische wie anionische Zentren. Folglich existiert auch bei Vorhandensein von mehr als zwei Aciditäts/Basizitätszentren (Lysin, Glutaminsäure, Peptide) nur ein pH_{IP}. Am Beispiel des Glycins sei die Abhängigkeit des Ladungssinns der Moleküle vom pH-Wert der Lösung verfolgt (Abb. 24–4). Titriert man die protonierte Form des Glycins (KA^+) mit Natronlauge, so erfolgt zunächst unter Wasserbildung die Ablösung des Carboxylgruppenprotons, da die Carboxylgruppe stärker acid ist als die Ammoniumgruppe; denn pK_S (—COOH) < pK_S ($—NH_3^+$), kurz: pK_S(I) < pK_S(II).

$$\underset{KA^+}{H_3N^{\oplus}-CH_2-COOH} \rightleftharpoons \underset{Z^{\pm}}{H_3N^{\oplus}-CH_2-COO^{\ominus}} + H^+ \qquad \text{(I)}$$

Nach Zusatz von 0,5 mol Basenäquivalente ist ein pH-Wert erreicht, der dem pK_S-Wert des Kations entspricht, weil dann $c(Z^{\pm})/c(Ka^{+}) = 1$ ist.

$$\frac{c(Z^{\pm}) \cdot c(H^{+})}{c(KA^{+})} = K_S(I), \quad c(H^{+}) = K_S(I) \quad \text{und} \quad pH(I) = pK_S(I) \quad \text{bei}$$

$$c(Z^{\pm}) = c(KA^{+})$$

(Halbneutralisation)

Bei weiterer Basenzugabe nimmt die Zwitterionen-Konzentration weiter zu, erreicht bei pH = 6,1 (= pH_{IP}) einen Maximalwert und vermindert sich dann wieder, weil sich nun die Ablösung eines Protons von der NH_3^+-Gruppierung anschließt (II).

$$\underset{Z^{\pm}}{H_3N^{\oplus}\text{—}CH_2\text{—}COO^{\ominus}} \rightleftharpoons \underset{AN^{-}}{H_2N\text{—}CH_2\text{—}COO^{\ominus}} + H^{+} \qquad (II)$$

Dafür gilt

$$\frac{c(AN^{-}) \cdot c(H^{+})}{c(Z^{\pm})} = K_S(II) \qquad pH(II) = pK_S(II) \quad \text{bei } c(AN^{-}) = c(Z^{\pm})$$

Aus den beiden pK_S-Werten ist der pH_{IP} nach folgender für Monoaminocarbonsäuren allgemeingültiger Formel zu berechnen:

$$pH_{IP} = \frac{pK_S(I) + pK_S(II)}{2}$$

Der pH_{IP} fällt im allgemeinen nicht mit dem Neutralpunkt (pH = 7) zusammen (vgl. die Titrationskurve des Glycins in Abb. 24–4). Bei Auflösung einer Aminosäure in Wasser stellt sich ein pH-Wert ein, der dem pH_{IP} der Aminosäure entspricht. Bei Auflösung von Glycin in Wasser stellt sich also ein pH-Wert von 6,1 ein.

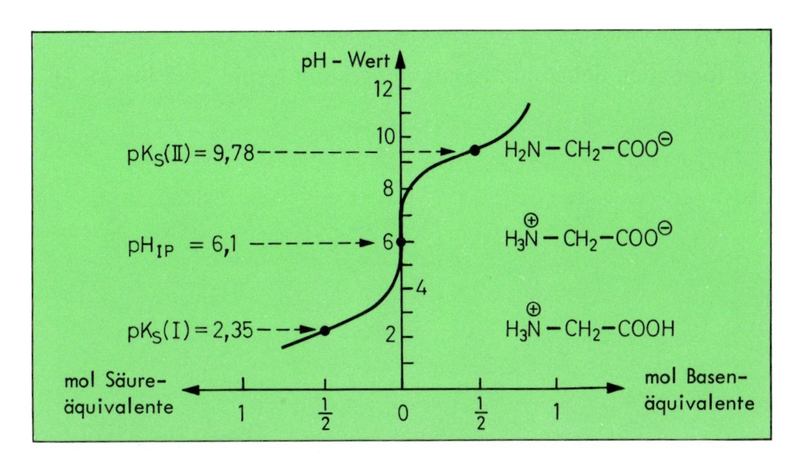

Abb. 24–4 Titrationskurve des Glycins, Stoffmenge n(Glycin) = 1 (Erläuterung im Text).

Bei basischen Aminosäuren (z. B. Lysin und Histidin) wirkt sich die Dissoziation der Carboxylgruppe – also $pK_S(I)$ – kaum auf den IP aus, so daß sich dieser aus den Werten $pK_S(II)$ und $pK_S(III)$ errechnen läßt. Analoges gilt für saure Aminosäuren (z. B. Glutaminsäure). Hier sind $pK_S(I)$ und $pK_S(II)$ zur Berechnung heranzuziehen, der Einfluß von $pK_S(III)$ ist vernachlässigbar klein.

$$pH_{IP}(\text{bas. AS}) = \frac{pK_S(II) + pK_S(III)}{2}$$

$$pH_{IP}(\text{saure AS}) = \frac{pK_S(I) + pK_S(II)}{2}$$

Aus den vorstehenden Erörterungen der Protolysevorgänge in Lösungen von Aminosäuren geht hervor:

- ▶ Aminosäuren existieren bei keinem pH-Wert in der Form $H_2N—CH(R)—COOH$.
- ▶ Liegen sie als Kationen vor (protoniert), dann wandern sie nach Anlegen eines elektrischen Feldes zur Kathode, als Anionen wandern sie zur Anode, Zwitterionen wandern nicht, da die Summe ihrer kationischen und anionischen Zentren gleich null ist; dies macht man sich analytisch zunutze (**Elektrophorese**).
- ▶ Aminosäuren besitzen mehrere **Pufferbereiche**, nämlich jeweils in der Nähe ihrer pK_S-Werte ($\pm$ 1).

24.1.3 Reaktionen der Aminosäuren

Biochemisch wichtige Reaktionstypen an den

- Aminogruppen
- Carboxylgruppen und
- Seitenketten

sind in den folgenden Schemata zusammengestellt (Abb. 24–5 bis 25–7).

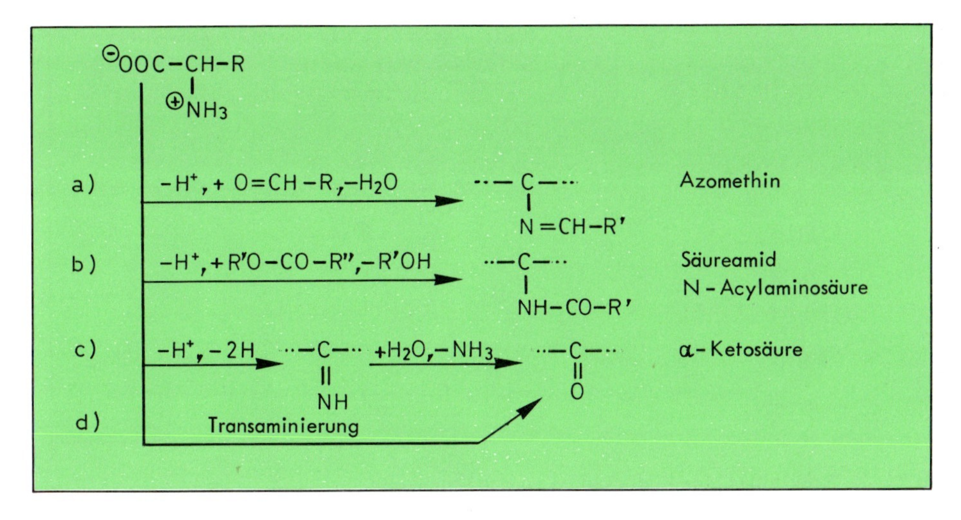

Abb. 24–5 Reaktionen von Aminosäuren an der Aminogruppe.
a) Azomethinbildung (vgl. auch Kap. 19)
b) Umsetzung mit Ester (oder Thioester) zur N-Acylaminosäure (Säureamidbildung, vgl. auch Kap. 21)
c) Oxidative Desaminierung zur α-Ketosäure unter Bildung von NH_3
d) Übertragung der Aminogruppe auf andere Verbindungen (Transaminierung), aus der α-Aminosäure wird dabei eine α-Ketosäure (Formelschema in Abb. 19–7).

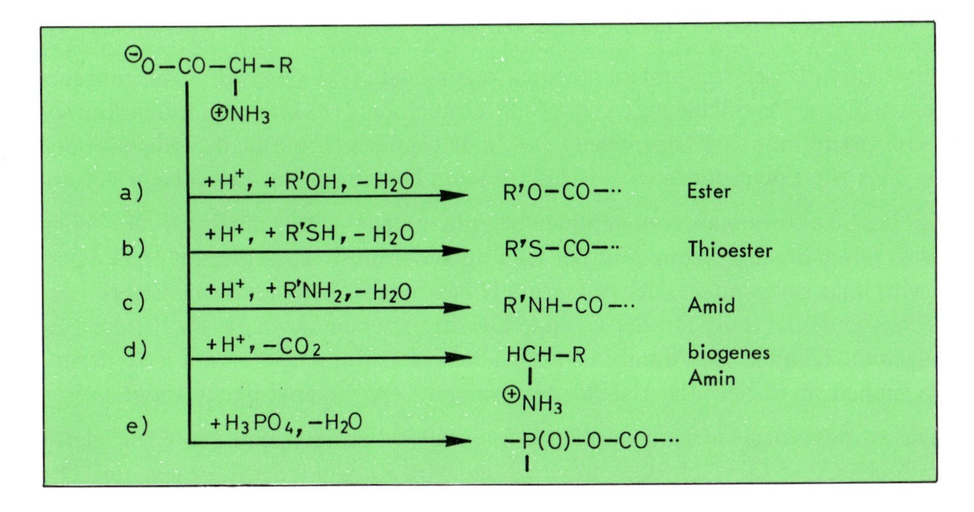

Abb. 24–6 Reaktionen von Aminosäuren an der Carboxylgruppe
a) Esterbildung
b) Bildung eines Thioesters (Aminosäurederivat mit erhöhter Reaktivität am Carboxyl-C-Atom)
c) Amidbildung (erfolgt auf dem Weg Aminosäure → Thioester → Amid)
d) Decarboxylierung zu biogenem Amin
e) Bildung eines gemischten Anhydrids mit Phosphorsäure (Genaueres in Kap. 26).

a) $2\,{}^{\ominus}OOC{-}CH(NH_3^{\oplus}){-}CH_2{-}SH \underset{}{\overset{-2H^+,-2e^-}{\rightleftharpoons}} \cdots{-}S{-}S{-}\cdots$

Cystein — Cystin

b) ${}^{\ominus}OOC{-}CH(NH_3^{\oplus}){-}CH_2{-}OH$ + Saccharid $\overset{-H_2O}{\rightleftharpoons}$ ${}^{\ominus}OOC{-}CH(NH_3^{\oplus}){-}CH_2{-}O{-}$ Saccharidrest

Serin

c) ${}^{\ominus}OOC{-}CH(NH_3^{\oplus}){-}CH_2{-}CH_2{-}CO{-}NH_2$ + Saccharid $\overset{-H_2O}{\rightleftharpoons}$ ${}^{\ominus}OOC{-}CH(NH_3^{\oplus}){-}CH_2{-}CH_2{-}CO{-}NH{-}$Saccharidrest

Asparagin

Abb. 24–7 Reaktionen von Aminosäuren an der Seitenkette
a) Bildung von Cystin durch Oxidation von Cystein, eine Disulfidbrücke (—S—S—) verknüpft nun die beiden Bausteine; Reduktionsmittel kehren diesen Vorgang um (reversibles Redoxgleichgewicht)
b) Bindung eines Kohlenhydratrestes (Saccharidrestes) über den Sauerstoff der OH-Gruppe des Serins (Bildung eines O-Glycosids) und
c) über den Stickstoff der Asparaginseitenkette (Bildung eines N-Glycosids).

24.2 Peptide und Proteine

24.2.1 Struktur/Schreibweise/Klassifizierung

Aminosäuren lassen sich miteinander säureamidartig (—CO—NH—) verknüpfen. Es entsteht eine **Peptidbindung** (Abb. 24–8). Je nach Zahl (n) der verknüpften Aminosäuren spricht man von **Dipeptiden** ($n = 2$), **Tripeptiden** ($n = 3$) usw., **Oligopeptiden** ($n = 2$ bis 10), **Polypeptiden** ($n = 10$ bis 100) und **Proteinen** oder **Eiweißen** ($n > 100$).

Bei der Strukturangabe von Peptiden beginnt man links stets mit der **N-terminalen Einheit** (Aminoende). Bequem ist der Gebrauch der dreibuchstabigen Kürzel. Hierbei wird links gelegentlich auch mit einem H begonnen. Die **C-terminale Einheit** (das Carboxylende) ist dann mit der Gruppe OH zu versehen (Abb. 24–8). Bei der Namengebung erhalten alle Aminosäurebausteine die Endung „yl“ bis auf die C-terminale Einheit. Z. B. hat Gly-Ala-Phe den Namen Glycyl-alanyl-phenylalanin.

Die Atomabfolge in der Hauptkette ist in allen Peptiden und Proteinen gleich ($\cdots$—NH—C_α—CO—NH—C_α—CO—$\cdots$) und wird Rückgrat der Kette genannt. Die Vielfalt der existierenden Proteinsorten wird durch unterschiedliche Kettenlängen, vor allem aber durch die unterschiedliche Reihenfolge (**Sequenz**) der Aminosäurebausteine hervorgerufen. So ist mit einer Palette von 20 Aminosäuren der Aufbau einer riesigen Zahl von **Sequenzisomeren** möglich, die sich nur in der Reihenfolge der Seitenketten R unterscheiden. Die Individualität eines Proteins wird also durch die Seitenketten der Aminosäurebausteine bestimmt.

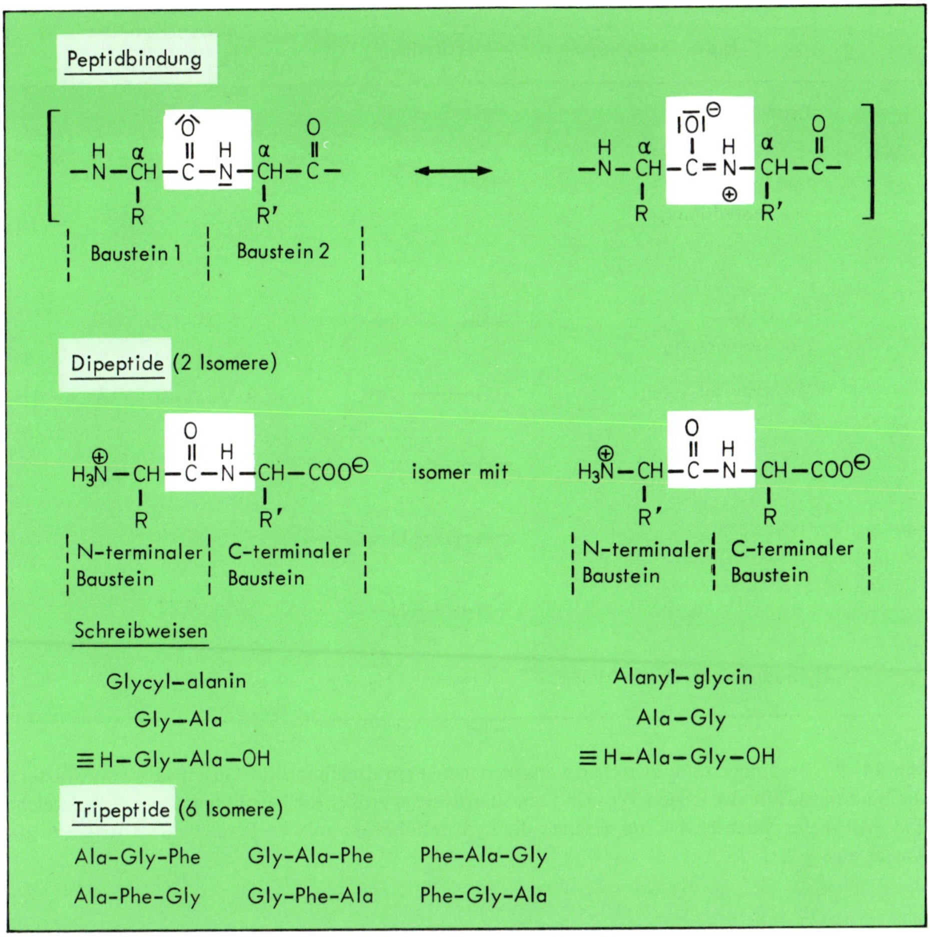

Peptidbindung

$$\left[-\overset{H}{N}-\underset{R}{\overset{\alpha}{C}H}-\overset{\overline{O}}{\overset{\|}{C}}-\overset{H}{\underline{N}}-\underset{R'}{\overset{\alpha}{C}H}-\overset{O}{\overset{\|}{C}}- \longleftrightarrow -\overset{H}{N}-\underset{R}{\overset{\alpha}{C}H}-\overset{|\overline{O}|^{\ominus}}{\overset{|}{C}}=\underset{\oplus}{\overset{H}{N}}-\underset{R'}{\overset{\alpha}{C}H}-\overset{O}{\overset{\|}{C}}- \right]$$

Baustein 1 | Baustein 2

Dipeptide (2 Isomere)

$$\overset{\oplus}{H_3N}-\underset{R}{CH}-\overset{O}{\overset{\|}{C}}-\overset{H}{N}-\underset{R'}{CH}-COO^{\ominus} \quad \text{isomer mit} \quad \overset{\oplus}{H_3N}-\underset{R'}{CH}-\overset{O}{\overset{\|}{C}}-\overset{H}{N}-\underset{R}{CH}-COO^{\ominus}$$

N-terminaler Baustein | C-terminaler Baustein — N-terminaler Baustein | C-terminaler Baustein

Schreibweisen

Glycyl–alanin	Alanyl–glycin
Gly–Ala	Ala–Gly
≡ H–Gly–Ala–OH	≡ H–Ala–Gly–OH

Tripeptide (6 Isomere)

Ala-Gly-Phe	Gly-Ala-Phe	Phe-Ala-Gly
Ala-Phe-Gly	Gly-Phe-Ala	Phe-Gly-Ala

Abb. 24–8 Peptidbindung. Die Rotationsfähigkeit um die Achse C—N in der Peptidbindung (weiß markiert) ist stark eingeschränkt durch die Beteiligung einer mesomeren Grenzstruktur mit C=N-Doppelbindung. Alle im weiß markierten Feld befindlichen Atome und deren benachbarte α-C-Atome liegen daher in einer Ebene. Um die von den α-C-Atomen ausgehenden Einfachbindungen ist Rotation möglich, die Seitenketten können also aus der Ebene herausgedreht werden. Hier hat die Hauptkette eine Art Gelenk (vgl. auch Abb. 24–10).
Dipeptide, Tripeptide. Sind die Aminosäurebausteine in Dipeptiden, Tripeptiden usw. verschieden, so ist Konstitutionsisomerie möglich. Je größer die Zahl der (verschiedenen) Bausteine ist, desto mehr Möglichkeiten gibt es für die Abfolge (Sequenz) der Aminosäureeinheiten, z. B. lassen sich aus Gly und Ala zwei isomere Dipeptide aufbauen, aus Gly, Ala und Phe schon sechs Tripeptide.

Bestimmte Regionen einer Proteinkette sind zur Wechselwirkung mit anderen Regionen der gleichen Kette oder einer Nachbarkette befähigt (Anziehungskräfte, Verknüpfungen). Bei der Ausbildung der endgültigen Struktur können alle in Abb. 24–9 aufgeführten Typen inter- und intramolekularer Wechselwirkungen mitwirken.

Typ	Prinzip	Bindungsenergie $[kJ \cdot mol^{-1}]$
Disulfidbrücke	$-S-S-$	~ 200
Ion-Ion-Wechselwirkung	$-\overset{\oplus}{N}H_3 \cdots \overset{\ominus}{O}-C(=O)-$	> 130
Ion-Dipol-Wechselwirkung	$-\overset{\oplus}{N}H_3 \cdots \overset{\delta-}{O}=\overset{\delta+}{C}<$	40–130
Wasserstoffbrücken	$-O-H \cdots O=C<$	< 20
	$-O-H \cdots N<$	< 20
	$>N-H \cdots O=C<$	< 20
	$>N-H \cdots N<$	< 20
Hydrophobe Wechselwirkung	$>CH_2 \cdots CH_2<$	< 10

Abb. 24–9 Bindungskräfte zwischen verschiedenen Peptidregionen (in Gegenwart von Wasser). Die Bindungskräfte des letzten Typs sind um so größer, je größer die beteiligten unpolaren Bereiche sind. Mit dieser Wechselwirkung weichen die hydrophoben unpolaren Bereiche dem Kontakt mit Wasser aus.

Polypeptide hinreichender Länge und Proteinketten können Raumstrukturen mit höherem Ordnungsgrad bilden (Abb. 24–10). Aus der Aminosäuresequenz (Abb. 24–10a, **Primärstruktur**) kann *inter-* oder *intramolekular* eine β-Faltblattstruktur (Abb. 24–10c, d) werden, bei der zwei Ketten durch H-Brücken (C=O···H—N) zwischen jeweils zwei Peptidregionen zusammengehalten werden. Häufiger jedoch findet man eine schraubenförmige Anordnung, eine α-Helix (Abb. 24–10b). Die Windungen der Schraube werden hauptsächlich durch *intramolekulare* H-Brücken (C=O···H—N) zwischen Peptidregionen benachbarter Schraubengänge zusammengehalten. Die Seitenketten liegen außerhalb der Helix bzw. auf beiden Seiten der Faltblattebenen. **Faltblatt** und **Helix** sind **Sekundärstrukturen**.

Zwei oder drei Helices können zu einer **Doppelhelix** bzw. zu einer **Tripelhelix** (**Fibrille**, Faserprotein) ähnlich wie bei einem Tau verdrillt werden. Hier erfolgt der Zusammenhalt durch H-Brücken zwischen Peptidregionen *verschiedener* Stränge. Der Bindungstyp ist also der gleiche wie bei der α-Helix, deshalb werden Doppel- und

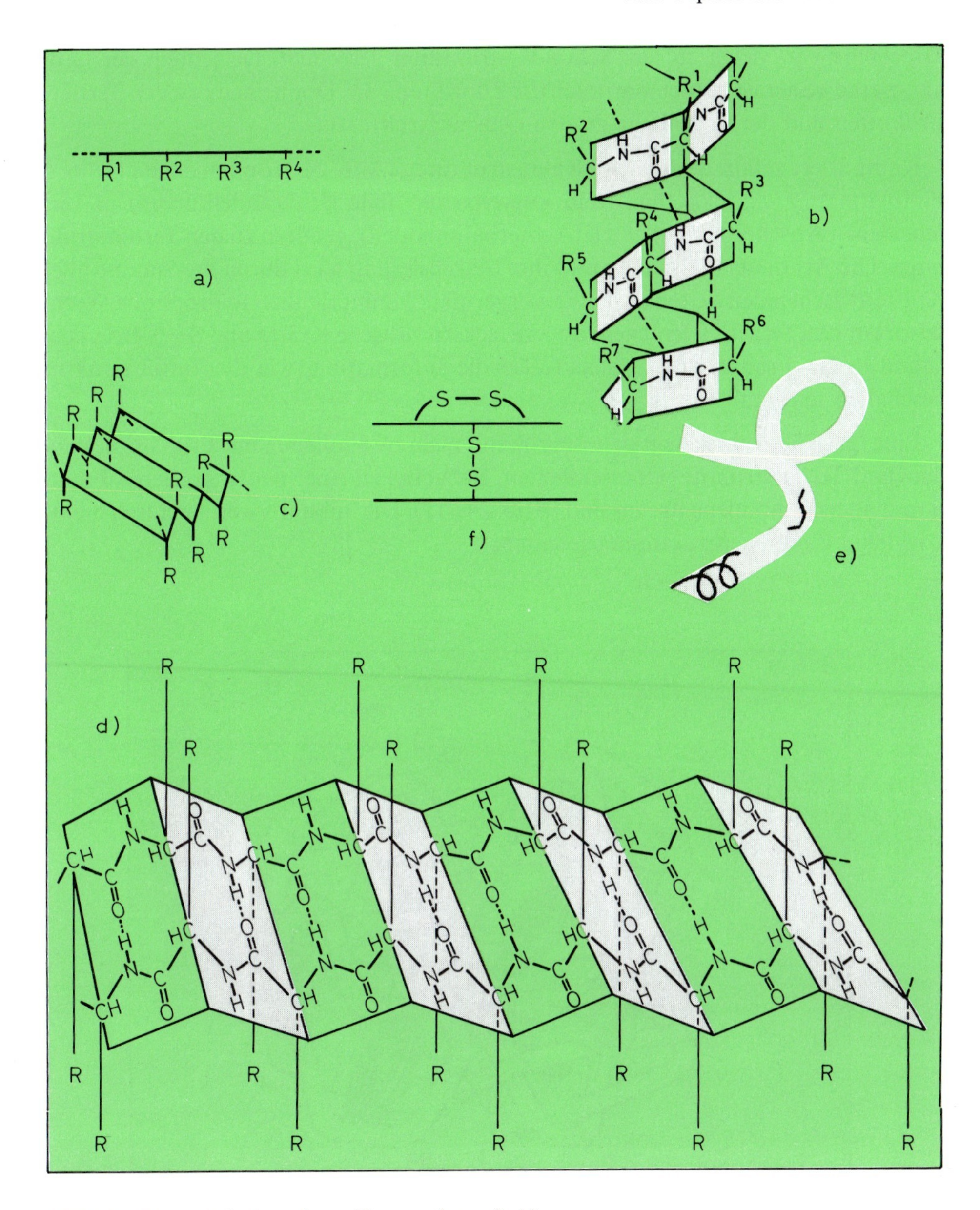

Abb. 24–10 a) Primärstruktur (Kette, schematisch);
b) Sekundärstruktur (α-Helix, intramolekulare H-Brücken);
c) Sekundärstruktur (β-Faltblatt, schematisch);
d) Sekundärstruktur (β-Faltblatt, H-Brücken zwischen zwei Ketten);
e) Tertiärstruktur, helicaler Abschnitt angedeutet, auch nichthelicale Abschnitte können in dieser „Achterbahn" vorkommen;
f) intramolekulare (oben) und intermolekulare Disulfidbrücken (schematisch).

Tripelhelix von vielen zu den Sekundärstrukturen gerechnet. Da jedoch der Ordnungsgrad höher ist, findet man auch die Zuordnung der Doppelhelix zu den Tertiärstrukturen und der Tripelhelix zu den Quartärstrukturen.

Kompliziert gefaltete **globuläre** Raumstrukturen (Abb. 24–10e), in denen Helices, Faltblätter, „Zickzackketten" und kurvenartige Teile (Haarnadelkurven) in verschiedenen Abschnitten auftreten (Achterbahnmodell), gehören zu den **Tertiärstrukturen**. Die Art dieser Faltungen und ihre Stabilisierung wird durch die Summe aller Kräfte zwischen den Seitenketten hervorgerufen: Hauptsächlich hydrophobe Wechselwirkungen, ferner H-Brücken, andere elektrostatische Kräfte und S—S-Brücken. Schon in der Primärstruktur steckt also die Information, wie die Tertiärstruktur beschaffen sein muß.

Eine **Quartärstruktur** liegt dann vor, wenn mehrere Einheiten mit Primär-, Sekundär- und Tertiärstruktur (Untereinheiten, **Subunits**) zu einer neuen größeren Funktionseinheit zusammengetreten sind (Abb. 24–11). Die Subunits werden durch nichtkovalente Bindungen zusammengehalten.

Abb. 24–11 Schema der Quartärstruktur des Hämoglobins, das 4 Proteinuntereinheiten enthält; die zwei vorn liegenden sind grau gezeichnet. Die vier schwarzen Regionen stellen Porphinsysteme dar.

Zusammenfassend und etwas vereinfacht lassen sich die Proteinstrukturtypen wie folgt charakterisieren (Tab. 24–3).

Tab. 24–3 Einteilung der Proteinstrukturen

Struktur	Beispiel	Bindungstyp
Primär-	beliebige Aminosäuresequenz	Peptidbindung zwischen Aminosäuren
Sekundär-	Helix Faltblatt Doppelhelix* Tripelhelix*	H-Brücken zwischen Peptidregionen eines Stranges H-Brücken zwischen Peptidregionen verschiedener Stränge
Tertiär-	„Achterbahn"	Kräfte zwischen Seitenketten: hydrophobe Bindung elektrostatische Kräfte S—S-Bindung
Quartär-	Große Einheit aus mehreren Proteinen (subunits)	ausschließlich nicht-kovalente Bindungen

* Die Doppelhelix wird von manchen zu den Tertiär-, die Tripelhelix zu den Quartärstrukturen gerechnet.

24.2.2 Eigenschaften und Reaktionen

Ampholytnatur/Puffereigenschaften. Die N-Atome in den Peptidbindungen zeigen in Gegenwart von Wasser keine basischen Eigenschaften mehr – bedingt durch die benachbarte C=O-Gruppe. Als Basen wirken aber (neben der endständigen NH_2-Gruppe) die Aminogruppen und die Imidazolreste in den Seitenketten (Lys, Arg, His). An anderen Seitenketten hängen Carboxylgruppen (Asp, Glu). Peptide und Proteine haben deshalb wie die Aminosäuren **Puffer**eigenschaften. Im Körper sind dafür hauptsächlich die Imidazoleinheiten der Histidinseitenketten verantwortlich.

Löst man ein Proteingemisch in einem Puffer, dann sind die verschiedenen Proteine gemäß Art und Anzahl der Seitenketten verschieden stark protoniert (Säure-Base-Gleichgewichte an den Seitenketten). Deshalb lassen sie sich durch **Ionenaustauschchromatographie** oder **Elektrophorese** trennen.

Zur Trennung von Proteinen durch **Elektrophorese** wird die Lösung eines Proteingemischs auf einen Papierstreifen aufgebracht, der mit einer Pufferlösung (zur Konstanthaltung des pH-Werts) durchfeuchtet ist. Bei Anlegen einer Spannung an den Enden des Papierstreifens beginnen die (Kolloid)Teilchen zu wandern – entsprechend ihrer Ladung, Teilchenform und Größe unterschiedlich schnell, unter Umständen in verschiedene Richtungen*. Den Auftrennzonen lassen sich einzelne Proteinkomponenten zuordnen. Dieses Elektrophoreseverfahren wird zur klinischen Untersuchung

* Jene Proteine, deren pH_{IP} mit dem pH-Wert der bei der Elektrophorese verwendeten Pufferlösung übereinstimmt, bleiben am Startpunkt.

der Serumproteine benutzt. Natürlich lassen sich auch Gemische von Aminosäuren nach diesem Prinzip trennen, da auch ihre Ladung pH-abhängig ist (s. 24.1.2).

Löslichkeit/Denaturierung. Viele **native** (natürliche) Proteine sind in Wasser kolloidal löslich. Sie nehmen dabei möglichst eine Gestalt an, bei der die unpolaren, hydrophoben Regionen nach innen gerichtet sind (Stabilisierung durch hydrophobe Wechselwirkung), die polaren, hydrophilen Regionen nach außen (Solvatation kann stattfinden). Dennoch können an der Oberfläche einer Tertiärstruktur Vertiefungen mit hydrophobem Charakter existieren (hydrophobe Taschen), in denen sich unpolare Fremdmoleküle passender Gestalt bevorzugt aufhalten können. Diese Kenntnisse lassen uns verstehen, warum Enzyme nur bestimmte Substrate binden.

Die **Löslichkeit** von Proteinen hängt ab von

1. strukturellen Faktoren (Aminosäurezusammensetzung, Molekülmasse, Molekülform) und von
2. äußeren Faktoren (pH-Wert, Temperatur, Salzgehalt, Anwesenheit von Reagenzien oder nichtwäßrigen Lösungsmitteln).

Durch Änderung der unter 2. genannten Größen wird die Tertiär- und die Sekundärstruktur verändert, es entstehen Zufallskonformationen (Zufallsknäuel bis hin zu entknäuelten Gebilden), die schließlich unlöslich sind. Parallel zu diesen **Denaturierung** genannten Vorgängen sinkt die spezifische biologische Leistungsfähigkeit auf den Wert null. In manchen Fällen ist die Denaturierung reversibel. Das Protein geht dann bei Wiederherstellung der ursprünglichen Bedingungen wieder in die native Form über (**Renaturierung**).

Unter Einwirkung starker wäßriger Säuren oder Basen werden die Peptidbindungen eines Proteins hydrolytisch gespalten. Es entsteht ein Gemisch der betreffenden Aminosäuren (Abb. 24–12). Man kann jedoch auch mit bestimmten Enzymen bestimmte Peptidbindungen gezielt hydrolysieren. Dann entsteht ein Peptidgemisch, dessen isolierte Einzelkomponenten weiter untersucht werden können. Mit den so erlangten Kenntnissen über Teilsequenzen wird wie bei einem Puzzle schließlich die Gesamtsequenz aufgeklärt.

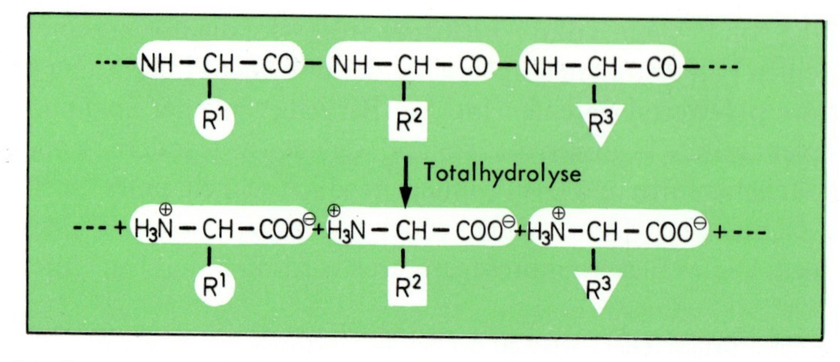

Abb. 24–12 Sequenz-Ausschnitt aus einer Polypeptidkette und seine Hydrolyseprodukte.

Für die Knüpfung der Peptidbindung im Labor (in vitro) stehen viele leistungsfähige Methoden zur Verfügung (Verfahren zur Herstellung von Säureamiden, s. Kap. 21). Im Organismus (in vivo) erfolgt die **Polykondensation** über aktivierte Formen der Aminosäuren unter Mitwirkung von Nucleinsäuren (Kap. 26).

24.3 Funktionen in der Biosphäre

Über die große Zahl von Aufgaben der in diesem Kapitel behandelten Stoffe soll hier nur ein grober Überblick gegeben werden. Näheres entnehme man den Lehrbüchern der Biochemie.

24.3.1 Aminosäuren

Aminosäuren haben vier Funktionen im Stoffwechsel:

- Sie sind Bausteine für die Biosynthese von körpereigenen Proteinen;
- für die Biosynthese anderer N-haltiger Verbindungen (z. B. Heterocyclen, Amine) wirken sie als Stickstoff- bzw. Aminogruppendonatoren;
- glucogene Aminosäuren sind Vorstufen der Glucosebildung in der Zelle;
- die vollständige Oxidation der Aminosäuren liefert Energie.

Die mit der Nahrung zugeführten körperfremden Proteine werden zunächst total hydrolysiert. Die entstandenen Aminosäuren übernehmen dann die genannten Aufgaben. Die Verwendung fremder Proteine ohne diesen Umweg findet nicht statt (Unverträglichkeit, Immunantwort).

24.3.2 Peptide

Peptide existieren im Organismus als kurzlebige Zwischenprodukte. Davon sind einige biologisch aktiv. Sie wirken z. B. als Redoxsysteme, Hormone oder Neurotransmitter (Botenstoffe zur Signalübermittlung zwischen Nervenenden). Beispiele: Das Tripeptid Glutathion wirkt als Redoxpartner, das Oktapeptid Angiotensin wirkt mit bei der Regulierung des Wasserhaushalts im menschlichen Körper.

Man kennt auch toxisch oder antibiotisch wirkende Peptide. Das Cyclodecapeptid Gramicidin S ist ein Beispie aus einer großen Zahl von Antibiotika.

24.3.3 Proteine

Der menschliche Körper enthält schätzungsweise 50000 verschiedene Proteine. **Einfache Proteine** enthalten ausschließlich L-α-Aminosäuren. Aufgrund ihrer unterschiedlichen Wasserlöslichkeit werden sie eingeteilt in **Albumine, Globuline, Histone**, und **Skleroproteine** (Gerüstproteine). Klassifiziert man nach der Molekülgestalt, so gibt es **fibrilläre** (fadenförmige) und **globuläre** (kugelförmige) Proteine.

Zusammengesetzte Proteine enthalten zusätzlich einen Nichtproteinanteil. Er bestimmt die Bezeichnung: **Nucleo-, Glyco-, Chromo-, Lipo-, Phospho-** und **Metallo**proteine. Im folgenden werden einige Funktionen von Proteinen zusammengestellt.

Katalyse. Proteine, die in biologischen Systemen katalysierend wirken, heißen **Enzyme**. Sie wirken meist nur auf wenige (ähnliche) Reaktionen, oft nur auf eine einzige (**Spezifität**). Benannt werden sie nach den Substraten, die sie umsetzen oder nach dem Reaktionstyp, indem man die Endung „**ase**" anhängt. Beispiele: Amylase (Hydrolyse von Stärke), Lipase (Hydrolyse von Fetten), Protease (Hydrolyse von Proteinen), Oxidase, Dehydrogenase, Decarboxylase, Transferase. Translocasen katalysieren den Transport von Anionen, z. B. von ATP und ADP.

Transport. Albumine sind Vehikel für viele Substanzen, z. B. Fettsäuren, Vitamine, Pharmaka und Toxine. Hämoglobin ist der Transporteur des Sauerstoffs.

Struktur(erhaltung). Skleroproteine (Strukturproteine) sind, zusammen mit Lipiden, das Material der wasserunlöslichen Zellmembranen. **Faserstruktur** finden wir bei fibrillären Proteinen wie Collagen (Bindegewebe), Elastin (Arterien, Sehnen), Keratin (Haare). Fibrinogen ist ein lösliches Faserprotein.

Kommunikation. Signalübermittlung über den Kreislauf erfolgt durch Hormone. Manche Hormone gehören zu den Proteinen, z. B. Insulin. Sie werden von **Rezeptoren** an den Zielorten spezifisch erkannt.

Abwehr. Zum Verschließen von Wunden durch Blutgerinnung stehen zwei Plasmaproteine bereit, die ständig im Blutkreislauf zirkulieren, die **Gerinnungsfaktoren** I und II. **Antikörper** sind komplizierte Proteine, die körperfremde Proteine (**Antigene**) im Blut erkennen und binden.

Pufferung. Das **Hämoglobin** genannte Protein ist neben dem „Carbonat-System" das wichtigste **Puffersystem** der extrazellulären Flüssigkeit. Verantwortlich sind dafür die Histidinreste in den Seitenketten.

Wasserbindung. Der Mensch enthält ca. 400 ml Wasser je kg Körpergewicht. Davon wird ein beträchtlicher Teil von den hydrophilen Zentren der Proteine gebunden.

Energiespeicherung. Ein Erwachsener benötigt 1 g, ein Kind 2 g Protein pro Kilogramm Körpergewicht und pro Tag. In dieser Form erhält er die Aminosäuren für den Aufbau körpereigener Proteine und für die Deckung des Stickstoffbedarfs zur Biosynthese von N-Heterocyclen. Proteine sind außerdem ein Energiespeicher, da Aminosäuren bei Bedarf oxidativ abgebaut werden. Bei Nahrungsmangel wird u.a. Muskeleiweiß zur Deckung des Energiebedarfs abgebaut.

25 Saccharide (Kohlenhydrate)

Als **Kohlenhydrate** oder **Saccharide*** bezeichnete man ursprünglich Stoffe mit der Summenformel $C_m(H_2O)_n$. Heute rechnet man auch von dieser Formel abweichende Vertreter hinzu, wenn die Struktur dies nahelegt, z. B. Aminozucker wie Glucosamin (Abb. 25–1). Andererseits gehört z. B. Essigsäure nicht in diese Verbindungsklasse – trotz zutreffender Summenformel.

Saccharide können monomer (**Monosaccharide**), dimer (**Disaccharide**) und auch oligo- oder polymer (**Oligosaccharide, Polysaccharide**) auftreten. All diese Unterklassen können wiederum verbunden sein mit Vertretern anderer Klassen, z. B. mit Proteinen (**Glycoproteine**), mit Phosphorsäure (Kap. 26) oder mit Fettsäuren (**Glycolipide**).

25.1 Monosaccharide

25.1.1 Struktur/Klassifizierung/Nomenklatur

Das Gerüst eines Kohlenhydrats besteht aus einer unverzweigten Kette von C-Atomen (offene Form), die sich ab C_4 zu Ringen schließen kann (cyclische Formen, s. u.). Kohlenhydrate sind Polyalkohole mit einer Aldehydgruppe an C1 (**Aldosen**) oder Ketogruppe an C2 (**Ketosen**).

Anhand des Gerüsts unterscheidet man **Triosen** (3 C-Atome), **Tetrosen** (4 C-Atome), **Pentosen** (5 C-Atome), **Hexosen** (6 C-Atome) und **Heptosen** (7 C-Atome) (Beispiele in Abb. 25–1). Die OH-Gruppe an C2 kann durch eine Aminogruppe ersetzt sein (**Aminozucker**) oder durch ein H (**2-Desoxyaldose**) (Abb. 25–1). Beispiele für eine Kurzschreibweise enthält Abb. 25–2.

Die Cyclisierung einer offenen Saccharidform führt entweder zu einem O-haltigen 5-Ring (**Furanose**) oder zu einem O-haltigen 6-Ring (**Pyranose**). Die in Abb. 25–3 und 25–4 (oben) vom Ringsauerstoff ausgehenden Bindungen sind in Wirklichkeit natürlich nicht so gedehnt (s. Abb. 25–3, Mitte und unten).

---

* Für Mono- und Disaccharide ist auch der Oberbegriff „Zucker“ gebräuchlich.

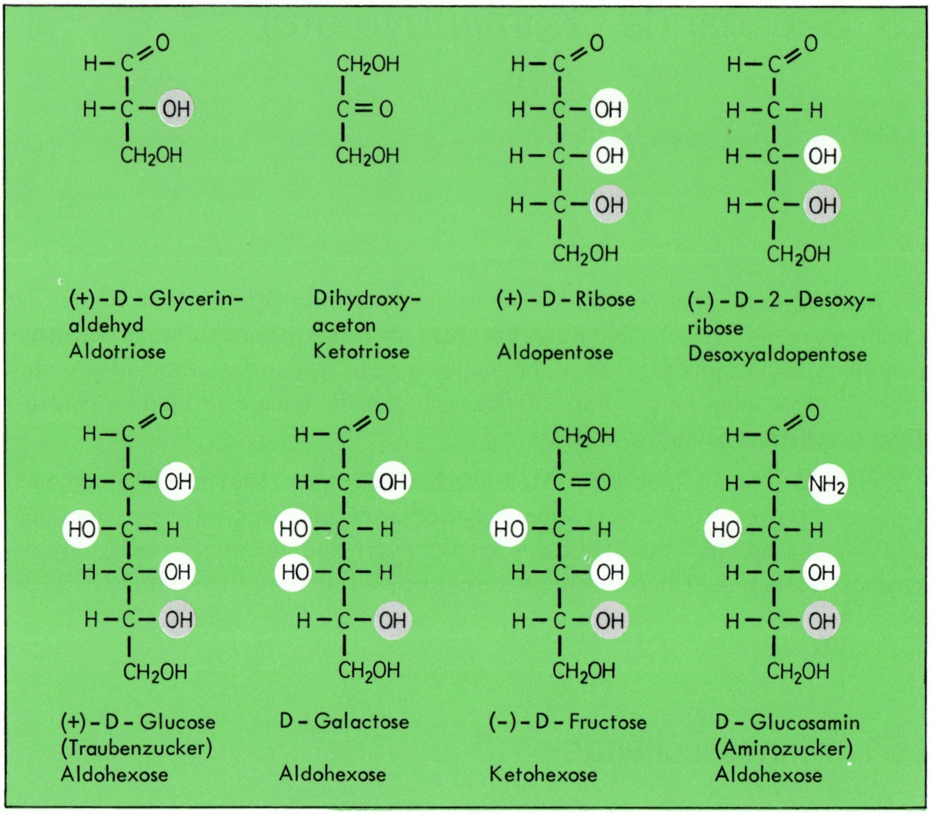

(+) - D - Glycerinaldehyd
Aldotriose

Dihydroxyaceton
Ketotriose

(+) - D - Ribose
Aldopentose

(-) - D - 2 - Desoxyribose
Desoxyaldopentose

(+) - D - Glucose
(Traubenzucker)
Aldohexose

D - Galactose
Aldohexose

(-) - D - Fructose
Ketohexose

D - Glucosamin
(Aminozucker)
Aldohexose

Abb. 25–1 Fischer-Projektionsformeln einiger wichtiger Monosaccharide. Die Summenformel der Desoxyribose und des Glucosamins entspricht zwar nicht der üblichen Zusammensetzung $C_m(H_2O)_n$, trotzdem werden beide zu den Kohlenhydraten gerechnet. Die an asymmetrischen C-Atomen befindlichen OH-Gruppen sind weiß bzw. grau markiert. Über die Zuordnung zur D- oder L-Reihe entscheidet die Konfiguration am untersten Chiralitätszentrum (Grauton).

25.1.2 Stereochemie

Für Kohlenhydrate sind drei Formelschreibweisen in Gebrauch (Abb. 25–3):

- **Fischer-Projektionsformeln**
- **Haworth-Formeln**
- **Konformationsformeln**

Kohlenhydrate enthalten mehrere asymmetrische C-Atome (Ausnahmen: Glycerinaldehyd, 1 asymmetrisches C-Atom; Dihydroxyaceton, kein asymmetrisches C-Atom). Um die Stellung der vier (verschiedenen) Substituenten (Konfiguration) auf der Papierebene eindeutig wiedergeben zu können, wurde vereinbart:

▶ Die Fischer-Projektionsformeln werden senkrecht geschrieben, dabei kommt das

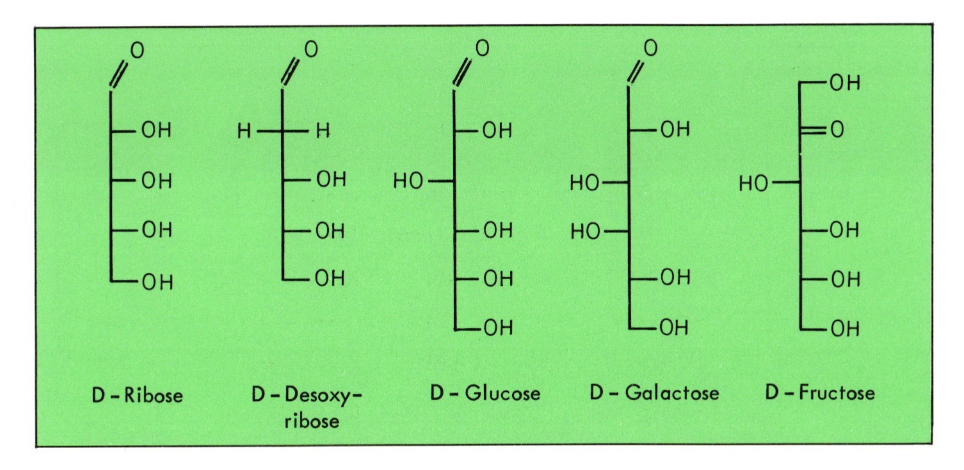

Abb. 25–2 Beispiele für eine Kurzschreibweise der Strukturformeln, bei der die einzelnen C- und H-Atome des Skeletts nicht mehr geschrieben werden. Jede Ecke und jede Verzweigung symbolisiert ein C-Atom mit der nötigen Zahl an H-Atomen (s. auch Kap. 12).

C-Atom mit der höchsten Oxidationszahl (Carbonyl- oder Carboxyl-C-Atom) nach oben, die C-Atome liegen in der Papierebene, H und OH kommen auf den Betrachter zu;

- in den Haworth-Ringformeln stehen alle diejenigen OH-Gruppen unterhalb der Ringebene, die in der Fischer-Projektion nach rechts geschrieben wurden, ferner ist es üblich, den Ringsauerstoff in die rechte, obere Ecke eines „liegenden Sechsecks" zu schreiben (Abb. 25–3, Mitte);

Konformationsformeln geben die Stellung der Substituenten ohne zusätzliche Vereinbarungen eindeutig wieder (Abb. 25–3, unten).

Bei Sacchariden ist noch immer die D,L-Nomenklatur in Gebrauch. Über die Zuordnung zur einen oder anderen Reihe entscheidet die Konfiguration am untersten Chiralitätszentrum. Von diesem Bezugs-C-Atom aus gesehen, haben die übrigen C-Atome bei jedem Monosaccharid eine bestimmte Konfiguration. Kehrt man die Konfiguration nur an einem Asymmetriezentrum um, dann entsteht nicht das andere Enantiomer, sondern ein anderes Saccharid.

Beispiel:

Durch formale Konfigurationsumkehr am C4 der D-Glucose (Traubenzucker) entsteht die D-Galactose (Abb. 25–1).

Bei der Cyclisierung (Abb. 25–3 und 25–4) wird das Carbonyl-C-Atom ebenfalls asymmetrisch. Es entstehen daher zwei zueinander diastereomere Formen, die **Anomere** heißen. Es gibt ein **α-Anomeres** (OH-Gruppe rechts vom Gerüst) und ein **β-Anomeres** (OH-Gruppe links). Am **anomeren C-Atom** ist eine sogenannte **glycosidische OH-Gruppe** entstanden.

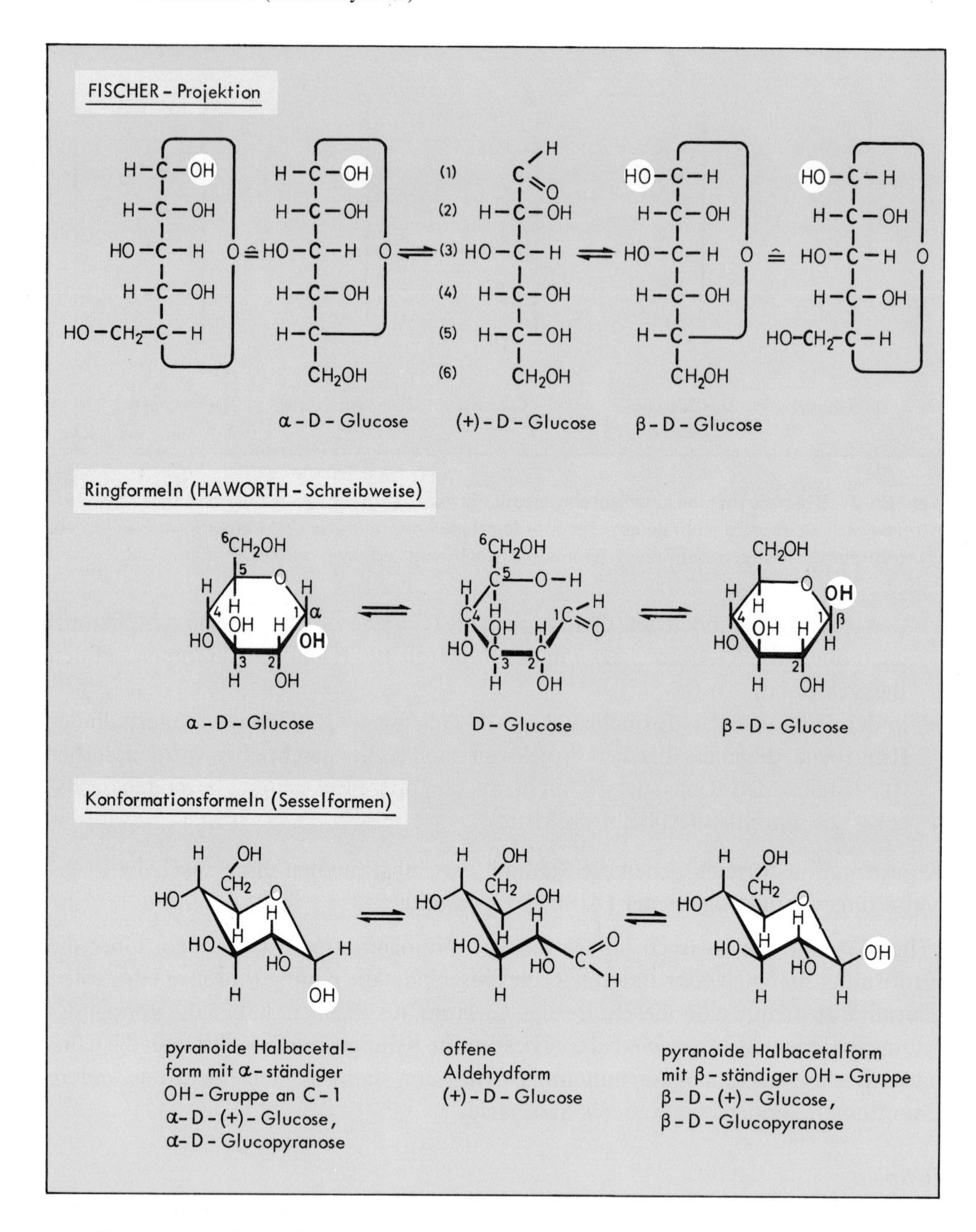

Abb. 25–3 Cyclohalbacetalbildung am Beispiel der Glucose. Dabei entsteht ein sauerstoffhaltiger 6-Ring (Pyranose) und C1 wird zusätzlich asymmetrisch. Die neu entstandene glycosidische OH-Gruppe (weiß) steht in der Formel der α-Glucose nach rechts (Fischer-Projektion) bzw. nach unten (Haworth-Schreibweise), in der Formel der diastereomeren *β*-D-Glucose in entgegengesetzter Position. Die Konformationsformeln zeigen, daß die glycosidische OH-Gruppe entweder axial (α-D-Glucose) oder äquatorial – d.h. vom Ring weggerichtet (*β*-D-Glucose) – angeordnet ist.

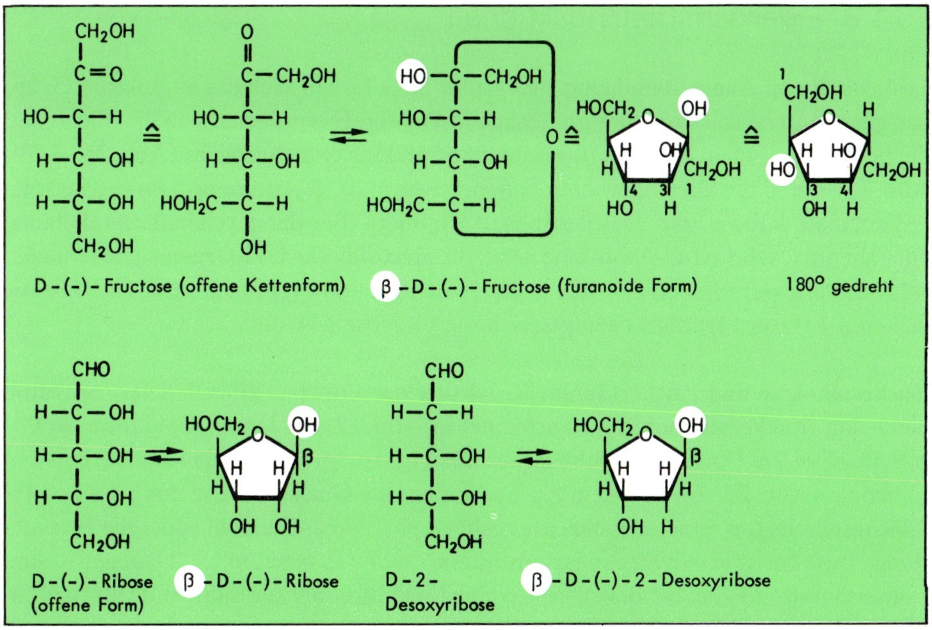

D-(-)-Fructose (offene Kettenform) β-D-(-)-Fructose (furanoide Form) 180° gedreht

D-(-)-Ribose (offene Form) β-D-(-)-Ribose D-2-Desoxyribose β-D-(-)-2-Desoxyribose

Abb. 25–4 Cyclohalbacetalbildung (*β*-Furanosen) bei Fructose, Ribose und Desoxyribose.

Ein noch genaueres Bild als die Fischer- und Haworth-Formeln liefern die **Konformationsformeln** (Abb. 25–3) von den räumlichen Gegebenheiten. Sie lassen erkennen, daß die Anomeren der Glucose – ebenso wie die anderer Hexosen – in einer bestimmten Sesselkonformation vorliegen, nämlich in der sogenannten **$^4C_1$-Konformation** (Abb. 25–5). Sie ist bei der Glucose die stabilere, weil in ihr die OH-Gruppen von C2 bis C5 äquatorial stehen und sich so am wenigsten gegenseitig behindern.

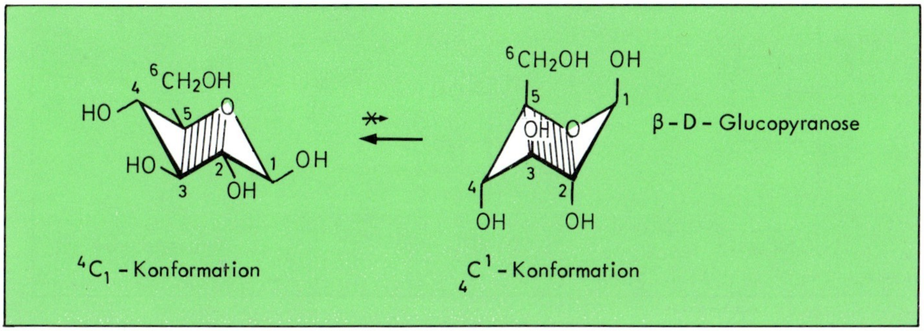

β-D-Glucopyranose

$^4C_1$-Konformation $_4C^1$-Konformation

Abb. 25–5 Von den zwei möglichen 6-Ring-Konformeren der Glucose ist nur die mit all-äquatorialer Stellung der Substituenten an C2 bis C5 stabil. In ihr liegt C4 über und C1 unter der schraffierten Bezugsebene ($^4C_1$-Konformation).

25.1.3 Eigenschaften/Reaktionen

Löslichkeit und Anomerenbildung. Aufgrund ihres hohen Gehalts an polaren Gruppen sind Monosaccharide sehr gut löslich in Wasser. Darin setzen sich die offene und die beiden cyclischen Formen (Cyclohalbacetale) ins Gleichgewicht (Abb. 25–3). In Abb. 25–4 sind die Gleichgewichte „offenen Form $\rightleftharpoons$ β-Anomeres" für die Beispiele Fructose, Ribose und Desoxyribose formuliert. Bei der **Cyclohalbacetalbildung** entsteht am Carbonyl-C-Atom eine neue, die **glycosidische OH-Gruppe**. Die Konzentrationswerte der offenen Formen liegen in den genannten Fällen unter 1%. Für die weiteren Erörterungen sei exemplarisch die Glucose gewählt.

Zuckeralkohole und Zuckersäuren. Reduktion der Glucose am C1 liefert Sorbitol, einen sog. **Zuckeralkohol** (Strukturformel in Abb. 17–3). Durch Oxidation an C1, z. B. mit Cu^{2+} in Form von Fehlingscher Lösung, also in alkalischem Milieu, entsteht Gluconat (Abb. 25–6), das beim Ansäuern über die **Gluconsäure** in das γ-Lacton (γ-**Gluconsäurelacton**, innerer Ester) übergeht (Abb. 25–6). Generell endet die Bezeichnung solcher Polyhydroxycarbonsäuren auf „**-onsäure**". Dagegen sind „**-uronsäuren**" solche, bei denen an C6 eine Oxidation bis zur Säurestufe stattgefunden hat (**Glucuronsäure, Galacturonsäure**).

N-Glycoside (N-Glycosylderivate). Reagiert die glycosidische OH-Gruppe mit einer HN-Gruppierung in Aminen, Amiden oder Heterocyclen unter Wasserabspaltung, dann entstehen **N-Glycoside**, neuerdings auch **N-Glycosylderivate** genannt (Abb. 25–7). Dieses Bauprinzip findet man bei Glycoproteinen (s. auch Abb. 24–7) sowie bei Ribo- und Desoxyribonucleinsäuren (Kap. 26).

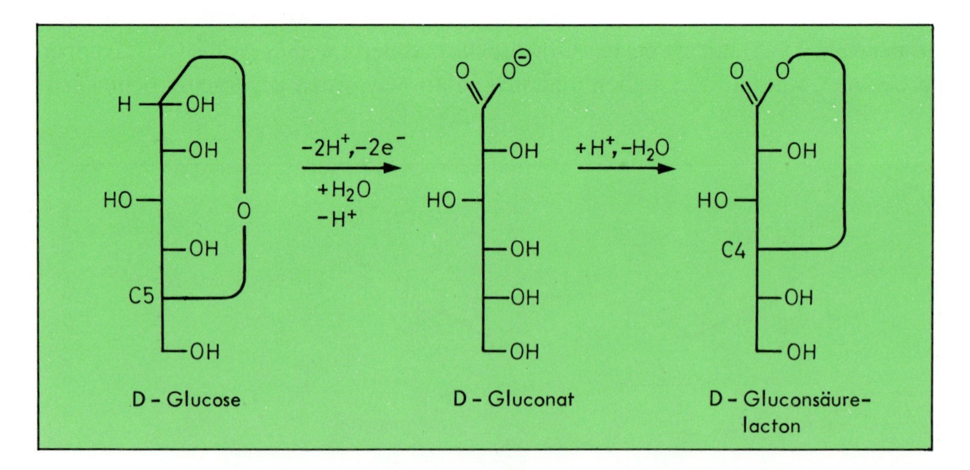

Abb. 25–6 Die reduzierenden Eigenschaften der Glucose in alkalischer Lösung beruhen auf ihrer Oxidierbarkeit an C1 zu Gluconat. Die daraus durch H^+-Addition entstehende Gluconsäure bildet mit der γ-ständigen OH-Gruppe spontan einen Lactonring (innerer Ester). Die Oxidation selektiv an C6 zur Glucuronsäure gelingt nur enzymatisch.

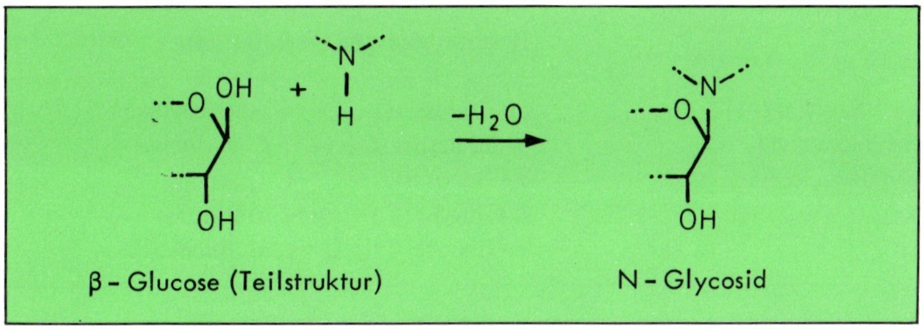

Abb. 25–7 Prinzip der Bildung von N-Glycosiden. Es findet Wasserabspaltung zwischen der glycosidischen OH-Gruppe und einer HN-Gruppierung statt.

O-Glycoside. Die bei der Cyclohalbacetalbildung entstandene glycosidische OH-Gruppe kann mit einem Alkohol zum Vollacetal – zu einem **O-Glycosid** – reagieren, das meist nur **Glycosid** genannt wird. Im Unterschied zu N-Glycosiden mit dem Strukturfragment C—O—C1—N—C liegt hier die Gruppierung **C—O—C1—O—C** vor (bei Fructose C—O—C2—O—C). Konkrete Beispiele für einfache Glycoside enthält Abb. 25–8.

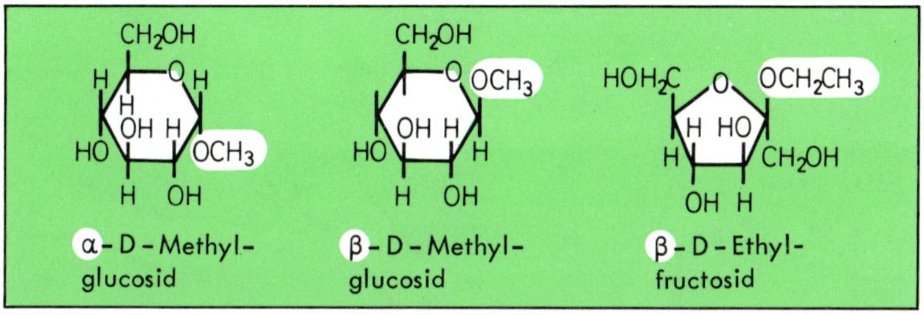

Abb. 25–8 Beispiele für Glycoside. Sie entstehen durch Vollacetalbildung, also durch Kondensation der glycosidischen OH-Gruppe mit einem Mol Alkohol.

N- und O-Glycoside stehen bei Abwesenheit von katalysierenden H^+-Ionen nicht im Gleichgewicht mit den Cyclohalbacetalen und reagieren deshalb nicht mit Fehlingscher Lösung; sie sind so nicht oxidierbar. Das gilt als auch für die im folgenden zu besprechenden Di-, Oligo- und Polysaccharide.

25.2 Disaccharide und Oligosaccharide

Wird zwischen der glycosidischen OH-Gruppe und einer OH-Gruppe eines zweiten Monosaccharids Wasser abgespalten, dann entsteht ein **Disaccharid** (Vollacetal) (Abb. 25–9). Die fünf wichtigsten sind:

Name	Bestandteile und Verknüpfung
Rohrzucker (Saccharose)	α-Glucose(C1—O—C2)β-Fructose
Lactose (Milchzucker)	β-Galactose(C1—O—C4)Glucose
Maltose (Malzzucker)	α-Glucose(C1—O—C4)Glucose
Cellobiose	β-Glucose(C1—O—C4)Glucose
Isomaltose	α-Glucose(C1—O—C6)Glucose

Abb. 25–9 Beispiele für Disaccharide. Rohrzucker enthält keine glycosidische OH-Gruppe mehr. Bei beiden Bausteinen hat die glycosidische OH-Gruppe unter Wasserabspaltung reagiert. Die Fehling-Probe verläuft daher negativ. Die übrigen drei Beispiele enthalten eine glycosidische OH-Gruppe (Verknüpfung: C1—O—C4). Maltose und Cellobiose enthalten beide nur Glucose-Bausteine, unterscheiden sich aber in der Konfiguration an C1: Maltose ist ein α-Glucosid, Cellobiose ein β-Glucosid. In den beiden Konformationsformeln unten rechts wurden die H-Atome an C-2 bis C-5 weggelassen, um auch diese Schreibweise zu zeigen.

Man beachte, daß die genannten Disaccharide (außer Rohrzucker) noch eine glycosidische OH-Gruppe enthalten (jeweils rechter Baustein in Abb. 25–9). Daher können sie als α- und β-Anomeres vorkommen.

Sind 3 bis 10 Monosaccharide glycosidisch verknüpft, dann spricht man von **Oligosacchariden**.

Sofern ein Di- oder Oligosaccharid noch eine glycosidische OH-Gruppe enthält, läßt sich diese anhand ihrer Reaktion mit Fehlingscher Lösung nachweisen. Die Glycosidgruppierung C—O—C—O—C aber läßt sich so nicht oxidieren. Durch vollständige **Hydrolyse** von Di- oder Oligosacchariden erhält man die monomeren Bausteine. Aus Rohrzucker entsteht so **Invertzucker**, ein Gemisch aus Glucose und Fructose.

25.3 Polysaccharide

25.3.1 Aufbau/Struktur/Klassifizierung

Sind mehr als 10 Monosaccharideinheiten durch **Polykondensation** zu einem **Biopolymeren** (1,4- oder 1,6-Verknüpfung) verbunden, dann liegt ein **Polysaccharid** oder **Glycan** vor. Ein **Homoglycan** enthält *nur einen* Monosaccharidtyp, ein **Heteroglycan** *mindestens zwei*. Polysaccharide haben bei α-Verknüpfung eine helicale Struktur, bei β-Verknüpfung eine fadenförmige (Abb. 25–10).

Stärke (Abb. 25–10) enthält zwei Fraktionen: (kolloidal) wasserlösliche, kaum verzweigte Amylose mit einer Molekülmasse zwischen 10^4 und $5 \cdot 10^4$ und das schlecht wasserlösliche, verzweigt aufgebaute Amylopektin mit Molekülmassen von ca. 10^6.

Glycogen, das sich in der Leber und in den Muskeln der Säugetiere befindet, besteht ebenfalls aus α-D-Glucosebausteinen mit Molekülmassen von $5 \cdot 10^6$ bis 10^7 und hat einen stark verzweigten Aufbau.

Cellulose besteht aus fadenförmigen Makromolekülen mit β-Glucosebausteinen in 1,4-glycosidischer Verknüpfung (Abb. 25–10) mit Molekülmassen bis 10^6.

Dextrane sind Polyglucosen mit 1,6-glycosidischer Verknüpfung mit Molekülmassen bis $4 \cdot 10^6$, die vor allem in Bakterienzellwänden vorkommen.

Chitin gehört zu den **Glucosaminoglycanen** und enthält den Aminozucker Glucosamin (N-acetyliert) als Baustein.

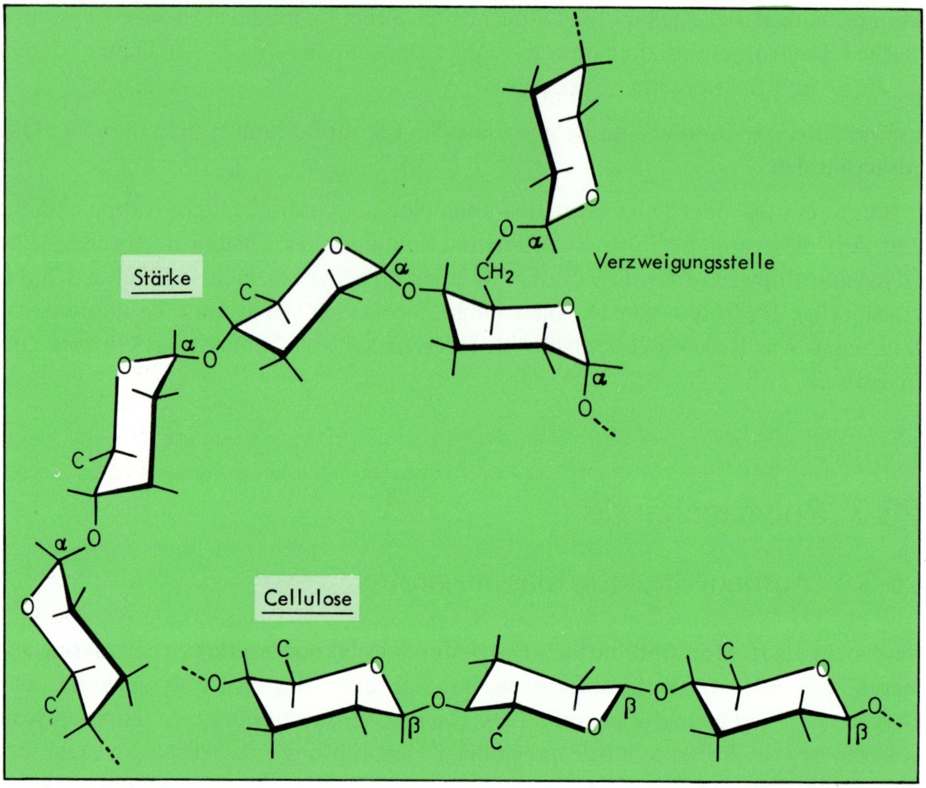

Abb. 25–10 Stärke enthält viele α-D-Glucosebausteine in 1,4-glykosidischer Verknüpfung, es resultiert ein helicaler Aufbau. Verzweigungen setzen meist am C6 an (1,6-glycosidische Verknüpfung). Cellulose enthält viele β-D-Glucosebausteine in 1,4-glycosidischer Verknüpfung. Diese Makromoleküle sind fadenförmig aufgebaut, nicht helical. (H und OH wurden nicht gezeichnet). Beides sind Homoglycane.

25.3.2 Reaktionen

Die durch Polykondensation entstandenen Polysaccharide zeigen keine Reduktionswirkung mehr, denn alle Bausteine, ausgenommen die endständigen, liegen in der Vollacetalform vor. Ihre Hydrolyse liefert – über Oligo- und Disaccharide hinweg – letztlich Monosaccharide.

25.4 Funktionen in der Biosphäre

Kohlenhydrate sind die am häufigsten vorkommenden Verbindungen im Tier- und Pflanzenreich. Ungefähr 50% aller organischen Verbindungen auf der Erde bestehen aus Cellulose. Die Vielfalt der möglichen Strukturen und Reaktionszentren sowie ihrer Kombinationsmöglichkeiten erklärt, warum Kohlenhydrate so viele Aufgaben in der Biosphäre wahrnehmen.

Monosaccharide sind vor allem **Energielieferanten**, ferner **Edukte** bei den enzymatisch gesteuerten Polykondensationen zu Oligo- und Polysacchariden. **Oligosaccharide** findet man u.a. an Proteine gebunden, z. B. fand man unterschiedliche Trisaccharide bei den verschiedenen Blutgruppenproteinen. Die **Reservepolysaccharide** Stärke (Pflanze) und Glycogen (Tier) sind **Energiestapelformen**. In diesen Biopolymeren (wenig Teilchen pro Gramm) sind viele Moleküle in einer osmotisch wenig wirksamen Form gebunden.

Der Abbau von Glycogen zu Glucose erfolgt enzymatisch Baustein für Baustein jeweils vom Kettenende her – im Gegensatz zu einer Hydrolyse in vitro. Im Körper muß bei Bedarf der Glucosespiegel aber möglichst rasch angehoben werden. Deshalb sind im Glycogen die Verzweigungen und damit die Kettenenden besonders zahlreich.

Von den **Gerüstpolysacchariden** Chitin und Cellulose spielt letztere für die Ernährung solcher Tierarten eine Rolle, die ein Enzym zur Hydrolyse der β-Glycosidbindung produzieren oder von anderen Lebewesen erhalten, z. B. von Bakterien ihrer Magen- oder Darmflora. Der Mensch kann Cellulose nicht abbauen.

Als Beispiel für ein **Heteroglycan** sei die Hyaluronsäure genannt, eine Grundsubstanz des Bindegewebes. Baustein ist ein Disaccharid aus β-Glucuronat und N-Acetylglucosamin (s. Formel). 2000 bis 3000 solche Disaccharideinheiten sind miteinander verknüpft.

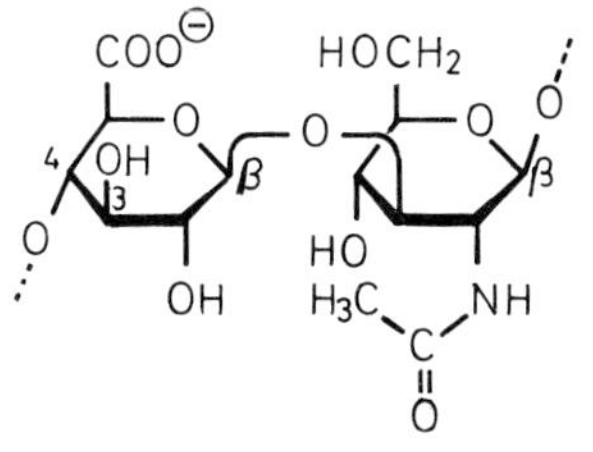

Hyaluronsäure

β-Glucuronat (C1–O–C3)–
β-N-Acetylglucosamin

Auch die Kombination Zucker-Lipid existiert in der Natur (**Glycolipide**) (s. auch Kap. 28). Ist dieser Zucker Galactose, dann handelt es sich um ein Cerebrosid (Abb. 25–11).

Schließlich sei die glycosidische **Kopplung an Glucuronsäure** erwähnt, z. B. von Arzneimitteln und Steroiden. In dieser gut wasserlöslichen Form werden sie oft im Körper transportiert und mit dem Harn ausgeschieden.

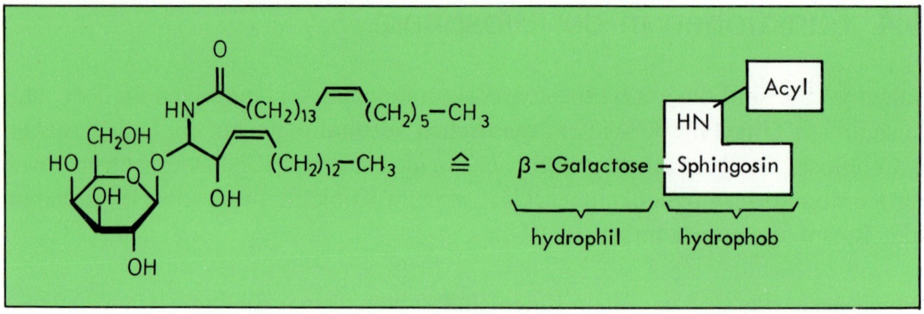

Abb. 25–11 Aufbau eines Glycolipids aus β-Galactose und dem Aminoalkohol Sphingosin, der seinerseits am N acyliert ist.

26 Organische Verbindungen der Phosphorsäure

26.1 Struktur/Klassifizierung/Nomenklatur

In der Natur findet man organische Derivate der Phosphorsäure in Form von **Estern, Anhydriden** und **Amiden** (Abb. 26–1). Ihre Namen beginnen mit **Phospho-** oder enden auf **-phosphat**.

Die seit langem übliche Unterscheidung zwischen **energiearmen** (Ester) und **energiereichen** (Anhydride, Amide) Phosphaten ist wenig zweckmäßig. Sinnvoller ist die Angabe des Gruppenübertragungspotentials (s. u.). Die Abbildungen 26–2 und 26–3 enthalten biochemisch wichtige Vertreter der genannten Verbindungsklassen.

	Struktur	Bezeichnung
	$\cdots-P(=O)(-O^{\ominus})-O^{\ominus}$ kurz ~Ⓟ (oder ~P)	Phospho —·· oder ··— phosphat
a)	R–O~Ⓟ	Monophosphat (Ester) Phospho —··
b)	R(–O~Ⓟ)(–O~Ⓟ)	Bisphosphat (Diester) früher: Diphosphat Bisphospho —··
c)	R–C(=O)–O~Ⓟ	Acylphosphat (gemischtes Anhydrid)
d)	R–O~Ⓟ~Ⓟ	Diphosphat (Anhydrid u. Ester)
e)	R–O~Ⓟ~Ⓟ~Ⓟ	Trisphosphat (2x Anhydrid, 1x Ester)
f)	R–NH~Ⓟ	Phosph(orsäure)amid kurz : Phosphamid

Abb. 26–1 Ester, Anhydride und Amide der Phosphorsäure liegen bei physiologischen pH-Werten in dissoziierter („ionisierter") Form vor. Bei den Namen beachte man den Unterschied zwischen Bisphosphaten (2 × Ester) und Diphosphaten (2 Phosphogruppen in anhydridischer Verknüpfung).

a)

$CH_2-O-C(=O)-R'$

$CH-O-C(=O)-R''$

$CH_2-O-P(=O)(O^{\ominus})-O\,Ⓡ$

Phospholipide (Phospholipoide) (Ester)

R', R'' = C_{15} oder C_{17}

a_1 Ⓡ = ⊖: Phosphatidsäure

a_2 Ⓡ = $CH_2-CH_2-NH_2$: Kephalin

a_3 Ⓡ = $CH_2-CH_2-\overset{\oplus}{N}(CH_3)_3$: Lecithin (Phosphatidylcholin)

a_4 Ⓡ = Serinbaustein

a_5 Ⓡ = Inositbaustein

b)

CH_2-OH

$CHOH$

$CH_2-O-P(=O)(O^{\ominus})-O^{\ominus}$

Glycerin-1-phosphat (Ester)

1-Phosphoglycerin

c)

$O=C-O-P(=O)(O^{\ominus})-O^{\ominus}$

$CHOH$

$CH_2-O-P(=O)(O^{\ominus})-O^{\ominus}$

1,3-Bisphosphoglycerat (aus Glycerinsäure) (Ester + Anhydrid)

Abb. 26–2 Phosphorsäureester, die sich vom Glycerin ableiten (a_1 bis a_5). Phosphorsäuremonoester von Diacylglycerinen nennt man Phosphatidsäuren (a_1). Wenn diese nochmals mit einem Alkohol unter Wasserabspaltung reagieren, entsteht ein Phosphorsäurediester. Als Alkoholbausteine findet man in der Natur Aminoethanol (→ Kephaline, vgl. a_2), Cholin (→ Lecithine, vgl. a_3), Serin (vgl. a_4) oder das cyclische Hexol Inosit (vgl. a_5). Alle genannten Typen sind Phospholipide.

26.2 Eigenschaften

Die wichtigste Eigenschaft organischer Phosphate ist ihre Fähigkeit, eine Phosphogruppe auf ein geeignetes Substrat zu übertragen (**Gruppenübertragung**). Das Phosphorylierungsgleichgewicht liegt umso weiter auf der Produktseite, je stärker exergon der Vorgang ist, je höher also das **Gruppenübertragungspotential** ist. Als Maß für diese Fähigkeit einzelner Vertreter können die bei ihrer Hydrolyse freiwerdenden Energiebeträge dienen. Man mißt also das Gruppenübertragungspotential gegenüber Wasser. Tabelle 26–1 enthält einige Standardwerte der freien Hydrolyseenergie bei pH = 7 ($\Delta G^{\circ\prime}$).

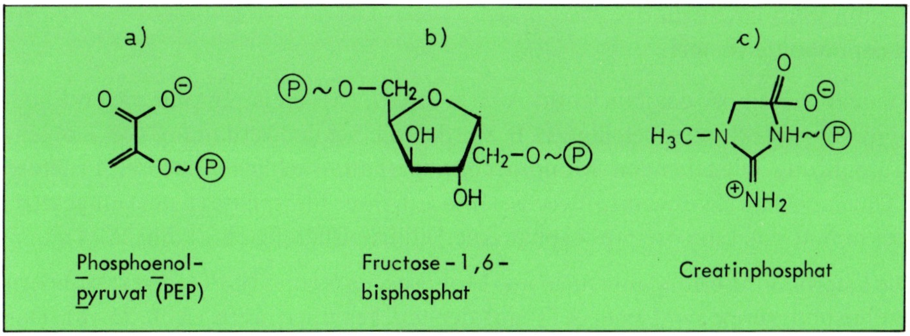

a) Phosphoenol-pyruvat (PEP)

b) Fructose-1,6-bisphosphat

c) Creatinphosphat

Abb. 26–3 a) Von der Enolform der Brenztraubensäure leitet sich das Enolphosphat mit dem Kürzel PEP ab. b) Fructose findet man im Organismus als 1,6-Bis-phosphat (alte Bezeichnung: Fructose-1,6-diphosphat). c) Creatin kann den Phosphorest an der NH_2-Gruppe des Guanidinobausteins aufnehmen. So entsteht ein Phosphamid.

Tab. 26–1 Hydrolyseenergie einiger Phosphate bei pH = 7

	$\Delta G^{\circ\prime}$ in kJ/mol
Phosphoenolpyruvat, PEP	−62
Adenosintriphosphat, ATP (→ ADP)	−35
Glucose-1-phosphat	−21
Glucose-6-phosphat	−14
Glycerin-1-phosphat	− 9

Die in der Biochemie übliche Angabe $\Delta G^{\circ\prime}$ gilt für pH = 7. In der Zelle weichen die Konzentrationswerte der Reaktionspartner und die Temperatur natürlich stark von den Standardwerten (1 mol/l, 25 °C) ab. Daher unterscheiden sich die $\Delta G'$-Werte beträchtlich von den $\Delta G^{\circ\prime}$-Werten. Z.B. findet man für die ATP-Hydrolyse in der interzellulären Phase $\Delta G'$ zwischen 40 und 50 kJ/mol.

26.3 Funktionen in der Biosphäre

In allen Zellen findet man neben anorganischem Phosphat ($H_2PO_4^-$ oder HPO_4^{2-}, kurz P_a) organisch gebundenes Phosphat, z.B.

- Saccharidphosphate (Zuckerphosphate, Ester)
- Phosphoproteine (Ester und Amide)
- Nucleosidphosphate (Nucleotide, Ester und Anhydride)
- Nucleinsäuren (Ester)

- Creatinphosphat (Amid)
- Phospholipide (Ester)

Besonders wichtig ist das Nucleotid ATP (Abb. 26–5). Es ist an sehr vielen Phosphorylierungsreaktionen beteiligt. Z. B. werden die bei der Verdauung von Kohlenhydratnahrung entstehenden Monosaccharide (hauptsächlich Glucose, Fructose und Galactose) im Zwischenstoffwechsel in Form ihrer Phosphate (Ester) umgesetzt. Dabei nimmt das Glucose-6-phosphat eine Schlüsselstellung ein (Abb. 26–4).

Die Esterbildung erfolgt nun nicht aus Monosaccharid und H_3PO_4 direkt, sondern eine Phosphogruppe wird vom ATP auf den Zucker übertragen (Abb. 26–6). Das ATP wird dann durch energieliefernde Prozesse der Atmungskette regeneriert (**oxidative Phosphorylierung, Atmungskettenphosphorylierung**). Im Körper eines Erwachsenen werden täglich ca. 70 kg (!) ATP umgesetzt. ATP ist gewissermaßen die „Energiewährung“ der Zelle.

Von besonderem Interesse sind bekanntlich **Nucleinsäuren** – Biopolymere aus Mononucleotideinheiten (**Polynucleotide**) – da in ihnen biologisch wichtige Informationen, z. B. Erbmerkmale, enthalten sind. Rückgrat der – immer unverzweigten – Ketten ist ein Polyester aus H_3PO_4 einerseits und Ribose oder Desoxyribose andererseits (Abb. 26–7 bis 9).

Jedes C1′ der Pentosen trägt β-glycosidisch gebunden einen N-Heterocyclus, entweder eine Purinbase (Adenin oder Guanin) oder eine Pyrimidinbase (Cytosin oder Thymin). Die Strukturformeln der Basen sind in Abb. 14–4 enthalten.

Die natürlichen Nucleinsäuren bilden ähnlich wie die Proteine **Sekundär- und Tertiärstrukturen**. Zwei Nucleinsäurestränge treten zu einem Doppelstrang zusammen (Abb. 26–10). Beide werden durch H-Brücken zwischen jeweils zwei Basen zusammengehalten (**Basenpaarung**) (s. auch Abb. 2–13). Als H-Brückenpartner stehen je-

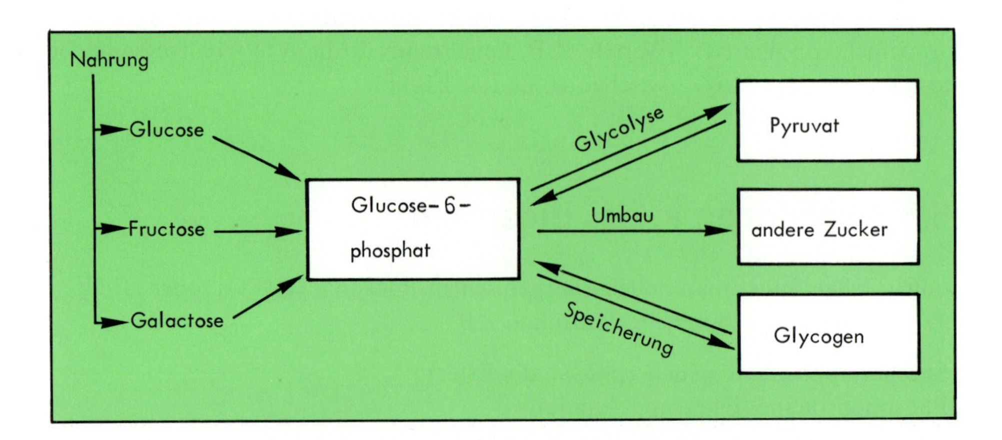

Abb. 26–4 Schlüsselstellung des Glucose-6-phosphats im Intermediärstoffwechsel (vereinfacht).

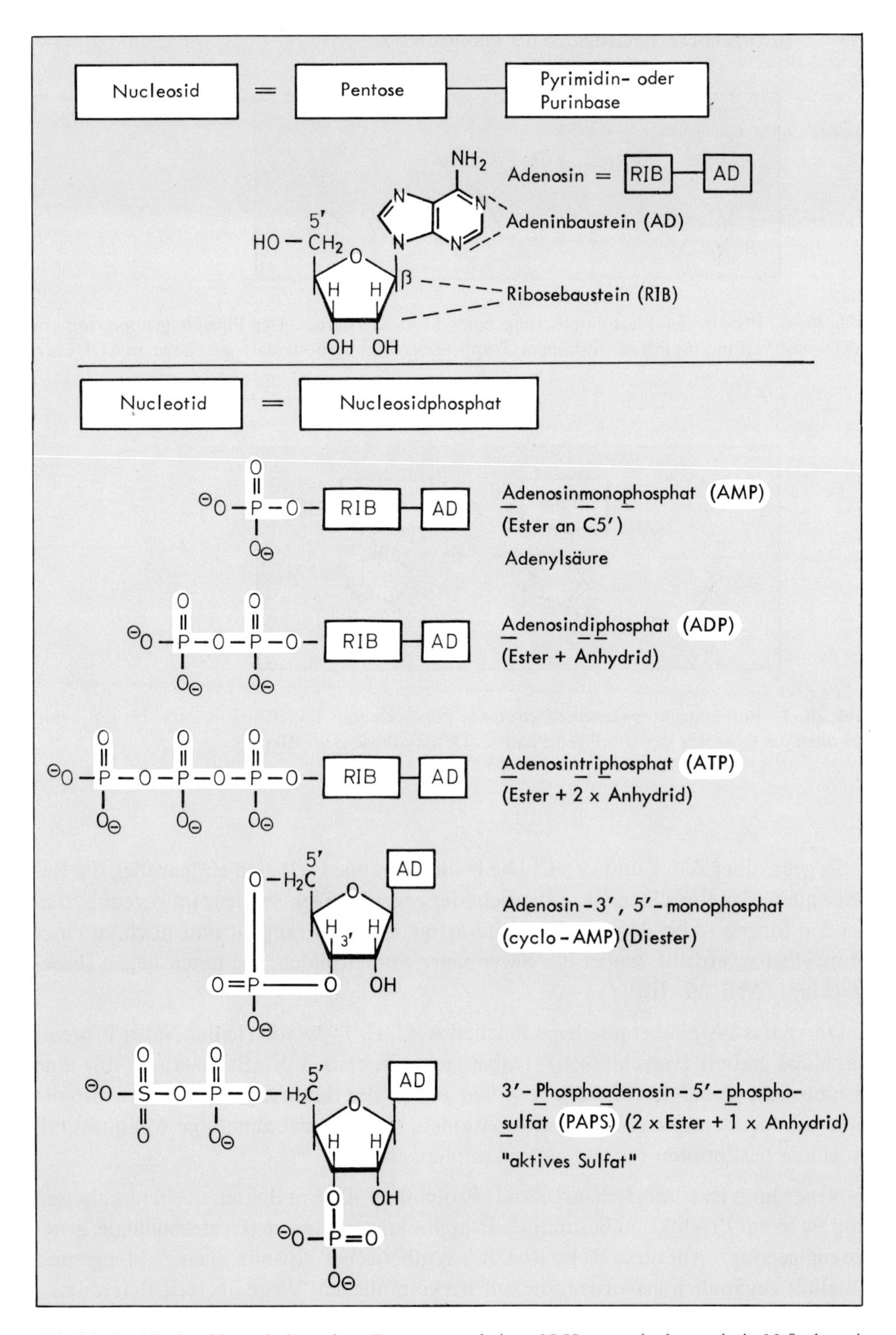

Abb. 26–5 Nucleoside enthalten einen Pentose- und einen N-Heterocylenbaustein in N-β-glycosidischer Bindung. Das wichtigste ist Adenosin (a). b) bis f) Beispiele für Nucleotide (Nucleosidphosphate). An das früher besprochene Phosphat Coenzym A (Abb. 16–3) sei erinnert.

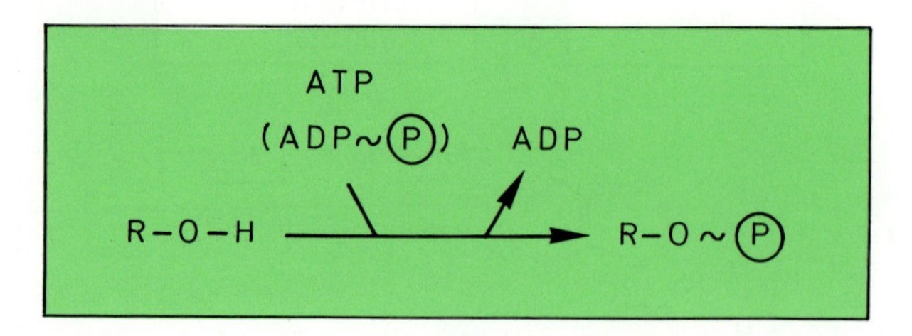

Abb. 26–6 Prinzip der Phosphorylierung eines Monosaccharids. Der Phosphogruppendonator ATP – eine Verbindung mit relativ hohem Gruppenübertragungspotential – geht dabei in ADP über.

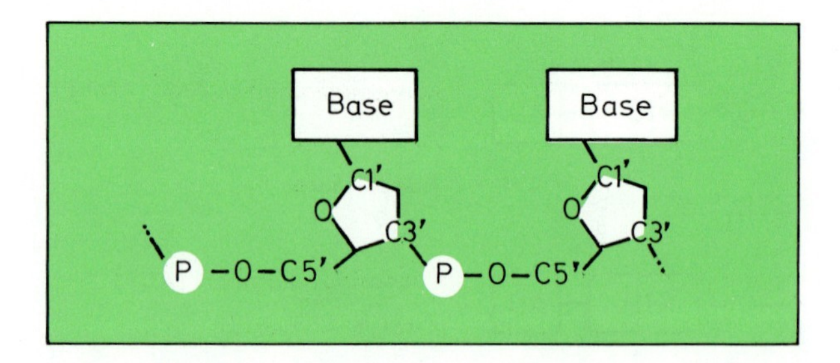

Abb. 26–7 Primärstruktur (schematisch) eines Polynucleotids (Nucleinsäure). C1' bis C5' kennzeichnen die C-Atome der jeweiligen Pentose (Desoxyribose oder Ribose).

weils gegenüber A···T und G···C. Die beiden Stränge verlaufen **antiparallel**, die Basensequenz des einen Stranges entspricht der gegenläufigen Sequenz im gegenüberliegenden Strang (Abb. 26–10). Der leiterartige Doppelstrang ist nun noch zu einer Doppelhelix verdrillt, wobei die Basenpaare Stapel bilden, die innen liegen (**base-stacking**) (Abb. 26–10).

Durch das „Alphabet mit den 4 Zeichen A, G, C, T" werden in der Natur Proteinbaupläne codiert (verschlüsselt). Dabei stehen jeweils drei „Buchstaben" für eine Aminosäure (**genetischer Code**). Aus dem „Text" der Basensequenz erhalten also die proteinbildenden Zentren ihre Informationen, in welcher Reihenfolge Aminosäuren zu einem bestimmten Protein zu verknüpfen sind.

Neuerdings ist es möglich, artfremde Proteinbaupläne in Bakterien einzuschleusen und sie so zur Produktion bestimmter Proteine zu veranlassen (**Gentechnologie, genetic engineering**). Auf diese Weise ist z. B. „synthetisches" Insulin in einer Menge und Qualität zugänglich geworden, die auf herkömmlichem Wege unerreichbar war.

Einige synthetische Phosphorsäureester wie z. B. E 605 sind extrem giftig, weshalb sie früher als **Pestizide** eingesetzt wurden. Sie blockieren das Enzym Acetylcholinesterase.

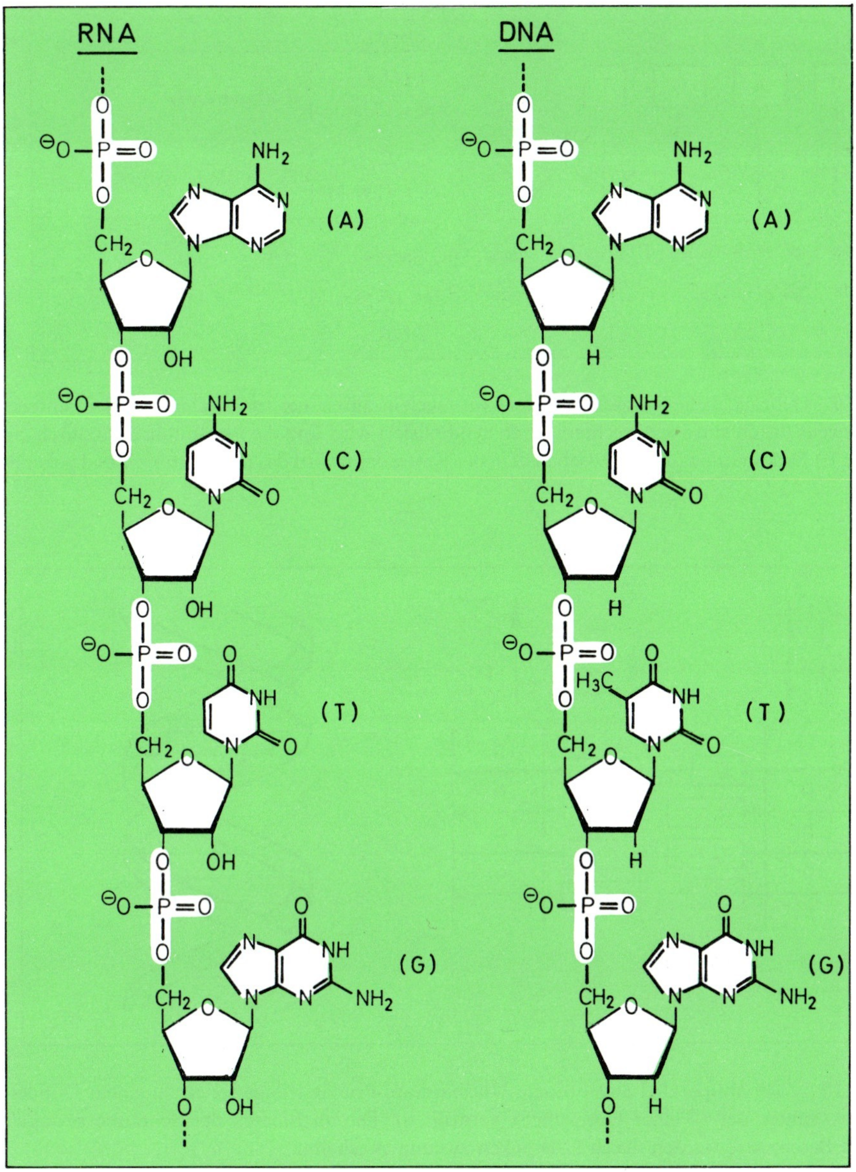

Abb. 26–8 RNA (**r**ibo**n**ucleic **a**cid) und DNA (**d**eoxyribo**n**ucleic **a**cid). Die Verwendung der deutschen Bezeichnungen RNS und DNS wird nicht mehr empfohlen. In diesen Biopolymeren sind Nucleotideinheiten esterartig miteinander verknüpft. Die Phosphodiesterbrücken verbinden C5′ der einen Pentoseeinheit mit dem C3′ ihres Nachbarn. Die in Klammern stehenden Buchstaben A, C, T und G sind Kurzbezeichnungen der vier in Nucleinsäuren vorkommenden Basen.

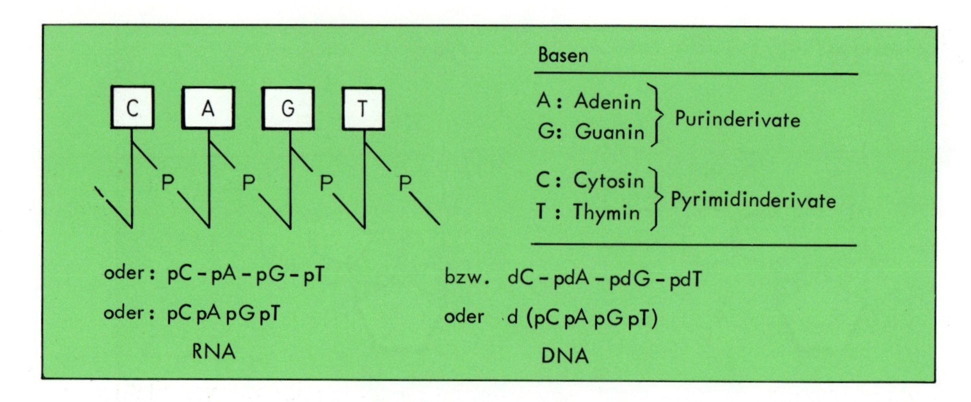

Abb. 26–9 Gebräuchliche Kurzschreibweisen für Nucleinsäuren, bei der das C-Skelett der Pentoseeinheit jeweils durch einen senkrechten Strich symbolisiert wird und die Phosphobrücke durch ein kleines p. Ist Desoxyribose der Pentosebaustein der Kette, dann wird das durch ein kleines d gekennzeichnet.

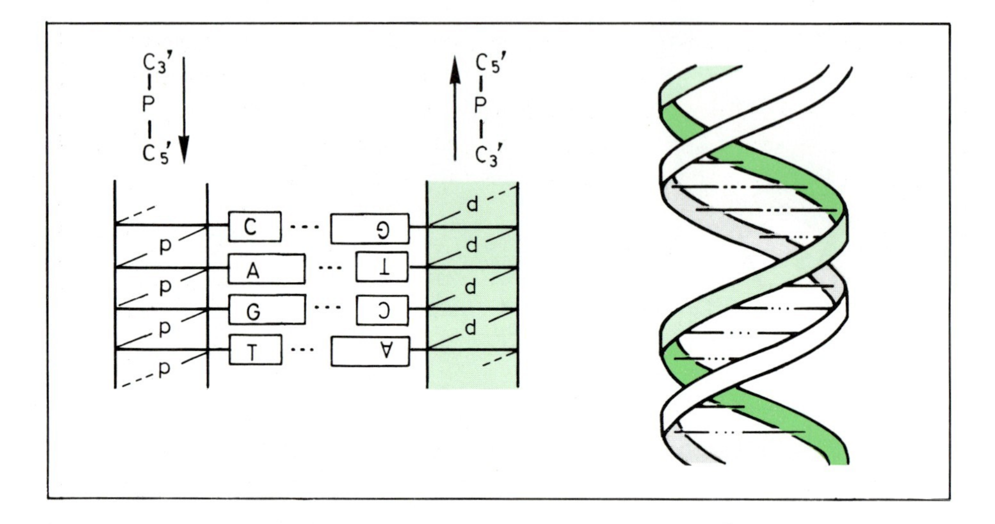

Abb. 26–10 Zwei antiparallel angeordnete Nucleinsäure-Primärstränge treten zu einem Doppelstrang zusammen, der zu einer Doppelhelix verdrillt ist. Die im Inneren der Schraube gestapelt liegenden Basenpaare werden durch H-Brücken zusammengehalten.

27 Komplexe

27.1 Struktur/Klassifizierung/Nomenklatur

Die wichtigste Eigenschaft einer Base ist ihre Fähigkeit, an ihrem freien Elektronenpaar ein Proton aufzunehmen. Wird an das freie Elektronenpaar einer Base anstelle eines Protons ein Metallion addiert, so entsteht ein **Metallkomplex**. Das bindende Elektronenpaar stammt also von *einem* Partner – von der Base. Protonierte Basen (z.B. Ammoniumsalze) sind also zur Komplexbildung nicht befähigt, da das ursprünglich freie Elektronenpaar durch das Proton blockiert ist.

Im Komplex werden das Metallion als **Zentralteilchen**, die mit diesem verbundenen Atome oder Atomgruppen als **Liganden** bezeichnet. Die Zahl der Ligandenstellen im Komplex heißt **Koordinationszahl**. Sie beträgt meist sechs, seltener vier (beim Ag^+ ausnahmsweise nur zwei). Die Gesamtladung eines Komplexes ist gleich der Summe der Ladungen des Zentralteilchens und der Liganden.

Beispiele:

Zentralteilchen	Liganden	Komplex*	Gesamtladung
Ag^+	$2\,NH_3$	$[Ag(NH_3)_2]^+$	1+
Ag^+	$2\,CN^-$	$[Ag(CN)_2]^-$	1−
Fe^{2+}	$6\,CN^-$	$[Fe(CN)_6]^{4-}$	4−
Fe^{3+}	$6\,CN^-$	$[Fe(CN)_6]^{3-}$	3−

Sechsfach koordinierte Komplexe besitzen eine oktaedrische, vierfach koordinierte eine tetraedrische oder quadratische Anordnung (Abb. 27–1).

Bei Strukturformeln von Komplexen sind zur Kennzeichnung der Wechselwirkung zwischen Zentralteilchen und Ligand verschiedene Schreibweisen üblich: ein Pfeil vom Liganden zum Zentralteilchen oder eine gestrichelte Linie zwischen dem Elektronenpaar des Liganden und dem Zentralteilchen.

Beispiel:

$$[H_3N \rightarrow Ag^{\oplus} \leftarrow NH_3]^+ \triangleq [H_3N\,| \cdots Ag^{\oplus} \cdots |\,NH_3]^+$$

* Das komplexe Teilchen wird in eckige Klammern gesetzt, die hier also keine Konzentrationsangabe kennzeichnen.

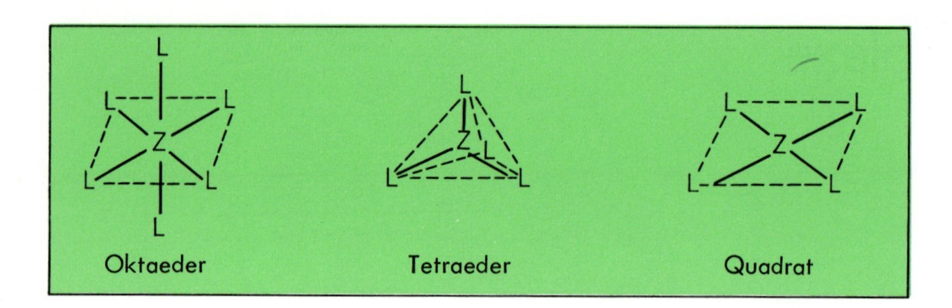

Abb. 27–1 Komplexe mit der Koordinationszahl 6 haben eine oktaedrische Anordnung, solche mit der Koordinationszahl 4 eine tetraedrische oder quadratische. Z = Zentralteilchen, L = Ligand.

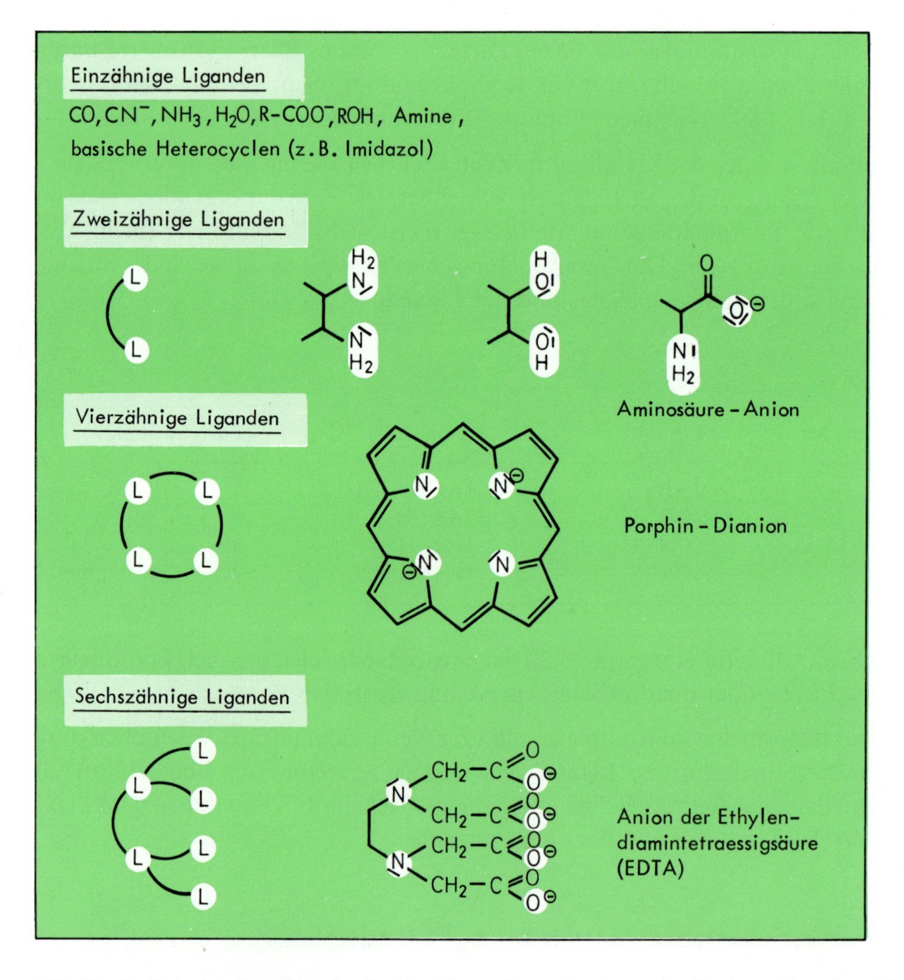

Abb. 27–2 Beispiele für Liganden in Metallkomplexen. In den mehrzähnigen Liganden (Chelatoren) sind die Basizitätszentren markiert.

Hat ein Ligand *ein* Basizitätszentrum , so nennt man ihn **einzähnig**. Komplexe mit **mehrzähnigen** Liganden heißen **Chelate***. In ihnen wird das Zentralteilchen zangenartig festgehalten von den Liganden. Eine Übersicht über wichtige Liganden zeigt Abb. 27–2. Viele Ligandenbezeichnungen enden auf -o, z. B.: OH^- Hydroxo-, CN^- Cyano-, CH_3COO^- Acetato-; Ausnahmen: H_2O Aqua- (früher Aquo-), NH_3 Ammin- (mit mm!). Im Namen des Komplexes stehen die Ligandenbezeichnungen vorn.

Beispiele:

$[Ag(NH_3)_2]^+$	Diamminsilber-Ion
$[Ag(CN)_2]^-$	Dicyanoargentat-Ion
$[Fe(CN)_6]^{4-}$	Hexacyanoferrat(II)-Ion**
$[Fe(CN)_6]^{3-}$	Hexacyanoferrat(III)-Ion**
$[Cu(H_2O)_4]^{2+}$	Tetraaquakupfer(II)-Ion**

27.2 Komplexbildung und -stabilität

Liganden besitzen mindestens ein freies Elektronenpaar. Damit werden sie an das Zentralteilchen gebunden. Die Komplexbildung ist also eine Reaktion zwischen einem Elektronenpaar-Akzeptor und Elektronenpaar-Donatoren. Konkurrierend verläuft dazu in Gegenwart von Protonen die Bildung der konjugierten Säure (des Liganden).

$$\text{Metallkation} + \text{Base} \rightleftharpoons \text{Komplex}$$
$$H^+ + \text{Base} \rightleftharpoons \text{Konjugierte Säure}$$

Jedes Metallion liegt in wäßriger Lösung als Aquakomplex vor (hydratisiert). Er besitzt nur eine geringe Stabilität. Beim Zusammentreffen mit Liganden höherer Basizität werden diese anstelle des Wassers in den Komplex eingebaut. Diese Umsetzungen sind Gleichgewichtsreaktionen.

Mit der Basizität eines Liganden (Protonenbindungsvermögen) steigt auch seine Fähigkeit, Metallionen komplex zu binden. So sind die sehr schwachen Basen SO_4^{2-}, NO_3^-, ClO_4^- in wäßriger Lösung nicht zur Komplexbildung fähig, während die wesentlich stärkeren Basen Acetat und Phenolat z. B. mit Fe^{3+}-Ionen farbige Komplexe bilden. Desgleichen bilden die schwach basischen Säureamide keine Komplexe, wohl aber die Amine.

Löst man entwässertes Kupfersulfat in Wasser so bildet sich sofort der blaue Hexaaquakupferkomplex. Lediglich vier von den sechs Wassermolekülen werden durch

* Abgeleitet von dem griechischen Wort für Krebsschere.

** Die römische Ziffer gibt die Oxidationszahl des Zentralteilchens an.

Zugabe von Ammoniaklösung gegen NH_3 ausgetauscht, wobei die Lösung tiefblau wird. Analog verhalten sich Amine oder basische Heterocyclen. Natürlich verläuft dieser Austausch nicht gleichzeitig, sondern über eine Kaskade von vier Gleichgewichten. Hier sei jedoch der Gesamtvorgang, also die Summe der vier Reaktionen (untere Gleichung) formuliert.

$$Cu^{2+} + 6\,H_2O \rightleftharpoons [Cu(H_2O)_6]^{2+}$$

$$[Cu(H_2O)_6]^{2+} + 4\,NH_3 \rightleftharpoons [Cu(NH_3)_4(H_2O)_2]^{2+} + 4\,H_2O$$

Wie stark eine Komplexbildung die Wasserlöslichkeit verändern kann, wird an Diamminsilber-Ionen besonders deutlich. Diese geben nämlich bei Cl^--Zusatz keine Fällung, also ist Diamminsilberchlorid gut wasserlöslich – im Gegensatz zu AgCl. Daraus ist erkennbar, daß im Zerfallsgleichgewicht des Diamminsilber-Ions

$$[Ag(NH_3)_2]^+ \rightleftharpoons Ag^+ + 2\,NH_3$$

$c(Ag^+)$ niedrig sein muß: Zugesetzte Cl^--Ionen finden im NH_3-haltigen Milieu keine zur Fällung von AgCl hinreichende Konzentration an Ag^+-Ionen. Also ist die **Komplexzerfallskonstante*** K klein, die Stabilität des komplexen Ions groß.

$$\frac{c(Ag^+) \cdot c^2(NH_3)}{c([Ag(NH_3)_2]^+)}$$

Chelate besitzen im Vergleich zu den analogen Komplexen einzähniger Liganden kleinere Komplexzerfallskonstanten, also größere Stabilität (**Chelateffekt**) (siehe Tab. 27–1).

Tab. 27–1 Chelateffekt bei Amminkupfer-Komplexen

Ligand	Komplexzerfallskonstante
NH_3	$10^{-7,6}$
$H_2N—CH_2—CH_2—NH_2$	$10^{-10,7}$
$H_2N—(CH_2)_3—NH_2$	10^{-10}

Beim Einsatz protonierter Basen geht der Komplexbildung eine Abspaltung von Protonen voraus, der pH-Wert der Lösung sinkt. Durch Pufferzusatz lassen sich die freigesetzten H^+-Ionen abfangen.

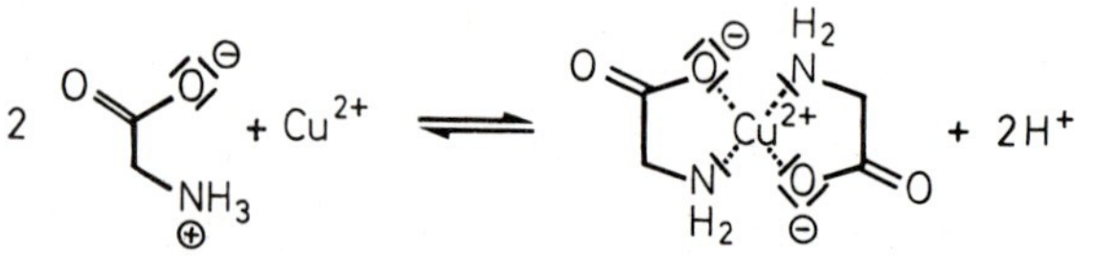

Glycin   Bis (glycinato)-kupfer (II)-Komplex

* Der reziproke Wert heißt **Komplexstabilitätskonstante** oder **Komplexbildungskonstante**.

27.3 Komplexe in der Biosphäre

Lebende Organismen enthalten viele Stoffe, die zur Komplexbildung befähigt sind: Aminosäuren, Peptide, Proteine, Nucleotide, Nucleinsäuren u.a. Die sogenannten Spurenmetalle (Eisen, Cobalt, Mangan, Zink, Kupfer), aber auch ein gewisser Prozentsatz anderer Kationen (z.B. Magnesium) sind in dieser Weise im Organismus gebunden.

Besonders gut erforscht sind Komplexe, die sich von Porphinderivaten (Porphinen) ableiten wie das Häm (Fe^{2+}-Komplex) und das Chlorophyll (Mg^{2+}-Komplex) (Abb. 27–3).

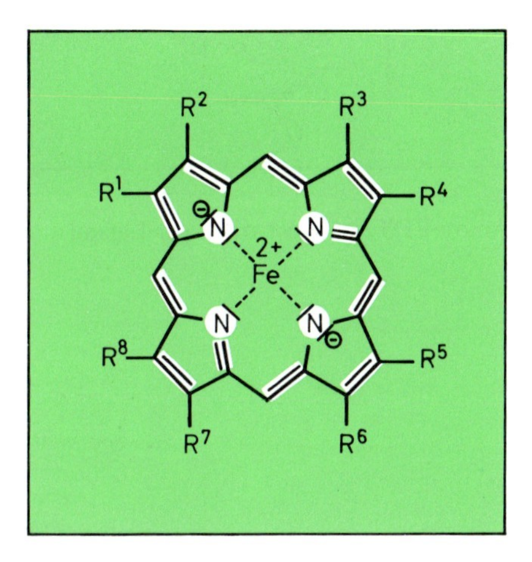

Abb. 27–3 Das Formelbild zeigt eine mesomere Grenzformel des Häms. Häm ist ein Fe^{2+}-Komplex eines Porphinderivats. Ein etwas anders substituiertes Porphin findet sich im Chlorophyll, das Mg^{2+} als Zentralteilchen enthält.

In den Häm-Proteinen Hämoglobin und Myoglobin ist die fünfte Koordinationsstelle des Fe^{2+} mit der Imidazolgruppe eines Histidinbausteins der eigenen Proteinkette besetzt. Die sechste ist entweder mit Sauerstoff besetzt (Oxyhämoglobin und Oxymyoglobin), oder sie ist unbesetzt (Desoxyhämoglobin und Desoxymyoglobin).

Viele Biokatalysatoren entfalten ihre Wirkung nur bei Anwesenheit bestimmter Metallionen (Spurenelemente). Diese werden von den Enzymen chelatartig gebunden.

Einige künstliche Chelatoren sind nützlich

- als Therapeutika zur Ausschleusung giftiger Metallionen (**Detoxifikation**) oder radioaktiver Ionen (**Dekontamination**) aus dem Körper;
- als Bakterizide oder Fungizide, die für Bakterien und Pilze lebensnotwendige Ionen binden.

Die Blutgerinnung setzt die Anwesenheit von Ca^{2+}-Ionen voraus. Die Zugabe von Ca^{2+}-bindenden Chelatoren wie EDTA (Abb. 27–4) setzt die Gerinnungsfähigkeit herab (Anwendung bei Blutkonserven).

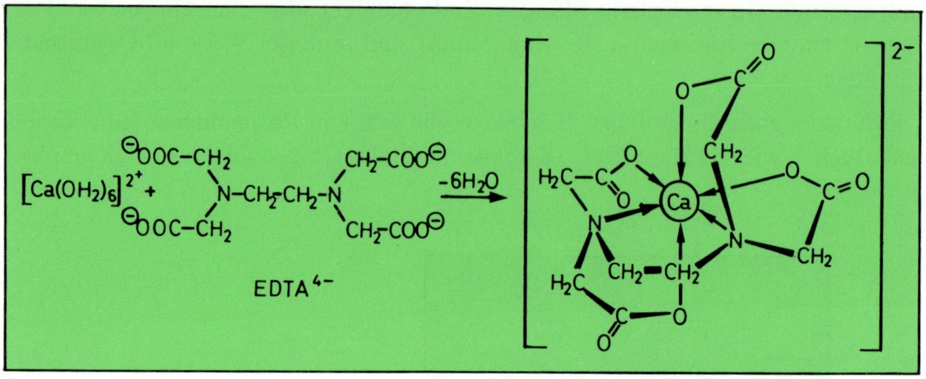

Abb. 27–4 Das Chelat aus Ca^{2+} und dem Anion $EDTA^{4-}$ (sechszähniger Ligand).

28 Lipide

28.1 Struktur/Klassifizierung

Lipide heißen jene in der Biosphäre vorkommenden Verbindungen, die nur wenig in Wasser, dagegen in organischen Lösungsmitteln gut löslich sind. Sie gehören verschiedenen Verbindungsklassen an (Tab. 28–1). Einziges gemeinsames Strukturmerkmal ist eine relativ große hydrophobe (Teil)Struktur.

Tab. 28–1 Lipide

Nicht hydrolisierbare Lipide	Struktur/Beispiel/Hinweis
1. Kohlenwasserstoffe (Kap. 13)	
Alkane	RH
Carotinoide	β-Carotin, Abb. 13–15
Terpene	Abb. 13–15
2. Alkohole (Kap. 17)	
Alkanole (ab C_{10})	ROH Kettenlänge > C_9
Carotinoid-Alkohole	
Sterine (Sterole, Steroide, Gallensäuren)	Cholesterin, Abb. 13–15
Terpen-Alkohole	
3. Säuren (Kap. 20)	
Fettsäuren (ab C_{10})	Stearinsäure
Prostaglandine	Kap. 20–3
Hydrolysierbare Lipide	**Hydrolyseprodukte**
4. Ester (Kap. 21)	
Fette	Fettsäuren + Glycerin
Wachse	Fettsäure + Alkohol
Steroidester	Fettsäure + Cholesterin
5. Glycolipide (Kap. 25)	
Cerebroside	Fettsäure + Sphingosin + Zucker
Ganglioside	Fettsäure + Sphingosin + Zucker + Neuraminsäure
6. Phospholipide (Kap. 26)	
Phosphatidsäuren	Fettsäure + Glycerin + Phosphat
Phosphatide	Fettsäuren + Glycerin + Phosphat + ROH (ROH = Aminoethanol, Cholin, Serin oder Inosit)

28.2 Eigenschaften

Die chemischen Eigenschaften von Vertretern einzelner Verbindungsklassen wurden schon in früheren Kapiteln besprochen. Hier sei noch auf die Bildung von **Doppelschichten (bilayers)** und **Liposomen** aus Phospholipiden eingegangen. Diese können neben den schon behandelten (Kap. 20) monomolekularen Schichten und den Micellen Aggregate bilden, wie sie die Abbildungen 28–1 (c) und (d) zeigen. Die strukturelle Ähnlichkeit mit zellulären Membranen ist unverkennbar. Auch deren Grundstruktur ist eine Lipiddoppelschicht.

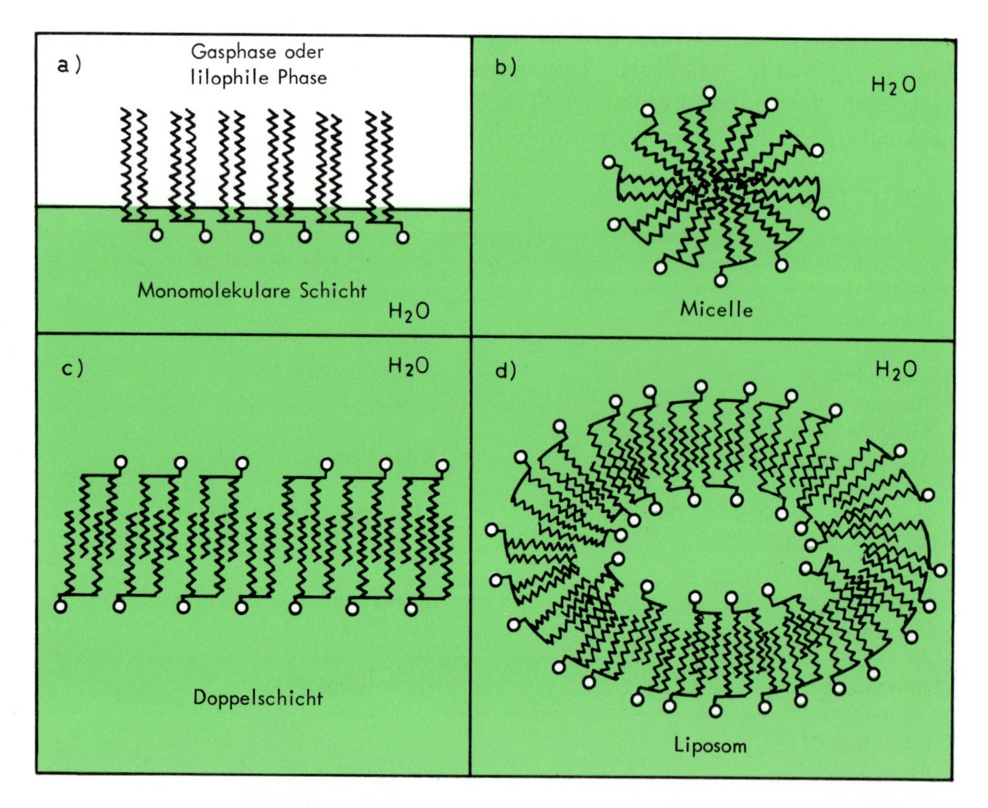

Abb. 28–1 Phospholipide können in Gegenwart von Wasser bilden: a) monomolekulare Schichten, b) Micellen, c) gestreckte Doppelschichten, d) kugelförmig angeordnete Doppelschichten mit Wassereinschluß (Liposomen).

28.3 Funktionen in der Biosphäre

Von den Aufgaben der Lipide in der Natur seien genannt:

- Energiespeicherung (Fette)
- Wärmeisolation (Fette)
- Mechanische Schutzfunktion (Fette als Druckpolster)
- Hormonwirkung (Steroide, Prostaglandine)
- Bestandteile von Membranen (Phosphoglyceride, Sphingolipide, Cholesterin)
- Emulgierwirkung.

Für den Transport im Körper werden die Lipide wegen ihrer Wasserunlöslichkeit an Proteine gebunden (**Lipoproteine**).

Tabelle der Abkürzungen

A	Addition
A	Ampere
A^-	Anion (Säurerest)
AN^-	Aminosäure-Anion
Ar	aromatischer Rest
A	Arbeit(smenge)
A	Arrhenius-Konstante
A_r	relative Atommasse
a	Aktivität
α	Absorptionsgrad
α	Protolysegrad
B	Base
BH^+	protonierte Base
bar	Bar
b	Molalität
β	Massenkonzentration
°C	Grad Celsius
c	Centi
cal	Kalorie (4,184 Joule)
const.	konstant
c	Stoffmengenkonzentration
c	Lichtgeschwindigkeit ($2{,}997925 \cdot 10^8$ m · s^{-1})
d	Dezi
d	Tag
da	Deka
d	Schichtdicke
E	Eliminierung
EMK	elektromotorische Kraft (Spannung)
E	Energie
E	Extinktion
E	Potential
E°	Standardpotential
E_A	freie Aktivierungsenergie
E_M	Membranpotential
e^-	Elektron
ε	molarer Extinktionskoeffizient

F	Faraday-Konstante ($9{,}6487 \cdot 10^4$ Coulomb $\cdot$ mol^{-1})
f	Femto
f	Aktivitätskoeffizient
G	Giga
ΔG	freie Enthalpie
ΔG°	Freie Standardenthalpie
HA	Säure (protoniertes Anion)
ΔH	Enthalpie (Reaktionswärme)
ΔH°	Freie Standardenthalpie
h	Hekto
h	Stunde
h	Planck-Konstante ($6{,}6256 \cdot 10^{-34}$ J $\cdot$ s)
I	Intensität
J	Joule
K	Kelvin
KA^+	protonierte Aminosäure (Kation)
K	Gleichgewichtskonstante
K_B	Basenkonstante
K_S	Säurekonstante (Aciditätskonstante)
K_W	Ionenprodukt des Wassers
k	Kilo
k	Geschwindigkeitskonstante
L	Ligand
L	Löslichkeitsprodukt
l	Liter
lg	dekadischer Logarithmus
ln	natürlicher Logarithmus
λ	Wellenlänge
λ	Zerfallskonstante
M	Mega
M	molar
M	molare Masse
M_r	relative Molekülmasse
m	Meter
m	Milli
m	Masse
mol	Mol
μ	Mikro
N	Newton
N	normal
N	nucleophile Reaktion (Mechanismus)
N	Teilchenzahl
N_A	Avogadro-Konstante ($6{,}02252 \cdot 10^{23}$ mol^{-1})
n	Nano

n	ganze Zahl (0, 1, 2, 3...)
n	Stoffmenge in Mol
ν	Frequenz
Ox	oxidierte Stufe eines Redoxpaares
OZ	Ordnungszahl
Pa	Pascal
p	Pico
pH	pH-Wert ($-\lg c(H^+)$)
pK	pK-Wert ($-\lg K$)
pOH	pOH-Wert ($-\lg c(OH^-)$)
pK	pK-Wert ($-\lg K$)
p(p^+)	Proton
ppb	parts per billion
ppm	parts per million
p	Druck
Q	Wärme(menge)
R	organischer Rest (Substituent)
Red	reduzierte Stufe eines Redoxpaares
R	allgemeine Gaskonstante (8,3143 Joule/K · mol = 1,9872 cal/K · mol)
r	Reaktionsgeschwindigkeit
S	Substitution
S	Entropie
s	Sekunde
T	Tera
T	(thermodynamische) Temperatur
t	Zeit
τ	Transmissionsgrad
U	innere Energie
V	Volt
V	Volumen
v/v	Volumenprozent
φ	Volumenanteil
w/w	Gewichtsprozent
w	Massenanteil
X	beliebiger Substituent
Y	beliebiger Substituent
$Z^{\pm}$	Aminosäurezwitterion
Z^*	Äquivalentzahl
z	Ladungszahl
z	Laufzahl (1, 2, 3...)

Kontrollfragen (Original-Physikumsfragen) mit kommentierten Lösungen

Nur eine der Alternativen (A) bis (E) ist jeweils anzukreuzen.

Die Rückseite jedes Blattes enthält die betreffenden Lösungen mit Kommentaren. Der Autor empfiehlt, vor dem Anschauen der Lösung jeweils einen ehrlichen Versuch zur eigenen Beantwortung der Frage zu machen und die Antwort möglichst zu begründen.

1 ATOMBAU UND PERIODENSYSTEM (Fragen)

1–1 Lehrbuch S. 2
Ein Atom hat die Ordnungszahl 11 und die Massenzahl 23. Dann gilt eine der folgenden Aussagen. Welche?

(A) Die Kernladungszahl ist 11
(B) Die Kernladungszahl ist 12
(C) Die Kernladungszahl ist 23
(D) Die Zahl der Protonen beträgt 12
(E) Die Zahl der Elektronen beträgt 23

1–2 Lehrbuch S. 2
Die Größenordnung des Abstandes der Atommitten beträgt bei Atombindungen zwischen den Bindungspartnern etwa

(A) 10^{-23} m (B) 10^{-14} m (C) 10^{-10} m
(D) 10 nm (E) 1 µm

1–3 Lehrbuch S. 9–11, 13
Vergleichen Sie das Element X mit der Elektronenkonfiguration $1s^2 2s^2 2p^3$ und das Element Y mit $1s^2 2s^2 2p^5$.
Welche Aussage trifft nicht zu?

(A) X steht in der 5. Hauptgruppe des Periodensystems
(B) X und Y sind Nichtmetalle
(C) Y hat eine höhere Elektronegativität als X
(D) Mit Wasserstoff bilden sich die Verbindungen XH_3 und HY
(E) Bei Y handelt es sich um Chlor

2 CHEMISCHE BINDUNG (Fragen)

2–1 Lehrbuch S. 20–24
Welche Aussage trifft nicht zu?

(A) Im Schwefelwasserstoffmolekül liegen koordinative Bindungen vor
(B) Im Calciumchlorid liegen Ionenbindungen vor
(C) Im Ammoniakmolekül ist ein freies Elektronenpaar vorhanden
(D) Im Sauerstoffmolekül gibt es mehrere freie Elektronenpaare
(E) Im Harnstoff – $H_2N{-}CO{-}NH_2$ – existieren Atombindungen

---

2–2 Lehrbuch S. 26–28
Welche der folgenden Aussagen über Wasserstoffbrückenbindungen (H–Brückenbindungen) trifft nicht zu?

(A) H–Brückenbindungen werden zwischen Donor und Akzeptor gebildet
(B) Als Donor können OH–, NH–, SH–Gruppen fungieren
(C) Als Akzeptor fungieren kovalent gebundener Sauerstoff und Stickstoff, die noch ein freies Elektronenpaar tragen
(D) Durch H–Brückenbindungen werden Siedepunkt und Verdampfungswärme des assoziierenden Stoffes beeinflußt
(E) Die Hydratation von Alkaliionen in wäßriger Lösung erfolgt durch H–Brückenbindungen

1 ATOMBAU UND PERIODENSYSTEM (Lösungen)

1–1 Lösung: A
Ordnungszahl = Protonenzahl = Kernladungszahl = 11
Protonenzahl = Elektronenzahl = 11

Neben den 11 Protonen befinden sich noch 12 Neutronen im Kern, also:

Protonenzahl + Neutronenzahl = Massenzahl
11 + 12 = 23

1–2 Lösung: C
Ein Atom hat den Durchmesser von ca. 10^{-8} cm = 10^{-10} m. In dieser Größenordnung muß also auch die Entfernung der Kerne zweier kovalent verbundener Atome liegen, denn wenn zwei (gleichgroße) Kugeln einander berühren, dann ist die Entfernung zwischen ihren Mittelpunkten = 2 • Radius (= Durchmesser).

1–3 Lösung: E
X gehört zu den Elementen der 5. Hauptgruppe des Periodensystems, denn auf der 2. Schale herrscht die Elektronenkonfiguration s^2p^3. Dort befinden sich also 5 Valenzelektronen. (A) ist daher richtig. Im Periodensystem hat X seinen Platz in der rechten Hälfte – ebenso wie Y. Beide sind also Nichtmetalle. (B) ist mithin auch richtig.
Y steht in der 7. Gruppe: Die Elektronenkonfiguration s^2p^5 beweist 7 Elektronen in der äußeren Schale. Seine Elektronegativität hat damit einen höheren Wert gegenüber X (Anstieg von links nach rechts im Periodensystem). Auch (C) ist also richtig. Y ist ein Element der zweiten Periode, denn nur die 1. und 2. Schale enthalten Elektronen. Y ist daher das Element Fluor: (E) trifft nicht zu.

2 CHEMISCHE BINDUNG (Lösungen)

2–1 Lösung: A
Über den Bindungstyp zwischen Atomen entscheidet in erster Linie die Elektronegativitätsdifferenz zwischen den beiden Bindungspartnern: Ist sie null, dann liegt eine ideale Atombindung vor (z.B. im H_2); ist sie relativ klein, liegt eine polare Atombindung vor (z.B. im H_2S, aber auch im Harnstoff); ist sie relativ groß, dann liegt in der festen Phase (z.B. in Salzen wie $CaCl_2$) eine Ionenbindung vor. (A) ist also falsch, (B) und (E) sind richtig.
Es ist hilfreich, sich vorzustellen, daß eine Bindung aus den einzelnen ungeladenen Atomen entsteht und daß die Bindungspartner die Edelgaskonfiguration anstreben.
Beispiel:

$$H\cdot + \cdot\overline{\underline{Cl}}| \longrightarrow H{:}\overline{\underline{Cl}}|$$

Dann ergibt sich logisch, daß (C) und (D) richtig sein müssen. Bitte verfahren Sie anlog bei $N + 3H \rightarrow NH_3$ und $O + O \rightarrow O_2$ (vgl. dazu Lehrbuch S. 10, Abb. 1–10).
Stammt das bindende Elektronenpaar ausschließlich von <u>einem</u> Bindungspartner, dann nennt man die entstandene Bindung eine koordinative Bindung, daher ist (A) falsch.

2–2 Lösung: E
Alkaliionen können nicht als Akzeptor fungieren, da sie kein freies Elektronenpaar besitzen, das mit den Orbitalen des Wasserstoffs in Wechselwirkung treten könnte.

3 ZUSTANDSFORMEN DER MATERIE (Fragen)

3–1 Lehrbuch S. 45, 46
Im folgenden Diagramm sind die Dampfdruckkurven einer Lösung und des Lösungsmittels gezeichnet. Welcher Buchstabe kennzeichnet die Siedepunktserhöhung?

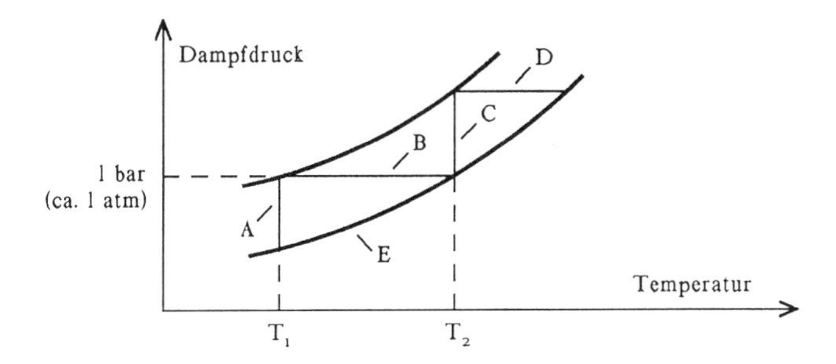

(Versuchen Sie, bei der Lösung der Aufgabe auch zu formulieren, welche Sachverhalte die anderen vier Buchstaben kennzeichnen.)

3–2 Lehrbuch S. 41–44
Welche Aussage trifft nicht zu?

Einfluß auf die Solvatation eines Kations haben:

(A) Der Ionenradius
(B) Der Abstand des Anions
(C) Die Ladung des Kations
(D) Die Polarität des Solvens
(E) Die Temperatur des Solvens

4 WECHSELWIRKUNG MATERIE / ENERGIE (Fragen)

4–1 Lehrbuch S. 54–56
Berechnen Sie aus den folgenden Angaben den molaren Extinktionskoeffizienten.

c = 5 g/100 ml
d = 0,1 cm
E = 10
M = 100 (Molmasse)
$E = \varepsilon \cdot c \cdot d$

(A) 1
(B) 20
(C) 50
(D) 100
(E) Keiner der angegebenen Werte

4–2 Lehrbuch S. 54–56
In einer Küvette von 4 cm Schichtdicke messen Sie an einer Lösung eines Stoffes A der Konzentration 0,8 mol/l (0,8 molar) eine Extinktion E_1. Mit Hilfe dieses Vergleichswertes wollen Sie die Konzentration von A in einer Analysenprobe bestimmen. Die Schichtdicke beträgt dabei 1 cm; Sie erhalten einen Extinktionswert von $2 \cdot E_1$.
Wie konzentriert ist die analysierte Lösung?

(A) 6,4 mol/l
(B) 0,4 mol/l
(C) 0,2 mol/l
(D) 0,1 mol/l
(E) 0,05 mol/l

3 ZUSTANDSFORMEN DER MATERIE (Lösungen)

3–1 Lösung: B
Über einer Lösung herrscht ein geringerer Dampfdruck als über dem betreffenden reinen Lösungsmittel. Daher ist die untere Kurve die Dampfdruckkurve der Lösung.

A = Dampfdruckunterschied zwischen Lösung und Lösungsmittel bei der Temperatur T_1.
B = Siedepunktserhöhung = $T_2 - T_1 = \Delta T_S$ bei einem Druck von 1 bar.
C = Dampfdruckunterschied zwischen Lösung und Lösungsmittel bei der Temperatur T_2.
D = Unterschied der Siedepunkte zwischen Lösung und Lösungsmittel bei einem höheren Druck als 1 bar (genaue Zahlen sind aus dem Diagramm nicht ablesbar).
E = Abschnitt auf der Dampfdruckkurve der Lösung.

3–2 Lösung: B
Zwischen einem Ion und den benachbarten Lösungsmittelmolekülen (Solvensmolekülen) bestehen elektrostatische Anziehungskräfte. Sie sind umso größer, je größer die Ladungen bzw. die Partialladungen der einander anziehenden Pole sind. (C) und (D) sind also richtig. Ferner wird die Anziehung um so größer, je weiter sich die geladenen Teilchen nähern können. (A) ist also ebenfalls richtig. Die Temperatur ist auch von Einfluß. Die mit steigender Temperatur heftiger werdenden Schwingungen der Teilchen vermindern die Solvatation. Damit trifft auch (E) zu. Wie weit das – ebenfalls solvatisierte – Anion vom Kation entfernt ist, ist logischerweise ohne Einfluß auf die geschilderten Verhältnisse.

4 WECHSELWIRKUNG MATERIE / ENERGIE (Lösungen)

4–1 Lösung: E

$E = 10$

$c = 5\ \text{g/100 ml} = 50\ \text{g/l} = 0{,}5\ \text{mol/l}$

$d = 0{,}1\ \text{cm}$

$$\varepsilon = \frac{E}{c \cdot d} = \frac{10}{0{,}5 \cdot 0{,}1} = 200\ \text{l/(mol} \cdot \text{cm)}$$

4–2 Lösung: A

$$E_2 = 2 \cdot E_1$$
$$\varepsilon \cdot c_2 \cdot d_2 = 2 \cdot (\varepsilon \cdot c_1 \cdot d_1)$$
$$c_2 \cdot 1\,\text{cm} = 2 \cdot (0{,}8\ \text{mol/l} \cdot 4\ \text{cm})$$

(Die ε–Werte heben sich heraus.)

$$c_2 = 6{,}4\ \text{mol/l}$$

5 DIE CHEMISCHE REAKTION (Fragen)

5–1 Lehrbuch S. 70–72
Nach Einstellung des Gleichgewichts der Reaktion A + B $\rightleftharpoons$ C + D, konkret

$$H_2 + CH_3-\overset{\overset{O}{\|}}{C}-C\genfrac{}{}{0pt}{}{\nearrow O}{\searrow OH} \rightleftharpoons CH_3-CH_2-OH + CO_2$$

wird die H_2–Konzentration erhöht. Welche Effekte bewirkt diese Änderung?

(A) Die Gleichgewichtskonstante *K* wird größer, die Konzentrationen von A und B nehmen ab, die Konzentrationen von C und D zu
(B) *K* bleibt unverändert, die Konzentrationen von A, C und D nehmen zu, die Konzentration von B ab
(C) *K* bleibt unverändert, die Konzentrationen von A, C und D nehmen ab, die Konzentration von B zu
(D) Weder *K* noch die Konzentrationen der Reaktionspartner ändern sich
(E) *K* wird kleiner, die Konzentrationen von A und B nehmen zu, die Konzentrationen von C und D ab

---

5–2 Lehrbuch S. 70–72
Die Reaktion

Glucose–1–phosphat $\rightleftharpoons$ Glucose–6–phosphat

hat eine Gleichgewichtskonstante von $K = 19$. Das bedeutet für den Gleichgewichtspunkt:

(A) Es ist mehr Glucose–1–phosphat vorhanden als Glucose–6–phosphat
(B) Es ist mehr Glucose–6–phosphat vorhanden als Glucose–1–phosphat
(C) Es ist genau soviel Glucose–1–phosphat vorhanden wie Glucose–6–phosphat
(D) Die Menge an Glucose–1–phosphat nimmt ständig ab
(E) Eine Aussage ist nicht möglich

6 SÄUREN UND BASEN (Fragen)

6–1 Lehrbuch S. 75–79, 96
Welche Aussage trifft <u>nicht</u> zu?

In der Reaktion $H_2CO_3 + H_2O \rightleftharpoons H_3O^+ + HCO_3^-$

(A) ist H_2CO_3 eine Säure
(B) ist H_3O^+ eine Base
(C) ist HCO_3^- eine Base
(D) bilden H_2CO_3 und HCO_3^- ein konjugiertes Säure–Base–Paar
(E) liegt eine Protonenabspaltungsreaktion (Protolyse) vor

6–2 Lehrbuch S. 85–87
Wie groß ist der pH–Wert einer vollständig dissoziierten einprotonigen Säure, die eine Konzentration von $0{,}1 \cdot 10^{-3}$ mol/l besitzt?

(A) 1 (B) 2 (C) 3 (D) 4
(E) Keiner der unter (A) bis (D) genannten Werte trifft zu

6–3 Lehrbuch S. 85–87
Welche Antwort trifft zu? – Der pH–Wert einer Essigsäure der Konzentration 0,001 mol/l (0,001 molar) ($pK_S = 5$) ist ungefähr

(A) 3,0 (B) 3,5 (C) 4,0 (D) 4,5 (E) 5,0

5 DIE CHEMISCHE REAKTION (Lösungen)

5–1 Lösung: B
(A) und (E) sind falsch, denn die Gleichgewichtskonstante ist konzentrationsunabhängig. Für eine Gleichung des Typs $A + B \rightleftharpoons C + D$ lautet das Massenwirkungsgesetz:

$$\frac{c(\mathrm{C}) \cdot c(\mathrm{D})}{c(\mathrm{A}) \cdot c(\mathrm{B})} = K$$

Die Vergrößerung von $c(\mathrm{A})$ wird vom System beantwortet mit einer Verringerung von $c(\mathrm{B})$ und einer Vergrößerung von $c(\mathrm{C})$ und $c(\mathrm{D})$. Man sagt auch: Das Gleichgewicht verschiebt sich auf die rechte Seite.

5–2 Lösung: B
Im Zähler des Massenwirkungsgesetzes stehen die Produktkonzentrationen, im Nenner die Eduktkonzentrationen. Wir können generell drei Fälle unterscheiden:

1) Wenn die Gleichgewichtskonstante größer ist als 1, dann liegt das Gleichgewicht auf der Seite der Produkte.
2) Wenn $K = 1$, dann sind Zähler und Nenner gleich groß.
3) Wenn die Gleichgewichtskonstante unter dem Wert 1 liegt, dann überwiegen die Edukte.

(D) ist falsch, weil ja der Gleichgewichtszustand, auf den sich die Aussage des Massenwirkungsgesetzes bezieht, gerade dadurch gekennzeichnet ist, daß die Teilchenkonzentrationen sich nicht mehr ändern.

6 SÄUREN UND BASEN (Lösungen)

6–1 Lösung: B
(B) ist die unzutreffende Antwort, denn H_3O^+ ist ein Protonendonator. Es vermag kein (weiteres) Proton mehr aufzunehmen.
H_2CO_3 ist Kohlensäure: Bei der Abgabe eines Protons entsteht die konjugierte Base HCO_3^-:

$$H_2CO_3 \rightleftharpoons H^+ + HCO_3^-$$

6–2 Lösung: D
Eine vollständig dissoziierte Säure der Konzentration $0{,}1 \cdot 10^{-3}$ mol/l enthält $0{,}1 \cdot 10^{-3}$ mol H^+–Ionen $= 1{,}0 \cdot 10^{-4}$ mol H^+–Ionen. Der negative dekadische Logarithmus von diesem Zahlenwert ist 4, also pH = 4.

6–3 Lösung: C
Der pH–Wert einer schwachen Säure errechnet sich nach der Formel:

$$\text{pH (schwache Säure)} = \frac{1}{2} \cdot \mathrm{p}K_\mathrm{S} - \frac{1}{2} \cdot \lg c_\mathrm{o} \qquad (c_\mathrm{o} = \text{Ausgangskonzentration der Säure})$$

$$= \frac{1}{2} \cdot 5 - \frac{1}{2} \cdot (-3) = 4$$

6 SÄUREN UND BASEN (Fragen, Fortsetzung)

6–4 Lehrbuch S. 85–87
Wie groß ist die Konzentration an OH^--Ionen in einer wäßrigen HCl-Lösung der Konzentration 0,5 mol/l (0,5molar) (in mol/l)?

(A) $5 \cdot 10^{-1}$
(B) $1 \cdot 10^{-14}$
(C) $2 \cdot 10^{-14}$
(D) $5 \cdot 10^{-14}$
(E) 0,5 molare HCl enthält keine OH^--Ionen

6–5 Lehrbuch S. 79–82
Durch Verdünnen wollen Sie aus Schwefelsäurelösung mit dem pH-Wert 1 eine Lösung mit dem pH-Wert 4 herstellen. Wievielfach müssen Sie verdünnen?

(A) 3fach
(B) 4fach
(C) 10fach
(D) 1 000fach
(E) 10 000fach

6–6 Lehrbuch S. 92
Der pK_S-Wert einer schwachen Säure HA beträgt 4,8. In einer Pufferlösung beträgt $c(A^-) : c(HA) = 1:10$. Welchen pH-Wert hat die Lösung?

(A) 2,0
(B) 3,8
(C) 4,8
(D) 5,8
(E) 11,0

6–7 Lehrbuch S. 92, 93
Sie haben 10 ml einer Phosphorsäurelösung der Konzentration 0,1 mol/l (0,1 molar) und eine unbegrenzte Menge NaOH der Konzentration 0,1 mol/l zur Verfügung. Wieviel ml dieser NaOH müssen Sie zur Phosphorsäurelösung geben, damit Sie eine Pufferlösung mit pH = 7,2 erhalten?

(Phosphorsäure: $pK_{S1} = 2,1$; $pK_{S2} = 7,2$; $pK_{S3} = 12,3$)

(A) 7,2 ml
(B) 10,0 ml
(C) 15,0 ml
(D) 20,0 ml
(E) 72,0 ml

6–8 Lehrbuch S. 94, 95
Für Phosphorsäure gelten die folgenden pK_S-Werte:

$pK_{S1} = 2,1$ $pK_{S2} = 7,2$ $pK_{S3} = 12,3$

Welche der folgenden Lösungen, die aus den angegebenen Bestandteilen gemischt werden, besitzt bei pH = 7,2 die größte Pufferkapazität?

(A) 100 ml K_2HPO_4 ($c = 1,0$ mol/l) und 100 ml K_3PO_4 ($c = 1,0$ mol/l)
(B) 100 ml K_2HPO_4 ($c = 0,1$ mol/l) und 100 ml NaOH ($c = 0,1$ mol/l)
(C) 100 ml H_3PO_4 ($c = 1,0$ mol/l) und 100 ml KH_2PO_4 ($c = 1,0$ mol/l)
(D) 100 ml KH_2PO_4 ($c = 1,0$ mol/l) und 100 ml K_2HPO_4 ($c = 1,0$ mol/l)
(E) 100 ml KH_2PO_4 ($c = 0,1$ mol/l) und 100 ml K_2HPO_4 ($c = 0,1$ mol/l)

6 SÄUREN UND BASEN (Lösungen, Fortsetzung)

6–4 Lösung: C
Zunächst errechnet man die H^+-Ionenkonzentration: Eine HCl-Lösung der Konzentration 0,5 mol/l (0,5 molar) enthält $5 \cdot 10^{-1}$ mol HCl, also auch $5 \cdot 10^{-1}$ mol H^+-Ionen (vollständige Dissoziation). Der Zusammenhang zwischen H^+- und OH^--Ionenkonzentration lautet:

$c(H^+) \cdot c(OH^-) = 10^{-14}\ mol^2/l^2$,also ist

$$c(OH^-) = \frac{10^{-14}}{5 \cdot 10^{-1}} = \frac{1}{5} \cdot 10^{-13} = 0{,}2 \cdot 10^{-13} = 2 \cdot 10^{-14}\ mol/l$$

6–5 Lösung: D
Verdünnt man eine Lösung auf das 10fache, dann gehen die Konzentrationswerte der darin befindlichen starken Elektrolyte generell auf 1/10 der ursprünglichen Werte zurück. Die folgende Tabelle zeigt, wie sich beim Verdünnen einer starken Säure mit dem pH-Wert 1 die H^+- Ionenkonzentration ändert:

Verdünnungsfaktor	H^+-Ionenkonzentration	pH-Wert
0	10^{-1}	1
10	10^{-2}	2
100 (= 10·10)	10^{-3}	3
1000 (= 10·10·10)	10^{-4}	4

6–6 Lösung: B
Die Berechnung erfolgt mittels der Puffergleichung.

$$pH = pK_S + \lg \frac{c(A^-)}{c(HA)} = 4{,}8 + \lg \frac{1}{10} = 4{,}8 + (-1) = 3{,}8$$

6–7 Lösung: C
Offensichtlich ist es die Säure mit dem $pK_S = 7{,}2$, die wir im richtigen Verhältnis mit ihrer korrespondierenden Base gemischt haben müssen:

$$H_2PO_4^- \rightleftharpoons HPO_4^{2-} + H^+ \qquad pK_S = 7{,}2$$

Die Puffergleichung für dieses System lautet: $pH = 7{,}2 + \lg \dfrac{c(HPO_4^{2-})}{c(H_2PO_4^-)}$

Man sieht jetzt, daß dann pH = 7,2 ist, wenn die Konzentration an Säure $H_2PO_4^-$ und korrespondierender Base HPO_4^{2-} gleich geworden sind. Dann nämlich hat der logarithmische Ausdruck den Wert null (lg 1 = 0). Zur Herstellung dieser Verhältnisse geben wir zunächst zu den 10 ml Phosphorsäure (c = 0,1 mol/l) 10 ml NaOH (c = 0,1 mol/l) hinzu. Damit überführen wir die Phosphorsäure in primäres Phosphat:

$$H_3PO_4 + OH^- \rightleftharpoons H_2PO_4^- + H_2O$$

Die Hälfte davon müssen wir durch Zugabe weiterer 5 ml noch in sekundäres Phosphat überführen. Insgesamt brauchen wir also 15 ml Natronlauge.

6–8 Lösung: D
Die unter (D) und (E) beschriebenen Lösungen puffern bei pH = 7,2 (vgl. dazu auch Aufgabe 6–7). Bei (D) sind jedoch die Konzentrationen an puffernden Substanzen höher als bei (E), die Pufferkapazität ist damit ebenfalls höher.

7 REDOXVORGÄNGE (Fragen)

7–1 Lehrbuch S. 101–106
Die folgende Gleichung ist zu vervollständigen:

$$X\ Fe^{2+} + Y\ Cl_2 \longrightarrow Z\ Fe^{3+} + T\ Cl^-$$

Welche Aussage trifft nicht zu?

(A) Der Wert von X ist gleich Z
(B) Der Wert von Y ist gleich 2 • X
(C) Der Wert von Z ist gleich T
(D) Chlor wird zu Chlorid reduziert
(E) Fe^{2+} wirkt als Reduktionsmittel

7–2 Lehrbuch S. 116
Die Nernstsche Gleichung für das Membranpotential bei einwertigen Ionen lautet:

$$\Delta E_M = 60\ \text{mV} \cdot \lg \frac{c_1}{c_2}$$

Auf den beiden Seiten einer Membran mögen folgende Konzentrationen an K^+-Ionen bestehen: $c_1 = 20$ mmol/l; $c_2 = 200$ mmol/l. Welches Potential stellt sich ein?

(A) −120 mV
(B) −60 mV
(C) −6 mV
(D) +6 mV
(E) +60 mV

8 GLEICHGEWICHTE IN MEHRPHASENSYSTEMEN (Fragen)

8–1 Lehrbuch S. 120
(Eine gegebene Menge) CO_2 (z.B. in einem abgeschlossenen Luftvolumen)* verteilt sich mit einem bestimmten Verteilungskoeffizienten zwischen Gasphase und wäßriger Phase. Welche der folgenden Aussagen trifft zu?

Die Konzentration des Kohlendioxids in der wäßrigen Phase

(A) nimmt ab, wenn der Partialdruck des CO_2 erhöht wird
(B) ist unabhängig von der Konzentration der Kohlensäure (H_2CO_3) im Wasser
(C) nimmt ab, wenn die Temperatur erhöht wird
(D) nimmt zu, wenn die Acidität der wäßrigen Lösung abnimmt
(E) wird von allen unter (A) bis (D) genannten Größen nicht beeinflußt

* Die Formulierung in den beiden Klammern sind eigene Einfügungen.

8–2 Lehrbuch S. 128, 130
Sie vergleichen je zwei wäßrige Lösungen in Bezug auf ihren osmotischen Druck:

(1) Na_2SO_4 ($c = 1$ mol/l) / NaCl ($c = 1$ mol/l)
(2) CH_3COOH ($c = 1$ mol/l) / HCl ($c = 1$ mol/l)
(3) $CaCl_2$ ($c = 1$ mol/l) / NaCl ($c = 1$ mol/l)

Bei welchem der Lösungspaare zeigt die linksstehende Lösung den kleineren osmotischen Druck?

(A) Bei keinem
(B) Nur bei (1)
(C) Nur bei (2)
(D) Nur bei (3)
(E) Nur bei (2) und (3)

7 REDOXVORGÄNGE (Lösungen)

7–1 Lösung: B

Auf beiden Seiten der Reaktionsgleichung müssen übereinstimmen:

a) die Summe der Elementsymbole,
b) die Summe der Ladungen,
c) die Summe der Oxidationszahlen.

$$Fe^{2+} - e^{-} \longrightarrow Fe^{3+} \quad \cdot 2 \qquad \text{(1. Redoxpaar)}$$
$$Cl_2 + 2e^{-} \longrightarrow 2Cl^{-} \qquad \text{(2. Redoxpaar)}$$
$$2Fe^{2+} + Cl_2 \longrightarrow 2Fe^{3+} + 2Cl^{-}$$

$X = 2 \quad Y = 1 \quad Z = 2 \quad T = 2$

Man erkennt: $X = 2 \cdot Y$. Die Aussage (B): $2 \cdot X = Y$ ist also falsch.
Fe^{2+} reduziert (das Chlor), es wird dabei oxidiert zum Fe^{3+}. Chlor oxidiert das Fe^{2+}, es wird dabei reduziert zum Chlorid.

7–2 Lösung: B

Die angegebene Gleichung zeigt, daß es nur auf das Verhältnis der Konzentrationen ankommt.

$$\Delta E_M = 60 \text{ mV} \cdot \lg \frac{c_1}{c_2} = 60 \text{ mV} \cdot \lg \frac{20}{200} = 60 \text{ mV} \cdot \lg 10^{-1} = 60 \text{ mV} \cdot (-1) = -60 \text{ mV}$$

8 GLEICHGEWICHTE IN MEHRPHASENSYSTEMEN (Lösungen)

8–1 Lösung: C

Je höher die Konzentration oder der Druck eines Gases über einem Lösungsmittel, desto mehr löst sich (Henry–Daltonsches Gesetz). (A) ist also falsch.
Steigende Temperatur des Lösungsmittels bewirkt eine Senkung der Löslichkeit von Gasen. Durch Erhitzen bis zum Siedepunkt kann man gelöste Gase meist völlig aus dem Lösungsmittel austreiben. (C) ist also richtig.
Die unter (B) und (D) gegebenen Antworten erkennt man anhand der folgenden Gleichgewichte als falsch:

$$CO_2\text{(Gasphase)} \rightleftharpoons CO_2\text{(gelöst)} \rightleftharpoons H_2CO_3 \underset{+H^+}{\overset{-H^+}{\rightleftharpoons}} HCO_3^- \underset{+H^+}{\overset{-H^+}{\rightleftharpoons}} CO_3^{2-}$$

Danach sinkt die Konzentration an gelöstem CO_2 mit abnehmender Konzentration an (gelöster) Kohlensäure und letztere wiederum sinkt mit abnehmender H^+–Ionenkonzentration infolge der Verschiebung der Gleichgewichte nach rechts.

8–2 Lösung: C

Der osmotische Druck ist eine Funktion der Teilchenzahl. Eine große Zahl an gelösten Teilchen bewirkt einen hohen osmotischen Druck.
Die in der Aufgabe genannten Substanzen liefern bei ihrer Auflösung pro Formeleinheit die folgenden Teilchenzahlen:

	Links	Rechts
(1)	$2\,Na^+ + 1\,SO_4^{2-}$ = 3 Teilchen	$1\,Na^+ + 1\,Cl^-$ = 2 Teilchen
(2)	$1\,CH_3COOH$ (wenig diss.) = 1 Teilchen	$1\,H^+ + 1\,Cl^-$ = 2 Teilchen
(3)	$1\,Ca^{2+} + 2\,Cl^-$ = 3 Teilchen	$1\,Na^+ + 1\,Cl^-$ = 2 Teilchen

9 ENERGETIK CHEMISCHER REAKTIONEN (Fragen)

9–1 Lehrbuch S. 140, 141
Über ΔG in einem geschlossenen System werden folgende Aussagen gemacht:

(1) $|\Delta G|$ nimmt bei spontanem Reaktionsablauf zu
(2) $|\Delta G|$ nimmt bei spontanem Reaktionsablauf ab
(3) $|\Delta G|$ nimmt im Gleichgewichtszustand ab
(4) $|\Delta G|$ nimmt im Gleichgewichtszustand zu
(5) $|\Delta G|$ ist im Gleichgewichtszustand gleich null

(A) Nur (1) und (3) sind richtig
(B) Nur (2) und (4) sind richtig
(C) Nur (2) und (5) sind richtig
(D) Nur (2) und (3) sind richtig
(E) Nur (1) und (5) sind richtig

9–2 Lehrbuch S. 142–144
Eine Reaktion A → B hat ein ΔG° = 5,0 kJ/mol. Bei welchem der unten angegebenen Konzentrationsverhältnisse c(B) : c(A) läuft die Reaktion bei 25°C gerade (noch) spontan in Richtung A → B ab?

$$\Delta G = \Delta G^\circ + RT \cdot \ln \frac{c(B)}{c(A)} = \Delta G^\circ + 5{,}77 \cdot \lg \frac{c(B)}{c(A)}$$

(A) 10^{5} (B) 10^{1} (C) 10^{-1} (D) 10^{-4} (E) 10^{-5}

10 KINETIK CHEMISCHER REAKTIONEN (Fragen)

10–1 Lehrbuch S. 154, 155
Welche Aussage trifft nicht zu?

Ein Katalysator beeinflußt

(A) die Gleichgewichtslage
(B) die Geschwindigkeit, mit der das Gleichgewicht eingestellt wird
(C) die Geschwindigkeit der Hinreaktion
(D) die Geschwindigkeit der Rückreaktion
(E) die Aktivierungsenergie

10–2 Lehrbuch S. 151, 156, 157, 159
Welche Aussage zur Reaktionsgeschwindigkeit trifft nicht zu?

(A) $\frac{dc}{dt}$ wird mit positivem Vorzeichen gerechnet, wenn die Geschwindigkeit der Zunahme eines Stoffes gemessen werden soll
(B) Die Reaktionsgeschwindigkeit bei gekoppelten Systemen wird durch die Reaktion bestimmt, bei der die Geschwindigkeit am größten ist
(C) Bei einer Reaktion 1. Ordnung ist die Geschwindigkeitskonstante unabhängig von der Konzentration
(D) Bei einem eingestellten chemischen Gleichgewicht im geschlossenen System sind die Geschwindigkeiten von Hin- und Rückreaktion gleich
(E) Für eine Reaktion 1. Ordnung gilt, daß $-\frac{dc}{dt} = k \cdot c$

9 ENERGETIK CHEMISCHER REAKTION (Lösungen)

9–1 Lösung: C
(1) Falsch, da der Betrag von $\Delta G = G$(Gleichgewicht) $- G$(aktuell) im Verlaufe der Reaktion abnimmt, bis G(aktuell) ein Minimum erreicht hat und damit so klein geworden ist wie G(Gleichgewicht).
(2) Richtig
(3) und (4) sind falsch, denn
(5) im Gleichgewichtszustand ist $\Delta G = 0$.

9–2 Lösung: C

$c(B) : c(A)$	$\Delta G^o + 5{,}77 \cdot \lg c(B) : c(A) = \Delta G$(kJ/mol)	Reaktionsrichtung
10^5	$5{,}0 + 5{,}77 \cdot 5 = 33{,}85 > 0$	B → A (B ist Edukt)
10^1	$5{,}0 + 5{,}77 \cdot 1 = 10{,}77 > 0$	B → A (B ist noch Edukt)
10^{-1}	$5{,}0 + 5{,}77 \cdot (-1) = -0{,}77 < 0$	A → B (A ist Edukt)
10^{-4}	$5{,}0 + 5{,}77 \cdot (-4) = -18{,}08 < 0$	A → B (A ist Edukt)
10^{-5}	$5{,}0 + 5{,}77 \cdot (-5) = -23{,}85 < 0$	A → B (A ist Edukt)

Von Reaktion (A) bis (E) verzeichnen wir steigende Konzentrationen an Substanz A. Ab Reaktion (C) kehrt sich die Reaktionsrichtung gerade um. Bei (A) und (B) ergibt die Rechnung einen negativen ΔG–Wert, wenn man – vorschriftsmäßig – Substanz A (Produkt) in den Zähler und Substanz B (Edukt) in den Nenner schreibt.

10 KINETIK CHEMISCHER REAKTIONEN (Lösungen)

10–1 Lösung: A
Die Geschwindigkeit einer chemischen Reaktion ist umso höher, je niedriger die Aktivierungsenergie ist. Ein Katalysator eröffnet einen neuen Reaktionsweg, der eine niedrigere Aktivierungsenergie besitzt. Dadurch können mehr Teilchen diese Energiebarriere pro Zeiteinheit überwinden. Die Aussagen (B) bis (E) treffen also zu.
Hin– und Rückreaktion werden jedoch im gleichen Verhältnis beschleunigt, so daß sich die Lage des Gleichgewichts nicht ändert.

10–2 Lösung: B
Aussage (B) ist falsch, denn der langsamste Schritt in einer Kette von nacheinander ablaufenden Reaktionen bestimmt die Gesamtgeschwindigkeit. Ein Analogbeispiel wäre das Fließband. Hier bestimmt auch der langsamste Schritt (der Produktion) die Fertigungsrate, gleichgültig wieviel rascher die vor– und nachgelagerten Produktionsschritte ablaufen.

11 AUFBAU UND REAKTIONSTYPEN ORGANISCHER VERBINDUNGEN (Fragen)

11–1 Lehrbuch S. 165–168
Welche Aussage über σ– und π–Bindungen in organischen Verbindungen trifft zu?

(A) σ–Bindungen treten nur zwischen C–Atomen auf
(B) π–Bindungen treten nur zwischen C–Atomen auf
(C) Die π–Bindung ist eine rotationssymmetrische Atombindung zwischen zwei Bindungspartnern
(D) Bei der σ–Bindung ist die Rotation der Bindungspartner um die Bindungsachse eingeschränkt
(E) Atome werden niemals allein durch π–Elektronen zusammengehalten

---

11–2 Lehrbuch S. 167, 168
Zu nachstehender Verbindung werden folgende Angaben gemacht:

(1) Das Molekül besitzt ausschließlich sp^2–hybridisierte C–Atome
(2) Es handelt sich um ein Trien mit konjugierten Doppelbindungen
(3) Zwischen allen Atomen ist um die C—C–Bindungsachse freie Rotation möglich
(4) Die Winkel zwischen den C—C–Bindungen der Kette betragen jeweils 120°

(A) Nur (1) und (2) sind richtig
(B) Nur (1) und (4) sind richtig
(C) Nur (2) und (3) sind richtig
(D) Nur (1), (2) und (4) sind richtig
(E) (1) bis (4) = alle sind richtig

11–3 Lehrbuch S. 168, 169
Welche Aussage zum Benzolmolekül trifft <u>nicht</u> zu?

(A) C– und H–Atome liegen in einer Ebene
(B) Es läßt sich durch mesomere Grenzstrukturformeln beschreiben
(C) Die Abstände zwischen den C–Atomen sind gleich
(D) Es existiert in Sessel– und Wannenform
(E) Es hat einen geringeren Energieinhalt als das Hexatrienmolekül

12 STRUKTURFORMELN UND NOMENKLATUR (Fragen)

12–1 Lehrbuch S. 182
Welche Angabe zur Struktur bzw. zu den funktionellen Gruppen trifft bei nachstehender Verbindung <u>nicht</u> zu?

C_6H_5–CH_2—CO—NH–(β-Lactam-Thiazolidin-Ring mit S, N, O, 2 × CH_3, COOH) Penicillin G

(A) Carbonsäureamid
(B) Thiol (Thioalkohol)
(C) Carbonsäure
(D) Heterocyclische Verbindung
(E) Monosubstituierter Aromat

11 AUFBAU UND REAKTIONSTYPEN ORGANISCHER VERBINDUNGEN (Lösungen)

11–1 Lösung: E
Bei der σ–Bindung sind die Überlappungsbezirke der Atomorbitale so gestaltet, daß ihre Größe bei Rotation der Bindungspartner um die Bindungsachse erhalten bleibt (Rotationssymmetrie, vgl. auch Lehrbuch S. 21, Abb. 2–2). Daher ist die Rotation nicht eingeschränkt, (D) ist falsch.
σ–Bindungen sind Einfachbindungen, die nicht nur zwischen C–Atomen existieren, z.B. C—H, C—O, C—N, O—H, N—H. Also ist auch (A) falsch.
Erst wenn eine σ–Bindung existiert, kann sich zusätzlich eine π–Bindung ausbilden, (E) ist also richtig. Sie ist so beschaffen, daß eine Rotation der Bindungspartner gegeneinander eine Verkleinerung der p/p–Überlappungsbezirke zur Folge hätte (s. Lehrbuch S. 21, Abb. 2–2). Deshalb ist hier die Rotationsfähigkeit der Bindungspartner um die Bindungsachse eingeschränkt, (C) ist falsch. π–Bindungen treten u.a. auch in den Strukturelementen C=O und C=N auf, (B) ist daher auch falsch.

11–2 Lösung: D
(1): Richtig, denn alle 6 C–Atome sind an Doppelbindungen beteiligt, was ihre sp^2–Hybridisierung voraussetzt.
(2): Richtig, denn im Molekül sind drei Doppelbindungen enthalten (Trien) und sie sind jeweils durch eine Einfachbindung getrennt.
(3): Falsch, denn nur um die Achsen der Einfachbindungen ist jeweils freie Rotation möglich, also zwischen C2/C3 und C4/C5.
(4): Richtig, denn an einem sp^2–hybridisierten C–Atom liegen die drei Achsen der σ–Bindung in einer Ebene und der Winkel zwischen ihnen beträgt jeweils 120°.

11–3 Lösung: D
(A) ist richtig, weil alle 6 C–Atome sp^2–hybridisiert sind (vgl. Lösung 11–2). Sessel– und Wannenform existieren daher beim Benzol nicht: (D) ist falsch.
Der Doppelbindungscharakter zwischen allen C–Atomen ist gleich und damit auch die Entfernung zwischen ihnen: (C) ist richtig. Die Elektronen des π–Systems sind auf alle 6 C—C–Bindungen verteilt (delokalisiert). Dieses Mesomerie genannte Phänomen bewirkt eine erhebliche Senkung des Energieinhalts (Mesomerieenergie), verglichen mit dem Zustand lokalisierter π–Bindungen. Zwar tritt auch im $CH_2=CH-CH=CH-CH=CH_2$ (Hexatrien) eine gewisse Delokalisierung der Elektronen des π–Systems auf, doch ist der Betrag der Mesomerieenergie hier erheblich geriger als beim Benzol. Damit ist (E) ebenfalls richtig.
Die Bindungen zwischen den 6 C–Atomen können – wie eben erörtert – durch alternierende Doppel– und Einfachbindungen nicht richtig beschrieben werden. Deshalb wählt man, wenn es darauf ankommt, zwei mesomere Grenzstrukturformeln, um die Struktur eines Benzolmoleküls zu beschreiben (vgl. Lehrbuch S. 169), d.h. (B) ist auch richtig.

12 STRUKTURFORMELN UND NOMENKLATUR (Lösungen)

12–1 Lösung: B

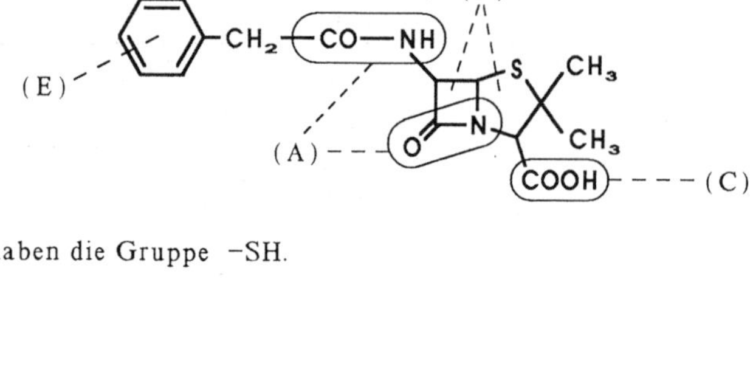

(D) (E) CH_2 CO—NH S CH_3 CH_3 O N (A) COOH (C)

Thiole haben die Gruppe –SH.

13 ALIPHATEN UND CARBOCYCLEN (KOHLENWASSERSTOFFE) (Fragen)

13–1 Lehrbuch S. 187
Welche Aussage trifft zu? – Die nebenstehende Verbindung ist ein

(A) Cycloalkan
(B) Cycloalken
(C) Aromat
(D) Strukturisomeres von Cyclohexan
(E) Keine der Aussagen trifft zu

13–2 Lehrbuch S. 193
Von welcher der folgenden Verbindungen ist keine cis–trans–Isomerie denkbar?

(A) $H(Cl)C{=}C(Cl)H$ (H und Cl an C-1; Cl und H an C-2, trans-ständig)

(B) $H_2C{=}CCl_2$

(C) $H(HOOC)C{=}C(COOH)H$ (trans-ständig)

(D) $H_3C{-}CH_2{-}CH{=}CH{-}CH_3$

(E) $H_3C{-}(CH_2)_7{-}CH{=}CH{-}(CH_2)_7{-}COOH$

13–3 Lehrbuch S. 197
Welche Aussage trifft zu? – Gegeben ist eine unbekannte Verbindung X mit der Summenformel C_6H_{12}. Versetzt man X mit Brom, ergibt sich folgende Gleichung:

$$X + Br_2 \longrightarrow C_6H_{12}Br_2$$

Bei X handelt es sich um

(A) ein Alkan
(B) ein Alken
(C) einen Aromaten
(D) Cyclohexadien
(E) Keine der vorstehenden Angaben ist richtig

14 HETEROCYCLEN (Fragen)

14–1 Lehrbuch S. 202
Welcher Heterocyclus ist in der Nicotinsäure (siehe nebenstehende Formel) enthalten?

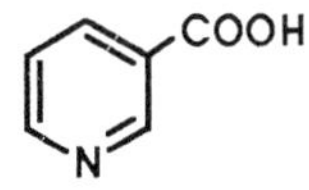

(A) Pyrrol
(B) Pyridin
(C) Pyrimidin
(D) Purin
(E) Keiner der unter (A) bis (D) genannten

15 AMINE (Fragen)

15–1 Lehrbuch S. 206, 207

Amine können als Basen fungieren,
<u>denn</u>
Amine (mit freiem Elektronenpaar am Stickstoff) können Protonen anlagern.

Antwort	Aussage 1	Aussage 2	Verknüpfung
A	richtig	richtig	richtig
B	richtig	richtig	falsch
C	richtig	falsch	–
D	falsch	richtig	–
E	falsch	falsch	–

13 ALIPHATEN UND CARBOCYCLEN (KOHLENWASSERSTOFFE) (Lösungen)

13–1 Lösung: B
Cycloalkane enthalten keine, benzoide Aromaten enthalten formal 3 (konjugierte) Doppelbindungen im Ring. (A) und (C) sind also falsch.
Die angegebene Verbindung ist Cyclohexen mit der Summenformel C_6H_{10}, Cyclohexan dagegen hat die Summenformel C_6H_{12}. Daher sind die beiden nicht isomer: (D) ist falsch.

13–2 Lösung: B
Das Auftreten von cis–trans–Isomerie bei Alkenen ist an 2 Voraussetzungen geknüpft:

1. Das Alken muß mindestens zwei von H verschiedene Substituenten an den sp^2–hybridisierten C–Atomen enthalten.
2. Jedes an der Doppelbindung beteiligte C–Atom muß mindestens einen dieser Substituenten tragen.

Mittels eines Modellbaukastens läßt sich dies gut studieren.

13–3 Lösung: B
Das Brom wird laut Reaktionsgleichung an das Substrat X addiert, denn es entstehen keine weiteren Produkte neben $C_6H_{12}Br_2$. X ist ein Kohlenwasserstoff mit der allgemeinen Formel C_nH_{2n}. Folgende Strukturen kommen in Frage:

$CH_2{=}CH{-}CH_2{-}CH_2{-}CH_2{-}CH_3$ 1–Hexen

$CH_3{-}CH{=}CH{-}CH_2{-}CH_2{-}CH_3$ 2–Hexen

$CH_3{-}CH_2{-}CH{=}CH{-}CH_2{-}CH_3$ 3–Hexen

$CH_3{-}CH(CH_3){-}CH{=}CH{-}CH_3$

Cyclohexan

sowie weitere verzweigte Isomere der abgebildeten Strukturen

Da Cyclohexan und seine Isomeren mit Brom allenfalls durch Substitution eines H durch Br unter HBr–Abspaltung reagieren könnten, scheiden diese aus. X muß ein Alken sein, nämlich eines der 3 genannten Hexene, eines der Isomeren oder deren Mischung.

14 HETEROCYCLEN (Lösungen)

14–1 Lösung: B
(vgl. Lehrbuch S. 202, Abb. 14–1)

15 AMINE (Lösungen)

15–1 Lösung: A
Amine (primäre, sekundäre und tertiäre) haben ein einsames Elektronenpaar am Stickstoff und können dort ein H^+–Ion aufnehmen. Beide Aussagen sind daher richtig und die begründende Verknüpfung ebenfalls.

16 MERCAPTANE (THIOLE) / THIOETHER / DISULFIDE / SULFONSÄUREN (Fragen)

16–1 Lehrbuch S. 209, 210
Bei welcher Verbindung handelt es sich um ein Sulfonamid?

(A) $CH_2(SH)-CH(NH_2)-COOH$

(B) $CH_2(SH)-CH_2-C(=O)NH_2$

(C) $H_2N-C_6H_4-SO_3H$

(D) $C_6H_5-SO_2NH_2$

(E) Thiazol (Fünfring mit N und S)

17 ALKOHOLE UND ETHER (Fragen)

17–1 Lehrbuch S. 188, 189, 215, 217
Welche Aussage über die Verbindungen (1) und (2) trifft nicht zu?

(1) H_3C-CH_2-OH (2) $H_3C-O-CH_3$

(A) (1) und (2) sind Strukturisomere
(B) (1) heißt Ethanol, (2) ist ein Ether
(C) (1) hat eine höheren Siedepunkt als (2)
(D) (1) ist schlechter in Wasser löslich als (2)
(E) (1) läßt sich leichter oxidieren als (2)

18 PHENOLE UND CHINONE (Fragen)

18–1 Lehrbuch S. 219

In der Reaktion

$$\text{Hydrochinon } (HO-C_6H_4-OH) + I_2 \rightarrow \text{Chinon } (O=C_6H_4=O) + 2H^+ + 2I^-$$

ist Hydrochinon das Oxidationsmittel, denn es gibt an Iod Elektronen ab.
(Lösungsschema s. Aufgabe 15–1)

18–2 Lehrbuch S. 219, 220
Das Redoxpotential des Systems Chinon/Hydrochinon ist durch die Gleichung

$$E = E^{\circ} + \frac{0{,}06}{n} \cdot \lg \frac{c(\text{Chinon}) \cdot c^2(H^+)}{c(\text{Hydrochinon})}$$

gegeben. Für den Fall, daß $c(\text{Chinon}) = c(\text{Hydrochinon})$ ist, gibt welche der folgenden Gleichungen das Redoxpotential E richtig wieder?

(A) $E = E^{\circ} + 0{,}12 \cdot \text{pH}$
(B) $E = E^{\circ} - 0{,}06 \cdot \text{pH}$
(C) $E = E^{\circ} - 0{,}06 \cdot \lg c(H^+)$
(D) $E = E^{\circ} + 0{,}03 \cdot \lg c(H^+)$
(E) $E = E^{\circ} + 0{,}03 \cdot \text{pH}$

16 MERCAPTANE (THIOLE) / THIOETHER / DISULFIDE / SULFONSÄUREN (Lösungen)

16–1 Lösung: D
(A) = 2–Amino–3–mercapto–propionsäure
(B) = 3–Mercapto–propionsäureamid
(C) = 4–Amino–benzolsulfonsäure, auch p–Amino–benzolsulfonsäure;
$-SO_3H$ = $-SO_2OH$ ist die funktionelle Gruppe der Sulfonsäuren.
(D) Ersetzt man in der Sulfonsäuregruppe OH durch NH_2, dann entstehen Sulfonsäureamide oder kurz Sulfonamide.
(E) = Thiazol

17 ALKOHOLE UND ETHER (Lösungen)

17–1 Lösung: D
Konstitutions– oder (älter) Strukturisomere enthalten bei gleicher Summenformel die Atome in verschiedener Reihenfolge verknüpft: (A) ist richtig.
Alkohole sind über Wasserstoffbrücken assoziiert, deshalb liegen ihre Siedepunkte deutlich höher als die der isomeren Ether, bei denen eine solche Assoziation nicht erfolgen kann: (C) ist richtig.
In wäßrigen Lösungen von Alkoholen existieren H–Brücken zwischen Wasser und dem Alkohol – ein Grund für die im allgemeinen bessere Wasserlöslichkeit von Alkoholen gegenüber den entsprechenden isomeren Ethern. (D) ist daher falsch.
Gegenüber Oxidationsmitteln sind Ether relativ beständig. Alkohole dagegen liefern leicht die Oxidationsprodukte. Primäre gehen in Aldehyde und weiter in Säuren über, sekundäre in Ketone. (E) ist also richtig.

18 PHENOLE UND CHINONE (Lösungen)

18–1 Lösung: D
Iod ist das Oxidationsmittel, es wird zum Iodid reduziert: $I_2 + 2e^- \rightarrow 2I^-$. Hydrochinon ist das Reduktionsmittel. Die erste Aussage ist also falsch, die zweite richtig.

18–2 Lösung: B
Pro Formelumsatz werden 2 Elektronen ausgetauscht: n = 2. Damit ergibt die Berechnung:

$$E = E^{\circ} + \frac{0{,}06}{2} \cdot \lg c^2(\mathrm{H}^+) = E^{\circ} + 0{,}03 \cdot \lg c^2(\mathrm{H}^+) = E^{\circ} + 0{,}03 \cdot (-2) \cdot \mathrm{pH}$$

$$= E^{\circ} - 0{,}06 \cdot \mathrm{pH}$$

19 Aldehyde und Ketone (Fragen)

19–1 Lehrbuch S. 226
Vorgegeben ist folgende Verbindung:

$C_6H_5-CH(OH)-CH_2-CO-CH_2-CH(OH)-C_6H_5$

Aus welchen Komponenten (1–5) setzt sich die Verbindung zusammen, wenn man weiß, daß eine Aldoladdition stattgefunden hat?

(1) Benzaldehyd
(2) Acetaldehyd
(3) Aceton
(4) Benzoesäure
(5) Ethanol

(A) Nur (1) und (2) sind richtig
(B) Nur (1) und (3) sind richtig
(C) Nur (1) und (5) sind richtig
(D) Nur (2) und (4) sind richtig
(E) Nur (4) und (5) sind richtig

19–2 Lehrbuch S. 227
Bei welchen der nachfolgenden Carbonylverbindungen läßt sich <u>keine</u> Enol–Form formulieren?

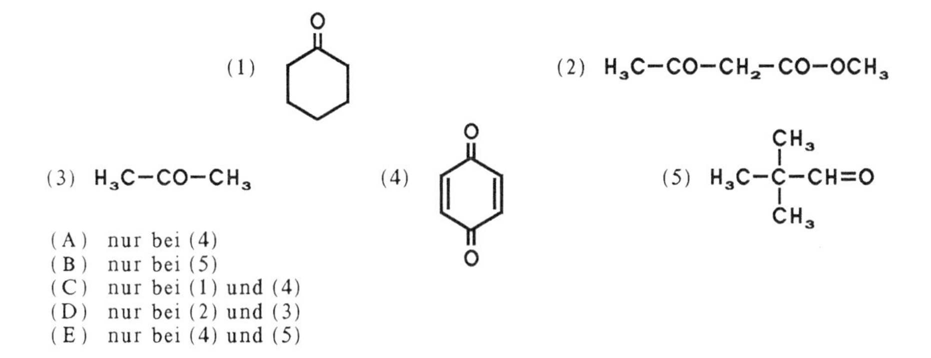

(A) nur bei (4)
(B) nur bei (5)
(C) nur bei (1) und (4)
(D) nur bei (2) und (3)
(E) nur bei (4) und (5)

20 CARBONSÄUREN (Fragen)

20–1 Lehrbuch S. 232–234
Ordnen Sie die nachfolgenden Monocarbonsäuren nach steigendem pK_S–Wert. Die stärkste Säure ist zuerst, die schwächste zuletzt zu nennen.

(1) $H_3C-COOH$
(2) $Cl_3C-COOH$
(3) $CH_2Cl-COOH$
(4) CH_2Cl-CH_2-COOH

(A) (1), (2), (3), (4)
(B) (1), (4), (3), (2)
(C) (2), (1), (4), (2)
(D) (2), (3), (4), (1)
(E) (3), (4), (2), (1)

19 ALDEHYDE UND KETONE (Lösungen)

19–1 Lösung: B
Bei einer Aldoladdition erfolgt eine C—C–Knüpfung zwischen zwei Carbonylverbindungen nach folgendem Schema:

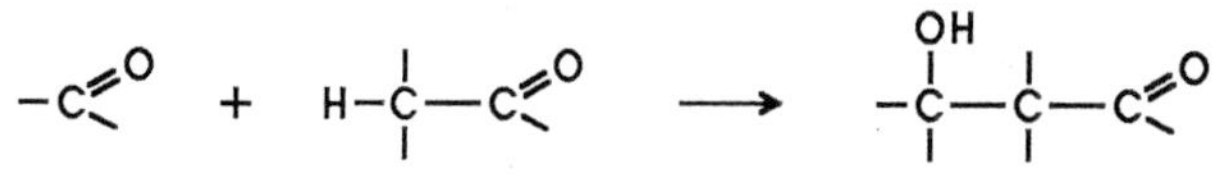

$$-\mathrm{C}{\lessgtr}^{\mathrm{O}} \; + \; \mathrm{H}-\overset{|}{\underset{|}{\mathrm{C}}}-\mathrm{C}{\lessgtr}^{\mathrm{O}} \; \longrightarrow \; -\overset{\mathrm{OH}}{\underset{|}{\overset{|}{\mathrm{C}}}}-\overset{|}{\underset{|}{\mathrm{C}}}-\mathrm{C}{\lessgtr}^{\mathrm{O}}$$

Aus der einen – hier linksstehenden – Carbonylgruppe wird dabei eine OH–Gruppe, die andere bleibt erhalten; es entsteht eine β–Hydroxycarbonylverbindung, ein Aldol. Das laut Aufgabe gewünschte Produkt enthält <u>zwei</u> zur unverändert gebliebenen CO–Gruppe β–ständige OH–Gruppen:

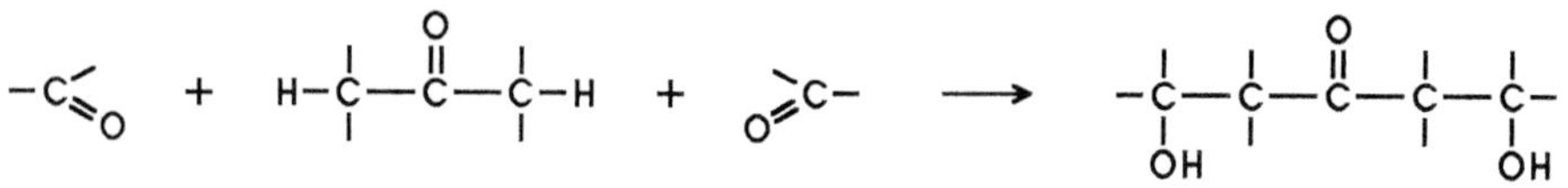

$$-\mathrm{C}{\lessgtr}_{\mathrm{O}} \; + \; \mathrm{H}-\overset{|}{\underset{|}{\mathrm{C}}}-\overset{\mathrm{O}}{\overset{\|}{\mathrm{C}}}-\overset{|}{\underset{|}{\mathrm{C}}}-\mathrm{H} \; + \; {}_{\mathrm{O}}{\gtrless}\mathrm{C}- \; \longrightarrow \; -\overset{|}{\underset{\mathrm{OH}}{\underset{|}{\mathrm{C}}}}-\overset{|}{\underset{|}{\mathrm{C}}}-\overset{\mathrm{O}}{\overset{\|}{\mathrm{C}}}-\overset{|}{\underset{|}{\mathrm{C}}}-\overset{|}{\underset{\mathrm{OH}}{\underset{|}{\mathrm{C}}}}-$$

Es sind zwei Äquivalente Benzaldehyd und ein Äquivalent Aceton einzusetzen.

19–2 Lösung: E
Aus einer Ketoform entsteht die Enolform nach folgendem Schema:

$$-\underset{\mathrm{O}}{\underset{\|}{\mathrm{C}}}-\overset{|}{\underset{\mathrm{H}}{\underset{|}{\mathrm{C}}}}- \; \rightleftharpoons \; -\underset{\mathrm{OH}}{\underset{|}{\mathrm{C}}}=\mathrm{C}{\lessgtr}$$

Es handelt sich um einen Fall von Isomerie, der Keto–Enol–Tautomerie genannt wird. Die Keto–Form muß α–ständig zur aktivierenden CO–Gruppe ein H enthalten. Dies ist bei (5) nicht der Fall. Weiterhin darf das entsprechende H–tragende Atom (hier C) nicht an einer Doppelbindung beteiligt sein. (4) kommt daher auch nicht in Frage.
Analoges gilt für Tautomeriegleichgewichte unter Beteiligung N–haltiger Gruppen:

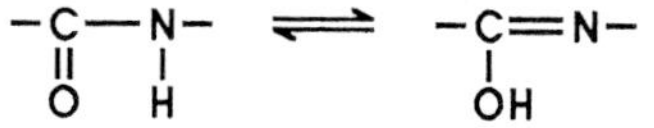

$$-\underset{\mathrm{O}}{\underset{\|}{\mathrm{C}}}-\underset{\mathrm{H}}{\underset{|}{\mathrm{N}}}- \; \rightleftharpoons \; -\underset{\mathrm{OH}}{\underset{|}{\mathrm{C}}}=\mathrm{N}-$$

20 CARBONSÄUREN (Lösungen)

20–1 Lösung: D
Die Substitution von H in der Nachbarschaft von Carboxylgruppen durch Atome oder Atomgruppen mit –I–Effekt (dies sind jene mit höherer Elektronegativität als H) erhöht die Stärke der betreffenden Säure, senkt also den pK_S–Wert. Der Effekt verstärkt sich bei mehrfacher entsprechender Substitution. Die drei Cl–Atome in (2) wirken daher stärker (kleinerer pK_S–Wert) als das eine Cl in (3) (größerer pK_S–Wert).
Mit wachsender Entfernung zwischen –I–Substituenten und COOH–Gruppen wird der aciditätserhöhende Effekt schwächer. (4) hat daher einen höheren pK_S–Wert als (3), die unsubstituierte Essigsäure (1) schließlich hat den höchsten pK_S–Wert.

21 FUNKTIONELLE CARBONSÄUREDERIVATE (Fragen)

21–1 Lehrbuch S. 239, 240
Ist die nachfolgende Reaktionsgleichung vollständig?

$$(H_3C-CO)_2O + R-NH_2 \longrightarrow H_3C-CO-NH-R$$

(A) Ja
(B) Nein, denn es entstehen 2 Moleküle des Amids
(C) Nein, denn es entsteht zusätzlich noch ein Molekül Essisäure
(D) Nein, denn für die Reaktion benötigt man 2 Moleküle des prim. Amins
(E) Nein, denn es entsteht eine Aminosäure

21–2 Lehrbuch S. 239–241
Vergleichen Sie die alkalische Esterverseifung (I) und die säurekatalysierte Esterhydrolyse (II) in wäßriger Lösung. – Welche Aussage trifft <u>nicht</u> zu?

(A) (I) und (II) sind reversible Reaktionen
(B) Bei (I) entsteht das Carboxylat-Anion der Carbonsäure, bei (II) die Carbonsäure selbst
(C) OH^- wird bei (I) verbraucht, H^+ bei (II) nicht
(D) (I) verläuft vollständig, sofern pro Estergruppe ein Äquivalent OH^- zugesetzt wird
(E) Bei (II) stellt sich ein Gleichgewicht ein

22 STEREOISOMERIE POLYFUNKTIONELLER MOLEKÜLE (Fragen)

22–1 Lehrbuch S. 247 und auch 193
Welche Aussage trifft zu?

Diastereomere sind

(A) Verbindungen, die sich durch Drehung zur Deckung bringen lassen
(B) Verbindungen mit einem Chiralitätszentrum
(C) Verbindungen, die sich wie Bild und Spiegelbild verhalten
(D) Enantiomere
(E) Stereoisomere, die keine Enantiomere sind

23 HYDROXY- UND KETOCARBONSÄUREN (Fragen)

23–1 Lehrbuch S. 251–253
Welche der folgenden Aussagen über Brenztraubensäure treffen zu?

(1) Ihre Salze heißen Succinate
(2) Sie läßt sich durch Oxidation mit $KMnO_4$ in Milchsäure überführen
(3) Sie bildet mit Phenylhydrazin ein Phenylhydrazon
(4) Sie kann mit nucleophilen Reagentien reagieren

(A) Alle
(B) Keine
(C) Nur (1) und (2)
(D) Nur (3) und (4)
(E) Nur (3)

21 FUNKTIONELLE CARBONSÄUREDERIVATE (Lösungen)

21–1 Lösung: C
Die Umsetzung von Anhydriden mit Ammoniak sowie mit primären oder sekundären Aminen verläuft nach folgendem Schema:

$$R-C(=O)-X \; + \; H-NR_2 \longrightarrow R-C(=O)-NR_2 \; + \; XH$$

In unserem Fall ist XH = CH_3COOH.

21–2 Lösung: A
Die summarischen Gleichungen (ohne Mechanismus) lauten wie folgt:

(I) (mit einem Äquivalent OH^-–Ionen)

$$R-C(=O)-OR' \; + \; OH^- \; (+ \; H_2O) \longrightarrow R-C(=O)-O^- \; + \; HOR' \; (+ \; H_2O)$$

Die OH^-–Ionen werden also bei der Umsetzung verbraucht. Die gebildeten Carboxylat-Anionen erlauben keinen erfolgreichen Angriff des ebenfalls entstandenen Alkohols, daher ist die Reaktion irreversibel.

(II) (säurekatalysiert)

$$R-C(=O)-OR' \; + \; H_2O \overset{(H^+)}{\rightleftharpoons} R-C(=O)-OH \; + \; HOR'$$

Hierbei genügen Spuren von H^+–Ionen, denn sie werden nicht verbraucht. Diese Reaktion ist reversibel (Doppelpfeil), der Gleichgewichtspunkt ist von beiden Seiten her erreichbar.

22 STEREOISOMERIE POLYFUNKTIONELLER GRUPPEN (Lösungen)

22–1 Lösung: E
Verbindungen sind dann (zueinander) diastereomer, wenn sie mehr als ein Chiralitätszentrum enthalten und nicht an allen diesen Zentren spiegelbildlich gebaut sind. Also sind es keine Enantiomeren.

Beispiele mit drei Chiralitätszentren:

Konfigurationen	Art der Stereoisomerie
SSS / SSR oder SSS / SRS oder SSS / RSS oder SRS / SRR usw.	Diastereomerenpaare
SSS / RRR oder SSR / RRS oder SRS / RSR oder RSS / SRR usw.	Enantiomerenpaare

23 HYDROXY- UND KETOCARBONSÄUREN (Lösungen)

23–1 Lösung: D
Salze der Brenztraubensäure: Pyruvate. Succinate sind Salze der Bernsteinsäure. Die Ketogruppe kann man nur durch Reduktion in eine Hydroxylgruppe überführen:

$$CH_3-CO-COOH \; + \; 2H^+ \; + \; 2e^- \longrightarrow CH_3-CH(OH)-COOH$$

(Milchsäure)

Auch die anderen Reaktionen von Ketogruppen sind durchführbar.

24 AMINOSÄUREN / PEPTIDE / PROTEINE (Fragen)

24–1 Lehrbuch S. 255–260
Für Glutaminsäure gelten folgende pK_a–Werte:

pK_{a1} = 2,2 pK_{a2} = 4,3 pK_{a3} = 10,0

Bei welchem pH–Wert liegt der isoelektrische Punkt?

(A) 3,25 (C) 6,1 (E) 7,15
(B) 5,5 (D) 7,0

24–2 Lehrbuch S. 262, 263
Bei der Hydrolyse eines Tripeptids entstehen unter Aufnahme von zwei Molekülen Wasser Phenylalanin, Alanin und Cystein in gleichen molaren Mengen. – Prüfen Sie bitte die folgenden Aussagen:

(1) Es kommen sechs verschiedene Strukturen für das Tripeptid in Frage, die sich in ihrer Sequenz unterscheiden
(2) Alle denkbaren Tripeptide besitzen eine freie NH_2–Gruppe und eine freie Carboxylgruppe
(3) Alle denkbaren Tripeptide sind Strukturisomere

(A) Nur (1) ist richtig
(B) Nur (2) ist richtig
(C) Nur (1) und (3) sind richtig
(D) Nur (2) und (3) sind richtig
(E) (1) bis (3) = alle sind richtig

24–3 Lehrbuch S. 264, 266
Folgende Bindungskräfte bestimmen die Sekundär– und Tertiärstruktur der Proteine

(1) Hydrophobe Wechselwirkungen
(2) Ionenbindungen
(3) Kovalente Bindungen
(4) Wasserstoffbrückenbindungen
(5) Disulfidbindungen

(A) Nur (1), (3) und (5) sind richtig
(B) Nur (2), (3) und (4) sind richtig
(C) Nur (1), (2), (4) und (5) sind richtig
(D) Nur (1), (2), (3) und (4) sind richtig
(E) (1) bis (5) = alle sind richtig

24–4 Lehrbuch S. 267, 268
Ein Aminosäuregemisch soll elektrophoretisch aufgetrennt werden. Welchen pH–Wert muß der Puffer haben, in dem Glutaminsäure zur Anode und Alanin zur Kathode wandert?
(pK_S–Werte für Alanin: 2,4 und 9,7; für Glutaminsäure: 2,2 , 4,3 und 10,0)

(A) pH 2 (D) pH 8
(B) pH 3 (E) pH 11
(C) pH 5

24 AMINOSÄUREN / PEPTIDE / PROTEINE (Lösungen)

24–1 Lösung: A
Protonierte neutrale Aminosäuren (eine Carboxylgruppe, eine Ammoniumgruppe) sowie protonierte saure Aminosäuren (zwei Carboxylgruppen, eine Ammoniumgruppe) werden durch die Abgabe eines Protons isoelektrisch. Daher errechnet sich der isoelektrische Punkt für diese Aminosäuren aus pK_{S1} und pK_{S2}. Bei der Glutaminsäure bleibt pK_{S3} also außer Betracht.

$$pH_{IP} = \frac{1}{2} \cdot pK_{S1} + \frac{1}{2} \cdot pK_{S2} \qquad (pK_S = pK_a\text{, beides ist gebräuchlich})$$

$$= \frac{1}{2} \cdot 2{,}2 + \frac{1}{2} \cdot 4{,}3 \qquad (\text{für Glutaminsäure})$$

$$= 3{,}25$$

24–2 Lösung: E
(1) ist richtig, denn mit drei unterschiedlichen Bausteinen lassen sich sechs verschiedene Sequenzen aufbauen: ABC, ACB, BCA, BAC, CAB und CBA.
Im konkreten Fall:

H–Ala–Cys–Phe–OH H–Ala–Phe–Cys–OH H–Cys–Ala–Phe–OH
H–Cys–Phe–Ala–OH H–Phe–Ala–Cys–OH H–Phe–Cys–Ala–OH

(2) ist ebenfalls richtig, denn übereinkunftsgemäß hat die in der Sequenz am linken Ende stehende Aminosäure jeweils eine freie Aminogruppe (bzw. Ammoniumgruppe), die am rechten Ende stehende jeweils eine freie Carboxylgruppe (bzw. Carboxylatgruppe).
(3) ist auch richtig, denn alle sechs Tripeptide haben die gleiche Summenformel, jedoch sind die Atome in unterschiedlicher Reihenfolge miteinander verknüpft.

24–3 Lösung: E
Alle aufgeführten Bindungstypen können an der Ausbildung von Sekundär- und Tertiärstrukturen beteiligt sein (vgl. Lehrbuch S. 264, Abb. 24–9).

24–4 Lösung: C
Alanin wandert im elektrischen Feld dann zur Kathode, wenn es als Kation vorliegt, d.h. in der protonierten Form:

$$\underset{NH_3^+}{\underset{|}{CH_2}}\text{–}COO^- \; + \; H^+ \; \rightleftharpoons \; \underset{NH_3^+}{\underset{|}{CH_2}}\text{–}COOH$$

Alanin-Zwitterion   Alanin, protonierte Form (Kation)

Die Konzentration an Zwitterionen hat beim pH_{IP} ein Maximum. Bei kleineren pH-Werten – also höheren H^+-Konzentrationen – liegt überwiegend die protonierte Form vor.

$$pH_{IP}\ (\text{Alanin}) = \frac{1}{2} \cdot 2{,}4 + \frac{1}{2} \cdot 9{,}7 = 1{,}2 + 4{,}85 = 6{,}05$$

Unterhalb dieses pH-Wertes ist also bezüglich Alanin die geforderte Bedingung erfüllt. (D) und (E) entfallen damit als richtige Lösungen. Glutaminsäure muß als Anion vorliegen, um im elektrischen Feld zur Anode zu wandern. Ihr pH_{IP} beträgt 3,25 (s. Aufgabe 24–1).

$$\text{Glutaminsäure-Zwitterion} \rightleftharpoons \text{Glutaminsäure-Anion} + H^+$$

Bei pH-Werten oberhalb von 3,25 liegt also überwiegend die deprotonierte Form (Anion) vor. Damit entfallen auch (A) und (B) als richtige Lösungen.

25 SACCHARIDE (KOHLENHYDRATE) (Fragen)

25–1 Lehrbuch S. 273, 274 sowie 247
Welche Aussagen über die nachfolgenden Verbindungen treffen zu?

(1) Beides sind Tetrosen
(2) Beides sind Enantiomere
(3) Beides sind Diastereomere
(4) Beide haben verschiedene physikalische Eigenschaften wie Schmelzpunkt und Löslichkeit

(A) Nur (1) ist richtig
(B) Nur (2) ist richtig
(C) Nur (1), (2) und (3) sind richtig
(D) Nur (1), (3) und (4) sind richtig
(E) Nur (1), (2) und (4) sind richtig

25–2 Lehrbuch S. 274–276
Welche Aussage trifft zu? – Was bedeutet das "D" im Namen D–Glucose?

(A) Alle Chiralitätszentren haben D–Konfiguration
(B) Die Verbindung dreht die Ebene des polarisierten Lichts im Uhrzeigersinn
(C) Bei der Bildung des cyclischen Halbacetals entsteht ein neues Chiralitätszentrum mit D–Konfiguration
(D) Es wird die Konfiguration von C5 gekennzeichnet, die analog der von C2 im Glycerinaldehyd ist
(E) Keine der vorstehenden Antworten trifft zu

25–3 Lehrbuch S. 279–281
Verbindet man die D–Glucose an Cl glycosidisch mit einem zweiten Zuckermolekül, so gibt es dafür zwei Möglichkeiten: α–glycosidisch (→ α–Glucosid) oder β–glycosidisch (→ β–Glucosid). – Worin unterscheiden sich die beiden Glucoside?

(A) In der Summenformel
(B) In der Zahl der Chiralitätszentren
(C) In der Konfiguration an allen Chiralitätszentren
(D) In der Konfiguration an Cl der Glucose
(E) Keine der Aussagen trifft zu

25–4 Lehrbuch S.279–281
Welche Aussage zu nachfolgender Verbindung trifft <u>nicht</u> zu?

(A) Es handelt sich um Rohrzucker
(B) Es handelt sich um ein Disaccharid
(C) Die Verbindung hat reduzierende Eigenschaften
(D) Bei der Hydrolyse entstehen zwei Hexosen
(E) Die Bindung zwischen Cl und C4' wird als glycosidische Bindung bezeichnet

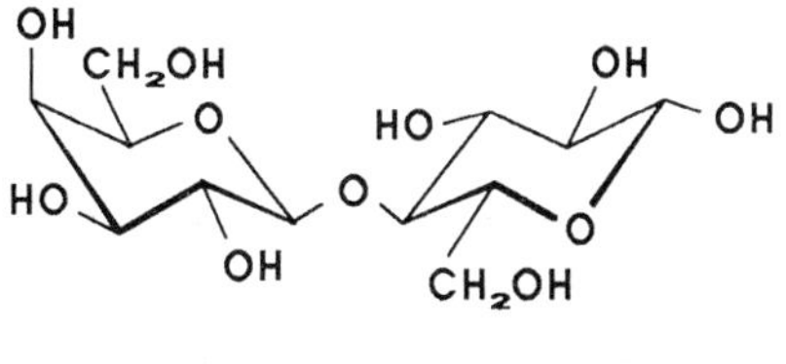

25 SACCHARIDE (KOHLENHYDRATE) (Lösungen)

25–1 Lösung: D
(1) Richtig, denn beide Monosaccharide haben 4 C–Atome.
(2) Falsch, denn beide haben keinen zueinander spiegelbildlichen Bau. Das Enantiomer entsteht formal durch Umkehr der Konfiguration an allen Chiralitätszentren, hier also an C2 und C3. Das zur ersten Formel enantiomere Molekül trägt beide OH–Gruppen auf der linken Seite der C–Kette. Entsprechend läßt sich auch ein zur zweiten Formel enantiomeres Molekül aufbauen: OH an C2 nach rechts, OH an C3 nach links.
(3) Richtig, denn wenn nicht an allen Chiralitätszentren die entgegengesetzte Konfiguration herrscht wie im Vergleichsmolekül, dann sind die beiden diastereomer zueinander.
(4) Richtig, Enantiomere haben gleiche Schmelzpunkte und Löslichkeiten, nicht aber Diastereomere.

25–2 Lösung: D
Die Großbuchstaben "D" bzw. "L" kennzeichnen die Zuordnung eines Saccharids zur D– oder L–Reihe. Anhand der Fischer–Projektionsformel – senkrechte C–Kette, höchstoxidiertes C–Atom oben – wird die Zuordnung wie folgt vorgenommen: Steht die OH–Gruppe am untersten chiralen C–Atom nach rechts, so handelt es sich um einen Vertreter der D–Reihe, andernfalls um einen der L–Reihe. Die Stellung der OH–Gruppen an den anderen Chiralitätszentren ist dabei ohne Bedeutung.
In der Glucose ist also die Stellung der OH–Gruppe an C5 entscheidend, im Glycerinaldehyd jene an C2, (D) trifft daher zu. Mit der Bildung eines cyclischen Halbacetals hat die Konfiguration an diesen C–Atomen nichts zu tun. Sie bleibt dabei unverändert. (A) und (C) entfallen damit als richtige Aussagen. (B) ist ebenfalls falsch, denn Rechts- bzw Linksdrehung der Ebene des polarisierten Lichts werden mit (+) bzw. (–) gekennzeichnet.

25–3 Lösung: D
In der offenen Form der Glucose ist C1 nicht asymmetrisch. Es wird aber zum Chiralitätszentrum beim Ringschluß zum Cyclohalbacetal – zur Glucopyranose; denn mit der dabei entstandenen OH–Gruppe befinden sich nun 4 verschiedene Substituenten an C1. Steht die neue, die sogenannte glycosidische OH–Gruppe in der Fischer–Projektionsformel auf der rechten Seite, dann heißt die Verbindung α–Glucose, im anderen Fall (OH–Gruppe nach links) β–Glucose. α– und β–Glucose sind also Diastereomere und haben beide 5 Asymmetriezentren.
Durch Reaktion der glycosidischen OH–Gruppe mit einem Alkohol oder einem Saccharid unter Wasseraustritt entsteht ein α–Glucosid, bzw. das isomere β–Glucosid. Sie unterscheiden sich nur durch die Konfiguration an C1, denn die Vollacetalbildung bewirkt nirgendwo eine Konfigurationsänderung. (A) bis (C) sind also falsch.

25–4 Lösung: A
Bei dem abgebildeten Molekül handelt es sich um Lactose.
Im Rohrzucker ist die α–Glucopyranose (6–Ring) an C1 über ein O mit der β–Fructofuranose (5–Ring) an C2 verbunden. In der angegebenen Formel sind aber 2 Pyranosen miteinander verbunden. Auch ist der rechtsstehende (Glucose)Baustein an C4 mit der β–Glucopyranose glycosidisch verknüpft. (A) trifft also nicht zu, wohl aber (E).
Die angegebene Verbindung hat reduzierende Eigenschaften, weil im rechten Baustein die glycosidische OH–Gruppe noch frei ist. Beide Disaccharidbausteine haben ferner je 6 C–Atome. (B), (C) und (D) sind daher zutreffend.

26 ORGANISCHE VERBINDUNGEN DER PHOSPHORSÄURE (Fragen)

26–1 Lehrbuch S. 285
Bei welcher der folgenden Verbindungen handelt es sich um einen Phosphorsäureester?

(A) 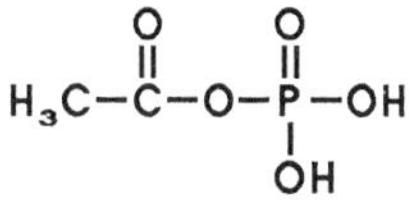 $H_3C{-}C({=}O){-}O{-}P({=}O)(OH){-}OH$
(B) $H_3C{-}CH_2{-}O{-}P({=}O)(OH){-}OH$
(C) $H_3C{-}C({=}O){-}O{-}P({=}O){-}OH$
(D) 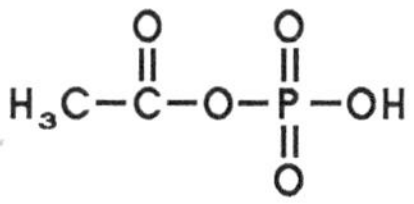 $H_3C{-}C({=}O){-}O{-}P({=}O)({=}O){-}OH$
(E) 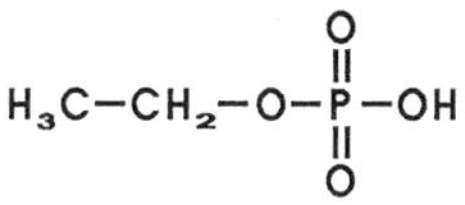 $H_3C{-}CH_2{-}O{-}P({=}O)({=}O){-}OH$

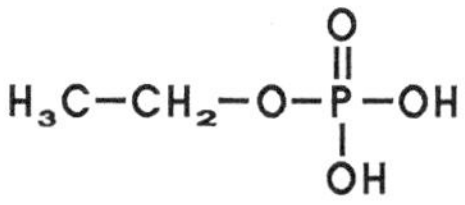

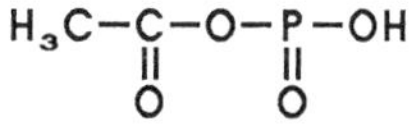

27 KOMPLEXE (Fragen)

27–1 Lehrbuch S. 293, 295, 296
Welche der folgenden Aussagen über Komplexe ist falsch?

(A) Als Liganden treten Elektronendonatoren auf
(B) Das bindende Elektronenpaar wird von Atomen wie O, N, S geliefert, wenn sie in ihren Verbindungen noch freie Elektronenpaare besitzen
(C) Das Zentralatom hat eine Elektronenlücke und kann deshalb mit dem freien Elektronenpaar der Liganden den Komplex bilden
(D) Die Formel eines Komplexes wird durch die Koordinationszahl des Zentralatoms beeinflußt
(E) Manche Komplexe sind so stabil, daß im Gleichgewicht keine freien Zentralatome auftreten

---

27–2 Lehrbuch S. 294, 295
Welche der folgenden Substanzen kann <u>nicht</u> als Chelator wirksam werden?

(A) 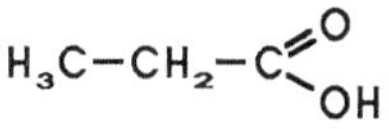 $H_3C{-}CH_2{-}C({=}O){-}OH$
(B) $H_2N{-}CH_2{-}CH_2{-}CH_2{-}NH_2$
(C) $HO{-}CH_2{-}CH_2{-}CH_2{-}SH$
(D) 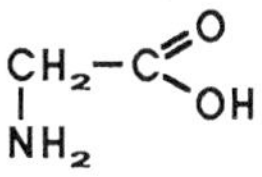 $CH_2(NH_2){-}C({=}O){-}OH$
(E) 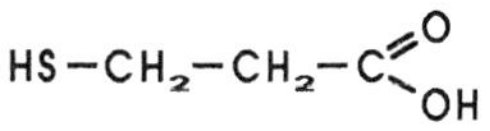 $HS{-}CH_2{-}CH_2{-}C({=}O){-}OH$

28 LIPIDE (Fragen)

28–1 Lehrbuch S. 286, 299
Welche Aussage trifft <u>nicht</u> zu?

In Phospholipiden kann die Phosphorsäure mit folgenden Verbindungen verestert sein:

(A) Threonin
(B) Ethanolamin
(C) Cholin
(D) Glycerin
(E) Serin

26 ORGANISCHE VERBINDUNGEN DER PHOSPHORSÄURE (Lösungen)

26–1 Lösung: B
Phosphorsäureester entstehen aus Alkohol und Phosphorsäure nach folgendem Schema:

$$R_3C{-}O{-}H \; + \; HO{-}\overset{\overset{\displaystyle O}{\|}}{\underset{\underset{\displaystyle OH}{|}}{P}}{-}OH \; \longrightarrow \; R_3C{-}O{-}\overset{\overset{\displaystyle O}{\|}}{\underset{\underset{\displaystyle OH}{|}}{P}}{-}OH \; + \; H_2O$$

Anhydride bilden sich zwischen Carbonsäure und Phosphorsäure wie folgt:

$$R{-}\overset{\overset{\displaystyle O}{\|}}{C}{-}O{-}H \; + \; HO{-}\overset{\overset{\displaystyle O}{\|}}{\underset{\underset{\displaystyle OH}{|}}{P}}{-}OH \; \longrightarrow \; R{-}\overset{\overset{\displaystyle O}{\|}}{C}{-}O{-}\overset{\overset{\displaystyle O}{\|}}{\underset{\underset{\displaystyle OH}{|}}{P}}{-}OH \; + \; H_2O$$

(A) ist also ein Anhydrid, (C) bis (E) sind unrealistische Strukturen, weil in ihnen der Phosphor vier– bzw. sechsbindig ist.

27 KOMPLEXE (Lösungen)

27–1 Lösung: E
Komplexe entstehen und zerfallen nach folgender Gleichung:

$$Z \; + \; n\,Lig \; \rightleftharpoons \; [Z(Lig)_n]^m$$

Z: Zentralatom, besser Zentralteilchen, meist ein Metallion
Lig: Ligand, O–, N– oder S–haltige Base, deren zunächst freies Elektronenpaar mit freien Orbitalen von Z in Wechselwirkung tritt
n: Koordinationszahl (2, 4 oder 6, in seltenen Fällen auch 8)
m: Ladung des Komplexes = Summe der Ladungen aller Eduktteilchen

Bildung und Zerfall stehen miteinander im Gleichgewicht, deshalb ist auch bei hoher Stabilität eines Komplexes die Aussage (E) nicht haltbar.

27–2 Lösung: A
Ein Chelator muß mehr als ein Basizitätszentrum besitzen. Nur bei der Propionsäure (A) ist diese Bedingung nicht erfüllt.

28 LIPIDE (Lösungen)

28–1 Lösung: A
Zu den Phospholipiden gehören Phosphatidsäuren und Phosphatide. Letztere sind Diester der Phosphorsäure. Ein Alkoholbaustein ist Glycerin (genauer: Diacylglycerin).
Der zweite kann sein:

1) Ethanolamin (Aminoethanol) (→ Kephalin),
2) Cholin (das N,N,N–Trimethylderivat des Ethanolamins) (→ Lecithin),
3) der Alkohol Inosit (auch Inositol genannt),
4) die Aminosäure Serin,

aber nicht Threonin. Deshalb ist (A) die gesuchte, falsche Alternative.

29 KAPITELÜBERGREIFENDE THEMEN (Fragen)

29-1 (Reaktionstypen, Alkene)
Welche Aussage trifft zu?

Bei der Reaktion $H_3C{-}CH{=}CH_2 + H_2O \longrightarrow H_3C{-}CH(OH){-}CH_3$

handelt es sich um eine

(A) Addition
(B) Substitution
(C) Eliminierung
(D) Dehydratisierung
(E) Hydrierung

29-2 (Alkene, Aldehyde/Ketone, Aldole)
Welche Aussage zur Verbindung $H_3C{-}CH{=}CH{-}CH{=}O$ trifft nicht zu?

(A) Sie geht mit Brom eine Additionsreaktion ein
(B) Sie reduziert ammoniakalische Silbersalzlösung
(C) Sie reagiert mit primären Aminen
(D) Von ihr sind sind cis-trans-Isomere denkbar
(E) Sie bildet sich bei der Aldolkondensation von Aceton

29-3 (Oxidation organischer Verbindungen, Kohlensäure)
Bei welcher der folgenden Reaktionen handelt es sich nicht um eine Oxidation?

(A) Methan → Methanol
(B) Methanol → Formaldehyd
(C) Formaldehyd → Ameisensäure
(D) Ameisensäure → Kohlensäure
(E) Kohlensäure → Kohlendioxid

29-4 (Stereochemie, R/S-Nomenklatur, Hydroxy- und Dicarbonsäuren)
Welche Aussage zu nebenstehender Verbindung trifft nicht zu?

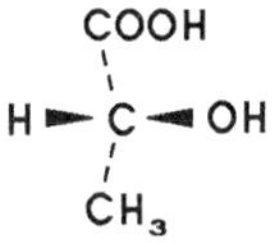

(A) R-Konfiguration
(B) Milchsäure
(C) Optisch aktiv
(D) Zu Malonsäure oxidierbar
(E) α-Hydroxycarbonsäure

COOH
H ▸ C ◂ OH
CH_3

29-5 (Aminosäuren und Peptide, Mercaptane)
Zu nebenstehender Verbindung werden folgende Aussagen gemacht:

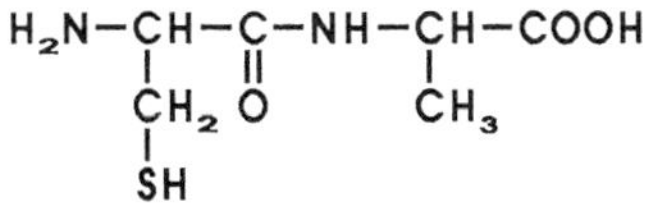

$H_2N{-}CH(CH_2{-}SH){-}C({=}O){-}NH{-}CH(CH_3){-}COOH$

(1) Sie enthält eine Säureamidbindung
(2) Bei der Hydrolyse entstehen Alanin und Cystein
(3) Zwei Moleküle dieser Verbindung können durch Oxidation verknüpft werden
(4) Die Kurzschreibweise für diese Verbindung lautet H-Ala-Cys-OH
(5) Die Verbindung hat einen isoelektrischen Punkt

(A) Nur (1) und (2) sind richtig
(B) Nur (1), (3) und (5) sind richtig
(C) Nur (2) und (4) sind richtig
(D) Nur (1), (2), (3) und (5) sind richtig
(E) (1) bis (5) = alle sind richtig

29 KAPITELÜBERGREIFENDE THEMEN (Lösungen)

29–1 Lösung: A
Die Wasseranlagerung (Hydratisierung) ist eine Addition, die Dehydratisierung ist eine Eliminierung. Bei einer Substitution und bei einer Eliminierung muß ein zweites Produkt entstehen. Die Hydrierung ist eine H_2–Addition.

29–2 Lösung: E
Olefinische Doppelbindungen (C=C) addieren Brom und ermöglichen cis–trans–Isomerie, (A) und (D) sind also richtig:

$$>C=C< + Br_2 \longrightarrow >CBr-CBr< \qquad XC=CX \text{ (cis)} \qquad XC=CX \text{ (trans)}$$

Aldehyde reduzieren Ag^+–Ionen in Gegenwart von Ammoniak zu metallischem Silber, mit primären Aminen entstehen Azomethine, mithin sind auch (B) und (C) richtig:

$$R-CH=O + H_2O \longrightarrow R-COO^- + 2H^+ + 2e^- \qquad Ag^+ + e^- \longrightarrow Ag$$

$$R-CH=O + H_2N-R' \longrightarrow R-CH=N-R' + H_2O$$

(E) ist unzutreffend, denn bei der Aldolkondensation von Aceton bildet sich

$$CH_3-C(CH_3)=CH-CO-CH_3 \longleftarrow CH_3-C(CH_3)=O + H_2CH-CO-CH_3$$

Die in der Aufgabe gegebene Verbindung entsteht durch Aldolkondensation von $CH_3-CH=O$ (Acetaldehyd).

29–3 Lösung: E
(A) $CH_4 + H_2O \rightarrow CH_3OH + 2\,H^+ + 2\,e^-$
(B) $CH_3OH \rightarrow CH_2=O + 2\,H^+ + 2\,e^-$
(C) $CH_2=O + H_2O \rightarrow HCOOH + 2\,H^+ + 2\,e^-$
(D) $HCOOH + H_2O \rightarrow HO-CO-OH + 2\,H^+ + 2\,e^-$
(E) $HO-CO-OH \rightarrow O=C=O + H_2O$ (Wasserabspaltung, keine Oxidation)

29–4 Lösung: D
Die optisch aktive Milchsäure hat R–Konfiguration. Denkt man sich nämlich die C—H–Bindung an C2 hinter die Papierebene gedreht, dann kommt die OH–Gruppe nach links zu stehen und damit gelangt man über einen Rechtskreis über COOH zur CH_3–Gruppe. (A) bis (C) sind also richtig. Die Oxidation liefert Brenztraubensäure, nicht Malonsäure:

$$CH_3-CH(OH)-COOH \longrightarrow \underset{\text{Brenztraubensäure}}{CH_3-CO-COOH} + 2H^+ + 2e^- ; \qquad \underset{\text{Malonsäure}}{HOOC-CH_2-COOH}$$

29–5 Lösung: D

$$H_2N-CH(CH_2SH)-\boxed{C(=O)-NH}-CH(CH_3)-COOH + H_2O \longrightarrow \underset{\text{Cystein}}{H_2N-CH(CH_2SH)-COOH} + \underset{\text{Alanin}}{H_2N-CH(CH_3)-COOH}$$

Peptidbindung
Säureamidbindung

(1) und (2) sind also richtig, ebenso (3), denn die oxidative Verknüpfung zweier Moleküle gelingt nach folgendem Schema:

$$2\ R-SH \longrightarrow R-S-S-R + 2H^+ + 2e^-$$

Weiterhin hat die Verbindung wie alle Aminosäuren und Peptide einen isoelektrischen Punkt, damit ist auch (5) richtig, (4) dagegen ist falsch. Die richtige Schreibweise lautet: H–Cys–Ala–OH. H kennzeichnet darin die freie Amino– bzw. Ammoniumgruppe, OH die freie Carboxyl– bzw. Carboxylatgruppe.

Sachregister